大学編入試験対策

編入の線形代数 徹底研究

基本事項の整理と問題演習

桜井基晴 著

金子書房

『編入の線形代数 徹底研究』の復刊によせて

本書は聖文新社（旧・聖文社）より2014年7月に出版された『編入の線形代数 徹底研究』の復刊です。『編入数学徹底研究』から始まった「大学編入試験対策」シリーズ（全5巻）は，2020年7月末をもっての聖文新社の業務終了後，金子書房のご厚意により継続して出版していただけることとなりました。一時は多くの編入受験生および受験指導に当たられる先生方に多大なるご心配をおかけしましたが，「大学編入試験対策」シリーズ全5巻が復刊となり，関係する多くの方々に心より感謝申し上げます。

さて，本書執筆の背景は「はじめに」の中で述べた通りですが，この機会を利用して少し補足させていただきたいと思います。

まずはじめに，最初の3つの巻，『編入数学徹底研究』『編入数学過去問特訓』『編入数学入門—講義と演習—』の基本的な性格（目的）について，簡単に確認しておきたいと思います。

最初の『編入数学徹底研究』は，まず何よりも，多くの編入受験生の受験勉強における困難を少しでも軽減することを目的として執筆したものです。理系，特に理工系の編入試験の多くでは入試科目に数学があるが，そのための適当な参考書・問題集が非常に限られているという状況でした。また，数学が編入学後は必ずしも最重要科目ではないという進路も少なくありません。編入試験を突破するための数学の力を，できるかぎり効率的に，比較的短期間で習得できて，編入試験本番では相当に大きな効果をあげることを追求して執筆したのが『編入数学徹底研究』です。

続く『編入数学過去問特訓』『編入数学入門—講義と演習—』は，より難度の高い編入試験を予定している受験生を意識して執筆したものです。『編入数学過去問特訓』は，多くの過去問を練習することによって“高度な実戦力”を養うことを目標としました。『編入数学入門—講義と演習—』は，旧課程を含む高校数学から編入試験で重要となる高校数学の理解を深めることによって柔軟な対応力（＝実力）を身につけ，どのような問題に出会っても余裕をもって解決できる“真の実力”を養うことを目標としました。

さて，本書『編入の線形代数 徹底研究』は，数学の最重要分野の一つである“線形代数”そのものを深く，理論的にもしっかりと理解してもらうことを目的として執筆したものです。したがって，より理論的で体系的な内容になっています。とはいえ，一歩一歩わかりやすく段階を踏んで説明しているので，順を追って落ち着いて学習してもらえば，もっとも理解しやすいものになっているとも言えます。

線形代数を理論的かつ体系的にきちんと理解しておくことは，数学が入学後も重要となる人にとっては特に大切です。微分積分と線形代数は数学において土台となる非常に重要な分野であり，理工系の大学生の多くにとっては必須の分野です。これらを単なる試験勉強だけにとどまらず，じっくりと時間をかけて，より深く学習しておくことはきわめて大切なことです。本書によって，将来の研究において不可欠の土台となる線形代数の基礎をしっかりと身につけてほしいと思います。

なお，「はじめに」でも書きましたが，本書では豊富な演習問題と過去問をとりあげているので，線形代数の編入試験対策としても，あらゆる試験に対応できる万全の内容となっています。解答・解説はこれまでの本と同様，可能なかぎり詳しく書いていますので，自習書としても非常に使いやすいものになっていると思います。

最後に，「大学編入試験対策」シリーズを途絶えることなく聖文新社から引き継いでくださいました金子書房のみなさまには心より感謝申し上げます。また，復刊作業に際して，金子書房編集部の亀井千是氏にたいへんお世話になりました。ここに深く感謝の意を表します。

2021年 9 月

桜井　基晴

はじめに

本書は，線形代数を基礎から始めて，無理なく編入試験レベルにまで到達することを意図して書かれたものです。

編入試験の主要な内容は高専の４・５年あるいは大学１・２年で学習する微分積分と線形代数です。多くの大学ではこの２つの分野から出題されます。そして，微分積分と線形代数こそは大学数学の不可欠の基礎をなす２つの柱なのです。

拙著「編入数学徹底研究」（以下「徹底研究」）は幸いにも多くの受験生のみなさんからご好評をいただいていますが，直接に受験生を指導して感じることは「徹底研究」は決して易しくはないということです。たいていの学生は教科書を参照しながら「徹底研究」の問題演習を行っています。とはいえ，教科書によって記号や理論展開の仕方が異なるなどいろいろと不便もあるようです。

このような状況のもと，基本事項については教科書的に例や問いを入れながら丁寧に解説し，しかし一方では編入試験の線形代数のあらゆる問題に対応できる実力の養成を考えて本書を執筆しました。したがって，本書は「徹底研究」を基礎と発展の両面から強力にサポートする内容にもなっています。

さらに，各章末には編入試験の万全の対策として過去問研究のコーナーを設け，編入試験過去問題の詳しい解説を行っています。これは通常の教科書にはない本書の特徴の１つです。ただし，ここで取り上げた問題の多くはやや難しめの問題であり，ある程度の力がついてから取り組んでもらうのがよいかもしれません。また，本書には教科書のように定理のほとんどに証明を付けています。証明というのは一般にレベルが高く，難関大学でよく出題されます。証明が難しいと思う人はとりあえず証明は気にせず，例題を中心に学習を進めてください。

本書を，焦ることなく一歩一歩着実に進めていってほしいと思います。解答をきちんとノートに書きながら，じっくりとよく考えて学習していってください。そうすればどんな編入試験にも十分に対応できる実力がつくはずです。

最後になりましたが，今回もまた聖文新社の小松彰氏にたいへんお世話になりました。ここに深く感謝の意を表します。

2014年５月

桜井　基晴

目　次

『編入の線形代数 徹底研究』の復刊によせて …… i
はじめに …… iii

第1章　行列と行基本変形
1.1　行列とその演算 …… 2
1.2　行基本変形と階数 …… 8
1.3　行基本変形と連立1次方程式 …… 14
1.4　行基本変形と逆行列 …… 22
1.5　行列のブロック分割 …… 28
〈章末過去問研究〉 …… 36

第2章　行列式
2.1　行列式の定義 …… 44
2.2　行列式の計算 …… 52
2.3　行列式の応用 …… 60
2.4　いろいろな行列式 …… 70
〈章末過去問研究〉 …… 80

第3章　ベクトル空間
3.1　ベクトル空間 …… 88
3.2　1次独立 …… 96
3.3　基底と次元 …… 106
〈章末過去問研究〉 …… 114

第4章　線形写像

4. 1　線 形 写 像 ……118
4. 2　線形写像の表現行列 ……128
〈**章末過去問研究**〉……138

第5章　固有値とその応用

5. 1　固有値と固有ベクトル ……150
5. 2　行列の対角化 ……158
5. 3　行列の三角化 ……168
〈**章末過去問研究**〉……174

第6章　内積空間

6. 1　内　　積 ……182
6. 2　対称行列の対角化 ……192
6. 3　2 次 形 式 ……200
〈**章末過去問研究**〉……206

演習問題の解答 ……217
索　引

編入の線形代数　徹底研究

基本事項の整理と問題演習

第1章

行列と行基本変形

1.1 行列とその演算

〔**目標**〕 行列の概念とその演算について理解する。

(1) 行　列

まずは行列の定義から始めよう。

行　列

mn 個の数（実数または複素数）$a_{ij}(i=1,\ \cdots,\ m\ ;\ j=1,\ \cdots,\ n)$ を

$$\begin{pmatrix} a_{11} & a_{12} & \cdots & a_{1n} \\ a_{21} & a_{22} & \cdots & a_{2n} \\ \vdots & \vdots & \ddots & \vdots \\ a_{m1} & a_{m2} & \cdots & a_{mn} \end{pmatrix} \quad \text{（注）} \begin{bmatrix} a_{11} & a_{12} & \cdots & a_{1n} \\ a_{21} & a_{22} & \cdots & a_{2n} \\ \vdots & \vdots & \ddots & \vdots \\ a_{m1} & a_{m2} & \cdots & a_{mn} \end{bmatrix} \text{とも表す。}$$

のように配列したものを $\boldsymbol{m \times n}$ **行列**または $(\boldsymbol{m},\ \boldsymbol{n})$ **行列**といい，数 a_{ij} をこの行列の $(\boldsymbol{i},\ \boldsymbol{j})$ **成分**という。横の並びを**行**（**行ベクトル**）といい，縦の並びを**列**（**列ベクトル**）という。上の行列を簡単に $A=(a_{ij})$ と表すことがある。

問 1　次の行列について，以下の問いに答えよ。

$$\begin{pmatrix} 1 & -2 & 3 & 1 \\ 3 & 1 & -5 & -4 \\ -2 & 6 & -9 & -2 \end{pmatrix}$$

(1)　上の行列は何型か。

(2)　(2, 3) 成分は何か。

(**解**)　(1)　3×4 型　（または (3, 4) 型）　　(2)　-5　□

その他の基本的な用語をいくつか確認しておこう。

(i) すべての成分が0である行列を**零行列**といい，O で表す。

(ii) $n\times n$ 行列を n 次**正方行列**といい，a_{11}，a_{22}，$\cdots$，a_{nn} を**対角成分**という。

$$\begin{pmatrix} a_{11} & a_{12} & \cdots & a_{1n} \\ a_{21} & a_{22} & \cdots & a_{2n} \\ \vdots & \vdots & \ddots & \vdots \\ a_{n1} & a_{n2} & \cdots & a_{nn} \end{pmatrix}$$

⬅ **対角成分は a_{11}，a_{22}，$\cdots$，a_{nn}**

(iii) 正方行列で対角成分以外はすべて0である行列を**対角行列**という。

$$\begin{pmatrix} a_{11} & 0 & \cdots & 0 \\ 0 & a_{22} & \cdots & 0 \\ \vdots & \vdots & \ddots & \vdots \\ 0 & 0 & \cdots & a_{nn} \end{pmatrix}$$

⬅ **簡単に** $\begin{pmatrix} a_{11} & & & O \\ & a_{22} & & \\ & & \ddots & \\ O & & & a_{nn} \end{pmatrix}$ **とも表す**

(iv) 対角成分がすべて1の対角行列を**単位行列**といい，E または I で表す。

(2) 行列の和とスカラー倍

行列の和およびスカラー倍

$m\times n$ 行列　$A=(a_{ij})$，$B=(b_{ij})$ に対して，**和**および**スカラー倍**が定義される。

和　$A+B=(a_{ij}+b_{ij})$　　**スカラー倍**　$kA=(ka_{ij})$

(注1)　差 $A-B$ は $A+(-B)$ で定義される。

(注2)　“スカラー倍”とは“実数倍”あるいは“複素数倍”のことと思っていてよい。

問 2　次の計算をせよ。

$$3\begin{pmatrix} 2 & 3 & -2 \\ 1 & 0 & -1 \end{pmatrix}+2\begin{pmatrix} 0 & 1 & 0 \\ 1 & -2 & -3 \end{pmatrix}$$

(解)　$3\begin{pmatrix} 2 & 3 & -2 \\ 1 & 0 & -1 \end{pmatrix}+2\begin{pmatrix} 0 & 1 & 0 \\ 1 & -2 & -3 \end{pmatrix}$　⬅ **行列の和・スカラー倍は簡単！**

$$=\begin{pmatrix} 6 & 9 & -6 \\ 3 & 0 & -3 \end{pmatrix}+\begin{pmatrix} 0 & 2 & 0 \\ 2 & -4 & -6 \end{pmatrix}=\begin{pmatrix} 6+0 & 9+2 & -6+0 \\ 3+2 & 0+(-4) & -3+(-6) \end{pmatrix}$$

$$=\begin{pmatrix} 6 & 11 & -6 \\ 5 & -4 & -9 \end{pmatrix}$$

□

（3）行列の積

行列の積

$l \times m$ 行列 $A=(a_{ij})$ と $m \times n$ 行列 $B=(b_{ij})$ に対して，積が定義される。

積　$AB=(c_{ij})$ とするとき

$$c_{ij}=(a_{i1} \quad a_{i2} \quad \cdots \quad a_{im})\begin{pmatrix} b_{1j} \\ b_{2j} \\ \vdots \\ b_{mj} \end{pmatrix}$$

$$=a_{i1}b_{1j}+a_{i2}b_{2j}+\cdots+a_{im}b_{mj}$$ ⬅“行”と“列”の内積

$$=\sum_{k=1}^{m} a_{ik}b_{kj}$$

行列の積は一般的に書くと難しく見えるが，具体的に計算してみると難しいところは少しもない。具体例で理解しよう。

問 3　次の行列の積を求めよ。

$$\begin{pmatrix} 1 & -1 & 1 \\ 2 & -3 & -1 \end{pmatrix}\begin{pmatrix} 5 & -1 \\ 3 & 2 \\ 1 & 3 \end{pmatrix}$$

（解）　積の定義に従って，各“行”と各“列”の内積を計算していく。

$$\begin{pmatrix} \boxed{1 \quad -1 \quad 1} \\ 2 \quad -3 \quad -1 \end{pmatrix}\begin{pmatrix} \boxed{5} & -1 \\ \boxed{3} & 2 \\ \boxed{1} & 3 \end{pmatrix}$$

$$=\begin{pmatrix} \boxed{1\cdot 5+(-1)\cdot 3+1\cdot 1} & 1\cdot(-1)+(-1)\cdot 2+1\cdot 3 \\ 2\cdot 5+(-3)\cdot 3+(-1)\cdot 1 & 2\cdot(-1)+(-3)\cdot 2+(-1)\cdot 3 \end{pmatrix}$$

$$=\begin{pmatrix} 3 & 0 \\ 0 & -11 \end{pmatrix}$$ □

（注）　$l \times m$ 行列と $m \times n$ 行列をかけると，$l \times n$ 行列になる。

それでは少し例題で練習してみよう。

例題 1（行列の積）

次の行列の積を計算せよ。

(1) $\begin{pmatrix} 3 & 2 \\ 1 & 0 \\ 2 & 1 \end{pmatrix}\begin{pmatrix} -1 & 2 & 0 \\ 5 & 1 & 4 \end{pmatrix}$　　(2) $\begin{pmatrix} 3 \\ 1 \\ -2 \end{pmatrix}\begin{pmatrix} 2 & -1 \end{pmatrix}$

解説 積 AB が定義できる条件は，**（A の列の個数）=（B の行の個数）**である。A が $l\times m$ 型，B が $m\times n$ 型であれば，AB は $l\times n$ 型となる。

解答 (1)（3×2 型）と（2×3 型）の積なので計算できて，答えは（3×3 型）

$$\begin{pmatrix} 3 & 2 \\ 1 & 0 \\ 2 & 1 \end{pmatrix}\begin{pmatrix} -1 & 2 & 0 \\ 5 & 1 & 4 \end{pmatrix}=\begin{pmatrix} 7 & 8 & 8 \\ -1 & 2 & 0 \\ 3 & 5 & 4 \end{pmatrix}$$ ……〔答〕

(2)（3×1 型）と（1×2 型）の積なので計算できて，答えは（3×2 型）

$$\begin{pmatrix} 3 \\ 1 \\ -2 \end{pmatrix}\begin{pmatrix} 2 & -1 \end{pmatrix}=\begin{pmatrix} 6 & -3 \\ 2 & -1 \\ -4 & 2 \end{pmatrix}$$ ……〔答〕

例題 2（行列の演算法則）

$A=\begin{pmatrix} 2 & -3 \\ -1 & 5 \\ 0 & 4 \end{pmatrix}$，$B=\begin{pmatrix} 4 & -3 \\ 0 & 5 \end{pmatrix}$，$C=\begin{pmatrix} 0 & 6 \\ 2 & -1 \end{pmatrix}$ のとき

$A(B+C)$，$AB+AC$ をそれぞれ計算し，比較せよ。

解説 行列の和・積に関して，結合法則および分配法則が成り立つ。

結合法則：和 $(A+B)+C=A+(B+C)$，積 $(AB)C=A(BC)$

分配法則：$A(B+C)=AB+AC$，$(A+B)C=AC+BC$

解答 $$A(B+C)=\begin{pmatrix} 2 & -3 \\ -1 & 5 \\ 0 & 4 \end{pmatrix}\begin{pmatrix} 4 & 3 \\ 2 & 4 \end{pmatrix}=\begin{pmatrix} 2 & -6 \\ 6 & 17 \\ 8 & 16 \end{pmatrix}$$ ……〔答〕

$$AB+AC=\begin{pmatrix} 8 & -21 \\ -4 & 28 \\ 0 & 20 \end{pmatrix}+\begin{pmatrix} -6 & 15 \\ 10 & -11 \\ 8 & -4 \end{pmatrix}=\begin{pmatrix} 2 & -6 \\ 6 & 17 \\ 8 & 16 \end{pmatrix}$$ ……〔答〕

以上より，$A(B+C)=AB+AC$ が成り立つ。　……〔答〕

例題 3（行列の積に関する注意）

2つの行列

$$A=\begin{pmatrix} -2 & 2 \\ 0 & 3 \\ 3 & -1 \end{pmatrix}, \quad B=\begin{pmatrix} -2 & 3 & 2 \\ 3 & 1 & 5 \end{pmatrix}$$

に対し，AB および BA を計算せよ。

解説　行列の積においては，交換法則 $AB=BA$ は成り立たない。すなわち，$AB=BA$ が常に成立するとは限らない。さらに言えば，AB が存在しても BA が存在するとは限らない。

解答　AB および BA をそれぞれ計算してみると

$$AB=\begin{pmatrix} -2 & 2 \\ 0 & 3 \\ 3 & -1 \end{pmatrix}\begin{pmatrix} -2 & 3 & 2 \\ 3 & 1 & 5 \end{pmatrix}=\begin{pmatrix} 10 & -4 & 6 \\ 9 & 3 & 15 \\ -9 & 8 & 1 \end{pmatrix} \quad \cdots\cdots \text{〔答〕}$$

$$BA=\begin{pmatrix} -2 & 3 & 2 \\ 3 & 1 & 5 \end{pmatrix}\begin{pmatrix} -2 & 2 \\ 0 & 3 \\ 3 & -1 \end{pmatrix}=\begin{pmatrix} 10 & 3 \\ 9 & 4 \end{pmatrix} \quad \cdots\cdots \text{〔答〕}$$

（参考）　たとえば $C=\begin{pmatrix} 1 \\ 2 \\ -1 \end{pmatrix}$ とすると，$BC=\begin{pmatrix} -2 & 3 & 2 \\ 3 & 1 & 5 \end{pmatrix}\begin{pmatrix} 1 \\ 2 \\ -1 \end{pmatrix}=\begin{pmatrix} 2 \\ 0 \end{pmatrix}$ で

あるが $CB=\begin{pmatrix} 1 \\ 2 \\ -1 \end{pmatrix}\begin{pmatrix} -2 & 3 & 2 \\ 3 & 1 & 5 \end{pmatrix}$ は存在しない（積が定義されない）。

（注）　交換法則が成り立たないため，式の展開では注意を要する。たとえば

①　$(A+B)^2=(A+B)(A+B)$

$=A^2+BA+AB+B^2$　**⬅ $(A+B)^2=A^2+2AB+B^2$ ではない！**

②　$(A+B)(A-B)$

$=A^2+BA-AB-B^2$　**⬅ $(A+B)(A-B)=A^2-B^2$ ではない！**

すなわち，数式における展開公式は交換法則：$ab=ba$ を前提としている。

■ 演習問題 1.1

▶解答は p. 218

1 $A=\begin{pmatrix} 2 & 1 & -1 \\ -1 & 0 & 3 \end{pmatrix}$, $B=\begin{pmatrix} 5 & -1 \\ 0 & 2 \\ 6 & 5 \end{pmatrix}$, $C=\begin{pmatrix} 3 & 1 \\ 1 & -2 \end{pmatrix}$ とするとき

$(AB)C$, $A(BC)$ をそれぞれ計算し，比較せよ。

2 $A=\begin{pmatrix} a & b \\ c & d \end{pmatrix}$ とするとき，次の等式が成り立つことを示せ。

$A^2-(a+d)A+(ad-bc)E=O$ （E は 2 次の単位行列）

3 $\sigma_1=\begin{pmatrix} 0 & 1 \\ 1 & 0 \end{pmatrix}$, $\sigma_2=\begin{pmatrix} 0 & -i \\ i & 0 \end{pmatrix}$, $\sigma_3=\begin{pmatrix} 1 & 0 \\ 0 & -1 \end{pmatrix}$ に対して，以下が成り立つことを示せ。ただし，2 つの行列 A, B に対して $[A,\ B]=AB-BA$ と定める。

(1) $\sigma_1{}^2=\sigma_2{}^2=\sigma_3{}^2=I$ （I は 2 次の単位行列）

(2) $[\sigma_1,\ \sigma_2]=2i\sigma_3$, $[\sigma_2,\ \sigma_3]=2i\sigma_1$, $[\sigma_3,\ \sigma_1]=2i\sigma_2$

4 $A=\begin{pmatrix} a_{11} & a_{12} \\ a_{21} & a_{22} \end{pmatrix}$, $B=\begin{pmatrix} b_{11} & b_{12} \\ b_{21} & b_{22} \end{pmatrix}$ とするとき，以下の問いに答えよ。

(1) AB および BA を計算せよ。

(2) $\mathrm{tr}(AB)=\mathrm{tr}(BA)$ が成り立つことを示せ。ここで，$\mathrm{tr}(X)$ は正方行列 X の対角成分の和を表す。

5 $P=\begin{pmatrix} 0 & 2 & 0 \\ 0 & 0 & 2 \\ 1 & 0 & 0 \end{pmatrix}$, $Q=\begin{pmatrix} 0 & 0 & 2 \\ 1 & 0 & 0 \\ 0 & 1 & 0 \end{pmatrix}$ について，以下の問いに答えよ。

(1) P と Q は交換可能であることを示せ。

(2) P と交換可能な行列をすべて求めよ。

(3) 2 つの行列 X, Y がいずれも P と交換可能であるとき，X と Y も交換可能であることを示せ。

1. 2　行基本変形と階数

〔目標〕　行列の行基本変形と行列の階数（ランク）について理解する。ここは線形代数の学習で最も重要な部分の1つであるからしっかりと理解しよう。

（1）　階段行列

行列の零ベクトルでない行ベクトルの0でない成分のうち，最も左にある成分をその行の**主成分**という。

問 1　次の行列の各行の主成分を答えよ。

$$\begin{pmatrix} 0 & 2 & 3 & 0 & -1 \\ 3 & 0 & 0 & 1 & -4 \\ 0 & 0 & -1 & 0 & 1 \end{pmatrix}$$

（解）
$$\begin{pmatrix} 0 & \textcircled{2} & 3 & 0 & -1 \\ \textcircled{3} & 0 & 0 & 1 & -4 \\ 0 & 0 & \textcircled{-1} & 0 & 1 \end{pmatrix}$$

より，各行の主成分は　第1行は2，第2行は3，第3行は -1　□

階段行列

次の性質(i)〜(iv)を満たす行列を**階段行列**という。

(i)　零ベクトルは零ベクトルでないものよりも下の行にある。

(ii)　各行の主成分は，下の行になるほど右にある。

(iii)　主成分はすべて1である。

(iv)　主成分を含む列は，主成分以外の成分はすべて0である。

【例】　次に示すのは階段行列の例である。階段行列であることを確認しよう。

$$\begin{pmatrix} \textcircled{1} & 0 & 3 & 4 & 0 & 8 \\ 0 & \textcircled{1} & 4 & 7 & 0 & 5 \\ 0 & 0 & 0 & 0 & \textcircled{1} & 3 \end{pmatrix}, \quad \begin{pmatrix} 0 & \textcircled{1} & 5 & 0 & 2 \\ 0 & 0 & 0 & \textcircled{1} & 3 \\ 0 & 0 & 0 & 0 & 0 \end{pmatrix}, \quad \begin{pmatrix} 0 & 0 & \textcircled{1} & 0 & 7 \\ 0 & 0 & 0 & 0 & 0 \\ 0 & 0 & 0 & 0 & 0 \end{pmatrix}$$

特に，次の点に注意すること。

①　**主成分はすべて1である**

②　**主成分を含む列は，主成分以外の成分はすべて0である**

（2） 行基本変形と階数

階段行列が理解できたら，線形代数で極めて重要な内容である**行基本変形**について学習していこう。列基本変形ではなく，行基本変形である。

行基本変形

与えられた行列に対する次の 3 つの変形を**行基本変形**という。

（Ⅰ） ある行に他の行の k 倍をたす。

（Ⅱ） ある行を k 倍する（ただし，$k \neq 0$）。

（Ⅲ） 2 つの行を入れ替える。

問 2 次の行列を行基本変形により階段行列に変形せよ。

$$\begin{pmatrix} 2 & 3 & 0 & 5 & -2 \\ 1 & 2 & -1 & 3 & -3 \\ 0 & 1 & -2 & 1 & -4 \end{pmatrix}$$

（解） 行基本変形を繰り返し，少しずつ階段行列に近づけていく。

$$\begin{pmatrix} 2 & 3 & 0 & 5 & -2 \\ 1 & 2 & -1 & 3 & -3 \\ 0 & 1 & -2 & 1 & -4 \end{pmatrix} \underset{①\leftrightarrow②}{\to} \begin{pmatrix} 1 & 2 & -1 & 3 & -3 \\ 2 & 3 & 0 & 5 & -2 \\ 0 & 1 & -2 & 1 & -4 \end{pmatrix}$$

$$\underset{②-①\times 2}{\to} \begin{pmatrix} 1 & 2 & -1 & 3 & -3 \\ 0 & -1 & 2 & -1 & 4 \\ 0 & 1 & -2 & 1 & -4 \end{pmatrix} \underset{②\times(-1)}{\to} \begin{pmatrix} 1 & 2 & -1 & 3 & -3 \\ 0 & 1 & -2 & 1 & -4 \\ 0 & 1 & -2 & 1 & -4 \end{pmatrix}$$

$$\underset{\substack{①-②\times 2 \\ ③-②}}{\to} \begin{pmatrix} 1 & 0 & 3 & 1 & 5 \\ 0 & 1 & -2 & 1 & -4 \\ 0 & 0 & 0 & 0 & 0 \end{pmatrix}$$

⬅ **階段行列が行基本変形の“終着点”** □

（注） 矢印の下の記号について。①，②，③はそれぞれ第 1 行，第 2 行，第 3 行を表し，①↔③は第 1 行と第 3 行を入れ替えることを表す。

階段行列への変形手順はさまざまであるが，最終的に得られる階段行列はただ 1 つである。これについて，次の定理が成り立つ。

［定理］（変形定理）

任意の行列は適当な行基本変形を繰り返すことによって階段行列に変形できる。また，その階段行列はただ一通りに定まる。

行列の階数

行列 A の階段行列の主成分の個数を行列 A の**階数**（**rank**）といい，$\mathrm{rank}\,A$ で表す。ただし，零行列の階数は 0 と約束する。

問 3　問 2 の行列の階数を答えよ。

（解）　問 2 で求めた階段行列

$$\begin{pmatrix} ① & 0 & 3 & 1 & 5 \\ 0 & ① & -2 & 1 & -4 \\ 0 & 0 & 0 & 0 & 0 \end{pmatrix}$$

の主成分は 2 個であるから，求める階数は 2 である。　□

（3）　行基本変形を表す行列

行基本変形を表す行列とは何か。具体例で調べてみよう。

問 4　次の行列を左側からかけることはどのような行基本変形を表すか。3×2 行列を用いて説明せよ。

(1) $\begin{pmatrix} 1 & 0 & 0 \\ 0 & 3 & 0 \\ 0 & 0 & 1 \end{pmatrix}$　(2) $\begin{pmatrix} 1 & 0 & 0 \\ 0 & 1 & 0 \\ 2 & 0 & 1 \end{pmatrix}$　(3) $\begin{pmatrix} 1 & 0 & 0 \\ 0 & 0 & 1 \\ 0 & 1 & 0 \end{pmatrix}$

（解）　各行列を 3×2 行列に左側からかけてみる。

(1) $\begin{pmatrix} 1 & 0 & 0 \\ 0 & 3 & 0 \\ 0 & 0 & 1 \end{pmatrix}\begin{pmatrix} a & b \\ c & d \\ e & f \end{pmatrix}=\begin{pmatrix} a & b \\ 3c & 3d \\ e & f \end{pmatrix}$　第 2 行を 3 倍する。

(2) $\begin{pmatrix} 1 & 0 & 0 \\ 0 & 1 & 0 \\ 2 & 0 & 1 \end{pmatrix}\begin{pmatrix} a & b \\ c & d \\ e & f \end{pmatrix}=\begin{pmatrix} a & b \\ c & d \\ e+2a & f+2b \end{pmatrix}$　第 3 行に第 1 行の 2 倍をたす。

(3) $\begin{pmatrix} 1 & 0 & 0 \\ 0 & 0 & 1 \\ 0 & 1 & 0 \end{pmatrix}\begin{pmatrix} a & b \\ c & d \\ e & f \end{pmatrix}=\begin{pmatrix} a & b \\ e & f \\ c & d \end{pmatrix}$　第 2 行と第 3 行を入れ替える。　□

［定理］（行基本変形を表す行列）

行基本変形は左側から適当な行列をかけることに対応する。

例題 1（行基本変形と階数：基本）

次の行列の階段行列を求めよ。また，階数も答えよ。

(1) $\begin{pmatrix} 1 & 2 & 3 & 0 \\ -3 & 2 & 7 & 8 \\ 3 & 1 & -1 & 2 \end{pmatrix}$　　(2) $\begin{pmatrix} 2 & 1 & 2 & -3 \\ 4 & 5 & 4 & -3 \\ 1 & 3 & 1 & 1 \end{pmatrix}$

解説　行基本変形とは次の 3 つの操作であった。

（Ⅰ）　ある行に他の行の k 倍をたす。

（Ⅱ）　ある行を k 倍する（ただし，$k \neq 0$）。

（Ⅲ）　2 つの行を入れ替える。

行基本変形をするときは，計算ミスを防ぐために，できるだけ分数を登場させないように工夫をすること。

解答　(1) $\begin{pmatrix} 1 & 2 & 3 & 0 \\ -3 & 2 & 7 & 8 \\ 3 & 1 & -1 & 2 \end{pmatrix} \underset{\substack{②+①\times3 \\ ③-①\times3}}{\to} \begin{pmatrix} 1 & 2 & 3 & 0 \\ 0 & 8 & 16 & 8 \\ 0 & -5 & -10 & 2 \end{pmatrix}$

$\underset{②\div8}{\to} \begin{pmatrix} 1 & 2 & 3 & 0 \\ 0 & 1 & 2 & 1 \\ 0 & -5 & -10 & 2 \end{pmatrix} \underset{\substack{①-②\times2 \\ ③+②\times5}}{\to} \begin{pmatrix} 1 & 0 & -1 & -2 \\ 0 & 1 & 2 & 1 \\ 0 & 0 & 0 & 7 \end{pmatrix}$

$\underset{③\div7}{\to} \begin{pmatrix} 1 & 0 & -1 & -2 \\ 0 & 1 & 2 & 1 \\ 0 & 0 & 0 & 1 \end{pmatrix} \underset{\substack{①+③\times2 \\ ②-③}}{\to} \begin{pmatrix} 1 & 0 & -1 & 0 \\ 0 & 1 & 2 & 0 \\ 0 & 0 & 0 & 1 \end{pmatrix}$ ……〔答〕

よって，階数は 3　……〔答〕

(2) $\begin{pmatrix} 2 & 1 & 2 & -3 \\ 4 & 5 & 4 & -3 \\ 1 & 3 & 1 & 1 \end{pmatrix} \underset{①\leftrightarrow③}{\to} \begin{pmatrix} 1 & 3 & 1 & 1 \\ 4 & 5 & 4 & -3 \\ 2 & 1 & 2 & -3 \end{pmatrix} \underset{\substack{②-①\times4 \\ ③-①\times2}}{\to} \begin{pmatrix} 1 & 3 & 1 & 1 \\ 0 & -7 & 0 & -7 \\ 0 & -5 & 0 & -5 \end{pmatrix}$

$\underset{\substack{②\div(-7) \\ ③\div(-5)}}{\to} \begin{pmatrix} 1 & 3 & 1 & 1 \\ 0 & 1 & 0 & 1 \\ 0 & 1 & 0 & 1 \end{pmatrix} \underset{\substack{①-②\times3 \\ ③-②}}{\to} \begin{pmatrix} 1 & 0 & 1 & -2 \\ 0 & 1 & 0 & 1 \\ 0 & 0 & 0 & 0 \end{pmatrix}$ ……〔答〕

よって，階数は 2　……〔答〕

例題 2（行基本変形と階数：応用）

次の行列の階段行列を求めよ。また，階数も答えよ。

$$\begin{pmatrix} a & 1 & 0 & -1 \\ 1 & 2 & 3 & 1 \\ 2 & -1 & 1 & 2 \end{pmatrix}$$

解説　文字 a を含んでいるので，行基本変形は注意が必要となる。つまり，“0 では割れない”という当たり前のことを見落とさないようにしよう。行基本変形がある程度まで進んだところで，文字での場合分けになる。

解答

$$\begin{pmatrix} a & 1 & 0 & -1 \\ 1 & 2 & 3 & 1 \\ 2 & -1 & 1 & 2 \end{pmatrix} \underset{①\leftrightarrow②}{\to} \begin{pmatrix} 1 & 2 & 3 & 1 \\ a & 1 & 0 & -1 \\ 2 & -1 & 1 & 2 \end{pmatrix} \underset{\substack{②-①\times a \\ ③-①\times 2}}{\to} \begin{pmatrix} 1 & 2 & 3 & 1 \\ 0 & 1-2a & -3a & -1-a \\ 0 & -5 & -5 & 0 \end{pmatrix}$$

$$\underset{③\div(-5)}{\to} \begin{pmatrix} 1 & 2 & 3 & 1 \\ 0 & 1-2a & -3a & -1-a \\ 0 & 1 & 1 & 0 \end{pmatrix} \underset{②\leftrightarrow③}{\to} \begin{pmatrix} 1 & 2 & 3 & 1 \\ 0 & 1 & 1 & 0 \\ 0 & 1-2a & -3a & -1-a \end{pmatrix}$$

$$\underset{\substack{①-②\times 2 \\ ③-②\times(1-2a)}}{\to} \begin{pmatrix} 1 & 0 & 1 & 1 \\ 0 & 1 & 1 & 0 \\ 0 & 0 & -a-1 & -1-a \end{pmatrix} \quad \cdots\cdots(*)$$

(i)　$-a-1=0$ すなわち $a=-1$ のとき；

$$(*)=\begin{pmatrix} 1 & 0 & 1 & 1 \\ 0 & 1 & 1 & 0 \\ 0 & 0 & 0 & 0 \end{pmatrix} \quad \cdots\cdots〔答〕$$

⬅（＊）はすでに階段行列

よって，階数は 2　……〔答〕

(ii)　$-a-1\neq 0$ すなわち $a\neq -1$ のとき；

$$(*)=\begin{pmatrix} 1 & 0 & 1 & 1 \\ 0 & 1 & 1 & 0 \\ 0 & 0 & -a-1 & -1-a \end{pmatrix}$$

⬅（＊）はまだ階段行列ではない！

$$\underset{③\div(-a-1)}{\to} \begin{pmatrix} 1 & 0 & 1 & 1 \\ 0 & 1 & 1 & 0 \\ 0 & 0 & 1 & 1 \end{pmatrix} \underset{\substack{①-③ \\ ②-③}}{\to} \begin{pmatrix} 1 & 0 & 0 & 0 \\ 0 & 1 & 0 & -1 \\ 0 & 0 & 1 & 1 \end{pmatrix} \quad \cdots\cdots〔答〕$$

よって，階数は 3　……〔答〕

■ 演習問題 1.2

▶解答は p. 219

1 次の行列の階段行列を求めよ。また，階数も答えよ。

(1) $\begin{pmatrix} 3 & -1 & -5 & 2 \\ 1 & 3 & 5 & 1 \\ 1 & 2 & 3 & 0 \end{pmatrix}$　(2) $\begin{pmatrix} 1 & 2 & 3 & 2 \\ 1 & 2 & -1 & 0 \\ 1 & 2 & 1 & 1 \end{pmatrix}$

(3) $\begin{pmatrix} 3 & -1 & 1 & 1 \\ -2 & 0 & -1 & -3 \\ 2 & -2 & 0 & -4 \end{pmatrix}$　(4) $\begin{pmatrix} 2 & -2 & 5 & -1 & -7 \\ -3 & 3 & 1 & -7 & 5 \\ 1 & -1 & 1 & 1 & 1 \end{pmatrix}$

2 次の行列の階段行列を求めよ。また，階数も答えよ。

$$\begin{pmatrix} 1 & 1 & 1 & x+1 \\ 1 & 1 & x+1 & 1 \\ 1 & x+1 & 1 & 1 \\ x+1 & 1 & 1 & 1 \end{pmatrix}$$

3 次の行列の階段行列を求めよ。また，階数も答えよ。

$$\begin{pmatrix} 1 & a & bc \\ 1 & b & ca \\ 1 & c & ab \end{pmatrix}$$

4 次の 4 次正方行列を左側からかけることはどのような行基本変形を表すか。

(1) $\begin{pmatrix} 1 & 0 & 0 & 0 \\ 0 & 1 & 0 & 0 \\ 0 & 0 & k & 0 \\ 0 & 0 & 0 & 1 \end{pmatrix}$　(2) $\begin{pmatrix} 1 & 0 & 0 & 0 \\ 0 & 0 & 0 & 1 \\ 0 & 0 & 1 & 0 \\ 0 & 1 & 0 & 0 \end{pmatrix}$　(3) $\begin{pmatrix} 1 & 0 & 0 & 0 \\ 0 & 1 & 0 & k \\ 0 & 0 & 1 & 0 \\ 0 & 0 & 0 & 1 \end{pmatrix}$

5 ある $3 \times n$ 行列に次の行基本変形を順に施した。

第 2 行を 3 倍する ⟶ 第 1 行に第 3 行の 2 倍をたす

⟶ 第 2 行と第 3 行を入れ替える

この行基本変形の全体を表す行列を求めよ。

6 3 次正方行列の階段行列をすべて書き出せ。ただし，任意の数でよい成分は $*$ で表すこと。

1.3　行基本変形と連立1次方程式

〔目標〕　前節で学習した行列の行基本変形が連立1次方程式の解法にいかに応用されるかを理解する。特に，無数の解をもつ連立1次方程式の一般解が行列の利用によって鮮やかに表現されることを理解する。

（1）　行列と連立1次方程式

まずはじめに，連立1次方程式が行列を用いて表されることを確認しておこう。

連立1次方程式の行列による表現

連立1次方程式

$$\begin{cases} a_{11}x_1+a_{12}x_2+\cdots+a_{1n}x_n=b_1 \\ a_{21}x_1+a_{22}x_2+\cdots+a_{2n}x_n=b_2 \\ \qquad\cdots \\ a_{m1}x_1+a_{m2}x_2+\cdots+a_{mn}x_n=b_m \end{cases}$$

を行列を用いて表すと

$$\begin{pmatrix} a_{11} & a_{12} & \cdots & a_{1n} \\ a_{21} & a_{22} & \cdots & a_{2n} \\ \vdots & \vdots & \ddots & \vdots \\ a_{m1} & a_{m2} & \cdots & a_{mn} \end{pmatrix}\begin{pmatrix} x_1 \\ x_2 \\ \vdots \\ x_n \end{pmatrix}=\begin{pmatrix} b_1 \\ b_2 \\ \vdots \\ b_m \end{pmatrix}$$

さらに

$$A=\begin{pmatrix} a_{11} & a_{12} & \cdots & a_{1n} \\ a_{21} & a_{22} & \cdots & a_{2n} \\ \vdots & \vdots & \ddots & \vdots \\ a_{m1} & a_{m2} & \cdots & a_{mn} \end{pmatrix},\ \boldsymbol{x}=\begin{pmatrix} x_1 \\ x_2 \\ \vdots \\ x_n \end{pmatrix},\ \boldsymbol{b}=\begin{pmatrix} b_1 \\ b_2 \\ \vdots \\ b_m \end{pmatrix}$$

とおくと，この連立方程式は簡潔に

$$A\boldsymbol{x}=\boldsymbol{b}$$

と表すことができる。

A を**係数行列**といい，右辺 $\boldsymbol{b}$ を付け加えた $(A\ \ \boldsymbol{b})$ を**拡大係数行列**という。

（注）　線形代数では，高校で $\vec{a}$, $\vec{b}$, $\vec{c}$ のように表していたベクトルを $\boldsymbol{a}$, $\boldsymbol{b}$, $\boldsymbol{c}$ のように太字で表すのが一般的である。

問 1　次の連立1次方程式の係数行列および拡大係数行列を答えよ。

$$\begin{cases} x-2y+3z=1 \\ 2x-3y-z=0 \\ 3x-y+5z=4 \end{cases}$$

(解)　与式は行列を用いて

$$\begin{pmatrix} 1 & -2 & 3 \\ 2 & -3 & -1 \\ 3 & -1 & 5 \end{pmatrix}\begin{pmatrix} x \\ y \\ z \end{pmatrix}=\begin{pmatrix} 1 \\ 0 \\ 4 \end{pmatrix}$$

と表されるから

$$係数行列：\begin{pmatrix} 1 & -2 & 3 \\ 2 & -3 & -1 \\ 3 & -1 & 5 \end{pmatrix}\quad 拡大係数行列：\begin{pmatrix} 1 & -2 & 3 & 1 \\ 2 & -3 & -1 & 0 \\ 3 & -1 & 5 & 4 \end{pmatrix}$$

□

(2) 連立1次方程式への行基本変形の応用

問 2　問1の連立1次方程式を用いて，連立1次方程式を解くのに行列の行基本変形が利用できることを説明せよ。

(解)　行基本変形はその変形に対応するある行列を左側からかけることに相当する。そこで，行列で表された連立1次方程式

$$\begin{pmatrix} 1 & -2 & 3 \\ 2 & -3 & -1 \\ 3 & -1 & 5 \end{pmatrix}\begin{pmatrix} x \\ y \\ z \end{pmatrix}=\begin{pmatrix} 1 \\ 0 \\ 4 \end{pmatrix} \quad \cdots\cdots(*)$$

の両辺にPをかけると

$$P\begin{pmatrix} 1 & -2 & 3 \\ 2 & -3 & -1 \\ 3 & -1 & 5 \end{pmatrix}\begin{pmatrix} x \\ y \\ z \end{pmatrix}=P\begin{pmatrix} 1 \\ 0 \\ 4 \end{pmatrix} \quad \cdots\cdots(**)$$

ところで，行基本変形は可逆（行基本変形によってもとの状態に戻れる）であることに注意すれば，(＊)と(＊＊)とは同値である。

よって，(＊＊)の係数行列が簡単な形（階段行列）になれば，(＊＊)を眺めるだけで求める解が容易に分かる。すなわち，与式の拡大係数行列を階段行列へと行基本変形することで問題は解決する。このように，行基本変形で問題を解くことを**掃き出し法**という。□

それでは，行基本変形を利用して連立1次方程式を解いてみるとしよう。

問 3　次の連立1次方程式を行基本変形を利用して解け。

$$\begin{cases} x+2y+3z=4 \\ x \qquad +8z=-5 \\ 2x+5y+3z=13 \end{cases}$$

（解）　与式を行列を用いて表すと

$$\begin{pmatrix} 1 & 2 & 3 \\ 1 & 0 & 8 \\ 2 & 5 & 3 \end{pmatrix}\begin{pmatrix} x \\ y \\ z \end{pmatrix}=\begin{pmatrix} 4 \\ -5 \\ 13 \end{pmatrix} \quad \cdots\cdots(*)$$

拡大係数行列を行基本変形すると

$$\begin{pmatrix} 1 & 2 & 3 & 4 \\ 1 & 0 & 8 & -5 \\ 2 & 5 & 3 & 13 \end{pmatrix} \to \cdots \to \begin{pmatrix} 1 & 0 & 0 & 3 \\ 0 & 1 & 0 & 2 \\ 0 & 0 & 1 & -1 \end{pmatrix}$$

よって，$(*)$ は次のように書きかえられる。

$$\begin{pmatrix} 1 & 0 & 0 \\ 0 & 1 & 0 \\ 0 & 0 & 1 \end{pmatrix}\begin{pmatrix} x \\ y \\ z \end{pmatrix}=\begin{pmatrix} 3 \\ 2 \\ -1 \end{pmatrix} \quad \text{すなわち，求める解は} \quad \begin{pmatrix} x \\ y \\ z \end{pmatrix}=\begin{pmatrix} 3 \\ 2 \\ -1 \end{pmatrix} \quad \square$$

（注）　この例からも気がつくように，行基本変形は連立1次方程式の解法である加減法の抽象化である。しかし，単にきれいに書いてみただけにとどまらず，階段行列への変形を目標とする行基本変形は本質的な意義をもっていることが次第に明らかになる。理解を深めるために，もう1つ連立1次方程式を解いてみよう。

問 4　次の連立1次方程式を行基本変形を利用して解け。

$$\begin{cases} x-2y+z+2w=2 \\ x-2y+2z+w=3 \\ 2x-4y+z+5w=3 \end{cases}$$

（解）　拡大係数行列を行基本変形すると

$$\begin{pmatrix} 1 & -2 & 1 & 2 & 2 \\ 1 & -2 & 2 & 1 & 3 \\ 2 & -4 & 1 & 5 & 3 \end{pmatrix} \to \cdots \to \begin{pmatrix} \textcircled{1} & -2 & 0 & 3 & 1 \\ 0 & 0 & \textcircled{1} & -1 & 1 \\ 0 & 0 & 0 & 0 & 0 \end{pmatrix}$$

よって，与式は次のように表される。

$$\begin{cases} x-2y \quad +3w=1 \\ \qquad z- \ w=1 \\ 0\cdot x+0\cdot y+0\cdot z+0\cdot w=0 \end{cases}$$

⬅ 第3式は恒等式！

すなわち $\begin{cases} ⓧ-2y \quad +3w=1 \\ \qquad ⓩ- \ w=1 \end{cases}$ **⬅ 主成分がかかる未知数は x と z**

したがって，求める解は

$$\begin{pmatrix} x \\ y \\ z \\ w \end{pmatrix}=\begin{pmatrix} 2a-3b+1 \\ a \\ b+1 \\ b \end{pmatrix} \quad (a,\ b \text{ は任意})$$

□

（注） このように任意の定数を用いて表された無数の解を**一般解**という。

◆一般解の書き表し方について◆

一般解の表示はいい加減にせず，特に事情がない限り，きちんと書き表すようにしよう。上の例で，係数行列の主成分 1 がかかる未知数は何かということに注意する。この例では x と z が主成分がかかる未知数であり

$$x=2y-3w+1, \qquad z=w+1$$

というように，主成分がかからない未知数 y と w を用いてきれいに表せる。

したがって，一般解の表示は，原則として，主成分がかからない未知数の値を a, b などとし，主成分のかかる未知数の値はこれらの文字 a, b を用いて自然に表す。

（3） 同次連立 1 次方程式

同次連立 1 次方程式

連立 1 次方程式

$$A\boldsymbol{x}=\boldsymbol{0}$$

⬅ 右辺が零ベクトル

を**同次連立 1 次方程式**という。

解 $\boldsymbol{x}=\boldsymbol{0}$ を**自明な解**といい，自明でない解を**非自明な解**という。

（注 1） 明らかに，同次連立 1 次方程式は必ず自明な解をもつ。

（注 2） 同次連立 1 次方程式は，あとで学習するベクトル空間，固有値・固有ベクトルにおいて重要な役割を果たすことになる。

例題1（行基本変形と連立1次方程式）

次の連立1次方程式を行基本変形を利用して解け。

$$\begin{cases} x+2y+z-2w=-2 \\ 2x+3y-z+w=-1 \\ 3x+5y-w=-3 \\ x+y-2z+3w=1 \end{cases}$$

解説　与式は**非同次**（同次でない）の連立1次方程式であり，拡大係数行列を行基本変形することによって解くことができる。非同次の場合，解は次の3つのパターンがある。

(i)　**ただ1つの解をもつ**　(ii)　**無数の解をもつ**　(iii)　**解なし**

なお，行基本変形によって問題を解くことを，**掃き出し法**という。

解答　与式の拡大係数行列を行基本変形する。

$$\begin{pmatrix} 1 & 2 & 1 & -2 & -2 \\ 2 & 3 & -1 & 1 & -1 \\ 3 & 5 & 0 & -1 & -3 \\ 1 & 1 & -2 & 3 & 1 \end{pmatrix} \to \cdots \to \begin{pmatrix} 1 & 0 & -5 & 8 & 4 \\ 0 & 1 & 3 & -5 & -3 \\ 0 & 0 & 0 & 0 & 0 \\ 0 & 0 & 0 & 0 & 0 \end{pmatrix}$$

よって，与式は次のように変形される。

$$\begin{cases} x-5z+8w=4 \\ y+3z-5w=-3 \\ 0\cdot x+0\cdot y+0\cdot z+0\cdot w=0 \\ 0\cdot x+0\cdot y+0\cdot z+0\cdot w=0 \end{cases}$$

⬅ **第3式と第4式は恒等式！**

すなわち

$$\begin{cases} x-5z+8w=4 \\ y+3z-5w=-3 \end{cases}$$

⬅ **主成分がかかる未知数は x と y**

よって，求める解は

$$\begin{pmatrix} x \\ y \\ z \\ w \end{pmatrix} = \begin{pmatrix} 5a-8b+4 \\ -3a+5b-3 \\ a \\ b \end{pmatrix}$$

（a，b は任意）　……〔**答**〕

（注）　階段行列の主成分がかかる未知数（上の例では x と y）は必ず自動的に値が定まる。主成分がかからない未知数（上の例では z と w）の値を適当に a，b などで表す。

例題 2（同次連立 1 次方程式）

次の同次連立 1 次方程式を行基本変形を利用して解け。

$$\begin{cases} 3x+y+4z+2w=0 \\ 8x+y+9z+2w=0 \\ 2x-y+\ z-2w=0 \end{cases}$$

解説 同次連立 1 次方程式を解く場合は，拡大係数行列を計算する必要はない。なぜならば，右辺は常に零ベクトルのままだからである。したがって，係数行列を計算する。同次の場合，零ベクトルは必ず解である。これを**自明な解**という。自明でない解を**非自明な解**という。同次の場合の解のパターンは次の 2 つである。

(i) **自明な解しかもたない**　(ii) **無数の非自明な解をもつ**

解答 与式の係数行列を行基本変形する。 **← 拡大係数行列ではない！**

$$\begin{pmatrix} 3 & 1 & 4 & 2 \\ 8 & 1 & 9 & 2 \\ 2 & -1 & 1 & -2 \end{pmatrix} \to \cdots \to \begin{pmatrix} 1 & 0 & 1 & 0 \\ 0 & 1 & 1 & 2 \\ 0 & 0 & 0 & 0 \end{pmatrix}$$

よって，与式は次のように変形される。

$$\begin{cases} x \quad +z \qquad =0 \\ \quad y+z+2w=0 \\ 0\cdot x+0\cdot y+0\cdot z+0\cdot w=0 \end{cases}$$ **← 第 3 式は恒等式！**

すなわち

$$\begin{cases} x \quad +z \qquad =0 \\ \quad y+z+2w=0 \end{cases}$$ **← 主成分がかかる未知数は x と y**

したがって，求める解は

$$\begin{pmatrix} x \\ y \\ z \\ w \end{pmatrix} = \begin{pmatrix} -a \\ -a-2b \\ a \\ b \end{pmatrix} \quad (a,\ b \text{ は任意})$$ ……〔答〕

(注) 上で求めた解をしばしば次のように表す。

$$\begin{pmatrix} x \\ y \\ z \\ w \end{pmatrix} = a\begin{pmatrix} -1 \\ -1 \\ 1 \\ 0 \end{pmatrix} + b\begin{pmatrix} 0 \\ -2 \\ 0 \\ 1 \end{pmatrix} \quad (a,\ b \text{は任意})$$

例題 3（文字を含む連立 1 次方程式）

次の連立 1 次方程式が無数の解をもつ k の値を定め，そのときの解をを求めよ。

$$\begin{cases} x+\ y-\ z=1 \\ x+ky+3z=2 \\ 2x+3y+kz=3 \end{cases}$$

解説 文字を含む場合は，行基本変形に注意すること。階段行列に変形していくつもりで計算を進め，適当なところで行列を使わずに書き表してみるとよい。

解答 与式の拡大係数行列を行基本変形する。

$$\begin{pmatrix} 1 & 1 & -1 & 1 \\ 1 & k & 3 & 2 \\ 2 & 3 & k & 3 \end{pmatrix} \underset{\substack{②-① \\ ③-①\times 2}}{\to} \begin{pmatrix} 1 & 1 & -1 & 1 \\ 0 & k-1 & 4 & 1 \\ 0 & 1 & k+2 & 1 \end{pmatrix} \underset{②\leftrightarrow③}{\to} \begin{pmatrix} 1 & 1 & -1 & 1 \\ 0 & 1 & k+2 & 1 \\ 0 & k-1 & 4 & 1 \end{pmatrix}$$

$$\underset{\substack{①-② \\ ③-②\times(k-1)}}{\to} \begin{pmatrix} 1 & 0 & -k-3 & 0 \\ 0 & 1 & k+2 & 1 \\ 0 & 0 & 4-(k-1)(k+2) & 1-(k-1) \end{pmatrix}$$ ⬅ この辺で整理してみる

$$= \begin{pmatrix} 1 & 0 & -k-3 & 0 \\ 0 & 1 & k+2 & 1 \\ 0 & 0 & -k^2-k+6 & -k+2 \end{pmatrix} = \begin{pmatrix} 1 & 0 & -(k+3) & 0 \\ 0 & 1 & k+2 & 1 \\ 0 & 0 & -(k-2)(k+3) & -(k-2) \end{pmatrix}$$

よって，与式は次のように変形される。

$$\begin{cases} x \qquad -(k+3)z=0 \\ \qquad y+(k+2)z=1 \\ -(k-2)(k+3)z=-(k-2) \end{cases}$$ ⬅ 第 3 式を満たす z について考える

これが無数の解をもつための条件は，第 3 式が恒等式になることであるから

$k=2$ ……〔答〕

このとき与式は

$$\begin{cases} x \quad -5z=0 \\ \quad y+4z=1 \end{cases}$$

であるから，求める解は

$$\begin{pmatrix} x \\ y \\ z \end{pmatrix} = \begin{pmatrix} 5a \\ -4a+1 \\ a \end{pmatrix}$$ （a は任意） ……〔答〕

■ 演習問題 1.3

▶解答は p. 221

1 次の連立1次方程式を解け。

(1) $\begin{cases} 2x-3y+5z=-3 \\ 3x+6y-2z=7 \\ x+y-z=0 \end{cases}$

(2) $\begin{cases} 2x-y-z+4w=6 \\ x-y+2z-3w=1 \\ 4x-3y+3z-2w=8 \end{cases}$

(3) $\begin{cases} x-2y+3z+4u+5v=1 \\ x-2y+u+2v=-2 \\ 3x-6y+z+4u+7v=1 \end{cases}$

(4) $\begin{cases} x+2y+z+2w=0 \\ 3x+6y+5z-8w=0 \\ 3x+6y+4z-w=0 \\ 2x+4y+z+11w=0 \end{cases}$

2 次の連立1次方程式を解け。

$$\begin{cases} x+y+kz=k+2 \\ x+ky+z=2k+1 \\ kx+y+z=3k \end{cases}$$

3 次の連立1次方程式が解をもつための a, b, c の条件を求めよ。

$$\begin{cases} x-3y+4z=a \\ x+z=b \\ 2x-3y+5z=c \end{cases}$$

4 次の同次連立1次方程式が非自明な解をもつための a の条件を求めよ。また，そのときの解を求めよ。

$$\begin{cases} x+y+az=0 \\ x+ay+z=0 \\ ax+y+z=0 \end{cases}$$

5 a を実数とする。x, y, z, w に関する連立1次方程式

$$(*)\quad \begin{cases} x+2y+z+4w=1 \\ x+y+3w=a \\ x-y-2z+w=a^2 \end{cases}$$

について，次の問いに答えよ。

(1) （＊）が解をもつような a の値をすべて求めよ。

(2) (1)で求めた a の値それぞれについて（＊）の解を求めよ。

1. 4　行基本変形と逆行列

〔目標〕 行基本変形によって逆行列を求めることができるようになる。

(1) 逆行列

逆行列

正方行列 A に対して，$AX=XA=E$ を満たす正方行列 X が存在するとき，X を A の**逆行列**といい，A^{-1} で表す。また，正方行列 A が逆行列 A^{-1} をもつとき，A を**正則行列**という。

[定理]（逆行列の一意性）

X，Y が正則行列 A の逆行列ならば，$X=Y$ である。

(証明)　X は A の逆行列であるから，$AX=E$

両辺に左側から Y をかけると，$YAX=YE$　　$\therefore$　$(YA)X=Y$

ここで，Y も A の逆行列であるから，$YA=E$

よって，$EX=Y$　　すなわち，$X=Y$　□

[定理]（逆行列の性質）

A，B を n 次の正則行列とするとき，次が成り立つ。

(1)　$(A^{-1})^{-1}=A$　　　(2)　$(AB)^{-1}=B^{-1}A^{-1}$

(証明)　(1)　$A^{-1}A=AA^{-1}=E$ であるから，A は A^{-1} の逆行列である。

逆行列の一意性より，$(A^{-1})^{-1}=A$

(2)　$(AB)(B^{-1}A^{-1})=A(BB^{-1})A^{-1}=AEA^{-1}=AA^{-1}=E$

$(B^{-1}A^{-1})(AB)=B^{-1}(A^{-1}A)B=B^{-1}EB=B^{-1}B=E$

よって，$B^{-1}A^{-1}$ は AB の逆行列である。

逆行列の一意性より，$(AB)^{-1}=B^{-1}A^{-1}$　□

逆行列に関連して，実は次の定理が成り立つ（証明は解答編 p. 227）。

［定理］

正方行列 A，B に対して，次が成り立つ。

$AB=E$ ならば，$BA=E$

（2） 逆行列への行基本変形の応用

逆行列の計算において次の定理が基本になる。

［定理］（逆行列と行基本変形）

n 次正方行列 A に対し，$n\times 2n$ 行列 $(A \quad E)$ の階段行列が $(E \quad P)$ ならば，A は正則行列であり，$A^{-1}=P$ である。

（証明） $(A \quad E)$ の階段行列が $(E \quad P)$ とする。
行基本変形に対応する行列を Q とすると

$$Q(A \quad E)=(QA \quad Q)=(E \quad P)$$

よって，$QA=E$　かつ　$Q=P$ であり

$$PA=E$$

すなわち，A は正則行列であり，$A^{-1}=P$ である。 □

問 1 次の行列 A の逆行列 A^{-1} を行基本変形を利用して求めよ。

$$A=\begin{pmatrix} 1 & 2 & 3 \\ 2 & 4 & 5 \\ 3 & 5 & 6 \end{pmatrix}$$

（解） $(A \quad E)$ を行基本変形して階段行列を求めればよい。

$$(A \quad E)=\begin{pmatrix} 1 & 2 & 3 & 1 & 0 & 0 \\ 2 & 4 & 5 & 0 & 1 & 0 \\ 3 & 5 & 6 & 0 & 0 & 1 \end{pmatrix} \to \cdots \to \begin{pmatrix} 1 & 0 & 0 & 1 & -3 & 2 \\ 0 & 1 & 0 & -3 & 3 & -1 \\ 0 & 0 & 1 & 2 & -1 & 0 \end{pmatrix}$$

よって

$$A^{-1}=\begin{pmatrix} 1 & -3 & 2 \\ -3 & 3 & -1 \\ 2 & -1 & 0 \end{pmatrix}$$ □

（注） 正則行列の階段行列は単位行列である。

例題1（逆行列と行基本変形）

次の行列 A の逆行列 A^{-1} を行基本変形を利用して求めよ。

$$A=\begin{pmatrix} 1 & 0 & -1 & 0 \\ -1 & -3 & 2 & -2 \\ -1 & 0 & 2 & 0 \\ 0 & 1 & 0 & 1 \end{pmatrix}$$

解説　4×8 行列 $(A\quad E)$ を行基本変形して階段行列を求めればよい。階段行列の左半分が 4 次の単位行列 E になっていれば，右半分が求める逆行列 A^{-1} である。もし左半分が単位行列 E になっていなければ，この行列 A は逆行列をもたない。$(A\quad E)$ は間に仕切線を入れて $(A \mid E)$ や $(A \mid E)$ と書いてもよい。

解答　$(A \mid E)=\left(\begin{array}{cccc|cccc} 1 & 0 & -1 & 0 & 1 & 0 & 0 & 0 \\ -1 & -3 & 2 & -2 & 0 & 1 & 0 & 0 \\ -1 & 0 & 2 & 0 & 0 & 0 & 1 & 0 \\ 0 & 1 & 0 & 1 & 0 & 0 & 0 & 1 \end{array}\right)$

$$\underset{\substack{②+①\\③+①}}{\rightarrow}\left(\begin{array}{cccc|cccc} 1 & 0 & -1 & 0 & 1 & 0 & 0 & 0 \\ 0 & -3 & 1 & -2 & 1 & 1 & 0 & 0 \\ 0 & 0 & 1 & 0 & 1 & 0 & 1 & 0 \\ 0 & 1 & 0 & 1 & 0 & 0 & 0 & 1 \end{array}\right)\underset{②\leftrightarrow④}{\rightarrow}\left(\begin{array}{cccc|cccc} 1 & 0 & -1 & 0 & 1 & 0 & 0 & 0 \\ 0 & 1 & 0 & 1 & 0 & 0 & 0 & 1 \\ 0 & 0 & 1 & 0 & 1 & 0 & 1 & 0 \\ 0 & -3 & 1 & -2 & 1 & 1 & 0 & 0 \end{array}\right)$$

$$\underset{④+②\times3}{\rightarrow}\left(\begin{array}{cccc|cccc} 1 & 0 & -1 & 0 & 1 & 0 & 0 & 0 \\ 0 & 1 & 0 & 1 & 0 & 0 & 0 & 1 \\ 0 & 0 & 1 & 0 & 1 & 0 & 1 & 0 \\ 0 & 0 & 1 & 1 & 1 & 1 & 0 & 3 \end{array}\right)\underset{\substack{①+③\\④-③}}{\rightarrow}\left(\begin{array}{cccc|cccc} 1 & 0 & 0 & 0 & 2 & 0 & 1 & 0 \\ 0 & 1 & 0 & 1 & 0 & 0 & 0 & 1 \\ 0 & 0 & 1 & 0 & 1 & 0 & 1 & 0 \\ 0 & 0 & 0 & 1 & 0 & 1 & -1 & 3 \end{array}\right)$$

$$\underset{②-④}{\rightarrow}\left(\begin{array}{cccc|cccc} 1 & 0 & 0 & 0 & 2 & 0 & 1 & 0 \\ 0 & 1 & 0 & 0 & 0 & -1 & 1 & -2 \\ 0 & 0 & 1 & 0 & 1 & 0 & 1 & 0 \\ 0 & 0 & 0 & 1 & 0 & 1 & -1 & 3 \end{array}\right)$$

⬅ 左半分が単位行列になった！

よって，$A^{-1}=\begin{pmatrix} 2 & 0 & 1 & 0 \\ 0 & -1 & 1 & -2 \\ 1 & 0 & 1 & 0 \\ 0 & 1 & -1 & 3 \end{pmatrix}$ ……〔答〕

例題 2（行基本変形を表す行列と正則行列）

次の行列 P, Q, R はそれぞれある行基本変形を表す行列である。対応する行基本変形の内容を考え，それが正則行列であることを示せ。

(1) $P=\begin{pmatrix}1&0&0\\0&1&0\\0&0&2\end{pmatrix}$　(2) $Q=\begin{pmatrix}0&1&0\\1&0&0\\0&0&1\end{pmatrix}$　(3) $R=\begin{pmatrix}1&0&-1\\0&1&0\\0&0&1\end{pmatrix}$

解説　行基本変形は可逆（行基本変形で元の状態に戻すことができる）であるから，行基本変形を表す行列は正則行列のはずである。具体例で確認してみよう。

解答　(1)　P を左側からかけることは，「第 3 行を 2 倍する」ことを表す。

この行基本変形の逆は，「第 3 行を $\dfrac{1}{2}$ 倍する」ことである。

行列 P の逆行列を予想して調べてみる。

$$\begin{pmatrix}1&0&0\\0&1&0\\0&0&2\end{pmatrix}\begin{pmatrix}1&0&0\\0&1&0\\0&0&\frac{1}{2}\end{pmatrix}=\begin{pmatrix}1&0&0\\0&1&0\\0&0&1\end{pmatrix}\text{ であるから，}P^{-1}=\begin{pmatrix}1&0&0\\0&1&0\\0&0&\frac{1}{2}\end{pmatrix}$$

すなわち，行列 P は正則行列である。

(2)　Q を左側からかけることは，「第1行と第2行を入れ替える」ことを表す。

この行基本変形の逆は，同じく「第 1 行と第 2 行を入れ替える」ことである。

行列 Q の逆行列を予想して調べてみる。

$$\begin{pmatrix}0&1&0\\1&0&0\\0&0&1\end{pmatrix}\begin{pmatrix}0&1&0\\1&0&0\\0&0&1\end{pmatrix}=\begin{pmatrix}1&0&0\\0&1&0\\0&0&1\end{pmatrix}\text{ であるから，}Q^{-1}=\begin{pmatrix}0&1&0\\1&0&0\\0&0&1\end{pmatrix}$$

すなわち，行列 Q は正則行列である。

(3)　R を左側からかけることは，「第 1 行から第 3 行を引く」ことを表す。

この行基本変形の逆は，「第 1 行に第 3 行を足す」ことである。

行列 R の逆行列を予想して調べてみる。

$$\begin{pmatrix}1&0&-1\\0&1&0\\0&0&1\end{pmatrix}\begin{pmatrix}1&0&1\\0&1&0\\0&0&1\end{pmatrix}=\begin{pmatrix}1&0&0\\0&1&0\\0&0&1\end{pmatrix}\text{ であるから，}R^{-1}=\begin{pmatrix}1&0&1\\0&1&0\\0&0&1\end{pmatrix}$$

すなわち，行列 R は正則行列である。

例題 3（逆行列と連立 1 次方程式）

次の連立 1 次方程式を，係数行列の逆行列を利用して解け。

$$\begin{cases} 3x - y + 2z = 3 \\ 2x - y + z = 1 \\ 5x - 2y + 2z = 2 \end{cases}$$

解説　与えられた連立 1 次方程式の係数行列が逆行列をもつならば，その逆行列を両辺に左側からかけることによって解を求めることができる。

解答　与えられた連立 1 次方程式の係数行列

$$A = \begin{pmatrix} 3 & -1 & 2 \\ 2 & -1 & 1 \\ 5 & -2 & 2 \end{pmatrix}$$

⬅ 与式を行列で表すと $\begin{pmatrix} 3 & -1 & 2 \\ 2 & -1 & 1 \\ 5 & -2 & 2 \end{pmatrix}\begin{pmatrix} x \\ y \\ z \end{pmatrix} = \begin{pmatrix} 3 \\ 1 \\ 2 \end{pmatrix}$

の逆行列を求める。

$$(A \mid E) = \left(\begin{array}{ccc|ccc} 3 & -1 & 2 & 1 & 0 & 0 \\ 2 & -1 & 1 & 0 & 1 & 0 \\ 5 & -2 & 2 & 0 & 0 & 1 \end{array}\right) \xrightarrow[①-②]{} \left(\begin{array}{ccc|ccc} 1 & 0 & 1 & 1 & -1 & 0 \\ 2 & -1 & 1 & 0 & 1 & 0 \\ 5 & -2 & 2 & 0 & 0 & 1 \end{array}\right)$$

$$\xrightarrow[\substack{②-①\times 2 \\ ③-①\times 5}]{} \left(\begin{array}{ccc|ccc} 1 & 0 & 1 & 1 & -1 & 0 \\ 0 & -1 & -1 & -2 & 3 & 0 \\ 0 & -2 & -3 & -5 & 5 & 1 \end{array}\right) \xrightarrow[②\times(-1)]{} \left(\begin{array}{ccc|ccc} 1 & 0 & 1 & 1 & -1 & 0 \\ 0 & 1 & 1 & 2 & -3 & 0 \\ 0 & -2 & -3 & -5 & 5 & 1 \end{array}\right)$$

$$\xrightarrow[③+②\times 2]{} \left(\begin{array}{ccc|ccc} 1 & 0 & 1 & 1 & -1 & 0 \\ 0 & 1 & 1 & 2 & -3 & 0 \\ 0 & 0 & -1 & -1 & -1 & 1 \end{array}\right) \xrightarrow[③\times(-1)]{} \left(\begin{array}{ccc|ccc} 1 & 0 & 1 & 1 & -1 & 0 \\ 0 & 1 & 1 & 2 & -3 & 0 \\ 0 & 0 & 1 & 1 & 1 & -1 \end{array}\right)$$

$$\xrightarrow[\substack{①-③ \\ ②-③}]{} \left(\begin{array}{ccc|ccc} 1 & 0 & 0 & 0 & -2 & 1 \\ 0 & 1 & 0 & 1 & -4 & 1 \\ 0 & 0 & 1 & 1 & 1 & -1 \end{array}\right) \qquad \therefore\ A^{-1} = \begin{pmatrix} 0 & -2 & 1 \\ 1 & -4 & 1 \\ 1 & 1 & -1 \end{pmatrix}$$

よって，求める連立 1 次方程式の解は

$$\begin{pmatrix} x \\ y \\ z \end{pmatrix} = A^{-1}\begin{pmatrix} 3 \\ 1 \\ 2 \end{pmatrix} = \begin{pmatrix} 0 & -2 & 1 \\ 1 & -4 & 1 \\ 1 & 1 & -1 \end{pmatrix}\begin{pmatrix} 3 \\ 1 \\ 2 \end{pmatrix} = \begin{pmatrix} 0 \\ 1 \\ 2 \end{pmatrix} \quad \cdots\cdots〔答〕$$

（注）　係数行列が逆行列をもたない場合は当然この解き方は使えない。

■ 演習問題 1.4

▶解答は p. 224

1 次の行列の逆行列を行基本変形により求めよ。

(1) $\begin{pmatrix} 2 & -1 & 0 \\ -1 & 2 & -1 \\ 0 & -1 & 1 \end{pmatrix}$　　(2) $\begin{pmatrix} 1 & 1 & -1 \\ -1 & 1 & 5 \\ 1 & -1 & -3 \end{pmatrix}$

(3) $\begin{pmatrix} 1 & 1 & 0 & -2 \\ -2 & -2 & 1 & 3 \\ 1 & 2 & -1 & -2 \\ 0 & -3 & 1 & 3 \end{pmatrix}$　　(4) $\begin{pmatrix} 1 & 1 & 1 & 1 \\ 1 & 2 & 1 & 2 \\ 1 & 1 & 3 & 1 \\ 1 & 2 & 1 & 4 \end{pmatrix}$

2 次の行列は正則行列であるか行基本変形を利用して調べよ。また，正則行列であればその逆行列を答えよ。

(1) $\begin{pmatrix} 2 & 3 & 4 \\ 1 & 3 & 6 \\ 1 & 1 & 1 \end{pmatrix}$　　(2) $\begin{pmatrix} 3 & -1 & -2 \\ 2 & -3 & 1 \\ 4 & 1 & -5 \end{pmatrix}$

3 次の行列が正則行列であるための条件を行基本変形を利用して調べよ。

$$\begin{pmatrix} 1 & a & 0 & a \\ a & 1 & a & 0 \\ 0 & a & 1 & a \\ a & 0 & a & 1 \end{pmatrix}$$

4 $A^2+A-E=O$ ならば，A は正則行列であることを示せ。

1.5 行列のブロック分割

〔目標〕 行列のブロック分割を学習し，その使い方を理解する。

（1） 行列のブロック分割

行列をいくつかのブロックに分けて考えることは，具体的な計算においてだけでなく，理論的な考察においても非常に有用となるものである。

まず，簡単ではあるが最も大切な分割と言ってもよい，列ベクトルへの分割および行ベクトルへの分割を見てみよう。

【例】 次の行列 A を考える。

$$A=\left(\begin{array}{c:c:c} a_{11} & a_{12} & a_{13} \\ a_{21} & a_{22} & a_{23} \\ a_{31} & a_{32} & a_{33} \end{array}\right)$$

ここで，3つの列ベクトル

$$\boldsymbol{a}_1=\begin{pmatrix} a_{11} \\ a_{21} \\ a_{31} \end{pmatrix},\quad \boldsymbol{a}_2=\begin{pmatrix} a_{12} \\ a_{22} \\ a_{32} \end{pmatrix},\quad \boldsymbol{a}_3=\begin{pmatrix} a_{13} \\ a_{23} \\ a_{33} \end{pmatrix}$$

を考えると，行列 A は次のように表される。

$$A=(\boldsymbol{a}_1 \quad \boldsymbol{a}_2 \quad \boldsymbol{a}_3)$$ □

（注） 最後の式を $A=(\boldsymbol{a}_1,\ \boldsymbol{a}_2,\ \boldsymbol{a}_3)$ のように各列を区切って書いてもよい。

問 1 上の例の行列で3つの行ベクトル

$$\boldsymbol{a}_1=(a_{11} \quad a_{12} \quad a_{13}),\ \boldsymbol{a}_2=(a_{21} \quad a_{22} \quad a_{23}),\ \boldsymbol{a}_3=(a_{31} \quad a_{32} \quad a_{33})$$

を考えた場合，行列 A はどのように表されるか。

（解） $$A=\left(\begin{array}{ccc} a_{11} & a_{12} & a_{13} \\ \hdashline a_{21} & a_{22} & a_{23} \\ \hdashline a_{31} & a_{32} & a_{33} \end{array}\right)=\begin{pmatrix} \boldsymbol{a}_1 \\ \boldsymbol{a}_2 \\ \boldsymbol{a}_3 \end{pmatrix}$$ □

次にもう少し一般的な形の分割を調べてみよう。

【例】 再び次の行列 A を考える。

$$A=\left(\begin{array}{cc|c} a_{11} & a_{12} & a_{13} \\ a_{21} & a_{22} & a_{23} \\ \hline a_{31} & a_{32} & a_{33} \end{array}\right)$$

ここで，次の 4 つの行列

$$P=\begin{pmatrix} a_{11} & a_{12} \\ a_{21} & a_{22} \end{pmatrix}, \quad Q=\begin{pmatrix} a_{13} \\ a_{23} \end{pmatrix}, \quad R=(a_{31} \quad a_{32}), \quad S=(a_{33})$$

を考えると，行列 A は次のように表される。

$$A=\begin{pmatrix} P & Q \\ R & S \end{pmatrix}$$

□

問 2 n 次正方行列 A の階数を r とするとき，行基本変形により，次の $2n$ 次正方行列の階数を答えよ。

(1) $\begin{pmatrix} A & -A \\ -A & A \end{pmatrix}$ (2) $\begin{pmatrix} A & -A \\ A & A \end{pmatrix}$

(解) n 次正方行列 A の階数が r であることから，PA が主成分 r 個の階段行列となるような n 次正則行列 P が存在する。

(1) 与えられた行列を行基本変形する。

$$\begin{pmatrix} A & -A \\ -A & A \end{pmatrix} \underset{\substack{(n+1)+① \\ \cdots\cdots \\ (2n)+(n)}}{\rightarrow} \begin{pmatrix} A & -A \\ O & O \end{pmatrix} \rightarrow \begin{pmatrix} PA & -PA \\ O & O \end{pmatrix}$$

最後の行列の主成分は左上部分の PA の主成分であるから，階数は r である。

(2) 与えられた行列を行基本変形する。

$$\begin{pmatrix} A & -A \\ A & A \end{pmatrix} \underset{\substack{(n+1)-① \\ \cdots\cdots \\ (2n)-(n)}}{\rightarrow} \begin{pmatrix} A & -A \\ O & 2A \end{pmatrix} \underset{\substack{(n+1)\div 2 \\ \cdots\cdots \\ (2n)\div 2}}{\rightarrow} \begin{pmatrix} A & -A \\ O & A \end{pmatrix} \rightarrow \begin{pmatrix} PA & -PA \\ O & PA \end{pmatrix}$$

最後の行列の主成分は左上部分の PA の主成分と右下部分の PA の主成分であるから，階数は $2r$ である。 □

（2） 分割された行列の演算

明らかに次が成り立つ。

［定理］（分割された行列の演算）

分割された行列

$$\begin{pmatrix} A & B \\ C & D \end{pmatrix},\ \begin{pmatrix} P & Q \\ R & S \end{pmatrix}$$

に対して，次が成り立つ。

和：$\begin{pmatrix} A & B \\ C & D \end{pmatrix}+\begin{pmatrix} P & Q \\ R & S \end{pmatrix}=\begin{pmatrix} A+P & B+Q \\ C+R & D+S \end{pmatrix}$

スカラー倍：$k\begin{pmatrix} A & B \\ C & D \end{pmatrix}=\begin{pmatrix} kA & kB \\ kC & kD \end{pmatrix}$

積：$\begin{pmatrix} A & B \\ C & D \end{pmatrix}\begin{pmatrix} P & Q \\ R & S \end{pmatrix}=\begin{pmatrix} AP+BR & AQ+BS \\ CP+DR & CQ+DS \end{pmatrix}$

ただし，小行列の型は各々の演算が成立するようになっているものとする。

（注1） つまり，行列の成分の計算のように扱える。

（注2） 分割の形が異なっていても同様の公式が成り立つ。たとえば

$A(P\quad Q)=(AP\quad AQ)$ など。

問 3 次の分割された行列の積を求めよ。

(1) $\begin{pmatrix} A & O \\ O & D \end{pmatrix}\begin{pmatrix} P & O \\ O & S \end{pmatrix}$　(2) $\begin{pmatrix} O & E \\ E & O \end{pmatrix}\begin{pmatrix} P & Q \\ R & S \end{pmatrix}$　(3) $\begin{pmatrix} A \\ C \end{pmatrix}(P\quad Q)$

（解） (1) $\begin{pmatrix} A & O \\ O & D \end{pmatrix}\begin{pmatrix} P & O \\ O & S \end{pmatrix}=\begin{pmatrix} AP & O \\ O & DS \end{pmatrix}$

(2) $\begin{pmatrix} O & E \\ E & O \end{pmatrix}\begin{pmatrix} P & Q \\ R & S \end{pmatrix}=\begin{pmatrix} R & S \\ P & Q \end{pmatrix}$

(3) $\begin{pmatrix} A \\ C \end{pmatrix}(P\quad Q)=\begin{pmatrix} AP & AQ \\ CP & CQ \end{pmatrix}$ □

問 4　行列 A, D を正則行列とするとき，次が成り立つことを示せ。

(1) $\begin{pmatrix} A & O \\ O & D \end{pmatrix}^{-1} = \begin{pmatrix} A^{-1} & O \\ O & D^{-1} \end{pmatrix}$　　　(2) $\begin{pmatrix} E & O \\ C & E \end{pmatrix}^{-1} = \begin{pmatrix} E & O \\ -C & E \end{pmatrix}$

(解)　逆行列であることを示すためには，もとの行列に右（または左）からかけて単位行列になることを言えばよい。

(1) $\begin{pmatrix} A & O \\ O & D \end{pmatrix}\begin{pmatrix} A^{-1} & O \\ O & D^{-1} \end{pmatrix} = \begin{pmatrix} AA^{-1} & O \\ O & DD^{-1} \end{pmatrix} = \begin{pmatrix} E & O \\ O & E \end{pmatrix} = E$

(2) $\begin{pmatrix} E & O \\ C & E \end{pmatrix}\begin{pmatrix} E & O \\ -C & E \end{pmatrix} = \begin{pmatrix} E & O \\ C-C & E \end{pmatrix} = \begin{pmatrix} E & O \\ O & E \end{pmatrix} = E$　□

（3） 対称行列と行列の分割

行列の転置と対称行列

$m \times n$ 行列

$$\begin{pmatrix} a_{11} & a_{12} & \cdots & a_{1n} \\ a_{21} & a_{22} & \cdots & a_{2n} \\ \vdots & \vdots & \ddots & \vdots \\ a_{m1} & a_{m2} & \cdots & a_{mn} \end{pmatrix} \quad \text{⬅ } \boldsymbol{m \times n} \text{ 行列}$$

に対して，$n \times m$ 行列

$$\begin{pmatrix} a_{11} & a_{21} & \cdots & a_{m1} \\ a_{12} & a_{22} & \cdots & a_{m2} \\ \vdots & \vdots & \ddots & \vdots \\ a_{1n} & a_{2n} & \cdots & a_{mn} \end{pmatrix} \quad \text{⬅ } \boldsymbol{n \times m} \text{ 行列}$$

をもとの行列の**転置行列**といい，行列 A の転置行列を ${}^tA$（または A^T）で表す。また，正方行列 A が ${}^tA = A$ を満たすとき，A を**対称行列**という。

(注)　正方行列 A が ${}^tA = -A$ を満たすとき，A を**交代行列**という。

問 5　次の行列の転置行列をそれぞれ答えよ。また，その中に対称行列，交代行列はあるか。

$$A=\begin{pmatrix}2 & -1 & 5\\ 1 & 4 & 3\end{pmatrix},\quad B=\begin{pmatrix}0 & 3 & -2\\ -3 & 0 & -5\\ 2 & 5 & 0\end{pmatrix},\quad C=\begin{pmatrix}1 & 3 & -2\\ 3 & 5 & 1\\ -2 & 1 & -1\end{pmatrix}$$

（解）　それぞれの転置行列は次のようになる。

$$^tA=\begin{pmatrix}2 & 1\\ -1 & 4\\ 5 & 3\end{pmatrix},\quad {}^tB=\begin{pmatrix}0 & -3 & 2\\ 3 & 0 & 5\\ -2 & -5 & 0\end{pmatrix},\quad {}^tC=\begin{pmatrix}1 & 3 & -2\\ 3 & 5 & 1\\ -2 & 1 & -1\end{pmatrix}$$

よって，対称行列は C であり，交代行列は B である。　□

［定理］（行列の転置に関する基本性質）

(1)　$^t({}^tA)=A$

(2)　**和**：$^t(A+B)={}^tA+{}^tB$

スカラー倍：$^t(kA)=k\,{}^tA$

積：$^t(AB)={}^tB\,{}^tA$

分割された行列の転置については次が成り立つ。

［定理］（行列の分割と行列の転置）

$$^t\begin{pmatrix}A & B\\ C & D\end{pmatrix}=\begin{pmatrix}{}^tA & {}^tC\\ {}^tB & {}^tD\end{pmatrix}$$

（注）　分割の形が異なっていても同様の公式が成り立つ。

問 6　正方行列 A について次を示せ。

(1)　$A+{}^tA$ は対称行列である。

(2)　$A-{}^tA$ は交代行列である。

（解）　(1)　$^t(A+{}^tA)={}^tA+{}^t({}^tA)={}^tA+A=A+{}^tA$

(2)　$^t(A-{}^tA)={}^tA-{}^t({}^tA)={}^tA-A=-(A-{}^tA)$　□

例題1（行列のブロック分割）

A，D を n 次正則行列とするとき，次のブロックに分割された行列が正則であることを示せ。また，その逆行列を A，B，D などを用いて表せ。

$$\begin{pmatrix} A & B \\ O & D \end{pmatrix}$$

解説 逆行列を単純に求めてしまうことができる。与えられた行列にかける行列もブロックに分割した形で表しておき，実際にかけてみればよい。

解答 与えられた行列

$$\begin{pmatrix} A & B \\ O & D \end{pmatrix}$$

に右側からかけることができるブロックに分割された行列

$$\begin{pmatrix} P & Q \\ R & S \end{pmatrix}$$

で，分割された行列としての演算が成立するものを考えると

$$\begin{pmatrix} A & B \\ O & D \end{pmatrix}\begin{pmatrix} P & Q \\ R & S \end{pmatrix}=\begin{pmatrix} AP+BR & AQ+BS \\ DR & DS \end{pmatrix}$$

これが単位行列になるための条件は

$$\begin{cases} AP+BR=E & \cdots\cdots ① \\ AQ+BS=O & \cdots\cdots ② \\ DR=O & \cdots\cdots ③ \\ DS=E & \cdots\cdots ④ \end{cases}$$

である。

③より，$R=O$　　④より，$S=D^{-1}$

$R=O$ を①に代入すると，$AP=E$　　$\therefore\ \ P=A^{-1}$

$S=D^{-1}$ を②に代入すると，$AQ+BD^{-1}=O$　　$\therefore\ \ Q=-A^{-1}BD^{-1}$

以上より，与えられた行列は正則行列であり

$$\begin{pmatrix} A & B \\ O & D \end{pmatrix}^{-1}=\begin{pmatrix} A^{-1} & -A^{-1}BD^{-1} \\ O & D^{-1} \end{pmatrix}$$ ……〔答〕

例題 2（行列の転置とブロック分割）

(1)　2つの列ベクトル

$$\boldsymbol{x}=\begin{pmatrix} x_1 \\ x_2 \\ \vdots \\ x_n \end{pmatrix},\quad \boldsymbol{y}=\begin{pmatrix} y_1 \\ y_2 \\ \vdots \\ y_n \end{pmatrix}$$

に対して，積 ${}^t\boldsymbol{x}\boldsymbol{y}$ を計算せよ。

(2)　n 次正方行列 $P=(\boldsymbol{p}_1 \quad \boldsymbol{p}_2 \quad \cdots \quad \boldsymbol{p}_n)$ について，${}^tPP$ を計算せよ。

解説　行列のブロック分割は理論的な考察で特に重要である。ここで登場する計算はあとで大切になるものである。

解答　(1)　$${}^t\boldsymbol{x}\boldsymbol{y}=(x_1 \quad x_2 \quad \cdots \quad x_n)\begin{pmatrix} y_1 \\ y_2 \\ \vdots \\ y_n \end{pmatrix}$$

$$=x_1y_1+x_2y_2+\cdots+x_ny_n \quad \cdots\cdots〔答〕$$

（注）　ベクトルの内積 $\boldsymbol{x}\cdot\boldsymbol{y}$ について，$\boldsymbol{x}\cdot\boldsymbol{y}={}^t\boldsymbol{x}\boldsymbol{y}$ が成り立つ。

(2)　$${}^tPP=\begin{pmatrix} {}^t\boldsymbol{p}_1 \\ {}^t\boldsymbol{p}_2 \\ \vdots \\ {}^t\boldsymbol{p}_n \end{pmatrix}(\boldsymbol{p}_1 \quad \boldsymbol{p}_2 \quad \cdots \quad \boldsymbol{p}_n) \quad \Leftarrow \; {}^t(\boldsymbol{a}_1 \quad \boldsymbol{a}_2 \quad \cdots \quad \boldsymbol{a}_n)=\begin{pmatrix} {}^t\boldsymbol{a}_1 \\ {}^t\boldsymbol{a}_2 \\ \vdots \\ {}^t\boldsymbol{a}_n \end{pmatrix}$$

$$=\begin{pmatrix} {}^t\boldsymbol{p}_1\boldsymbol{p}_1 & {}^t\boldsymbol{p}_1\boldsymbol{p}_2 & \cdots & {}^t\boldsymbol{p}_1\boldsymbol{p}_n \\ {}^t\boldsymbol{p}_2\boldsymbol{p}_1 & {}^t\boldsymbol{p}_2\boldsymbol{p}_2 & \cdots & {}^t\boldsymbol{p}_2\boldsymbol{p}_n \\ \vdots & \vdots & \ddots & \vdots \\ {}^t\boldsymbol{p}_n\boldsymbol{p}_1 & {}^t\boldsymbol{p}_n\boldsymbol{p}_2 & \cdots & {}^t\boldsymbol{p}_n\boldsymbol{p}_n \end{pmatrix}$$

$$=\begin{pmatrix} \boldsymbol{p}_1\cdot\boldsymbol{p}_1 & \boldsymbol{p}_1\cdot\boldsymbol{p}_2 & \cdots & \boldsymbol{p}_1\cdot\boldsymbol{p}_n \\ \boldsymbol{p}_2\cdot\boldsymbol{p}_1 & \boldsymbol{p}_2\cdot\boldsymbol{p}_2 & \cdots & \boldsymbol{p}_2\cdot\boldsymbol{p}_n \\ \vdots & \vdots & \ddots & \vdots \\ \boldsymbol{p}_n\cdot\boldsymbol{p}_1 & \boldsymbol{p}_n\cdot\boldsymbol{p}_2 & \cdots & \boldsymbol{p}_n\cdot\boldsymbol{p}_n \end{pmatrix} \quad \cdots\cdots〔答〕$$

例題 3（分割された行列の注意すべき演算）

次の分割された行列の積を求めよ。ただし，太字は列ベクトルを表す。

(1) $A(\boldsymbol{e}_1 \quad \boldsymbol{e}_2 \quad \cdots \quad \boldsymbol{e}_n)$ (2) $(\boldsymbol{a}_1 \quad \boldsymbol{a}_2 \quad \cdots \quad \boldsymbol{a}_n)\begin{pmatrix} x_1 \\ x_2 \\ \vdots \\ x_2 \end{pmatrix}$

解説 簡単ではあるが，この形はのちほど頻繁に登場する大切な例である。

解答 (1) $A(\boldsymbol{e}_1 \quad \boldsymbol{e}_2 \quad \cdots \quad \boldsymbol{e}_n)=(A\boldsymbol{e}_1 \quad A\boldsymbol{e}_2 \quad \cdots \quad A\boldsymbol{e}_n)$ ……〔答〕

(2) $(\boldsymbol{a}_1 \quad \boldsymbol{a}_2 \quad \cdots \quad \boldsymbol{a}_n)\begin{pmatrix} x_1 \\ x_2 \\ \vdots \\ x_n \end{pmatrix}=x_1\boldsymbol{a}_1+x_2\boldsymbol{a}_2+\cdots+x_n\boldsymbol{a}_n$ ……〔答〕

■ 演習問題 1.5

▶解答は p. 225

1 A，D を n 次正則行列とするとき，次のブロックに分割された行列が正則であることを示せ。また，その逆行列を A，C，D などを用いて表せ。

$$\begin{pmatrix} A & O \\ C & D \end{pmatrix}$$

2 $A+B$，$A-B$ がともに正則行列ならば，

$$\begin{pmatrix} A & B \\ B & A \end{pmatrix}$$

も正則行列であることを示せ。

3 行列 A，B，C に対して，次が成り立つことを示せ。

(1) $\mathrm{rank}\begin{pmatrix} A & O \\ O & B \end{pmatrix}=\mathrm{rank}\,A+\mathrm{rank}\,B$ (2) $\mathrm{rank}\begin{pmatrix} A & C \\ O & B \end{pmatrix}\geqq\mathrm{rank}\,A+\mathrm{rank}\,B$

4 任意の正方行列 A は対称行列と交代行列の和として一意的に表せることを示せ。

過去問研究1－1（行列の演算）

一般に3次正方行列 $X=\begin{pmatrix} x_{11} & x_{12} & x_{13} \\ x_{21} & x_{22} & x_{23} \\ x_{31} & x_{32} & x_{33} \end{pmatrix}$ に対して

$$\mathrm{tr}(X)=x_{11}+x_{22}+x_{33}$$

とおく。$\mathrm{tr}(X)$ を X のトレースという。

$A=\begin{pmatrix} -1 & 2 & 6 \\ -3 & -1 & 0 \\ 5 & 3 & 1 \end{pmatrix}$ とするとき，次の問いに答えよ。

(1)　$\mathrm{tr}(A)$ の値を求めよ。

(2)　任意の3次正方行列 X に対して，$\mathrm{tr}(XA)=\mathrm{tr}(AX)$ となることを証明せよ。

(3)　$AX-XA=A$ となる3次正方行列 X は存在しないことを証明せよ。

〈京都工芸繊維大学〉

解説　トレースは線形代数の様々な応用で重要となる概念である。ここでは問題文に与えられているトレースの定義に従って計算を進めていけばよい。(3)ではトレースの利用に注意しよう。

解答　(1)　トレースの定義より

$$\begin{aligned}\mathrm{tr}(A)&=(-1)+(-1)+1\\&=-1\end{aligned}$$

……〔答〕

⬅ トレース：対角成分の和

(2)　XA，AX の対角成分だけ計算して，それぞれのトレースを求める。

$$XA=\begin{pmatrix} x_{11} & x_{12} & x_{13} \\ x_{21} & x_{22} & x_{23} \\ x_{31} & x_{32} & x_{33} \end{pmatrix}\begin{pmatrix} -1 & 2 & 6 \\ -3 & -1 & 0 \\ 5 & 3 & 1 \end{pmatrix}$$

$$=\begin{pmatrix} -x_{11}-3x_{12}+5x_{13} & * & * \\ * & 2x_{21}-x_{22}+3x_{23} & * \\ * & * & 6x_{31}+x_{33} \end{pmatrix}$$

より

$$\begin{aligned}\mathrm{tr}(XA)&=(-x_{11}-3x_{12}+5x_{13})+(2x_{21}-x_{22}+3x_{23})+(6x_{31}+x_{33})\\&=-x_{11}-3x_{12}+5x_{13}+2x_{21}-x_{22}+3x_{23}+6x_{31}+x_{33}\end{aligned}$$

……①

$$AX=\begin{pmatrix}-1 & 2 & 6\\ -3 & -1 & 0\\ 5 & 3 & 1\end{pmatrix}\begin{pmatrix}x_{11} & x_{12} & x_{13}\\ x_{21} & x_{22} & x_{23}\\ x_{31} & x_{32} & x_{33}\end{pmatrix}$$

$$=\begin{pmatrix}-x_{11}+2x_{21}+6x_{31} & * & *\\ * & -3x_{12}-x_{22} & *\\ * & * & 5x_{13}+3x_{23}+x_{33}\end{pmatrix}$$

より

$$\mathrm{tr}(AX)=(-x_{11}+2x_{21}+6x_{31})+(-3x_{12}-x_{22})+(5x_{13}+3x_{23}+x_{33})$$

$$=-x_{11}-3x_{12}+5x_{13}+2x_{21}-x_{22}+3x_{23}+6x_{31}+x_{33} \quad \cdots\cdots②$$

①，②より，$\mathrm{tr}(XA)=\mathrm{tr}(AX)$

(3) $AX-XA=A$ となる 3 次正方行列 X が存在したとすると

$$\mathrm{tr}(AX-XA)=\mathrm{tr}(A)$$

$\therefore\quad \mathrm{tr}(AX)-\mathrm{tr}(XA)=\mathrm{tr}(A)$ ⬅ **明らかに，$\mathbf{tr}(A+B)=\mathbf{tr}(A)+\mathbf{tr}(B)$**

ところで(2)で証明したように $\mathrm{tr}(XA)=\mathrm{tr}(AX)$ であるから

$$\mathrm{tr}(A)=\mathrm{tr}(AX)-\mathrm{tr}(XA)=0$$

これは(1)で計算した $\mathrm{tr}(A)=-1$ に反する。

よって，$AX-XA=A$ となる 3 次正方行列 X は存在しない。

≪研究≫ 一般に，正方行列

$$A=\begin{pmatrix}a_{11} & a_{12} & \cdots & a_{1n}\\ a_{21} & a_{22} & \cdots & a_{2n}\\ \vdots & \vdots & \ddots & \vdots\\ a_{n1} & a_{n2} & \cdots & a_{nn}\end{pmatrix}$$

に対して

$$\mathrm{tr}(A)=a_{11}+a_{22}+\cdots+a_{nn}$$ ⬅ **対角成分の和**

を行列 A の**トレース**（trace）という。

トレースに関して次の定理が成り立つ。

［定理］

n 次正方行列 A，B について次が成り立つ。

(1) $\mathrm{tr}(A+B)=\mathrm{tr}(A)+\mathrm{tr}(B)$

(2) $\mathrm{tr}(AB)=\mathrm{tr}(BA)$

過去問研究1－2（行列基本変形と階数）

a，b，c を0でない実数とする。このとき

$$\begin{pmatrix} 1 & a & a^2 \\ 1 & b & b^2 \\ 1 & c & c^2 \end{pmatrix}$$

の階数が2となるための必要十分条件を求めよ。〈島根大学〉

解説 行基本変形をして，階段行列を求めればよい。

解答
$$\begin{pmatrix} 1 & a & a^2 \\ 1 & b & b^2 \\ 1 & c & c^2 \end{pmatrix} \underset{\substack{②-① \\ ③-①}}{\rightarrow} \begin{pmatrix} 1 & a & a^2 \\ 0 & b-a & b^2-a^2 \\ 0 & c-a & c^2-a^2 \end{pmatrix} \quad \cdots\cdots(*)$$

(i)　$a=b=c$ のとき

明らかに，階数は1

(ii)　$a=c\neq b$ のとき

$$(*) \underset{\substack{②\div(b-a) \\ a=c}}{\rightarrow} \begin{pmatrix} 1 & a & a^2 \\ 0 & 1 & b+a \\ 0 & 0 & 0 \end{pmatrix} \underset{①-②\times a}{\rightarrow} \begin{pmatrix} 1 & 0 & -ab \\ 0 & 1 & b+a \\ 0 & 0 & 0 \end{pmatrix} \quad \text{階数は}2$$

(iii)　$a=b\neq c$ のとき

$$(*) \underset{\substack{③\div(c-a) \\ a=b}}{\rightarrow} \begin{pmatrix} 1 & a & a^2 \\ 0 & 0 & 0 \\ 0 & 1 & c+a \end{pmatrix} \underset{②\leftrightarrow③}{\rightarrow} \begin{pmatrix} 1 & a & a^2 \\ 0 & 1 & c+a \\ 0 & 0 & 0 \end{pmatrix} \underset{①-②\times a}{\rightarrow} \begin{pmatrix} 1 & 0 & -ca \\ 0 & 1 & c+a \\ 0 & 0 & 0 \end{pmatrix}$$

階数は2

(iv)　$b=c\neq a$

$$(*) \underset{\substack{②\div(b-a) \\ ③\div(c-a)}}{\rightarrow} \begin{pmatrix} 1 & a & a^2 \\ 0 & 1 & b+a \\ 0 & 1 & c+a \end{pmatrix} \underset{\substack{①-②\times a \\ ③-② \\ b=c}}{\rightarrow} \begin{pmatrix} 1 & 0 & -ab \\ 0 & 1 & b+a \\ 0 & 0 & 0 \end{pmatrix} \quad \text{階数は}2$$

(v)　a，b，c がすべて異なるとき

$$(*) \ \rightarrow \cdots \rightarrow \begin{pmatrix} 1 & 0 & 0 \\ 0 & 1 & 0 \\ 0 & 0 & 1 \end{pmatrix} \quad \text{階数は}3$$

以上より，階数が2となるための必要十分条件は

a，b，c のうち，ちょうど2つだけが等しいことである。……〔答〕

過去問研究 1 − 3（行基本変形と連立 1 次方程式）

次の連立 1 次方程式が解をもつための条件（a の値）を求め，その条件のもとでの一般解を示せ。

$$\begin{cases} x+y-2z+u=2 \\ -x-2y+3z-u=3 \\ 2x+y-3z+2u=a \end{cases}$$

〈豊橋技術科学大学〉

解説 拡大係数行列を行基本変形していく。行基本変形によって得られた連立 1 次方程式の第 3 式は恒等式（常に成り立つ式）かそれとも絶対に成り立たない式かのいずれかであることに注意しよう。

解答 拡大係数行列を行基本変形する。

$$\begin{pmatrix} 1 & 1 & -2 & 1 & 2 \\ -1 & -2 & 3 & -1 & 3 \\ 2 & 1 & -3 & 2 & a \end{pmatrix} \underset{\substack{②+① \\ ③-①\times 2}}{\to} \begin{pmatrix} 1 & 1 & -2 & 1 & 2 \\ 0 & -1 & 1 & 0 & 5 \\ 0 & -1 & 1 & 0 & a-4 \end{pmatrix}$$

$$\underset{②\times(-1)}{\to} \begin{pmatrix} 1 & 1 & -2 & 1 & 2 \\ 0 & 1 & -1 & 0 & -5 \\ 0 & -1 & 1 & 0 & a-4 \end{pmatrix} \underset{\substack{①-② \\ ③+②}}{\to} \begin{pmatrix} 1 & 0 & -1 & 1 & 7 \\ 0 & 1 & -1 & 0 & -5 \\ 0 & 0 & 0 & 0 & a-9 \end{pmatrix}$$

よって，与式は

$$\begin{cases} x \quad -z+u=7 \\ y-z \quad =-5 \\ 0\cdot x+0\cdot y+0\cdot z+0\cdot u=a-9 \end{cases}$$

⬅ **第 3 式に注意！**

であり，これが解をもつ（第 3 式が恒等式になる）ための条件は

$a=9$ ……〔答〕

このとき，与式は

$$\begin{cases} x \quad -z+u=7 \\ y-z \quad =-5 \end{cases}$$

⬅ **主成分がかかる変数 x，y に注意**

となり，求める一般解は

$$\begin{pmatrix} x \\ y \\ z \\ u \end{pmatrix} = \begin{pmatrix} s-t+7 \\ s-5 \\ s \\ t \end{pmatrix}$$

（s，t は任意） ……〔答〕

過去問研究1－4（行基本変形と連立1次方程式）

a, b, c を正の実数として，行列

$$A=\begin{pmatrix} -(a+c) & a & c \\ a & -(a+b) & b \\ c & b & -(b+c) \end{pmatrix}$$

を考える。次の問いに答えよ。

(1)　A の階数 (rank) を求めよ。

(2)　連立1次方程式 $A\begin{pmatrix} x \\ y \\ z \end{pmatrix}=\begin{pmatrix} 1 \\ 0 \\ -1 \end{pmatrix}$ の解を求めよ。　〈金沢大学〉

解説　(1)は A を行基本変形して階段行列を求めればよい。ただし，(2)で非同次の連立1次方程式を解くことになるので，はじめから拡大係数行列を変形しておこう。ここでの拡大係数行列の行基本変形はやや難しいが頑張って実行しよう。

解答　(1)　a, b, c が正であることに注意して，拡大係数行列を行基本変形する。

$$\begin{pmatrix} -(a+c) & a & c & 1 \\ a & -(a+b) & b & 0 \\ c & b & -(b+c) & -1 \end{pmatrix}$$

$$\underset{①+(②+③)}{\rightarrow}\begin{pmatrix} 0 & 0 & 0 & 0 \\ a & -(a+b) & b & 0 \\ c & b & -(b+c) & -1 \end{pmatrix}$$

$$\underset{①\leftrightarrow③}{\rightarrow}\begin{pmatrix} c & b & -(b+c) & -1 \\ a & -(a+b) & b & 0 \\ 0 & 0 & 0 & 0 \end{pmatrix}\underset{\substack{①\div c \\ c\neq 0}}{\rightarrow}\begin{pmatrix} 1 & \dfrac{b}{c} & -\dfrac{b+c}{c} & -\dfrac{1}{c} \\ a & -(a+b) & b & 0 \\ 0 & 0 & 0 & 0 \end{pmatrix}$$

$$\underset{②-①\times a}{\rightarrow}\begin{pmatrix} 1 & \dfrac{b}{c} & -\dfrac{b+c}{c} & -\dfrac{1}{c} \\ 0 & -(a+b)-\dfrac{ab}{c} & b+\dfrac{a(b+c)}{c} & \dfrac{a}{c} \\ 0 & 0 & 0 & 0 \end{pmatrix}$$

$$
=\begin{pmatrix} 1 & \dfrac{b}{c} & -\dfrac{b+c}{c} & -\dfrac{1}{c} \\ 0 & -\dfrac{ab+bc+ca}{c} & \dfrac{ab+bc+ca}{c} & \dfrac{a}{c} \\ 0 & 0 & 0 & 0 \end{pmatrix}
$$

$$
\underset{②\div\left(-\frac{ab+bc+ca}{c}\right)}{\rightarrow}\begin{pmatrix} 1 & \dfrac{b}{c} & -\dfrac{b+c}{c} & -\dfrac{1}{c} \\ 0 & 1 & -1 & -\dfrac{a}{ab+bc+ca} \\ 0 & 0 & 0 & 0 \end{pmatrix}
$$

$$
\underset{①-②\times\frac{b}{c}}{\rightarrow}\begin{pmatrix} 1 & 0 & -1 & \dfrac{1}{c}\left(-1+\dfrac{ab}{ab+bc+ca}\right) \\ 0 & 1 & -1 & -\dfrac{a}{ab+bc+ca} \\ 0 & 0 & 0 & 0 \end{pmatrix}
$$

$$
=\begin{pmatrix} 1 & 0 & -1 & -\dfrac{1}{c}\dfrac{bc+ca}{ab+bc+ca} \\ 0 & 1 & -1 & -\dfrac{a}{ab+bc+ca} \\ 0 & 0 & 0 & 0 \end{pmatrix}=\begin{pmatrix} 1 & 0 & -1 & -\dfrac{a+b}{ab+bc+ca} \\ 0 & 1 & -1 & -\dfrac{a}{ab+bc+ca} \\ 0 & 0 & 0 & 0 \end{pmatrix}
$$

よって，係数行列 A の階段行列は

$$
\begin{pmatrix} 1 & 0 & -1 \\ 0 & 1 & -1 \\ 0 & 0 & 0 \end{pmatrix}
$$

であり，$\mathrm{rank}\, A=2$ ……〔答〕

(2) (1)の計算より，与えられた連立1次方程式は次のようになる。

$$
\begin{cases} x-z=-\dfrac{a+b}{ab+bc+ca} \\ y-z=-\dfrac{a}{ab+bc+ca} \end{cases}
$$

したがって，求める解は

$$
\begin{pmatrix} x \\ y \\ z \end{pmatrix}=\begin{pmatrix} t-\dfrac{a+b}{ab+bc+ca} \\ t-\dfrac{a}{ab+bc+ca} \\ t \end{pmatrix} \quad (t\text{ は任意}) \quad \text{……〔答〕}
$$

過去問研究 1－5（連立1次方程式）

次の連立1次方程式 $A\boldsymbol{x}=\boldsymbol{b}$ を考える。ただし，

$$A=\begin{pmatrix}2&3&0\\4&8&4\\0&6&14\end{pmatrix},\quad \boldsymbol{x}=\begin{pmatrix}x_1\\x_2\\x_3\end{pmatrix},\quad \boldsymbol{b}=\begin{pmatrix}5\\16\\20\end{pmatrix}$$

である。このとき，以下の問いに答えよ。

(1)　上三角行列 U と，対角成分が1の下三角行列 L を用いて，$A=LU$ と書くとき，L と U を求めよ。

(2)　$A\boldsymbol{x}=\boldsymbol{b}$ の解は以下の2つの問題を解くことで求まることを説明せよ。

$$\begin{cases}L\boldsymbol{y}=\boldsymbol{b}\\U\boldsymbol{x}=\boldsymbol{y}\end{cases}$$

(3)　(2)の方法で $A\boldsymbol{x}=\boldsymbol{b}$ を解け。　〈九州大学〉

解説　3次正方行列の場合，**上三角行列**，**下三角行列**とは次の形の行列である。

$$\text{上三角行列：}\begin{pmatrix}a_{11}&a_{12}&a_{13}\\0&a_{22}&a_{23}\\0&0&a_{33}\end{pmatrix}\qquad \text{下三角行列：}\begin{pmatrix}a_{11}&0&0\\a_{21}&a_{22}&0\\a_{31}&a_{32}&a_{33}\end{pmatrix}$$

三角行列はいろいろな場面で計算を楽にすることがある。

解答　(1)　$U=\begin{pmatrix}u_{11}&u_{12}&u_{13}\\0&u_{22}&u_{23}\\0&0&a_{33}\end{pmatrix}$，$L=\begin{pmatrix}1&0&0\\l_{21}&1&0\\l_{31}&l_{32}&1\end{pmatrix}$ とおく。

$$LU=\begin{pmatrix}1&0&0\\l_{21}&1&0\\l_{31}&l_{32}&1\end{pmatrix}\begin{pmatrix}u_{11}&u_{12}&u_{13}\\0&u_{22}&u_{23}\\0&0&u_{33}\end{pmatrix}$$

$$=\begin{pmatrix}u_{11}&u_{12}&u_{13}\\l_{21}u_{11}&l_{21}u_{12}+u_{22}&l_{21}u_{13}+u_{23}\\l_{31}u_{11}&l_{31}u_{12}+l_{32}u_{22}&l_{31}u_{13}+l_{32}u_{23}+u_{33}\end{pmatrix}$$

これが $A=\begin{pmatrix}2&3&0\\4&8&4\\0&6&14\end{pmatrix}$ に一致するとすれば

$$\begin{cases} u_{11}=2, & u_{12}=3, & u_{13}=0, \\ l_{21}u_{11}=4, & l_{21}u_{12}+u_{22}=8, & l_{21}u_{13}+u_{23}=4, \\ l_{31}u_{11}=0, & l_{31}u_{12}+l_{32}u_{22}=6, & l_{31}u_{13}+l_{32}u_{23}+u_{33}=14 \end{cases}$$

これは容易に解けて次を得る。

$u_{11}=2$, $u_{12}=3$, $u_{13}=0$, $u_{22}=2$, $u_{23}=4$, $u_{33}=2$

$l_{21}=2$, $l_{31}=0$, $l_{32}=3$

よって，$U=\begin{pmatrix} 2 & 3 & 0 \\ 0 & 2 & 4 \\ 0 & 0 & 2 \end{pmatrix}$, $L=\begin{pmatrix} 1 & 0 & 0 \\ 2 & 1 & 0 \\ 0 & 3 & 1 \end{pmatrix}$ ……〔答〕

(2) $A=LU$ より，$A\boldsymbol{x}=\boldsymbol{b}$ は $L(U\boldsymbol{x})=\boldsymbol{b}$ となる。

そこで，$L\boldsymbol{y}=\boldsymbol{b}$ の解 $\boldsymbol{y}$ をまず求め，次に $U\boldsymbol{x}=\boldsymbol{y}$ を解いて $\boldsymbol{x}$ を求めれば，この $\boldsymbol{x}$ が $A\boldsymbol{x}=\boldsymbol{b}$ の解になっていることが分かる。

(3) まず $L\boldsymbol{y}=\boldsymbol{b}$ を解く。

$$\begin{pmatrix} 1 & 0 & 0 \\ 2 & 1 & 0 \\ 0 & 3 & 1 \end{pmatrix}\begin{pmatrix} y_1 \\ y_2 \\ y_3 \end{pmatrix}=\begin{pmatrix} 5 \\ 16 \\ 20 \end{pmatrix} \quad \text{より，} \quad \begin{cases} y_1=5 \\ 2y_1+y_2=16 \\ 3y_2+y_3=20 \end{cases}$$

これは上からただちに解けて

$y_1=5$, $y_2=6$, $y_3=2$　　よって，$\boldsymbol{y}=\begin{pmatrix} 5 \\ 6 \\ 2 \end{pmatrix}$

次に，$U\boldsymbol{x}=\boldsymbol{y}$ を解く。

$$\begin{pmatrix} 2 & 3 & 0 \\ 0 & 2 & 4 \\ 0 & 0 & 2 \end{pmatrix}\begin{pmatrix} x_1 \\ x_2 \\ x_3 \end{pmatrix}=\begin{pmatrix} 5 \\ 6 \\ 2 \end{pmatrix} \quad \text{より，} \quad \begin{cases} 2x_1+3x_2=5 \\ 2x_2+4x_3=6 \\ 2x_3=2 \end{cases}$$

これは下からただちに解けて

$x_1=1$, $x_2=1$, $x_3=1$　　よって，$\boldsymbol{x}=\begin{pmatrix} 1 \\ 1 \\ 1 \end{pmatrix}$ ……〔答〕

第2章

行　列　式

2.1　行列式の定義

〔目標〕 行列式の定義を理解し，サラスの方法で計算できるようになる。

(1)　順列の転倒数と符号

行列式の定義を述べるために，まず順列の転倒数と符号について説明しなければならない。

順　列

自然数 1, 2, …, n を適当な順に1列に並べたもの

$$(p_1,\ p_2,\ \cdots,\ p_n)$$

を**長さ** n **の順列**という。順列の総数は $n!=1\cdot 2\cdots\cdots n$ である。

(注) 特に断らない限り自然数 1, 2, …, n を並べるが，一般に $a_1<a_2<\cdots<a_n$ を並べてもよい。たとえば，2, 3, …, n の順列を考えてもよい。

問 1 長さ3の順列をすべて書き出せ。

(解) 長さ3の順列は $3!=1\cdot 2\cdot 3=6$ 個あり

(1, 2, 3), (1, 3, 2), (2, 1, 3), (2, 3, 1), (3, 1, 2), (3, 2, 1)　□

順列の転倒数

長さ n の順列 $(p_1,\ p_2,\ \cdots,\ p_n)$ において，$p_i>p_j$ $(i<j)$ となっている2つの数字の組 p_i と p_j は**転倒**しているといい，転倒している2つの数字の組の総数をその順列の**転倒数**という。

【例】 次の長さ5の順列の転倒数を計算してみよう。

(3, 1, 4, 5, 2)

先頭の数字から順に転倒している組をチェックしていく。

1番目の数字3について：

3と1，3と2　の2組

2番目の数字1について：

転倒している組はなく，0組　**⬅ 1と3の組はすでにチェック済み！**

3番目の数字4について：

4と2　の1組

4番目の数字5について：

5と2　の1組

以上でチェック終了である。

よって，この順列の転倒数は，$2+0+1+1=4$ である。

(注) ダブってチェックしないように，チェックしようと思う数字の右側の数字だけを見てチェックしていけばよい。

問 2 次の長さ7の順列の転倒数を求めよ。

(5, 2, 6, 4, 7, 1, 3)

(解) 先頭の数字から順に右側を見ながらチェックしていく。

1番目の数字5について：4組

2番目の数字2について：1組　**⬅ 2と5の組はチェック済み！**

3番目の数字6について：3組

4番目の数字4について：2組　**⬅ 4と5，4と6の組はチェック済み！**

5番目の数字7について：2組

6番目の数字1について：0組　**⬅ 左側の数字との転倒はチェック済み！**

よって，この順列の転倒数は，$4+1+3+2+2+0=12$ である。　□

順列の符号

順列 $(p_1, p_2, \cdots, p_n)$ の**符号** $\varepsilon(p_1, p_2, \cdots, p_n)$ を次のように定める。

(i) 転倒数が偶数のとき：$\varepsilon(p_1, p_2, \cdots, p_n)=+1$

(ii) 転倒数が奇数のとき：$\varepsilon(p_1, p_2, \cdots, p_n)=-1$

問 3　問2の順列の(5, 2, 6, 4, 7, 1, 3)の符号を答えよ。

(解)　転倒数が12で偶数だったから

$\varepsilon(5,\ 2,\ 6,\ 4,\ 7,\ 1,\ 3)=+1$　□

問 4　次の長さ3の各順列の転倒数および符号を答えよ。

ア　(1, 2, 3)　　イ　(1, 3, 2)　　ウ　(2, 1, 3)

エ　(2, 3, 1)　　オ　(3, 1, 2)　　カ　(3, 2, 1)

(解)　ア　転倒数は0，符号は $+1$　　イ　転倒数は1，符号は -1

ウ　転倒数は1，符号は -1　　エ　転倒数は2，符号は $+1$

オ　転倒数は2，符号は $+1$　　カ　転倒数は3，符号は -1

(2) 行列式の定義

準備が整ったので，いよいよ行列式を定義しよう。

行列式

n 次正方行列

$$A=\begin{pmatrix} a_{11} & a_{12} & \cdots & a_{1n} \\ a_{21} & a_{22} & \cdots & a_{2n} \\ \vdots & \vdots & \ddots & \vdots \\ a_{n1} & a_{n2} & \cdots & a_{nn} \end{pmatrix}$$

の行列式 $|A|$ ($\det(A)$ とも表す) を次のように定義する。

$$|A|=\sum\varepsilon(p_1,\ p_2,\ \cdots,\ p_n)a_{1p_1}a_{2p_2}\cdots a_{np_n}$$ ⬅ **$n!$ 個の和**

ここで，和は長さ n のすべての順列に対してとるものとする。

【例】　2次正方行列 $A=\begin{pmatrix} a_{11} & a_{12} \\ a_{21} & a_{22} \end{pmatrix}$ の行列式を定義に従って計算せよ。

(解)　$|A|=\sum\varepsilon(p_1,\ p_2)a_{1p_1}a_{2p_2}$ ⬅ **$2!=2$ 個の和**

$=\varepsilon(1,\ 2)a_{11}a_{22}+\varepsilon(2,\ 1)a_{12}a_{21}$

$=(+1)a_{11}a_{22}+(-1)a_{12}a_{21}$

$=a_{11}a_{22}-a_{12}a_{21}$　□

この結果は次のように書くと見やすい。

$$\begin{vmatrix} a & b \\ c & d \end{vmatrix}=ad-bc$$ ⬅ **この式は誰でも覚えられる**

問 5　3次正方行列の行列式を定義に従って調べよ。

$$A=\begin{pmatrix} a_{11} & a_{12} & a_{13} \\ a_{21} & a_{22} & a_{23} \\ a_{31} & a_{32} & a_{33} \end{pmatrix}$$

(解)　$|A|=\sum\varepsilon(p_1,\ p_2,\ p_3)a_{1p_1}a_{2p_2}a_{3p_3}$　**⬅ 3!＝6 個の和**

$=\varepsilon(1,\ 2,\ 3)a_{11}a_{22}a_{33}+\varepsilon(1,\ 3,\ 2)a_{11}a_{23}a_{32}+\varepsilon(2,\ 1,\ 3)a_{12}a_{21}a_{33}$
$\quad+\varepsilon(2,\ 3,\ 1)a_{12}a_{23}a_{31}+\varepsilon(3,\ 1,\ 2)a_{13}a_{21}a_{32}+\varepsilon(3,\ 2,\ 1)a_{13}a_{22}a_{31}$

$=(+1)a_{11}a_{22}a_{33}+(-1)a_{11}a_{23}a_{32}+(-1)a_{12}a_{21}a_{33}$
$\quad+(+1)a_{12}a_{23}a_{31}+(+1)a_{13}a_{21}a_{32}+(-1)a_{13}a_{22}a_{31}$

$=a_{11}a_{22}a_{33}+a_{12}a_{23}a_{31}+a_{13}a_{21}a_{32}-a_{13}a_{22}a_{31}-a_{12}a_{21}a_{33}-a_{11}a_{23}a_{32}$　□

(注)　1次正方行列 $A=(a_{11})$ については

$|A|=\sum\varepsilon(p_1)a_{1p_1}=\varepsilon(1)a_{11}=(+1)a_{11}=a_{11}$　　たとえば，$|-5|=-5$

(3)　サラスの方法

3次以下の行列式は単純な規則性（サラスの方法）で簡単に覚えられる。1次，2次の場合は無条件に覚えられる。特に，3次の場合の覚え方が大切である。

サラスの方法

$$\begin{vmatrix} a_{11} & a_{12} & a_{13} \\ a_{21} & a_{22} & a_{23} \\ a_{31} & a_{32} & a_{33} \end{vmatrix}$$

$=a_{11}a_{22}a_{33}+a_{12}a_{23}a_{31}+a_{13}a_{21}a_{32}-a_{13}a_{22}a_{31}-a_{12}a_{21}a_{33}-a_{11}a_{23}a_{32}$

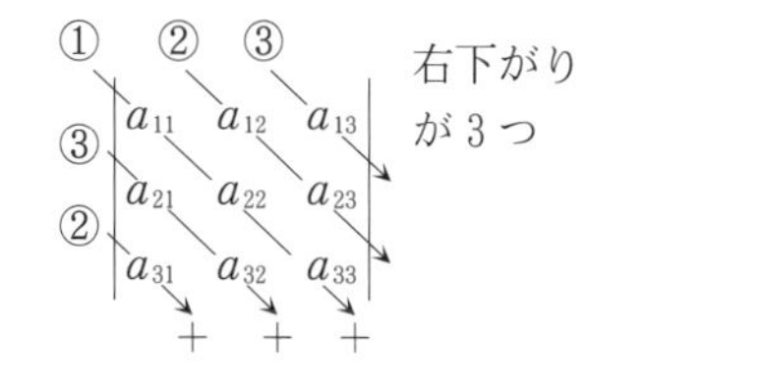

右下がり
が3つ

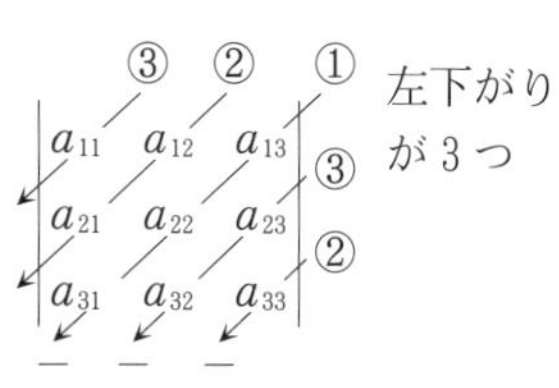

左下がり
が3つ

(注)　4次以上になるとこのような単純な規則性はない。4次の場合は4!＝24 個の和であり，5次の場合は 5!＝120 個の和であることに注意しよう。

例題1（順列の転倒数と符号）

次の順列の転倒数と符号を求めよ。

(1)　(4, 2, 1, 6, 5, 3)　　　　(2)　(n, $n-1$, …, 3, 2, 1)

解説　先頭の数字から順に転倒している組をチェックしていく。その際，ダブってチェックしないように，チェックしようと思う数字の右側の数字だけを見て調べていけばよい。最後の数字はもちろん調べる必要はない（その右側はないから）。

解答　(1)　先頭の数字から順に右側を見ながらチェックしていく。

1番目の数字4について：3組

2番目の数字2について：1組

3番目の数字1について：0組

4番目の数字6について：2組

5番目の数字5について：1組

よって

$$\begin{cases} \text{転倒数は } 3+1+0+2+1=7 \\ \text{符号は}\quad -1 \end{cases} \quad \cdots\cdots〔答〕$$

(2)　先頭の数字から順に右側を見ながらチェックしていく。

1番目の数字nについて：$n-1$組

2番目の数字$n-1$について：$n-2$組

…………………

$n-2$番目の数字3について：2組

$n-1$番目の数字2について：1組

よって

$$\begin{cases} \text{転倒数は } (n-1)+(n-2)+\cdots+2+1=\dfrac{n(n-1)}{2} \\ \text{符号は}\quad (-1)^{\frac{n(n-1)}{2}} \end{cases} \quad \cdots\cdots〔答〕$$

（注）　kが偶数のときは $+1$，kが奇数のときは -1 となる式は単純に$(-1)^k$で表すことができる。したがって，順列 (p_1, p_2, …, p_n) の転倒数をkとすると

$$\varepsilon(p_1,\ p_2,\ \cdots,\ p_n)=(-1)^k$$

である。

例題 2（サラスの方法）

次の行列式の値を定義に従って求めよ（サラスの方法）。

(1) $\begin{vmatrix} 3 & 2 & -1 \\ 4 & -1 & 1 \\ 2 & -3 & 1 \end{vmatrix}$ (2) $\begin{vmatrix} 1 & 0 & 2 \\ 1 & 2 & 3 \\ 3 & 4 & 5 \end{vmatrix}$ (3) $\begin{vmatrix} a & b & c \\ b & c & a \\ c & a & b \end{vmatrix}$

解説 3 次の行列式の計算式は一見複雑に見えるが単純な規則性がある。

$$\begin{vmatrix} a_{11} & a_{12} & a_{13} \\ a_{21} & a_{22} & a_{23} \\ a_{31} & a_{32} & a_{33} \end{vmatrix}$$ **サラスの方法**

$$=a_{11}a_{22}a_{33}+a_{12}a_{23}a_{31}+a_{13}a_{21}a_{32}-a_{13}a_{22}a_{31}-a_{12}a_{21}a_{33}-a_{11}a_{23}a_{32}$$

① ② ③ 右下がりが 3 つ
a_{11} a_{12} a_{13}
③ a_{21} a_{22} a_{23}
② a_{31} a_{32} a_{33}
＋ ＋ ＋

③ ② ① 左下がりが 3 つ
a_{11} a_{12} a_{13} ③
a_{21} a_{22} a_{23} ②
a_{31} a_{32} a_{33}
－ － －

解答 サラスの方法で，すなわち行列式の定義に従って計算する。

(1) $\begin{vmatrix} 3 & 2 & -1 \\ 4 & -1 & 1 \\ 2 & -3 & 1 \end{vmatrix}=(-3)+4+12-2-8-(-9)=12$ ……〔答〕

右下がり（＋）が 3 つ，左下がり（－）が 3 つ

(2) $\begin{vmatrix} 1 & 0 & 2 \\ 1 & 2 & 3 \\ 3 & 4 & 5 \end{vmatrix}=10+0+8-12-0-12=-6$ ……〔答〕

成分に 0 があると計算がすぐに終わる

(3) $\begin{vmatrix} a & b & c \\ b & c & a \\ c & a & b \end{vmatrix}=abc+bac+cba-c^3-b^3-a^3$

$=-a^3-b^3-c^3+3abc$ ……〔答〕

（注） 4 次以上になると同様の計算は成り立たない。4 次の場合は 4!＝24 項が現れる。「右下がり 4 つと左下がり 4 つの合計 8 項」なわけがない！

例題 3（行列式の定義の応用）

行列式の微分に関する次の公式を証明せよ。

$$\frac{d}{dx}\begin{vmatrix} f_1(x) & f_2(x) & f_3(x) \\ g_1(x) & g_2(x) & g_3(x) \\ h_1(x) & h_2(x) & h_3(x) \end{vmatrix}$$

$$=\begin{vmatrix} f_1'(x) & f_2'(x) & f_3'(x) \\ g_1(x) & g_2(x) & g_3(x) \\ h_1(x) & h_2(x) & h_3(x) \end{vmatrix}+\begin{vmatrix} f_1(x) & f_2(x) & f_3(x) \\ g_1'(x) & g_2'(x) & g_3'(x) \\ h_1(x) & h_2(x) & h_3(x) \end{vmatrix}+\begin{vmatrix} f_1(x) & f_2(x) & f_3(x) \\ g_1(x) & g_2(x) & g_3(x) \\ h_1'(x) & h_2'(x) & h_3'(x) \end{vmatrix}$$

解説　行列式の定義をきちんと覚えておこう。行列式に関するいろいろな公式の証明に定義の式が必要となる。

n 次正方行列 $A=(a_{ij})$ の行列式 $|A|$ は次のように定義される。

$$|A|=\sum\varepsilon(p_1,\ p_2,\ \cdots,\ p_n)a_{1p_1}a_{2p_2}\cdots a_{np_n}$$

ここで，和は長さ n のすべての順列に対してとるものとする。

解答　行列式の定義に従って計算していく。関数記号 f, g, h が第1行，第2行，第3行に対応し，添え字の番号 1, 2, 3 が第1列，第2列，第3列に対応している。

$$\frac{d}{dx}\begin{vmatrix} f_1(x) & f_2(x) & f_3(x) \\ g_1(x) & g_2(x) & g_3(x) \\ h_1(x) & h_2(x) & h_3(x) \end{vmatrix}$$

$$=\frac{d}{dx}\sum\varepsilon(p_1,\ p_2,\ p_3)f_{p_1}(x)g_{p_2}(x)h_{p_3}(x)$$ ⬅ 行列式の定義

$$=\frac{d}{dx}\sum\varepsilon(p_1,\ p_2,\ p_3)f_{p_1}g_{p_2}h_{p_3}$$ ⬅ 以下，見やすく (x) を省いて書く

$$=\sum\varepsilon(p_1,\ p_2,\ p_3)(f_{p_1}g_{p_2}h_{p_3})'$$

$$=\sum\varepsilon(p_1,\ p_2,\ p_3)(f_{p_1}'g_{p_2}h_{p_3}+f_{p_1}g_{p_2}'h_{p_3}+f_{p_1}g_{p_2}h_{p_3}')$$ ⬅ 積の微分

$$=\sum\varepsilon(p_1,\ p_2,\ p_3)f_{p_1}'g_{p_2}h_{p_3}+\sum\varepsilon(p_1,\ p_2,\ p_3)f_{p_1}g_{p_2}'h_{p_3}$$

$$+\sum\varepsilon(p_1,\ p_2,\ p_3)f_{p_1}g_{p_2}h_{p_3}'$$

$$=\begin{vmatrix} f_1'(x) & f_2'(x) & f_3'(x) \\ g_1(x) & g_2(x) & g_3(x) \\ h_1(x) & h_2(x) & h_3(x) \end{vmatrix}+\begin{vmatrix} f_1(x) & f_2(x) & f_3(x) \\ g_1'(x) & g_2'(x) & g_3'(x) \\ h_1(x) & h_2(x) & h_3(x) \end{vmatrix}+\begin{vmatrix} f_1(x) & f_2(x) & f_3(x) \\ g_1(x) & g_2(x) & g_3(x) \\ h_1'(x) & h_2'(x) & h_3'(x) \end{vmatrix}$$

■ 演習問題 2.1

▶解答は p. 228

1 次の順列の転倒数と符号を求めよ。

(1) (5, 4, 7, 1, 2, 6, 3)

(2) $(2,\ 1,\ 4,\ 3,\ \cdots,\ 2n-2,\ 2n-3,\ 2n,\ 2n-1)$

2 次の行列式の値を定義に従って求めよ（サラスの方法）。

(1) $\begin{vmatrix} 2 & 1 \\ 3 & 4 \end{vmatrix}$　(2) $\begin{vmatrix} \cos\theta & \sin\theta \\ -r\sin\theta & r\cos\theta \end{vmatrix}$　(3) $\begin{vmatrix} 1 & -3 & 2 \\ 0 & -2 & 1 \\ -2 & 1 & 4 \end{vmatrix}$

(4) $\begin{vmatrix} \sin\theta\cos\varphi & r\cos\theta\cos\varphi & -r\sin\theta\sin\varphi \\ \sin\theta\sin\varphi & r\cos\theta\sin\varphi & r\sin\theta\cos\varphi \\ \cos\theta & -r\sin\theta & 0 \end{vmatrix}$

3 次の行列式を計算し，i, j, k で整理せよ。

$$\begin{vmatrix} i & j & k \\ a_x & a_y & a_z \\ b_x & b_y & b_z \end{vmatrix}$$

4 行列式に関する次の等式を証明せよ。

(1) $\begin{vmatrix} a_{11} & a_{12} & a_{13} \\ b_{21}+c_{21} & b_{22}+c_{22} & b_{23}+c_{23} \\ a_{31} & a_{32} & a_{33} \end{vmatrix} = \begin{vmatrix} a_{11} & a_{12} & a_{13} \\ b_{21} & b_{22} & b_{23} \\ a_{31} & a_{32} & a_{33} \end{vmatrix} + \begin{vmatrix} a_{11} & a_{12} & a_{13} \\ c_{21} & c_{22} & c_{23} \\ a_{31} & a_{32} & a_{33} \end{vmatrix}$

(2) $\begin{vmatrix} a_{11} & a_{12} & a_{13} \\ ka_{21} & ka_{22} & ka_{23} \\ a_{31} & a_{32} & a_{33} \end{vmatrix} = k\begin{vmatrix} a_{11} & a_{12} & a_{13} \\ a_{21} & a_{22} & a_{23} \\ a_{31} & a_{32} & a_{33} \end{vmatrix}$

2.2　行列式の計算

〔目標〕 行列式の性質を利用することにより，次数の高い行列式の計算ができるようになる。また，文字を含む行列式の計算を工夫してできるようになる。

（1） 公式による行列式の計算

3次以下の行列式については定義に従って計算できるが，4次以上になるともはや定義に従って計算することは困難である。そこで，次数を下げる公式がまず重要になる。

［定理］（次数下げの公式）

$$\begin{vmatrix} a_{11} & a_{12} & \cdots & a_{1n} \\ 0 & a_{22} & \cdots & a_{2n} \\ \vdots & \vdots & \ddots & \vdots \\ 0 & a_{n2} & \cdots & a_{nn} \end{vmatrix} = a_{11} \begin{vmatrix} a_{22} & \cdots & a_{2n} \\ \vdots & \ddots & \vdots \\ a_{n2} & \cdots & a_{nn} \end{vmatrix}$$

（証明） 行列式の定義より

$$\begin{vmatrix} a_{11} & a_{12} & \cdots & a_{1n} \\ 0 & a_{22} & \cdots & a_{2n} \\ \vdots & \vdots & \ddots & \vdots \\ 0 & a_{n2} & \cdots & a_{nn} \end{vmatrix} = \sum \varepsilon(p_1,\ p_2,\ \cdots,\ p_n) a_{1p_1} a_{2p_2} \cdots a_{np_n}$$

$$= \sum \varepsilon(1,\ p_2,\ \cdots,\ p_n) a_{11} a_{2p_2} \cdots a_{np_n}$$ ⬅ $\boldsymbol{a_{21} = \cdots = a_{n1} = 0}$ より

$$= a_{11} \sum \varepsilon(p_2,\ \cdots,\ p_n) a_{2p_2} \cdots a_{np_n}$$ ⬅ $\boldsymbol{\varepsilon(1,\ p_2,\ \cdots,\ p_n) = \varepsilon(p_2,\ \cdots,\ p_n)}$

$$= a_{11} \begin{vmatrix} a_{22} & \cdots & a_{2n} \\ \vdots & \ddots & \vdots \\ a_{n2} & \cdots & a_{nn} \end{vmatrix}$$ □

（注） 次数下げの公式から**三角行列**の行列式はただちに計算できる。

$$\begin{vmatrix} a_{11} & a_{12} & \cdots & a_{1n} \\ 0 & a_{22} & \cdots & a_{2n} \\ \vdots & \vdots & \ddots & \vdots \\ 0 & 0 & \cdots & a_{nn} \end{vmatrix} = a_{11} \begin{vmatrix} a_{22} & \cdots & a_{2n} \\ \vdots & \ddots & \vdots \\ 0 & \cdots & a_{nn} \end{vmatrix}$$

$$= \cdots = a_{11} \cdot a_{22} \cdot \cdots \cdot a_{nn}$$ ⬅ **対角成分の積**

なお，次の形の正方行列をそれぞれ**上三角行列**，**下三角行列**という。

$$\begin{pmatrix} a_{11} & a_{12} & \cdots & a_{1n} \\ 0 & a_{22} & \cdots & a_{2n} \\ \vdots & \vdots & \ddots & \vdots \\ 0 & 0 & \cdots & a_{nn} \end{pmatrix}, \quad \begin{pmatrix} a_{11} & 0 & \cdots & 0 \\ a_{21} & a_{22} & \cdots & 0 \\ \vdots & \vdots & \ddots & \vdots \\ a_{n1} & a_{n2} & \cdots & a_{nn} \end{pmatrix}$$

次に重要なことは，与えられた行列式にいかにして次数下げの公式を適用するかである。そのためには行基本変形が行列式に与える影響を知る必要がある。次の定理がその答えである。証明は省略する。

［定理］（行基本変形と行列式の値）

（Ⅰ） ある行に他の行の k 倍をたしても，行列式の値は変わらない。

（Ⅱ） ある行を k 倍すると，行列式の値は k 倍になる。

（Ⅲ） 2つの行を入れ替えると，行列式の値は -1 倍になる。

（注） （Ⅲ）の性質より，2つの行が一致すると行列式の値は0となる。

問 1 次の行列式の値を求めよ。

$$\begin{vmatrix} 3 & 1 & -1 & 3 \\ 1 & 2 & 0 & -1 \\ 2 & -1 & 2 & 1 \\ 0 & 1 & 1 & 0 \end{vmatrix}$$

（解）

$$\begin{vmatrix} 3 & 1 & -1 & 3 \\ 1 & 2 & 0 & -1 \\ 2 & -1 & 2 & 1 \\ 0 & 1 & 1 & 0 \end{vmatrix} \underset{①\leftrightarrow②}{=} -\begin{vmatrix} 1 & 2 & 0 & -1 \\ 3 & 1 & -1 & 3 \\ 2 & -1 & 2 & 1 \\ 0 & 1 & 1 & 0 \end{vmatrix} \underset{\substack{②-①\times3 \\ ③-①\times2}}{=} -\begin{vmatrix} 1 & 2 & 0 & -1 \\ 0 & -5 & -1 & 6 \\ 0 & -5 & 2 & 3 \\ 0 & 1 & 1 & 0 \end{vmatrix}$$

$$= -\begin{vmatrix} -5 & -1 & 6 \\ -5 & 2 & 3 \\ 1 & 1 & 0 \end{vmatrix} \quad \text{← 次数下げの公式}$$

$$= -\{0+(-3)+(-30)-12-0-(-15)\} = 30 \qquad \square$$

これで4次以上の行列式も3次にまで次数を下げて計算できることが分かった。

（2）行列式と列基本変形

［定理］（行列の転置と行列式）

任意の正方行列 A に対して，$|{}^tA|=|A|$　（${}^tA$ は A の転置行列）

この定理の重要性は，行列式においては“行”と“列”が対等であるということを表している点である。この定理により，上に述べた次数下げの公式や行基本変形との関係を表す定理と同様，次の定理が成り立つ。

［定理］（次数下げの公式)）

$$\begin{vmatrix} a_{11} & 0 & \cdots & 0 \\ a_{21} & a_{22} & \cdots & a_{2n} \\ \vdots & \vdots & \ddots & \vdots \\ a_{n1} & a_{n2} & \cdots & a_{nn} \end{vmatrix} = a_{11}\begin{vmatrix} a_{22} & \cdots & a_{2n} \\ \vdots & \ddots & \vdots \\ a_{n2} & \cdots & a_{nn} \end{vmatrix}$$

［定理］（列基本変形と行列式の値）

（Ⅰ）　ある列に他の列の k 倍をたしても，行列式の値は変わらない。

（Ⅱ）　ある列を k 倍すると，行列式の値は k 倍になる。

（Ⅲ）　2つの列を入れ替えると，行列式の値は -1 倍になる。

（注）　ここではじめて「列基本変形」なる言葉が出てきたがその意味は明らかであろう。注意すべきことは，行列の変形においては「行基本変形」と「列基本変形」では全く意味が異なるのに対して，行列式においては同等だということである。下の計算で，①，②はそれぞれ第1列，第2列を表し，①↔③ は第1列と第3列を入れ替えることを表す。

問 2　問1の行列式を列基本変形を利用して計算せよ。

（解）

$$\begin{vmatrix} 3 & 1 & -1 & 3 \\ 1 & 2 & 0 & -1 \\ 2 & -1 & 2 & 1 \\ 0 & 1 & 1 & 0 \end{vmatrix} \underset{①\leftrightarrow②}{=} -\begin{vmatrix} 1 & 3 & -1 & 3 \\ 2 & 1 & 0 & -1 \\ -1 & 2 & 2 & 1 \\ 1 & 0 & 1 & 0 \end{vmatrix} \underset{\substack{②-①\times 3 \\ ③+① \\ ④-①\times 3}}{=} -\begin{vmatrix} 1 & 0 & 0 & 0 \\ 2 & -5 & 2 & -7 \\ -1 & 5 & 1 & 4 \\ 1 & -3 & 2 & -3 \end{vmatrix}$$

$$= -\begin{vmatrix} -5 & 2 & -7 \\ 5 & 1 & 4 \\ -3 & 2 & -3 \end{vmatrix} = -\{15+(-24)+(-70)-21-(-30)-(-40)\} = 30$$

□

（3） いろいろな行列式の計算

行列式に関する定理を利用した行列式の計算は，３次の行列式の計算においてもしばしば有用である。行列式の計算においては，行基本変形と列基本変形を自由に組み合わせて利用することが大切である。

問 3 次の行列式を因数分解せよ。

$$\begin{vmatrix} a & bc & b+c \\ b & ca & c+a \\ c & ab & a+b \end{vmatrix}$$

（解）

$$\begin{vmatrix} a & bc & b+c \\ b & ca & c+a \\ c & ab & a+b \end{vmatrix} \underset{\boxed{1}+\boxed{3}}{=} \begin{vmatrix} a+b+c & bc & b+c \\ a+b+c & ca & c+a \\ a+b+c & ab & a+b \end{vmatrix}$$

$$=(a+b+c)\begin{vmatrix} 1 & bc & b+c \\ 1 & ca & c+a \\ 1 & ab & a+b \end{vmatrix}$$ ⬅ 第１列から $\boldsymbol{a+b+c}$ をくくり出す

$$\underset{\substack{②-① \\ ③-①}}{=}(a+b+c)\begin{vmatrix} 1 & bc & b+c \\ 0 & c(a-b) & a-b \\ 0 & b(a-c) & a-c \end{vmatrix}$$

$$=(a+b+c)(a-b)(a-c)\begin{vmatrix} 1 & bc & b+c \\ 0 & c & 1 \\ 0 & b & 1 \end{vmatrix}$$ ⬅ 第２行から $\boldsymbol{a-b}$ を，第３行から $\boldsymbol{a-c}$ をくくり出す

$$=(a+b+c)(a-b)(a-c)\begin{vmatrix} c & 1 \\ b & 1 \end{vmatrix}$$ ⬅ 次数下げの公式

$$=(a+b+c)(a-b)(a-c)(c-b)$$

$$=(a+b+c)(a-b)(b-c)(c-a)$$ □

（注） いきなりサラスの方法でばらばらにしてしまうと，その式を因数分解するのがたいへんになる。公式を活用しながら因数を取り出していくようにしよう。

≪研究≫　公式の証明について：

上で用いた公式の証明のためには順列の符号についての性質が必要となる。必要な性質だけを記すと次の通り（証明は順列に関する十分な考察が必要なので省略する）。

性質1　$\varepsilon(\cdots,\ p_i,\ \cdots,\ p_j,\ \cdots)=-\varepsilon(\cdots,\ p_j,\ \cdots,\ p_i,\ \cdots)$

性質2　$a_{p_1 1}a_{p_2 2}\cdots a_{p_n n}=a_{1q_1}a_{2q_2}\cdots a_{nq_n}$ のとき，

$$\varepsilon(p_1,\ p_2,\ \cdots,\ p_n)=\varepsilon(q_1,\ q_2,\ \cdots,\ q_n)$$

［定理］（行基本変形と行列式の値）

（Ⅰ）　ある行に他の行の k 倍をたしても，行列式の値は変わらない。

（Ⅱ）　ある行を k 倍すると，行列式の値は k 倍になる。

（Ⅲ）　2つの行を入れ替えると，行列式の値は (-1) 倍になる。

（証明）　（Ⅰ），（Ⅱ）は易しい（練習問題）。（Ⅲ）だけ示す。

行列 $A=(a_{ij})$ の第 i 行と第 j 行を入れ替えた行列を $B=(b_{ij})$ とすると

$$\begin{aligned}|B|&=\sum\varepsilon(\cdots,\ p_i,\ \cdots,\ p_j,\ \cdots)b_{1p_1}\cdots b_{ip_i}\cdots b_{jp_j}\cdots b_{np_n}\\&=\sum\varepsilon(\cdots,\ p_i,\ \cdots,\ p_j,\ \cdots)a_{1p_1}\cdots a_{jp_i}\cdots a_{ip_j}\cdots a_{np_n}\\&=\sum\varepsilon(\cdots,\ p_i,\ \cdots,\ p_j,\ \cdots)a_{1p_1}\cdots a_{ip_j}\cdots a_{jp_i}\cdots a_{np_n}\\&=-\sum\varepsilon(\cdots,\ p_j,\ \cdots,\ p_i,\ \cdots)a_{1p_1}\cdots a_{ip_j}\cdots a_{jp_i}\cdots a_{np_n}\quad \text{← 性質1より}\\&=-|A|\end{aligned}$$

□

［定理］（行列の転置と行列式）

任意の正方行列 A に対して，$|{}^tA|=|A|$　（${}^tA$ は A の転置行列）

（証明）　行列 $A=(a_{ij})$ の転置行列を ${}^tA=(b_{ij})$ とすると

$$\begin{aligned}|{}^tA|&=\sum\varepsilon(p_1,\ p_2,\ \cdots,\ p_n)b_{1p_1}b_{2p_2}\cdots b_{np_n}\\&=\sum\varepsilon(p_1,\ p_2,\ \cdots,\ p_n)a_{p_1 1}a_{p_2 2}\cdots a_{p_n n}\quad \text{← } \boldsymbol{b_{ij}=a_{ji}}\\&=\sum\varepsilon(p_1,\ p_2,\ \cdots,\ p_n)a_{1q_1}a_{2q_2}\cdots a_{nq_n}\\&=\sum\varepsilon(q_1,\ q_2,\ \cdots,\ q_n)a_{1q_1}a_{2q_2}\cdots a_{nq_n}\quad \text{← 性質2より}\\&=|A|\end{aligned}$$

□

例題 1 （公式による行列式の計算①）

次の行列式の値を求めよ。

(1) $\begin{vmatrix} 4 & -3 & 2 & -3 \\ -3 & 5 & -3 & -3 \\ 5 & -7 & 1 & 3 \\ 2 & -2 & 1 & 3 \end{vmatrix}$　　(2) $\begin{vmatrix} 1 & 2 & 3 & 4 \\ 1^2 & 2^2 & 3^2 & 4^2 \\ 1^3 & 2^3 & 3^3 & 4^3 \\ 1^4 & 2^4 & 3^4 & 4^4 \end{vmatrix}$

解説　4 次以上の行列式の計算では，行基本変形，列基本変形および次数下げの公式を利用し，3 次以下にまで次数を下げて計算する。なお，等号の下の①，②はそれぞれ第 1 行，第 2 行を表し，$\boxed{1}$，$\boxed{2}$はそれぞれ第 1 列，第 2 列を表す。

解答　(1)

$$\begin{vmatrix} 4 & -3 & 2 & -3 \\ -3 & 5 & -3 & -3 \\ 1 & -7 & 1 & 3 \\ 2 & -2 & 1 & 3 \end{vmatrix} \underset{\boxed{1}\leftrightarrow\boxed{3}}{=} -\begin{vmatrix} 2 & -3 & 4 & -3 \\ -3 & 5 & -3 & -3 \\ 1 & -7 & 1 & 3 \\ 1 & -2 & 2 & 3 \end{vmatrix}$$

$$\underset{\text{①}\leftrightarrow\text{④}}{=} \begin{vmatrix} 1 & -2 & 2 & 3 \\ -3 & 5 & -3 & -3 \\ 1 & -7 & 5 & 3 \\ 2 & -3 & 4 & -3 \end{vmatrix} \underset{\substack{\text{②}+\text{①}\times 3 \\ \text{③}-\text{①} \\ \text{④}-\text{①}\times 2}}{=} \begin{vmatrix} 1 & -2 & 2 & 3 \\ 0 & -1 & 3 & 6 \\ 0 & -5 & 3 & 0 \\ 0 & 1 & 0 & -9 \end{vmatrix} = \begin{vmatrix} -1 & 3 & 6 \\ -5 & 3 & 0 \\ 1 & 0 & -9 \end{vmatrix}$$

$=27+0+0-18-135-0=-126$　……〔答〕

(2)

$$\begin{vmatrix} 1 & 2 & 3 & 4 \\ 1^2 & 2^2 & 3^2 & 4^2 \\ 1^3 & 2^3 & 3^3 & 4^3 \\ 1^4 & 2^4 & 3^4 & 4^4 \end{vmatrix} = 2\cdot 3\cdot 4 \begin{vmatrix} 1 & 1 & 1 & 1 \\ 1^2 & 2 & 3 & 4 \\ 1^3 & 2^2 & 3^2 & 4^2 \\ 1^4 & 2^3 & 3^3 & 4^3 \end{vmatrix} = 24 \begin{vmatrix} 1 & 1 & 1 & 1 \\ 1 & 2 & 3 & 4 \\ 1 & 2^2 & 3^2 & 4^2 \\ 1 & 2^3 & 3^3 & 4^3 \end{vmatrix}$$

$$\underset{\substack{\text{④}-\text{③} \\ \text{③}-\text{②} \\ \text{②}-\text{①}}}{=} 24 \begin{vmatrix} 1 & 1 & 1 & 1 \\ 0 & 2-1 & 3-1 & 4-1 \\ 0 & 2\cdot(2-1) & 3\cdot(3-1) & 4\cdot(4-1) \\ 0 & 2^2\cdot(2-1) & 3^2\cdot(3-1) & 4^2\cdot(4-1) \end{vmatrix} = 24 \begin{vmatrix} 1 & 1 & 1 & 1 \\ 0 & 1 & 2 & 3 \\ 0 & 2 & 3\cdot 2 & 4\cdot 3 \\ 0 & 2^2 & 3^2\cdot 2 & 4^2\cdot 3 \end{vmatrix}$$

$$= 24 \begin{vmatrix} 1 & 2 & 3 \\ 2 & 3\cdot 2 & 4\cdot 3 \\ 2^2 & 3^2\cdot 2 & 4^2\cdot 3 \end{vmatrix} = 24\cdot 2\cdot 3 \begin{vmatrix} 1 & 1 & 1 \\ 2 & 3 & 4 \\ 2^2 & 3^2 & 4^2 \end{vmatrix} \underset{\substack{\boxed{3}-\boxed{2} \\ \boxed{2}-\boxed{1}}}{=} 144 \begin{vmatrix} 1 & 0 & 0 \\ 2 & 1 & 1 \\ 2^2 & 5 & 7 \end{vmatrix}$$

$=144\cdot(7-5)=288$　……〔答〕

例題 2（公式による行列式の計算②）

次の行列式を因数分解せよ。

(1) $\begin{vmatrix} a+b+2c & a & b \\ c & b+c+2a & b \\ c & a & c+a+2b \end{vmatrix}$　　(2) $\begin{vmatrix} (a+b)^2 & c^2 & c^2 \\ a^2 & (b+c)^2 & a^2 \\ b^2 & b^2 & (c+a)^2 \end{vmatrix}$

解 説　公式を利用した行列式の計算は3次の場合でも重要になることがある。その際，行基本変形と列基本変形を自由に組み合わせて利用することが大切である。

解 答　(1) $\begin{vmatrix} a+b+2c & a & b \\ c & b+c+2a & b \\ c & a & c+a+2b \end{vmatrix}$

$$\underset{\boxed{1}+(\boxed{2}+\boxed{3})}{=}\begin{vmatrix} 2a+2b+2c & a & b \\ 2a+2b+2c & b+c+2a & b \\ 2a+2b+2c & a & c+a+2b \end{vmatrix}$$

$$=2(a+b+c)\begin{vmatrix} 1 & a & b \\ 1 & b+c+2a & b \\ 1 & a & c+a+2b \end{vmatrix}$$

← 第1列から $2(a+b+c)$ をくくり出す

$$\underset{\substack{②-①\\③-①}}{=}2(a+b+c)\begin{vmatrix} 1 & a & b \\ 0 & b+c+a & 0 \\ 0 & 0 & c+a+b \end{vmatrix}$$

$=2(a+b+c)(a+b+c)^2=2(a+b+c)^3$　……〔答〕

(2) $$\begin{vmatrix} (a+b)^2 & c^2 & c^2 \\ a^2 & (b+c)^2 & a^2 \\ b^2 & b^2 & (c+a)^2 \end{vmatrix}\underset{\substack{\boxed{2}-\boxed{1}\\\boxed{3}-\boxed{1}}}{=}\begin{vmatrix} (a+b)^2 & c^2-(a+b)^2 & c^2-(a+b)^2 \\ a^2 & (b+c)^2-a^2 & 0 \\ b^2 & 0 & (c+a)^2-b^2 \end{vmatrix}$$

$$=\begin{vmatrix} (a+b)^2 & (c+a+b)(c-a-b) & (c+a+b)(c-a-b) \\ a^2 & (b+c+a)(b+c-a) & 0 \\ b^2 & 0 & (c+a+b)(c+a-b) \end{vmatrix}$$

$$=(a+b+c)^2\begin{vmatrix} (a+b)^2 & c-a-b & c-a-b \\ a^2 & b+c-a & 0 \\ b^2 & 0 & c+a-b \end{vmatrix}$$

← 第2列，第3列から $a+b+c$ をくくり出す

$$\underset{①-(②+③)}{=}(a+b+c)^2\begin{vmatrix} 2ab & -2b & -2a \\ a^2 & b+c-a & 0 \\ b^2 & 0 & c+a-b \end{vmatrix}$$

$$\underset{\boxed{1}+\boxed{2}\times a}{=}(a+b+c)^2\begin{vmatrix} 0 & -2b & -2a \\ ab+ac & b+c-a & 0 \\ b^2 & 0 & c+a-b \end{vmatrix}$$

$$=(a+b+c)^2\{2ab^2(b+c-a)+2b(ab+ac)(c+a-b)\}$$

$$=(a+b+c)^2\cdot 2ab\{b(b+c-a)+(b+c)(c+a-b)\}$$

$$=(a+b+c)^2\cdot 2ab(b^2+bc-ba+bc+ba-b^2+c^2+ca-cb)$$

$$=(a+b+c)^2\cdot 2ab(bc+c^2+ca)=(a+b+c)^2\cdot 2ab\cdot c(a+b+c)$$

$$=2abc(a+b+c)^3$$ ……〔答〕

■ 演習問題 2.2

▶解答は p. 228

1 次の行列式の値を求めよ。

(1) $\begin{vmatrix} 3 & 7 & 0 & 4 \\ 1 & -1 & 2 & 1 \\ 2 & 6 & -1 & 5 \\ 1 & 1 & -1 & 0 \end{vmatrix}$　　(2) $\begin{vmatrix} 2 & 0 & 1 & 3 \\ 0 & 1 & -1 & 1 \\ 1 & 0 & 1 & 0 \\ 1 & 1 & -1 & -1 \end{vmatrix}$

2 次の行列式を因数分解せよ。

(1) $\begin{vmatrix} a+b & c & c-a \\ b+c & a & a-b \\ c+a & b & b-c \end{vmatrix}$　　(2) $\begin{vmatrix} a+b & b & a \\ c & c+a & a \\ c & b & b+c \end{vmatrix}$

2.3　行列式の応用

〔目標〕 行列式の代表的な応用として，クラーメルの公式，逆行列の公式，余因子展開について学習する。

（1） クラーメルの公式

連立1次方程式の係数行列が正則行列の場合には次のクラーメルの公式が成り立つ。

［定理］（クラーメルの公式）

連立1次方程式

$$A\boldsymbol{x}=\boldsymbol{b}$$

の係数行列 A が n 次の正則行列であるとき，その解は次式で与えられる。

$$x_1=\frac{|\boldsymbol{b}\ \ \boldsymbol{a}_2\ \ \cdots\ \ \boldsymbol{a}_n|}{|A|},\quad x_2=\frac{|\boldsymbol{a}_1\ \ \boldsymbol{b}\ \ \cdots\ \ \boldsymbol{a}_n|}{|A|},\quad \cdots,\quad x_n=\frac{|\boldsymbol{a}_1\ \ \boldsymbol{a}_2\ \ \cdots\ \ \boldsymbol{b}|}{|A|}$$

ただし，$A=(\boldsymbol{a}_1\ \ \boldsymbol{a}_2\ \ \cdots\ \ \boldsymbol{a}_n)$，$\boldsymbol{x}={}^t(x_1\ \ x_2\ \ \cdots\ \ x_n)$

（証明） $A\boldsymbol{x}=\boldsymbol{b}$ より

$$(\boldsymbol{a}_1\ \ \boldsymbol{a}_2\ \ \cdots\ \ \boldsymbol{a}_n)\begin{pmatrix}x_1\\x_2\\\vdots\\x_n\end{pmatrix}=\boldsymbol{b}\qquad\therefore\quad x_1\boldsymbol{a}_1+x_2\boldsymbol{a}_2+\cdots+x_n\boldsymbol{a}_n=\boldsymbol{b}$$

よって

$$\begin{aligned}&|\boldsymbol{b}\ \ \boldsymbol{a}_2\ \ \cdots\ \ \boldsymbol{a}_n|\\&=|x_1\boldsymbol{a}_1+x_2\boldsymbol{a}_2+\cdots+x_n\boldsymbol{a}_n\ \ \boldsymbol{a}_2\ \ \cdots\ \ \boldsymbol{a}_n|\\&=x_1|\boldsymbol{a}_1\ \ \boldsymbol{a}_2\ \ \cdots\ \ \boldsymbol{a}_n|+x_2|\boldsymbol{a}_2\ \ \boldsymbol{a}_2\ \ \cdots\ \ \boldsymbol{a}_n|+\cdots+x_n|\boldsymbol{a}_n\ \ \boldsymbol{a}_2\ \ \cdots\ \ \boldsymbol{a}_n|\end{aligned}$$

（行列式の**多重線形性**（2.4節参照）より）

$$=x_1|\boldsymbol{a}_1\ \ \boldsymbol{a}_2\ \ \cdots\ \ \boldsymbol{a}_n|+0+\cdots+0=x_1|\boldsymbol{A}|$$

$|A|\neq 0$ より，$x_1=\dfrac{|\boldsymbol{b}\ \ \boldsymbol{a}_2\ \ \cdots\ \ \boldsymbol{a}_n|}{|A|}$

x_2，$\cdots$，x_n についても全く同様にして示される。　□

それではクラーメルの公式を使う練習をしよう。

問 1　次の連立1次方程式をクラーメルの公式を用いて解け。

$$\begin{cases} x+2y+3z=4 \\ x \qquad\ \ +8z=-5 \\ 2x+5y+3z=13 \end{cases}$$

(解)　与式を行列を用いて表すと

$$\begin{pmatrix} 1 & 2 & 3 \\ 1 & 0 & 8 \\ 2 & 5 & 3 \end{pmatrix}\begin{pmatrix} x \\ y \\ z \end{pmatrix}=\begin{pmatrix} 4 \\ -5 \\ 13 \end{pmatrix}$$

係数行列の行列式を計算すると

$$\begin{vmatrix} 1 & 2 & 3 \\ 1 & 0 & 8 \\ 2 & 5 & 3 \end{vmatrix}=32+15-6-40=1\neq 0$$ ← **係数行列が正則行列**

よって，クラーメルの公式が使える。

$$\begin{vmatrix} 4 & 2 & 3 \\ -5 & 0 & 8 \\ 13 & 5 & 3 \end{vmatrix}=208+(-75)-(-30)-160=3 \qquad \therefore\ x=\frac{3}{1}=3$$

$$\begin{vmatrix} 1 & 4 & 3 \\ 1 & -5 & 8 \\ 2 & 13 & 3 \end{vmatrix}=(-15)+64+39-(-30)-12-104=2 \qquad \therefore\ y=\frac{2}{1}=2$$

$$\begin{vmatrix} 1 & 2 & 4 \\ 1 & 0 & -5 \\ 2 & 5 & 13 \end{vmatrix}=(-20)+20-26-(-25)=-1 \qquad \therefore\ z=\frac{-1}{1}=-1$$

よって，求める解は $\begin{pmatrix} x \\ y \\ z \end{pmatrix}=\begin{pmatrix} 3 \\ 2 \\ -1 \end{pmatrix}$　□

(注)　クラーメルの公式は理論的な重要性をもつ公式であるが，この例からも分かるように，特殊な連立1次方程式にだけ適用できるものであり，あまり実用的な公式ではない。連立1次方程式の一般的解法はすでに学習した掃き出し法である。

（2）余因子とその応用

まず，行列の余因子と余因子行列について説明する。

余因子と余因子行列

余因子　n 次の正方行列 A の第 i 行と第 j 列を取り去ってできる $(n-1)$ 次の行列式を $(-1)^{i+j}$ 倍したものを A の $(i,\ j)$ **余因子**といい，A_{ij} で表す。

余因子行列　余因子を転置に配列してできる次の行列

$$\widetilde{A}=\begin{pmatrix} A_{11} & A_{21} & \cdots & A_{n1} \\ A_{12} & A_{22} & \cdots & A_{n2} \\ \vdots & \vdots & \ddots & \vdots \\ A_{1n} & A_{2n} & \cdots & A_{nn} \end{pmatrix}$$

を**余因子行列**といい，$\widetilde{A}$ と表す。

問 2　次の行列 A の余因子行列 $\widetilde{A}$ を求めよ。

$$A=\begin{pmatrix} 1 & -1 & 2 \\ 0 & 1 & -1 \\ 2 & 0 & -1 \end{pmatrix}$$

（解）$(-1)^{i+j}$ の値は 1 か -1 であることに注意して，9 つの余因子を計算する。

$$A_{11}=\begin{vmatrix} 1 & -1 \\ 0 & -1 \end{vmatrix}=-1,\quad A_{12}=-\begin{vmatrix} 0 & -1 \\ 2 & -1 \end{vmatrix}=-2,\quad A_{13}=\begin{vmatrix} 0 & 1 \\ 2 & 0 \end{vmatrix}=-2$$

$$A_{21}=-\begin{vmatrix} -1 & 2 \\ 0 & -1 \end{vmatrix}=-1,\quad A_{22}=\begin{vmatrix} 1 & 2 \\ 2 & -1 \end{vmatrix}=-5,\quad A_{23}=-\begin{vmatrix} 1 & -1 \\ 2 & 0 \end{vmatrix}=-2$$

$$A_{31}=\begin{vmatrix} -1 & 2 \\ 1 & -1 \end{vmatrix}=-1,\quad A_{32}=-\begin{vmatrix} 1 & 2 \\ 0 & -1 \end{vmatrix}=1,\quad A_{33}=\begin{vmatrix} 1 & -1 \\ 0 & 1 \end{vmatrix}=1$$

よって，求める余因子行列は

$$\widetilde{A}=\begin{pmatrix} A_{11} & A_{21} & A_{31} \\ A_{12} & A_{22} & A_{32} \\ A_{13} & A_{23} & A_{33} \end{pmatrix}=\begin{pmatrix} -1 & -1 & -1 \\ -2 & -5 & 1 \\ -2 & -2 & 1 \end{pmatrix}$$ □

（注）余因子の計算を丁寧に書くと次のようになる。

$$A_{11}=(-1)^{1+1}\begin{vmatrix} 1 & -1 \\ 0 & -1 \end{vmatrix}=-1,\quad A_{12}=(-1)^{1+2}\begin{vmatrix} 0 & -1 \\ 2 & -1 \end{vmatrix}=-2,\ \cdots$$

余因子に関連して，余因子展開，逆行列の公式という重要な公式が成り立つ。

［定理］（余因子展開）

$$|A| = a_{11}A_{11} + a_{12}A_{12} + \cdots + a_{1n}A_{1n}$$

（証明） 証明は簡単で，多重線形性，基本変形と次数下げの公式を使うだけである。

$$|A| = \begin{vmatrix} a_{11} & a_{12} & \cdots & a_{1n} \\ a_{21} & a_{22} & \cdots & a_{2n} \\ \vdots & \vdots & \ddots & \vdots \\ a_{n1} & a_{n2} & \cdots & a_{nn} \end{vmatrix}$$

$$= \begin{vmatrix} a_{11} & 0 & \cdots & 0 \\ a_{21} & a_{22} & \cdots & a_{2n} \\ \vdots & \vdots & \ddots & \vdots \\ a_{n1} & a_{n2} & \cdots & a_{nn} \end{vmatrix} + \begin{vmatrix} 0 & a_{12} & \cdots & 0 \\ a_{21} & a_{22} & \cdots & a_{2n} \\ \vdots & \vdots & \ddots & \vdots \\ a_{n1} & a_{n2} & \cdots & a_{nn} \end{vmatrix} + \cdots + \begin{vmatrix} 0 & 0 & \cdots & a_{1n} \\ a_{21} & a_{22} & \cdots & a_{2n} \\ \vdots & \vdots & \ddots & \vdots \\ a_{n1} & a_{n2} & \cdots & a_{nn} \end{vmatrix}$$

$$(\because \ (a_{11} \ a_{12} \ \cdots \ a_{1n}) = (a_{11} \ 0 \ \cdots \ 0) + (0 \ a_{12} \ \cdots \ 0) + \cdots + (0 \ 0 \ \cdots \ a_{1n}))$$

$$= \begin{vmatrix} a_{11} & 0 & \cdots & 0 \\ a_{21} & a_{22} & \cdots & a_{2n} \\ \vdots & \vdots & \ddots & \vdots \\ a_{n1} & a_{n2} & \cdots & a_{nn} \end{vmatrix} - \begin{vmatrix} a_{12} & 0 & \cdots & 0 \\ a_{22} & a_{21} & \cdots & a_{2n} \\ \vdots & \vdots & \ddots & \vdots \\ a_{n2} & a_{n1} & \cdots & a_{nn} \end{vmatrix}$$

$$+ \cdots + (-1)^{n-1} \begin{vmatrix} a_{1n} & 0 & \cdots & 0 \\ a_{2n} & a_{21} & \cdots & a_{2\,n-1} \\ \vdots & \vdots & \ddots & \vdots \\ a_{nn} & a_{n1} & \cdots & a_{n\,n-1} \end{vmatrix} \quad \text{（列の入れ替え）}$$

$$= a_{11} \begin{vmatrix} a_{22} & \cdots & a_{2n} \\ \vdots & \ddots & \vdots \\ a_{n2} & \cdots & a_{nn} \end{vmatrix} + a_{12} \cdot (-1) \begin{vmatrix} a_{21} & \cdots & a_{2n} \\ \vdots & \ddots & \vdots \\ a_{n1} & & a_{nn} \end{vmatrix}$$

$$+ \cdots + a_{1n} \cdot (-1)^{n-1} \begin{vmatrix} a_{21} & \cdots & a_{2\,n-1} \\ \vdots & \ddots & \vdots \\ a_{n1} & \cdots & a_{n\,n-1} \end{vmatrix} \quad \text{（次数下げ）}$$

$$= a_{11}A_{11} + a_{12}A_{12} + \cdots + a_{1n}A_{1n}$$

□

（注1） 余因子展開の定理は第1行での展開を記したが，どの行，どの列でも展開できる。

$$|A|=a_{i1}A_{i1}+a_{i2}A_{i2}+\cdots+a_{in}A_{in} \quad (\text{第}\,i\,\text{行での展開})$$

$$|A|=a_{1j}A_{1j}+a_{2j}A_{2j}+\cdots+a_{nj}A_{nj} \quad (\text{第}\,j\,\text{列での展開})$$

（注2） さらに，一般に次が成り立つ。

$$a_{i1}A_{j1}+a_{i2}A_{j2}+\cdots+a_{in}A_{jn}=\begin{cases}|A| & (i=j)\\ 0 & (i\neq j)\end{cases}$$

$$a_{1i}A_{1j}+a_{2i}A_{2j}+\cdots+a_{ni}A_{nj}=\begin{cases}|A| & (i=j)\\ 0 & (i\neq j)\end{cases}$$

逆行列について次の公式が成り立つ。

［定理］（逆行列の公式）

A が正則行列であるとき，$A^{-1}=\dfrac{1}{|A|}\tilde{A}$

（証明） 余因子展開のもっとも一般的な形から簡単に証明できる。

$A\tilde{A}$ の $(i,\ j)$ 成分を b_{ij} とすると

$$b_{ij}=(a_{i1}\quad a_{i2}\quad\cdots\quad a_{in})\begin{pmatrix}A_{j1}\\ A_{j2}\\ \vdots\\ A_{jn}\end{pmatrix}=a_{i1}A_{j1}+a_{i2}A_{j2}+\cdots+a_{in}A_{jn}$$

$$=\begin{cases}|A| & (i=j)\\ 0 & (i\neq j)\end{cases}$$

よって

$$A\tilde{A}=\begin{pmatrix}|A| & 0 & \cdots & 0\\ 0 & |A| & \cdots & 0\\ \vdots & \vdots & \ddots & \vdots\\ 0 & 0 & \cdots & |A|\end{pmatrix}=|A|E$$

$\therefore\quad A\left(\dfrac{1}{|A|}\tilde{A}\right)=E$　　すなわち，$A^{-1}=\dfrac{1}{|A|}\tilde{A}$ □

（注）　特に２次の場合を書けば次のようになることに注意しよう。

$$A=\begin{pmatrix} a & b \\ c & d \end{pmatrix} \text{ が } |A|\neq 0 \text{ を満たすとき，} A^{-1}=\frac{1}{|A|}\begin{pmatrix} d & -b \\ -c & a \end{pmatrix}$$

なぜならば，$A_{11}=d$，$A_{12}=-c$，$A_{21}=-b$，$A_{22}=a$ より

$$\tilde{A}=\begin{pmatrix} A_{11} & A_{21} \\ A_{12} & A_{22} \end{pmatrix}=\begin{pmatrix} d & -b \\ -c & a \end{pmatrix}$$

問 3　次の行列 A の逆行列を余因子を計算することにより求めよ。

$$A=\begin{pmatrix} 4 & -2 & 5 \\ -1 & 1 & -1 \\ 1 & -1 & 3 \end{pmatrix}$$

（解）
$$\begin{vmatrix} 4 & -2 & 5 \\ -1 & 1 & -1 \\ 1 & -1 & 3 \end{vmatrix}=12+2+5-5-6-4=4\neq 0$$

より，逆行列 A^{-1} は存在する。次に余因子行列を求める。

$$A_{11}=\begin{vmatrix} 1 & -1 \\ -1 & 3 \end{vmatrix}=2,\quad A_{12}=-\begin{vmatrix} -1 & -1 \\ 1 & 3 \end{vmatrix}=2,\quad A_{13}=\begin{vmatrix} -1 & 1 \\ 1 & -1 \end{vmatrix}=0$$

$$A_{21}=-\begin{vmatrix} -2 & 5 \\ -1 & 3 \end{vmatrix}=1,\quad A_{22}=\begin{vmatrix} 4 & 5 \\ 1 & 3 \end{vmatrix}=7,\quad A_{23}=-\begin{vmatrix} 4 & -2 \\ 1 & -1 \end{vmatrix}=2$$

$$A_{31}=\begin{vmatrix} -2 & 5 \\ 1 & -1 \end{vmatrix}=-3,\quad A_{32}=-\begin{vmatrix} 4 & 5 \\ -1 & -1 \end{vmatrix}=-1,\quad A_{33}=\begin{vmatrix} 4 & -2 \\ -1 & 1 \end{vmatrix}=2$$

よって，求める逆行列は

$$A^{-1}=\frac{1}{|A|}\tilde{A}=\frac{1}{|A|}\begin{pmatrix} A_{11} & A_{21} & A_{31} \\ A_{12} & A_{22} & A_{32} \\ A_{13} & A_{23} & A_{33} \end{pmatrix}=\frac{1}{4}\begin{pmatrix} 2 & 1 & -3 \\ 2 & 7 & -1 \\ 0 & 2 & 2 \end{pmatrix}$$ □

（注）　この行列の逆行列を掃き出し法で求めると，成分に分数が登場するので計算ミスをしやすそうである。ただし，４次以上になると余因子の個数が多くなるだけでなく，１つ１つの余因子の次数も高くなり役に立たない。そのときは掃き出し法の方がずっとましである。

例題1（クラーメルの公式）

次の連立1次方程式をクラーメルの公式を用いて解け。

$$\begin{cases} 2x+4y+\ \ z=2 \\ \ x-5y+2z=-1 \\ \ x-\ \ y+3z=2 \end{cases}$$

解説　係数行列が正則な連立1次方程式についてはクラーメルの公式が使える。3次の場合を書くと次のようになる。

正則な係数行列をもつ連立1次方程式 $A\boldsymbol{x}=\boldsymbol{b}$ の解は次式で与えられる。

$$x_1=\frac{|\boldsymbol{b}\ \ \boldsymbol{a}_2\ \ \boldsymbol{a}_3|}{|A|},\ x_2=\frac{|\boldsymbol{a}_1\ \ \boldsymbol{b}\ \ \boldsymbol{a}_3|}{|A|},\ x_3=\frac{|\boldsymbol{a}_1\ \ \boldsymbol{a}_2\ \ \boldsymbol{b}|}{|A|}$$

ただし，$A=(\boldsymbol{a}_1\ \ \boldsymbol{a}_2\ \ \boldsymbol{a}_3)$，$\boldsymbol{x}={}^t(x_1\ \ x_2\ \ x_3)$

解答　係数行列の行列式を計算すると

$$\begin{vmatrix} 2 & 4 & 1 \\ 1 & -5 & 2 \\ 1 & -1 & 3 \end{vmatrix}=(-30)+8+(-1)-(-5)-12-(-4)=-26\neq 0$$

よって，クラーメルの公式が使える。

$$\begin{vmatrix} 2 & 4 & 1 \\ -1 & -5 & 2 \\ 2 & -1 & 3 \end{vmatrix}=(-30)+16+1-(-10)-(-12)-(-4)=13 \text{ より，}$$

$$x=\frac{13}{-26}=-\frac{1}{2}$$

$$\begin{vmatrix} 2 & 2 & 1 \\ 1 & -1 & 2 \\ 1 & 2 & 3 \end{vmatrix}=(-6)+4+2-(-1)-6-8=-13 \text{ より，}\ y=\frac{-13}{-26}=\frac{1}{2}$$

$$\begin{vmatrix} 2 & 4 & 2 \\ 1 & -5 & -1 \\ 1 & -1 & 2 \end{vmatrix}=(-20)+(-4)+(-2)-(-10)-8-2=-26 \text{ より，}$$

$$z=\frac{-26}{-26}=1$$

以上より，求める解は

$$(x,\ y,\ z)=\left(-\frac{1}{2},\ \frac{1}{2},\ 1\right)$$ ……〔答〕

例題 2（逆行列の公式）

次の行列の逆行列を逆行列の公式で求めよ。

$$\begin{pmatrix} 1 & -1 & 1 \\ 2 & 1 & 0 \\ 1 & -2 & 3 \end{pmatrix}$$

解説 余因子行列を用いると逆行列は次のような美しい式で表される。

逆行列の公式：A が正則行列であるとき，$A^{-1}=\dfrac{1}{|A|}\tilde{A}$

逆行列の計算も掃き出し法でできるが，3次の場合について言えば，逆行列の公式で計算した方が手間もかからずミスも少なくてよい。ただし，4次以上になると余因子の個数が多くなるだけでなく，1つ1つの余因子の次数も高くなり，公式で計算するのは面倒である。

解答 与えられた行列を A とする。

$$|A|=\begin{vmatrix} 1 & -1 & 1 \\ 2 & 1 & 0 \\ 1 & -2 & 3 \end{vmatrix}=3+(-4)-1-(-6)=4\neq 0$$

より，逆行列 A^{-1} は存在する。次に余因子行列を求める。

$$A_{11}=\begin{vmatrix} 1 & 0 \\ -2 & 3 \end{vmatrix}=3,\ A_{12}=-\begin{vmatrix} 2 & 0 \\ 1 & 3 \end{vmatrix}=-6,\ A_{13}=\begin{vmatrix} 2 & 1 \\ 1 & -2 \end{vmatrix}=-5$$

$$A_{21}=-\begin{vmatrix} -1 & 1 \\ -2 & 3 \end{vmatrix}=1,\ A_{22}=\begin{vmatrix} 1 & 1 \\ 1 & 3 \end{vmatrix}=2,\ A_{23}=-\begin{vmatrix} 1 & -1 \\ 1 & -2 \end{vmatrix}=1$$

$$A_{31}=\begin{vmatrix} -1 & 1 \\ 1 & 0 \end{vmatrix}=-1,\ A_{32}=-\begin{vmatrix} 1 & 1 \\ 2 & 0 \end{vmatrix}=2,\ A_{33}=\begin{vmatrix} 1 & -1 \\ 2 & 1 \end{vmatrix}=3$$

よって，求める逆行列は

$$A^{-1}=\frac{1}{|A|}\tilde{A}=\frac{1}{|A|}\begin{pmatrix} A_{11} & A_{21} & A_{31} \\ A_{12} & A_{22} & A_{32} \\ A_{13} & A_{23} & A_{33} \end{pmatrix}=\frac{1}{4}\begin{pmatrix} 3 & 1 & -1 \\ -6 & 2 & 2 \\ -5 & 1 & 3 \end{pmatrix}$$ ……〔答〕

（注） 逆行列 A^{-1} を求めたら，元の行列 A とかけて単位行列 E になっているかどうかきちんと確認するようにしよう。ミスが見つかったら簡単に修正できるはず。

例題 3（余因子展開）

次の行列式の値を余因子展開を利用して求めよ。

(1) $\begin{vmatrix} 2 & -3 & 1 \\ 3 & 2 & -1 \\ 4 & -1 & 1 \end{vmatrix}$　　(2) $\begin{vmatrix} 3 & 1 & -4 & -2 \\ 1 & 0 & 5 & 3 \\ 0 & 0 & 3 & 0 \\ 2 & 4 & 4 & 5 \end{vmatrix}$

解説　行列式には次のような余因子展開の公式が成り立つ。

余因子展開：$|A| = a_{11}A_{11} + a_{12}A_{12} + \cdots + a_{1n}A_{1n}$

上では第1行での展開を記したが，どの行，どの列でも展開できる。すなわち

$$|A| = a_{i1}A_{i1} + a_{i2}A_{i2} + \cdots + a_{in}A_{in} \quad (\text{第}\,i\,\text{行での展開})$$

$$|A| = a_{1j}A_{1j} + a_{2j}A_{2j} + \cdots + a_{nj}A_{nj} \quad (\text{第}\,j\,\text{列での展開})$$

余因子展開の公式は行列式の計算，特に，複雑な行列式の計算において非常に重要である。

解答　(1)　第1行で余因子展開する。

$$\begin{vmatrix} 2 & -3 & 1 \\ 3 & 2 & -1 \\ 4 & -1 & 1 \end{vmatrix} = 2\cdot(-1)^{1+1}\begin{vmatrix} 2 & -1 \\ -1 & 1 \end{vmatrix} + (-3)\cdot(-1)^{1+2}\begin{vmatrix} 3 & -1 \\ 4 & 1 \end{vmatrix}$$

$$+1\cdot(-1)^{1+3}\begin{vmatrix} 3 & 2 \\ 4 & -1 \end{vmatrix}$$

$$= 2\cdot 1 + (-3)\cdot(-7) + 1\cdot(-11) = 12 \quad \cdots\cdots〔\text{答}〕$$

(2)　成分に0が多い第3行で余因子展開する。

$$\begin{vmatrix} 3 & 1 & -4 & -2 \\ 1 & 0 & 5 & 3 \\ 0 & 0 & 3 & 0 \\ 2 & 4 & 4 & 5 \end{vmatrix} = 0 + 0 + 3\cdot(-1)^{3+3}\begin{vmatrix} 3 & 1 & -2 \\ 1 & 0 & 3 \\ 2 & 4 & 5 \end{vmatrix} + 0$$

$$= 3\cdot\begin{vmatrix} 3 & 1 & -2 \\ 1 & 0 & 3 \\ 2 & 4 & 5 \end{vmatrix} = 3\cdot\{6 + (-8) - 5 - 36\} = -129 \quad \cdots\cdots〔\text{答}〕$$

（注）　行列式の計算に余因子展開を利用するときは，成分に0が多い行または列で展開すると効率が良い。

■ 演習問題　2.3

▶解答は p. 229

1　次の連立1次方程式の係数行列は正則であることを示し，クラーメルの公式を用いて解を求めよ。ただし，a，b，c は $a=b=c$ ではない正の定数とする。

(1) $\begin{cases} 2x-y+3z=2 \\ x-2y+z=0 \\ x+y-z=1 \end{cases}$　　(2) $\begin{cases} ax+by+cz=a \\ bx+cy+az=b \\ cx+ay+bz=c \end{cases}$

2　次の行列の逆行列を逆行列の公式で求めよ。

(1) $\begin{pmatrix} 1 & 0 & 1 \\ 2 & 1 & 0 \\ 3 & 1 & 4 \end{pmatrix}$　　(2) $\begin{pmatrix} 1 & 4 & 3 \\ 1 & 1 & 1 \\ 3 & 2 & 1 \end{pmatrix}$

3　次の n 次の行列式を余因子展開を利用して計算せよ。

$$\begin{vmatrix} a & b & 0 & \cdots & 0 & 0 & 0 \\ 0 & a & b & \cdots & 0 & 0 & 0 \\ 0 & 0 & a & \cdots & 0 & 0 & 0 \\ \vdots & \vdots & \vdots & \ddots & \vdots & \vdots & \vdots \\ 0 & 0 & 0 & \cdots & a & b & 0 \\ 0 & 0 & 0 & \cdots & 0 & a & b \\ b & 0 & 0 & \cdots & 0 & 0 & a \end{vmatrix}$$

4　$ad-bc \neq 0$ とする。

連立1次方程式　$\begin{cases} ax+by+p=0 \\ cx+dy+q=0 \\ ex+fy+r=0 \end{cases}$

が解をもつための必要十分条件は

$$\begin{vmatrix} a & b & p \\ c & d & q \\ e & f & r \end{vmatrix}=0$$

であることを示せ。

2.4 いろいろな行列式

〔目標〕 やや複雑な行列式の計算ができるようになる。

（1） 行列式の基本公式

［定理］（多重線形性）

① $|\boldsymbol{a}_1 \ \cdots \ (\boldsymbol{a}_i+\boldsymbol{a}_i') \ \cdots \ \boldsymbol{a}_n| = |\boldsymbol{a}_1 \ \cdots \ \boldsymbol{a}_i \ \cdots \ \boldsymbol{a}_n| + |\boldsymbol{a}_1 \ \cdots \ \boldsymbol{a}_i' \ \cdots \ \boldsymbol{a}_n|$

② $|\boldsymbol{a}_1 \ \cdots \ k\boldsymbol{a}_i \ \cdots \ \boldsymbol{a}_n| = k|\boldsymbol{a}_1 \ \cdots \ \boldsymbol{a}_i \ \cdots \ \boldsymbol{a}_n|$

（証明） この証明は易しい。簡単のため，これと同等な次の定理を証明しよう。

① $\begin{vmatrix} \boldsymbol{b}_1 \\ \vdots \\ \boldsymbol{b}_i+\boldsymbol{b}_i' \\ \vdots \\ \boldsymbol{b}_n \end{vmatrix} = \begin{vmatrix} \boldsymbol{b}_1 \\ \vdots \\ \boldsymbol{b}_i \\ \vdots \\ \boldsymbol{b}_n \end{vmatrix} + \begin{vmatrix} \boldsymbol{b}_1 \\ \vdots \\ \boldsymbol{b}_i' \\ \vdots \\ \boldsymbol{b}_n \end{vmatrix}$　　② $\begin{vmatrix} \boldsymbol{b}_1 \\ \vdots \\ k\boldsymbol{b}_i \\ \vdots \\ \boldsymbol{b}_n \end{vmatrix} = k\begin{vmatrix} \boldsymbol{b}_1 \\ \vdots \\ \boldsymbol{b}_i \\ \vdots \\ \boldsymbol{b}_n \end{vmatrix}$

行列式の定義に従って証明する。

① $(\text{左辺}) = \sum \varepsilon(p_1,\ p_2,\ \cdots,\ p_n) b_{1p_1} \cdots (b_{ip_i}+b_{ip_i}') \cdots b_{np_n}$

$= \sum \varepsilon(p_1,\ p_2,\ \cdots,\ p_n) b_{1p_1} \cdots b_{ip_i} \cdots b_{np_n}$

$\quad + \sum \varepsilon(p_1,\ p_2,\ \cdots,\ p_n) b_{1p_1} \cdots b_{ip_i}' \cdots b_{np_n}$

$= (\text{右辺})$

② $(\text{左辺}) = \sum \varepsilon(p_1,\ p_2,\ \cdots,\ p_n) b_{1p_1} \cdots (kb_{ip_i}) \cdots b_{np_n}$

$= k\sum \varepsilon(p_1,\ p_2,\ \cdots,\ p_n) b_{1p_1} \cdots b_{ip_i} \cdots b_{np_n} = (\text{右辺})$ □

（注） すなわち，行列式は各列，各行について**線形性**がある。線形性については第4章で学習する。

行列の積の行列式については次が成り立つ（証明は省略する）。

［定理］（積の行列式）

正方行列 A，B に対して，次が成り立つ。

$|AB| = |A||B|$

（2） ブロック分割による行列式の計算

行列式の計算においても行列をブロックに分割して考えることは重要である。次の公式が基本である。

[定理]（ブロック分割と行列式）

正方行列 A，D に対して

① $\begin{vmatrix} A & B \\ O & D \end{vmatrix} = |A||D|$　　② $\begin{vmatrix} A & O \\ C & D \end{vmatrix} = |A||D|$

（証明） 公式：$|AB| = |A||B|$ を仮定すると証明は易しい。①だけ証明する。

$$\begin{pmatrix} A & B \\ O & D \end{pmatrix} = \begin{pmatrix} E & B \\ O & D \end{pmatrix}\begin{pmatrix} A & O \\ O & E \end{pmatrix}$$

より

$$\begin{vmatrix} A & B \\ O & D \end{vmatrix} = \begin{vmatrix} E & B \\ O & D \end{vmatrix}\begin{vmatrix} A & O \\ O & E \end{vmatrix}$$ ← 公式：$|\boldsymbol{AB}| = |\boldsymbol{A}||\boldsymbol{B}|$

$$= |D||A|$$ ← 次数下げ

$$= |A||D|$$ □

（注1） E は単位行列であるから，次数下げ（余因子展開）により

$$\begin{vmatrix} E & B \\ O & D \end{vmatrix} = |D|, \quad \begin{vmatrix} A & O \\ O & E \end{vmatrix} = |A|$$

（注2） $\begin{vmatrix} A & B \\ C & D \end{vmatrix} = |A||D| - |B||C|$ は一般には成り立たない！

問 1 次の行列式の値を求めよ。

$$\begin{vmatrix} 2 & -1 & 0 & 0 \\ 1 & 3 & 0 & 0 \\ 5 & 1 & 1 & 1 \\ 2 & 4 & 5 & 3 \end{vmatrix}$$

（解）

$$\left|\begin{array}{cc:cc} 2 & -1 & 0 & 0 \\ 1 & 3 & 0 & 0 \\ \hdashline 5 & 1 & 1 & 1 \\ 2 & 4 & 5 & 3 \end{array}\right| = \begin{vmatrix} 2 & -1 \\ 1 & 3 \end{vmatrix}\begin{vmatrix} 1 & 1 \\ 5 & 3 \end{vmatrix}$$ ← 公式：$\begin{vmatrix} \boldsymbol{A} & \boldsymbol{O} \\ \boldsymbol{C} & \boldsymbol{D} \end{vmatrix} = |\boldsymbol{A}||\boldsymbol{D}|$

$$= 7 \cdot (-2) = -14$$ □

問 2　n 次正方行列 A，B に対して，次の等式を示せ。

$$\begin{vmatrix} A & B \\ B & A \end{vmatrix} = |A+B||A-B|$$

(解)　行基本変形および列基本変形を利用して計算する。等号の下の①，②はそれぞれ第1ブロック行，第2ブロック行を表し，$\boxed{1}$，$\boxed{2}$はそれぞれ第1ブロック列，第2ブロック列を表す。この記号の意味するところは明らかであろう。

$$\left|\begin{array}{c:c} A & B \\ \hdashline B & A \end{array}\right| \underset{①+②}{=} \left|\begin{array}{c:c} A+B & B+A \\ \hdashline B & A \end{array}\right| \underset{\boxed{2}-\boxed{1}}{=} \left|\begin{array}{c:c} A+B & O \\ \hdashline B & A-B \end{array}\right| = |A+B||A-B| \qquad \square$$

(3)　行列の階数と行列式

$m\times n$ 行列 A から p 個の行と p 個の列を用いて p 次の**小行列式**

$$\begin{vmatrix} a_{i_1j_1} & \cdots & a_{i_1j_p} \\ \vdots & \ddots & \vdots \\ a_{i_pj_1} & \cdots & a_{i_pj_p} \end{vmatrix}$$

をつくる。このとき，次が成り立つ。

［定理］（行列の階数と行列式）

$\mathrm{rank}\,A=r$ であるための必要十分条件は，次の(i)，(ii)が成り立つことである。

(i)　r 次の小行列式で，値が 0 でないものが存在する。

(ii)　r より次数が大きい小行列式があれば，その値はすべて 0 である。

(注)　n 次正方行列 A について，次が成り立つ。

$$A \text{ は正則} \iff \mathrm{rank}\,A=n \iff |A|\neq 0$$

問 3　次の実行列の階数を小行列式を計算することにより求めよ。

$$\begin{pmatrix} x & 1 & -3 \\ 1 & x & x+2 \end{pmatrix}$$

(解)　2 次の 3 つの小行列式を計算してみる。

$$\begin{vmatrix} x & 1 \\ 1 & x \end{vmatrix} = x^2-1,\quad \begin{vmatrix} x & -3 \\ 1 & x+2 \end{vmatrix} = x^2+2x+3,\quad \begin{vmatrix} 1 & -3 \\ x & x+2 \end{vmatrix} = 4x+2$$

このうち，1 つ目と 3 つ目は値が 0 になることもあるが，2 つ目のものは決して値が 0 になることはないから，x の値によらず階数は 2　$\square$

例題１（積の行列式）

(1)　次の行列の積を計算せよ。

$$\begin{pmatrix} 0 & c & b \\ c & 0 & a \\ b & a & 0 \end{pmatrix}\begin{pmatrix} 0 & c & b \\ c & 0 & a \\ b & a & 0 \end{pmatrix}$$

(2)　次の行列式を計算せよ。

$$\begin{vmatrix} b^2+c^2 & ab & ca \\ ab & c^2+a^2 & bc \\ ca & bc & a^2+b^2 \end{vmatrix}$$

解説　行列の積の行列式に関して次が成り立つ。

正方行列 A, B に対して

$$|AB|=|A||B|$$

この公式は線形代数の理論で基礎となる公式であるが，難しい行列式の計算で役に立つこともある。

解答　(1)　普通に計算すればよい。

$$\begin{pmatrix} 0 & c & b \\ c & 0 & a \\ b & a & 0 \end{pmatrix}\begin{pmatrix} 0 & c & b \\ c & 0 & a \\ b & a & 0 \end{pmatrix}=\begin{pmatrix} b^2+c^2 & ab & ca \\ ab & c^2+a^2 & bc \\ ca & bc & a^2+b^2 \end{pmatrix}$$ ……〔答〕

(2)　(1)の結果に注意すると

$$\begin{vmatrix} b^2+c^2 & ab & ac \\ ab & c^2+a^2 & bc \\ ac & bc & a^2+b^2 \end{vmatrix}=\left|\begin{pmatrix} 0 & c & b \\ c & 0 & a \\ b & a & 0 \end{pmatrix}\begin{pmatrix} 0 & c & b \\ c & 0 & a \\ b & a & 0 \end{pmatrix}\right|$$

$$=\begin{vmatrix} 0 & c & b \\ c & 0 & a \\ b & a & 0 \end{vmatrix}\begin{vmatrix} 0 & c & b \\ c & 0 & a \\ b & a & 0 \end{vmatrix}=\begin{vmatrix} 0 & c & b \\ c & 0 & a \\ b & a & 0 \end{vmatrix}^2$$ ⬅ $|\boldsymbol{AB}|=|\boldsymbol{A}||\boldsymbol{B}|$

$=(cab+bca)^2$　⬅ **サラスの方法で計算**

$=(2abc)^2=4a^2b^2c^2$　……〔答〕

（注）　本問の行列を２つの行列の積に分解することは容易であるが，与えられた行列式の計算を直接に行基本変形および列基本変形を利用して計算するのは結構難しい。

例題2（行列式と基本変形）

$n>1$ のとき，次の等式（**ヴァンデルモンドの行列式**）を証明せよ。

$$\begin{vmatrix} 1 & 1 & 1 & \cdots & 1 \\ x_1 & x_2 & x_3 & \cdots & x_n \\ x_1{}^2 & x_2{}^2 & x_3{}^2 & \cdots & x_n{}^2 \\ \vdots & \vdots & \vdots & \ddots & \vdots \\ x_1{}^{n-1} & x_2{}^{n-1} & x_3{}^{n-1} & \cdots & x_n{}^{n-1} \end{vmatrix} = \prod_{1\leqq i<j\leqq n}(x_j-x_i)$$ （Π は積を表す。）

解説　行列式に関する等式の証明で数学的帰納法も重要である。

解答　証明すべき等式を（＊）とおく。次数 n に関する数学的帰納法で証明する。

（Ⅰ）$n=2$ のとき

$$(\text{左辺})=\begin{vmatrix} 1 & 1 \\ x_1 & x_2 \end{vmatrix}=x_2-x_1$$ よって，（＊）は成り立つ。

（Ⅱ）$n=k-1$ のとき（＊）が成り立つとする。

$n=k$ のとき

$$(\text{左辺}) \underset{\substack{ⓚ-\text{(k-1)}\times x_1 \\ \cdots\cdots \\ ②-①\times x_1}}{=} \begin{vmatrix} 1 & 1 & 1 & \cdots & 1 \\ 0 & x_2-x_1 & x_3-x_1 & \cdots & x_k-x_1 \\ 0 & x_2(x_2-x_1) & x_3(x_3-x_1) & \cdots & x_k(x_k-x_1) \\ \vdots & \vdots & \vdots & \ddots & \vdots \\ 0 & x_2{}^{k-2}(x_2-x_1) & x_3{}^{k-2}(x_3-x_1) & \cdots & x_k{}^{k-2}(x_k-x_1) \end{vmatrix}$$

$$=\begin{vmatrix} x_2-x_1 & x_3-x_1 & \cdots & x_k-x_1 \\ x_2(x_2-x_1) & x_3(x_3-x_1) & \cdots & x_k(x_k-x_1) \\ \vdots & \vdots & \ddots & \vdots \\ x_2{}^{k-2}(x_2-x_1) & x_3{}^{k-2}(x_3-x_1) & \cdots & x_k{}^{k-2}(x_k-x_1) \end{vmatrix}$$

$$=(x_2-x_1)(x_3-x_1)\cdots(x_k-x_1)\begin{vmatrix} 1 & 1 & \cdots & 1 \\ x_2 & x_3 & \cdots & x_k \\ \vdots & \vdots & \ddots & \vdots \\ x_2{}^{k-2} & x_3{}^{k-2} & \cdots & x_k{}^{k-2} \end{vmatrix}$$

$$=(x_2-x_1)(x_3-x_1)\cdots(x_k-x_1)\prod_{2\leqq i<j\leqq k}(x_j-x_i)$$ ⬅ **帰納法の仮定より**

$$=\prod_{1\leqq i<j\leqq k}(x_j-x_i)=(\text{右辺})$$ よって，（＊）は成り立つ。

（Ⅰ），（Ⅱ）より，題意の等式は証明された。　（演習問題[1]も参照せよ。）

例題 3（ブロック分割と行列式）

次の行列式を因数分解せよ。

$$\begin{vmatrix} a & b & c & d \\ 1 & 0 & 1 & 0 \\ d & c & b & a \\ 0 & 1 & 0 & 1 \end{vmatrix}$$

解 説 次数の高い行列式の計算において，行列のブロック分割に関する次の公式もしばしば有用である。

正方行列 A，D に対して

① $\begin{vmatrix} A & B \\ O & D \end{vmatrix} = |A||D|$　　② $\begin{vmatrix} A & O \\ C & D \end{vmatrix} = |A||D|$

与えられた行列式の成分の並びの特徴に注意して，上の公式が適用できる形に変形してみる。

解 答

$$\begin{vmatrix} a & b & c & d \\ 1 & 0 & 1 & 0 \\ d & c & b & a \\ 0 & 1 & 0 & 1 \end{vmatrix} \underset{\boxed{1}+(\boxed{2}+\boxed{3}+\boxed{4})}{=} \begin{vmatrix} a+b+c+d & b & c & d \\ 2 & 0 & 1 & 0 \\ a+b+c+d & c & b & a \\ 2 & 1 & 0 & 1 \end{vmatrix}$$

$$\underset{\substack{③-①\\④-②}}{=} \begin{vmatrix} a+b+c+d & b & c & d \\ 2 & 0 & 1 & 0 \\ 0 & c-b & b-c & a-d \\ 0 & 1 & -1 & 1 \end{vmatrix}$$

$$\underset{\boxed{2}+\boxed{3}}{=} \begin{vmatrix} a+b+c+d & b+c & c & d \\ 2 & 1 & 1 & 0 \\ 0 & 0 & b-c & a-d \\ 0 & 0 & -1 & 1 \end{vmatrix} \underset{\boxed{1}-\boxed{2}}{=} \left|\begin{array}{cc:cc} a+d & b+c & c & d \\ 1 & 1 & 1 & 0 \\ \hdashline 0 & 0 & b-c & a-d \\ 0 & 0 & -1 & 1 \end{array}\right|$$

$$= \begin{vmatrix} a+d & b+c \\ 1 & 1 \end{vmatrix} \begin{vmatrix} b-c & a-d \\ -1 & 1 \end{vmatrix}$$ ⬅ 公式：$\begin{vmatrix} \boldsymbol{A} & \boldsymbol{B} \\ \boldsymbol{O} & \boldsymbol{D} \end{vmatrix} = |\boldsymbol{A}||\boldsymbol{D}|$

$$= \{(a+d)-(b+c)\}\{(b-c)-(a-d)(-1)\}$$

$$= (a+d-b-c)(b-c+a-d) = (a-b-c+d)(a+b-c-d)$$ ……〔答〕

例題 4（余因子展開）

次の等式を示せ。

$$\begin{vmatrix} 1 & -x & 0 & \cdots & 0 & 0 \\ 0 & 1 & -x & \cdots & 0 & 0 \\ 0 & 0 & 1 & \cdots & 0 & 0 \\ \vdots & \vdots & \vdots & \ddots & \vdots & \vdots \\ 0 & 0 & 0 & \cdots & 1 & -x \\ a_0 & a_1 & a_2 & \cdots & a_{n-1} & a_n \end{vmatrix} = a_0x^n + a_1x^{n-1} + \cdots + a_{n-1}x + a_n$$

解説　余因子展開は本問のような一般次数の行列式の計算で力を発揮する。

解答　証明すべき等式を（＊）とする。

（I）　$n=1$ のとき

$$(\text{左辺}) = \begin{vmatrix} 1 & -x \\ a_0 & a_1 \end{vmatrix} = a_1 + a_0x = (\text{右辺})$$

よって，（＊）は成り立つ。

（II）　$n=k-1$ のとき（＊）が成り立つとする。

$n=k$ のとき

左辺（$k+1$ 次）を第1行で余因子展開すると，次数は k に下がって

$$1\cdot(-1)^{1+1}\begin{vmatrix} 1 & -x & \cdots & 0 & 0 \\ 0 & 1 & \cdots & 0 & 0 \\ \vdots & \vdots & \ddots & \vdots & \vdots \\ 0 & 0 & \cdots & 1 & -x \\ a_1 & a_2 & \cdots & a_{k-1} & a_k \end{vmatrix} + (-x)\cdot(-1)^{1+2}\begin{vmatrix} 0 & -x & \cdots & 0 & 0 \\ 0 & 1 & \cdots & 0 & 0 \\ \vdots & \vdots & \ddots & \vdots & \vdots \\ 0 & 0 & \cdots & 1 & -x \\ a_0 & a_2 & \cdots & a_{k-1} & a_k \end{vmatrix}$$

（与式の左辺と同じ形）　　　　（第1列で余因子展開）

$$= (a_1x^{k-1} + \cdots + a_{k-1}x + a_k) + x\cdot a_0\cdot(-1)^{k+1}\begin{vmatrix} -x & \cdots & 0 & 0 \\ 1 & \cdots & 0 & 0 \\ \vdots & \ddots & \vdots & \vdots \\ 0 & \cdots & 1 & -x \end{vmatrix}$$

（$k-1$ 次）

$$= (a_1x^{k-1} + \cdots + a_{k-1}x + a_k) + x\cdot a_0\cdot(-1)^{k+1}(-x)^{k-1}$$

$$= (a_1x^{k-1} + \cdots + a_{k-1}x + a_k) + a_0x^k$$

$$= a_0x^k + a_1x^{k-1} + \cdots + a_{k-1}x + a_k$$

よって，（＊）は成り立つ。

（I），（II）より，すべての自然数 n に対して（＊）は成り立つ。

例題 5 （行列の階数と行列式）

次の行列の階数を求めよ。

$$\begin{pmatrix} 1 & 1 & x+1 \\ 1 & x+1 & 1 \\ x+1 & 1 & 1 \end{pmatrix}$$

解説 文字を含んだ正方行列の階数を調べる場合，まず行列式を計算してみると場合分けが分かりやすくなる。

解答 まず行列式を計算すると

$$\begin{vmatrix} 1 & 1 & x+1 \\ 1 & x+1 & 1 \\ x+1 & 1 & 1 \end{vmatrix} \underset{\boxed{1}+(\boxed{2}+\boxed{3})}{=} \begin{vmatrix} x+3 & 1 & x+1 \\ x+3 & x+1 & 1 \\ x+3 & 1 & 1 \end{vmatrix}$$

$$=(x+3)\begin{vmatrix} 1 & 1 & x+1 \\ 1 & x+1 & 1 \\ 1 & 1 & 1 \end{vmatrix} \underset{\substack{②-① \\ ③-①}}{=} (x+3)\begin{vmatrix} 1 & 1 & x+1 \\ 0 & x & -x \\ 0 & 0 & -x \end{vmatrix}$$

$$=(x+3)(-x^2)=-x^2(x+3)$$

(i) $x \fallingdotseq 0,\ -3$ のとき

(行列式)$\fallingdotseq 0$ であるから，階数は 3

(ii) $x=0$ のとき

$$\begin{pmatrix} 1 & 1 & x+1 \\ 1 & x+1 & 1 \\ x+1 & 1 & 1 \end{pmatrix} = \begin{pmatrix} 1 & 1 & 1 \\ 1 & 1 & 1 \\ 1 & 1 & 1 \end{pmatrix} \underset{\substack{②-① \\ ③-①}}{\to} \begin{pmatrix} 1 & 1 & 1 \\ 0 & 0 & 0 \\ 0 & 0 & 0 \end{pmatrix}$$

よって，階数は 1

(iii) $x=-3$ のとき

$$\begin{pmatrix} 1 & 1 & x+1 \\ 1 & x+1 & 1 \\ x+1 & 1 & 1 \end{pmatrix} = \begin{pmatrix} 1 & 1 & -2 \\ 1 & -2 & 1 \\ -2 & 1 & 1 \end{pmatrix} \underset{\substack{②-① \\ ③+①\times 2}}{\to} \begin{pmatrix} 1 & 1 & -2 \\ 0 & -3 & 3 \\ 0 & 3 & -3 \end{pmatrix}$$

$$\underset{②\div(-3)}{\to} \begin{pmatrix} 1 & 1 & -2 \\ 0 & 1 & -1 \\ 0 & 3 & -3 \end{pmatrix} \underset{\substack{①-② \\ ③-②\times 3}}{\to} \begin{pmatrix} 1 & 0 & -1 \\ 0 & 1 & -1 \\ 0 & 0 & 0 \end{pmatrix}$$

よって，階数は 2

以上より，求める階数は $\begin{cases} 3 & (x \fallingdotseq 0,\ -3) \\ 2 & (x=-3) \\ 1 & (x=0) \end{cases}$ ……〔答〕

■ 演習問題　2.4

▶解答は p. 231

1　次の行列式を因数分解せよ。

$$\begin{vmatrix} 1 & 1 & 1 & 1 \\ a & b & c & d \\ a^2 & b^2 & c^2 & d^2 \\ a^3 & b^3 & c^3 & d^3 \end{vmatrix}$$　（ヴァンデルモンドの行列式）

2　(1)　次の行列の積を計算せよ。

$$\begin{pmatrix} b^2+c^2 & ab & ca \\ ab & c^2+a^2 & bc \\ ca & bc & a^2+b^2 \end{pmatrix}\begin{pmatrix} -a^2 & ab & ca \\ ab & -b^2 & bc \\ ca & bc & -c^2 \end{pmatrix}$$

(2)　次の行列式を計算せよ。

$$\begin{vmatrix} b^2+c^2 & ab & ca \\ ab & c^2+a^2 & bc \\ ca & bc & a^2+b^2 \end{vmatrix}$$

3　ω を1の原始3乗根とするとき，次の等式を示せ。　（巡回行列式）

$$\begin{vmatrix} x & a & b \\ b & x & a \\ a & b & x \end{vmatrix}=(x+a+b)(x+a\omega+b\omega^2)(x+a\omega^2+b\omega)$$

4　(1)　n 次正方行列 A，B に対して，次の等式を示せ。

(i)　$\begin{vmatrix} A & -A \\ B & B \end{vmatrix}=2^n|A||B|$　　　(ii)　$\begin{vmatrix} A & -B \\ B & A \end{vmatrix}=|A-iB||A+iB|$

（i は虚数単位）

(2)　次の行列式を因数分解せよ。

(i)　$\begin{vmatrix} a & -b & -a & b \\ b & a & -b & -a \\ c & -d & c & -d \\ d & c & d & c \end{vmatrix}$　　　(ii)　$\begin{vmatrix} a & -b & -c & -d \\ b & a & -d & c \\ c & d & a & -b \\ d & -c & b & a \end{vmatrix}$

5 次の n 次の行列式の値を求めよ。

$$\begin{vmatrix} 5 & 2 & 0 & \cdots & 0 & 0 \\ 2 & 5 & 2 & \cdots & 0 & 0 \\ 0 & 2 & 5 & \cdots & 0 & 0 \\ \vdots & \vdots & \vdots & \ddots & \vdots & \vdots \\ 0 & 0 & 0 & \cdots & 5 & 2 \\ 0 & 0 & 0 & \cdots & 2 & 5 \end{vmatrix}$$

6 次の行列の階数を求めよ。

(1) $\begin{pmatrix} a & b & b \\ b & a & b \\ b & b & a \end{pmatrix}$　　(2) $\begin{pmatrix} 1 & a & bc \\ 1 & b & ca \\ 1 & c & ab \end{pmatrix}$

(3) $\begin{pmatrix} -\sin\theta\cos\varphi & -\cos\theta\sin\varphi \\ -\sin\theta\sin\varphi & \cos\theta\cos\varphi \\ \cos\theta & 0 \end{pmatrix}$ ただし，$-\dfrac{\pi}{2} \leqq \theta \leqq \dfrac{\pi}{2}$，$0 \leqq \varphi \leqq 2\pi$

7 次の等式を示せ。

(1) $\begin{vmatrix} a & b & c & d \\ -b & a & -d & c \\ -c & d & a & -b \\ -d & -c & b & a \end{vmatrix} = (a^2+b^2+c^2+d^2)^2$

(2) $\begin{vmatrix} 0 & a & b & c \\ -a & 0 & d & e \\ -b & -d & 0 & f \\ -c & -e & -f & 0 \end{vmatrix} = (af-be+cd)^2$

(3) $\begin{vmatrix} a^2+1 & ab & ac & ad \\ ba & b^2+1 & bc & bd \\ ca & cb & c^2+1 & cd \\ da & db & dc & d^2+1 \end{vmatrix} = a^2+b^2+c^2+d^2+1$

過去問研究 2 − 1（行列式と逆行列）

次の行列 B について，各問いに答えよ。

$$B=\begin{pmatrix} 2 & -1 & b & 1 \\ 1 & b & 1 & 1 \\ b & -1 & 1 & 1 \\ 1 & -2 & 1 & 0 \end{pmatrix}$$

(1)　行列 B が逆行列をもつための b の条件を求めよ。

(2)　行列 B が逆行列をもつような b を自由に 1 つ選び，そのときの逆行列を求めよ。　〈神戸大学〉

解説　行列 B が逆行列をもつための条件は $|B|\neq 0$ である。そこで，$|B|$ を計算すればよい。(2)の逆行列の計算は 4 次なので掃き出し法で行う。その際，$|B|=1$ となる b の値を選んでおくとよい。

解答　(1)　行列 B の行列式 $|B|$ を計算する。

$$|B|=\begin{vmatrix} 2 & -1 & b & 1 \\ 1 & b & 1 & 1 \\ b & -1 & 1 & 1 \\ 1 & -2 & 1 & 0 \end{vmatrix} \underset{\boxed{1}\leftrightarrow\boxed{4}}{=} -\begin{vmatrix} 1 & -1 & b & 2 \\ 1 & b & 1 & 1 \\ 1 & -1 & 1 & b \\ 0 & -2 & 1 & 1 \end{vmatrix}$$

$$\underset{\substack{②-① \\ ③-①}}{=} -\begin{vmatrix} 1 & -1 & b & 2 \\ 0 & b+1 & 1-b & -1 \\ 0 & 0 & 1-b & b-2 \\ 0 & -2 & 1 & 1 \end{vmatrix}$$

$$=-\begin{vmatrix} b+1 & 1-b & -1 \\ 0 & 1-b & b-2 \\ -2 & 1 & 1 \end{vmatrix} \underset{\substack{\boxed{1}+\boxed{3}\times 2 \\ \boxed{2}-\boxed{3}}}{=} -\begin{vmatrix} b-1 & 2-b & -1 \\ 2(b-2) & 3-2b & b-2 \\ 0 & 0 & 1 \end{vmatrix}$$

$$=-(-1)^{3+3}\begin{vmatrix} b-1 & 2-b \\ 2(b-2) & 3-2b \end{vmatrix}$$ ⬅ 第 3 行で余因子展開

$$=-\{(b-1)(3-2b)-2(b-2)(2-b)\}$$

$$=(b-1)(2b-3)-2(b-2)^2$$

$$=(2b^2-5b+3)-2(b^2-4b+4)=3b-5$$

逆行列をもつための条件は

$$|B|=3b-5\neq 0 \qquad \therefore \quad b\neq\frac{5}{3}$$ ……〔答〕

(2)　$|B|=1$ となるように $b=2$ ととると　⬅ **$|B|=1$ でないと分数が現れる**

$$B=\begin{pmatrix}2 & -1 & 2 & 1\\ 1 & 2 & 1 & 1\\ 2 & -1 & 1 & 1\\ 1 & -2 & 1 & 0\end{pmatrix}$$

$$(B \mid E)=\left(\begin{array}{cccc|cccc}2 & -1 & 2 & 1 & 1 & 0 & 0 & 0\\ 1 & 2 & 1 & 1 & 0 & 1 & 0 & 0\\ 2 & -1 & 1 & 1 & 0 & 0 & 1 & 0\\ 1 & -2 & 1 & 0 & 0 & 0 & 0 & 1\end{array}\right)\to\cdots$$

$$\to\left(\begin{array}{cccc|cccc}1 & 0 & 0 & 0 & -3 & 2 & 1 & 3\\ 0 & 1 & 0 & 0 & -1 & 1 & 0 & 1\\ 0 & 0 & 1 & 0 & 1 & 0 & -1 & 0\\ 0 & 0 & 0 & 1 & 4 & -3 & 0 & -5\end{array}\right)$$

よって　$B^{-1}=\begin{pmatrix}-3 & 2 & 1 & 3\\ -1 & 1 & 0 & 1\\ 1 & 0 & -1 & 0\\ 4 & -3 & 0 & -5\end{pmatrix}$ ……〔**答**〕

■発展■　行列の階数を知るだけであれば，行列に行基本変形だけでなく，列基本変形を施してもよい。行列 B の場合，行基本変形と列基本変形の両方を用いて

$$B=\begin{pmatrix}2 & -1 & b & 1\\ 1 & b & 1 & 1\\ b & -1 & 1 & 1\\ 1 & -2 & 1 & 0\end{pmatrix}\rightsquigarrow\begin{pmatrix}1 & 0 & 0 & 0\\ 0 & 1 & 0 & 0\\ 0 & 0 & 1 & 0\\ 0 & 0 & 0 & 3b-5\end{pmatrix}$$

となり

$$b=\frac{5}{3} \text{ ならば } \operatorname{rank}B=3,\ \ b\neq\frac{5}{3} \text{ ならば } \operatorname{rank}B=4$$

と判定できる。

ところで，行列の変形に列基本変形を用いることは，線形代数の高度の理論では必要でもあるのだが，ほとんどの場合は行基本変形だけで十分である。むしろ，行列の変形に列基本変形を用いることは初学者を混乱させ，しばしば間違った計算に導くものであるから本書では扱わない。もちろん，行列式の計算では列基本変形は当然自由に使ってよい。

過去問研究 2 － 2（行列式と連立1次方程式）

連立方程式 $\begin{cases} x+y+z=1 \\ x+2y+3z=0 \\ 2x+3y+az=a-3 \end{cases}$ について

(1) 係数行列 $A=\begin{pmatrix} 1 & 1 & 1 \\ 1 & 2 & 3 \\ 2 & 3 & a \end{pmatrix}$ の行列式の値を求めよ。

(2) 拡大係数行列 $B=\begin{pmatrix} 1 & 1 & 1 & 1 \\ 1 & 2 & 3 & 0 \\ 2 & 3 & a & a-3 \end{pmatrix}$ の階数を求めよ。

(3) この方程式が解をもつか否か判断し，解をもつ場合にはその解を求めよ。　〈筑波大学〉

解説　連立1次方程式は線形代数においてきわめて重要である。行列式や行基本変形の理論がいかに活用されるかしっかりと理解しよう。

与式は非同次の連立1次方程式であり，その解は一般には次の3つのパターンが起こり得る。

(i) **ただ1つの解をもつ**　(ii) **無数の解をもつ**　(iii) **解なし**

連立1次方程式の解法は行基本変形の利用（掃き出し法）であるが，本問のように文字を含む連立1次方程式で係数行列が正方行列の場合，係数行列の行列式を計算しておくことも大切である。

解答　(1) 3次の行列式はサラスの方法で計算するのが基本である。

$$|A|=\begin{vmatrix} 1 & 1 & 1 \\ 1 & 2 & 3 \\ 2 & 3 & a \end{vmatrix}=2a+6+3-4-a-9=a-4 \quad \cdots\cdots〔答〕$$

(2) 拡大係数行列 B を行基本変形する。

$$B=\begin{pmatrix} 1 & 1 & 1 & 1 \\ 1 & 2 & 3 & 0 \\ 2 & 3 & a & a-3 \end{pmatrix} \underset{\substack{②-① \\ ③-①\times 2}}{\rightarrow} \begin{pmatrix} 1 & 1 & 1 & 1 \\ 0 & 1 & 2 & -1 \\ 0 & 1 & a-2 & a-5 \end{pmatrix}$$

$$\underset{\substack{①-② \\ ③-②}}{\rightarrow} \begin{pmatrix} 1 & 0 & -1 & 2 \\ 0 & 1 & 2 & -1 \\ 0 & 0 & a-4 & a-4 \end{pmatrix} \quad \cdots\cdots(*)$$

(i)　$a=4$ のとき

$$(*)=\begin{pmatrix}1 & 0 & -1 & 2\\ 0 & 1 & 2 & -1\\ 0 & 0 & 0 & 0\end{pmatrix}\qquad \therefore\quad \operatorname{rank}B=2\quad \cdots\cdots〔答〕$$

(ii)　$a\fallingdotseq 4$ のとき

$$(*)\underset{③\div(a-4)}{\rightarrow}\begin{pmatrix}1 & 0 & -1 & 2\\ 0 & 1 & 2 & -1\\ 0 & 0 & 1 & 1\end{pmatrix}$$

$$\underset{\substack{①+③\\ ②-③\times 2}}{\rightarrow}\begin{pmatrix}1 & 0 & 0 & 3\\ 0 & 1 & 0 & -3\\ 0 & 0 & 1 & 1\end{pmatrix}\qquad \therefore\quad \operatorname{rank}B=3\quad \cdots\cdots〔答〕$$

(3)　(i)　$a=4$ のとき

(2)の計算より，与式は

$$\begin{cases}x \qquad\quad -\ z=2\\ \qquad\quad y+2z=-1\\ 0\cdot x+0\cdot y+0\cdot z=0\end{cases}$$

⬅第 3 式は恒等式である

すなわち

$$\begin{cases}x \quad -z=2\\ \quad y+2z=-1\end{cases}$$

よって，方程式の解は

$$\begin{pmatrix}x\\ y\\ z\end{pmatrix}=\begin{pmatrix}a+2\\ -2a-1\\ a\end{pmatrix}\quad (a\ は任意)\quad \cdots\cdots〔答〕$$

(ii)　$a\fallingdotseq 4$ のとき

(2)の計算より，方程式の解は

$$\begin{pmatrix}x\\ y\\ z\end{pmatrix}=\begin{pmatrix}3\\ -3\\ 1\end{pmatrix}\quad \cdots\cdots〔答〕$$

過去問研究 2 − 3（行列式と連立 1 次方程式）

実数 a に対して，次の連立 1 次方程式が解をもつかどうか調べよ。また，解が一意でない場合には一般解を求めよ。

$$\begin{cases} x+ay+a^2z+a^3w=1 \\ a^3x+y+az+a^2w=-1 \\ a^2x+a^3y+z+aw=1 \\ ax+a^2y+a^3z+w=-1 \end{cases}$$

〈東京工業大学〉

解 説　係数行列は正方行列であり，その行列式を計算しておくと解の種類について見通しがよくなる。特に，係数行列の行列式が 0 でないとき解が一意的に存在する。

解 答　係数行列の行列式を計算してみよう。

$$\begin{vmatrix} 1 & a & a^2 & a^3 \\ a^3 & 1 & a & a^2 \\ a^2 & a^3 & 1 & a \\ a & a^2 & a^3 & 1 \end{vmatrix} \underset{\boxed{1}+(\boxed{2}+\boxed{3}+\boxed{4})}{=} \begin{vmatrix} a^3+a^2+a+1 & a & a^2 & a^3 \\ a^3+a^2+a+1 & 1 & a & a^2 \\ a^3+a^2+a+1 & a^3 & 1 & a \\ a^3+a^2+a+1 & a^2 & a^3 & 1 \end{vmatrix}$$

$$=(a^3+a^2+a+1)\begin{vmatrix} 1 & a & a^2 & a^3 \\ 1 & 1 & a & a^2 \\ 1 & a^3 & 1 & a \\ 1 & a^2 & a^3 & 1 \end{vmatrix}=(a+1)(a^2+1)\begin{vmatrix} 1 & a & a^2 & a^3 \\ 1 & 1 & a & a^2 \\ 1 & a^3 & 1 & a \\ 1 & a^2 & a^3 & 1 \end{vmatrix}$$

$$\underset{\substack{②-①\\③-①\\④-①}}{=}(a+1)(a^2+1)\begin{vmatrix} 1 & a & a^2 & a^3 \\ 0 & 1-a & a-a^2 & a^2-a^3 \\ 0 & a^3-a & 1-a^2 & a-a^3 \\ 0 & a^2-a & a^3-a^2 & 1-a^3 \end{vmatrix}$$

$$=(a+1)(a^2+1)\cdot(1-a)(1-a^2)(1-a)\begin{vmatrix} 1 & a & a^2 & a^3 \\ 0 & 1 & a & a^2 \\ 0 & -a & 1 & a \\ 0 & -a & -a^2 & 1+a+a^2 \end{vmatrix}$$

$$=(a+1)(a^2+1)\cdot(1-a)(1-a^2)(1-a)\begin{vmatrix} 1 & a & a^2 \\ -a & 1 & a \\ -a & -a^2 & 1+a+a^2 \end{vmatrix}$$

$$\underset{\substack{②+①\times a\\③+①\times a}}{=}(a+1)(a^2+1)\cdot(1-a)(1-a^2)(1-a)\begin{vmatrix}1 & a & a^2\\0 & 1+a^2 & a+a^3\\0 & 0 & 1+a+a^2+a^3\end{vmatrix}$$

$$=(a+1)(a^2+1)\cdot(1-a)(1-a^2)(1-a)\cdot(1+a^2)(1+a+a^2+a^3)$$

$$=(a+1)(a^2+1)\cdot(1-a)(1-a^2)(1-a)\cdot(1+a^2)(a+1)(a^2+1)$$

$$=-(a^2+1)^3(a+1)^3(a-1)^3$$

(i)　$a=1$ のとき

拡大係数行列：$\begin{pmatrix}1 & 1 & 1 & 1 & 1\\1 & 1 & 1 & 1 & -1\\1 & 1 & 1 & 1 & 1\\1 & 1 & 1 & 1 & -1\end{pmatrix}\to\cdots\to\begin{pmatrix}1 & 1 & 1 & 1 & 0\\0 & 0 & 0 & 0 & 1\\0 & 0 & 0 & 0 & 0\\0 & 0 & 0 & 0 & 0\end{pmatrix}$

与式は

$$\begin{cases}x+y+z+w=0\\0\cdot x+0\cdot y+0\cdot z+0\cdot w=1\end{cases}$$

第2式を満たす x, y, z, w は存在しないから，解なし　……〔答〕

(ii)　$a=-1$ のとき

拡大係数行列：$\begin{pmatrix}1 & -1 & 1 & -1 & 1\\-1 & 1 & -1 & 1 & -1\\1 & -1 & 1 & -1 & 1\\-1 & 1 & -1 & 1 & -1\end{pmatrix}\to\begin{pmatrix}1 & -1 & 1 & -1 & 1\\0 & 0 & 0 & 0 & 0\\0 & 0 & 0 & 0 & 0\\0 & 0 & 0 & 0 & 0\end{pmatrix}$

与式は

$$x-y+z-w=1$$

よって，解は無数に存在し，その一般解は

$$\begin{pmatrix}x\\y\\z\\w\end{pmatrix}=\begin{pmatrix}s-t+u+1\\s\\t\\u\end{pmatrix}$$（s, t, u は任意）　……〔答〕

(iii)　$a\neq 1$, -1 のとき

係数行列は正則であるから，解は存在して一意的に定まる。　……〔答〕

過去問研究2－4（行列式と階数）

実数 a, b, c, d に対し

$$A=\begin{pmatrix} a & b \\ c & d \end{pmatrix}, \quad B=\begin{pmatrix} a^2 & 2ab & b^2 \\ ac & ad+bc & bd \\ c^2 & 2cd & d^2 \end{pmatrix}$$

とおく。

(1)　$\det B$ を $\det A$ で表せ。

(2)　$\mathrm{rank}\,A=0$ のとき $\mathrm{rank}\,B$ を求めよ。

(3)　$\mathrm{rank}\,A=1$ のとき $\mathrm{rank}\,B$ を求めよ。

(4)　$\mathrm{rank}\,A=2$ のとき $\mathrm{rank}\,B$ を求めよ。　〈東京工業大学〉

解説　行列の階数と小行列式の関係も重要である。次が成り立つ。

階数が r であるための必要十分条件は，次の(i)，(ii)が成り立つことである。

(i)　r 次の小行列式で，値が 0 でないものが存在する。

(ii)　r より次数が大きい小行列式があれば，その値はすべて 0 である。

解答　(1)　$\det A=ad-bc$

$$\det B=\begin{vmatrix} a^2 & ab+ab & b^2 \\ ac & ad+bc & bd \\ c^2 & cd+cd & d^2 \end{vmatrix}=\begin{vmatrix} a^2 & ab & b^2 \\ ac & ad & bd \\ c^2 & cd & d^2 \end{vmatrix}+\begin{vmatrix} a^2 & ab & b^2 \\ ac & bc & bd \\ c^2 & cd & d^2 \end{vmatrix}$$

ここで

$$\begin{vmatrix} a^2 & ab & b^2 \\ ac & ad & bd \\ c^2 & cd & d^2 \end{vmatrix}=a^3d^3+ab^2c^2d+ab^2c^2d-ab^2c^2d-a^2bcd^2-a^2bcd^2$$

$$=a^3d^3+2ab^2c^2d-ab^2c^2d-2a^2bcd^2$$

$$=ad(a^2d^2-b^2c^2)-2abcd(ad-bc)$$

$$=ad(ad-bc)\{(ad+bc)-2bc\}=ad(ad-bc)^2 \quad \cdots\cdots①$$

$$\begin{vmatrix} a^2 & ab & b^2 \\ ac & bc & bd \\ c^2 & cd & d^2 \end{vmatrix}=a^2bcd^2+ab^2c^2d+ab^2c^2d-b^3c^3-a^2bcd^2-a^2bcd^2$$

$$=a^2bcd^2+2ab^2c^2d-b^3c^3-2a^2bcd^2$$

$$=bc(a^2d^2-b^2c^2)-2abcd(ad-bc)$$

$$=-bc(ad-bc)\{2ad-(ad+bc)\}=-bc(ad-bc)^2 \quad \cdots\cdots②$$

①+② より

$$\det B = ad(ad-bc)^2 - bc(da-bc)^2$$
$$= (ad-bc)^3 = (\det A)^3 \quad \cdots\cdots〔答〕$$

(2) $\operatorname{rank} A = 0$ のとき

$A = \begin{pmatrix} a & b \\ c & d \end{pmatrix} = \begin{pmatrix} 0 & 0 \\ 0 & 0 \end{pmatrix}$ であるから

$$B = \begin{pmatrix} a^2 & 2ab & b^2 \\ ac & ad+bc & bd \\ c^2 & 2cd & d^2 \end{pmatrix} = \begin{pmatrix} 0 & 0 & 0 \\ 0 & 0 & 0 \\ 0 & 0 & 0 \end{pmatrix} \qquad \therefore \quad \operatorname{rank} B = 0 \quad \cdots\cdots〔答〕$$

(3) $\operatorname{rank} A = 1$ のとき

$\det A = 0$ であるから，$\det B = (\det A)^3 = 0$

また，$A \neq O$ であるから，$B \neq O$

よって，$\operatorname{rank} B = 1,\ 2$

$\det A = ad - bc = 0$ より，$bc = ad$

$$\therefore \quad B = \begin{pmatrix} a^2 & 2ab & b^2 \\ ac & ad+bc & bd \\ c^2 & 2cd & d^2 \end{pmatrix} = \begin{pmatrix} a^2 & 2ab & b^2 \\ ac & 2ad & bd \\ c^2 & 2cd & d^2 \end{pmatrix}$$

ここで，$ad - bc = 0$ に注意して 9 つの 2 次の小行列式を計算すると

$$\begin{vmatrix} a^2 & 2ab \\ ac & 2ad \end{vmatrix} = 0, \quad \begin{vmatrix} a^2 & b^2 \\ ac & bd \end{vmatrix} = 0, \quad \begin{vmatrix} 2ab & b^2 \\ 2ad & bd \end{vmatrix} = 0,$$

$$\begin{vmatrix} a^2 & 2ab \\ c^2 & 2cd \end{vmatrix} = 0, \quad \begin{vmatrix} a^2 & b^2 \\ c^2 & d^2 \end{vmatrix} = 0, \quad \begin{vmatrix} 2ab & b^2 \\ 2cd & d^2 \end{vmatrix} = 0,$$

$$\begin{vmatrix} ac & 2ad \\ c^2 & 2cd \end{vmatrix} = 0, \quad \begin{vmatrix} ac & bd \\ c^2 & d^2 \end{vmatrix} = 0, \quad \begin{vmatrix} 2ad & bd \\ 2cd & d^2 \end{vmatrix} = 0$$

より，2 次の小行列式はすべて値が 0 である。　$\therefore \quad \operatorname{rank} B = 1 \quad \cdots\cdots〔答〕$

(4) $\operatorname{rank} A = 2$ のとき

$\det A \neq 0$ であるから，$\det B = (\det A)^3 \neq 0 \qquad \therefore \quad \operatorname{rank} B = 3 \quad \cdots\cdots〔答〕$

第3章 ベクトル空間

3.1 ベクトル空間

〔目標〕 ベクトル空間およびその部分空間について理解する。

(1) ベクトル空間

まず，ベクトル空間を定義しよう。しばらくの間，平面ベクトルの全体からなる集合あるいは空間ベクトルの全体からなる集合をイメージしておけばよい。

ベクトル空間

空でない集合 V に，**和**および**スカラー倍**が定義されているとき，V を**ベクトル空間**といい，ベクトル空間の要素を**ベクトル**という。すなわち，

$V \neq \phi$ で

$\boldsymbol{a}$，$\boldsymbol{b} \in V$ に対して，和：$\boldsymbol{a}+\boldsymbol{b} \in V$

$\boldsymbol{a} \in V$ と $k \in K$ に対して，スカラー倍：$k\boldsymbol{a} \in V$

が定義されている。V をより正確には **K 上のベクトル空間**という。

ここで，K は実数の全体 $\boldsymbol{R}$ または複素数の全体 $\boldsymbol{C}$ を表すものとする。

(注1) K として $\boldsymbol{R}$ や $\boldsymbol{C}$ 以外の集合を考えることもあるが，本書では扱わない。また，ベクトル空間のことを**線形空間**ともいう。

(注2) ベクトル空間は必ず零ベクトル $\boldsymbol{0}$ を要素にもつ（なぜならば，0倍すれば $\boldsymbol{0}$ になるから)。

(注3) $K=\boldsymbol{R}$ のとき，すなわちスカラー倍として実数倍を考えるとき，V を**実ベクトル空間**（**$\boldsymbol{R}$ 上のベクトル空間**）という。また，$K=\boldsymbol{C}$ のとき，すなわちスカラー倍として複素数倍を考えるとき，V を**複素ベクトル空間**（**$\boldsymbol{C}$ 上のベクトル空間**）という。

（注 2 ）より，（K 上の）ベクトル空間であるための条件は

（ i ） $\mathbf{0}\in V$

（ii） $\boldsymbol{a}$, $\boldsymbol{b}\in V$ ならば，$\boldsymbol{a}+\boldsymbol{b}\in V$

（iii） $\boldsymbol{a}\in V$ ならば，$k\boldsymbol{a}\in V$（$k\in K$）

の 3 つを満たすことであると思ってよい。

【例】 平面ベクトルの全体を $\boldsymbol{R}^2$，空間ベクトルの全体を $\boldsymbol{R}^3$ で表す。$\boldsymbol{R}^2$ や $\boldsymbol{R}^3$ はスカラー倍として実数倍を考えるとき，いずれもベクトル空間である。しかし，複素数倍を考えるとベクトル空間にならない（ベクトルの成分が実数にならない場合がある）。特に断らない限り，和は通常のベクトルの和を考える。

問 1 次の集合は，通常の和と実数倍を考えるときベクトル空間であるか。

(1) $L_1=\left\{\begin{pmatrix}x\\y\end{pmatrix}\in\boldsymbol{R}^2\,\middle|\,y=2x\right\}$ (2) $L_2=\left\{\begin{pmatrix}x\\y\end{pmatrix}\in\boldsymbol{R}^2\,\middle|\,y=2x+1\right\}$

(3) $S=\left\{\begin{pmatrix}x\\y\end{pmatrix}\in\boldsymbol{R}^2\,\middle|\,(x-1)^2+y^2=1\right\}$

（解） ベクトル空間であるための条件をすべて満たしているかチェックする。

(1) $\mathbf{0}=\begin{pmatrix}0\\0\end{pmatrix}\in L_1$ だから，$L_1\neq\phi$

$\begin{pmatrix}x_1\\y_1\end{pmatrix}$, $\begin{pmatrix}x_2\\y_2\end{pmatrix}\in L_1$ とすると，$\begin{pmatrix}x_1\\y_1\end{pmatrix}+\begin{pmatrix}x_2\\y_2\end{pmatrix}=\begin{pmatrix}x_1+x_2\\y_1+y_2\end{pmatrix}$ であり，

$y_1=2x_1$, $y_2=2x_2$ より，$y_1+y_2=2(x_1+x_2)$ $\therefore$ $\begin{pmatrix}x_1+x_2\\y_1+y_2\end{pmatrix}\in L_1$

$\begin{pmatrix}x\\y\end{pmatrix}\in L_1$ とすると，$k\begin{pmatrix}x\\y\end{pmatrix}=\begin{pmatrix}kx\\ky\end{pmatrix}$ であり，

$y=2x$ より，$ky=2(kx)$ $\therefore$ $\begin{pmatrix}kx\\ky\end{pmatrix}\in L_1$

以上より，L_1 はベクトル空間である。

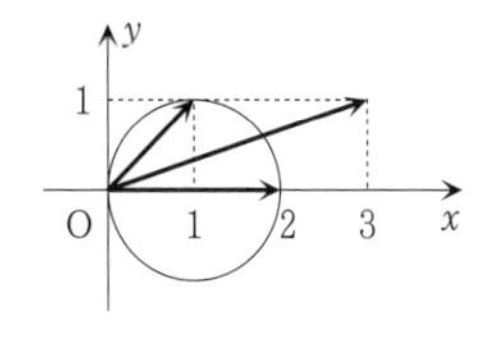

(2) $\mathbf{0}=\begin{pmatrix}0\\0\end{pmatrix}\notin L_2$ だから，L_2 はベクトル空間ではない。

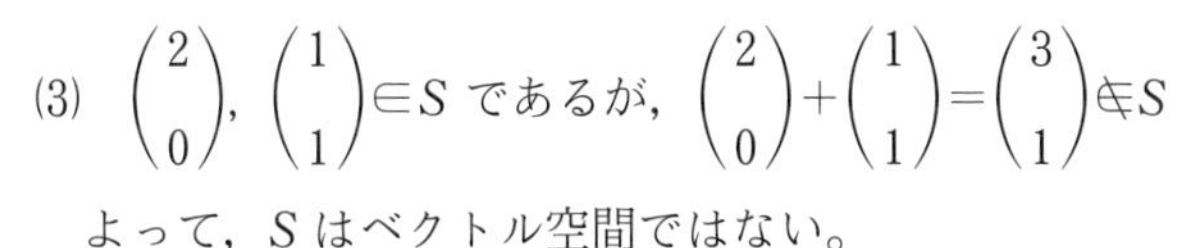

(3) $\begin{pmatrix}2\\0\end{pmatrix}$, $\begin{pmatrix}1\\1\end{pmatrix}\in S$ であるが，$\begin{pmatrix}2\\0\end{pmatrix}+\begin{pmatrix}1\\1\end{pmatrix}=\begin{pmatrix}3\\1\end{pmatrix}\notin S$

よって，S はベクトル空間ではない。 □

数ベクトル

実数または複素数を成分とするベクトル $\boldsymbol{a}={}^t(a_1\ \ a_2\ \ \cdots\ \ a_n)$ の全体はベクトル空間であり，そのベクトル空間を**数ベクトル空間**，その要素 $\boldsymbol{a}$ を**数ベクトル**という。

【例】 (1)　次の数ベクトル空間が基本である。

$$\boldsymbol{R}^n=\left\{\begin{pmatrix} x_1 \\ x_2 \\ \vdots \\ x_n \end{pmatrix}\middle|\, x_1,\ x_2,\ \cdots,\ x_n\in\boldsymbol{R}\right\}$$

これは通常の和と実数倍を考えて，実ベクトル空間である。

(2)　次の数ベクトル空間はスカラー倍をどのように考えるかに注意しよう。

$$\boldsymbol{C}^n=\left\{\begin{pmatrix} z_1 \\ z_2 \\ \vdots \\ z_n \end{pmatrix}\middle|\, z_1,\ z_2,\ \cdots,\ z_n\in\boldsymbol{C}\right\}$$

これは通常の和と複素数倍を考えると複素ベクトル空間であるが，通常の和と実数倍を考えると実ベクトル空間である。

問 2　次の集合は通常の和と実数倍を考えるときベクトル空間であるか。

$$M=\left\{\begin{pmatrix} a & b \\ c & d \end{pmatrix}\middle|\, a,\ b,\ c,\ d\in\boldsymbol{R}\right\}$$

(解)　$O=\begin{pmatrix} 0 & 0 \\ 0 & 0 \end{pmatrix}\in M$ だから，$M\neq\phi$

さらに次が成り立つことも明らかである。

$A,\ B\in M$ とすると，$A+B\in M$

$A\in M$ とすると，$kA\in M$

以上より，M はベクトル空間である。　□

(注)　問 2 のベクトル空間 M は数ベクトル空間ではないベクトル空間の例である。

(2) 部分空間

部分空間（部分ベクトル空間）

ベクトル空間 V の空でない部分集合 W が和およびスカラー倍に関して閉じているとき，W を V の**部分空間**（**部分ベクトル空間**）という。すなわち，次が成り立つ。

（i） $\mathbf{0}\in W$

（ii） $\boldsymbol{a}$，$\boldsymbol{b}\in W$ ならば，　$\boldsymbol{a}+\boldsymbol{b}\in W$

（iii） $\boldsymbol{a}\in W$ ならば，$k\boldsymbol{a}\in W$　$(k\in K)$

（注） すなわち，ベクトル空間 V の部分集合 W が V の部分空間であるとは，W 自身もまたベクトル空間になるということである。

問 3 実数を成分とする 2 次正方行列の全体を $M(2,\ \boldsymbol{R})$ で表す。次の集合はベクトル空間 $M(2,\ \boldsymbol{R})$ の部分空間であるか。

(1) $M_1=\{A\in M(2,\ \boldsymbol{R})\,|\,\det(A)=0\}$

(2) $M_2=\{A\in M(2,\ \boldsymbol{R})\,|\,\mathrm{tr}(A)=0\}$

（解） 部分空間であるための条件をすべて満たすかチェックする。

(1) $A=\begin{pmatrix}1 & 0\\ 1 & 0\end{pmatrix}$，$B=\begin{pmatrix}1 & 1\\ 0 & 0\end{pmatrix}\in M_1$ であるが

$$A+B=\begin{pmatrix}2 & 1\\ 1 & 0\end{pmatrix}\notin M_1 \quad (\because \quad \det(A+B)=-1\neq 0)$$

よって，M_1 は $M(2,\ \boldsymbol{R})$ の部分空間ではない。

(2) (i) $O\in M_2$

(ii) A，$B\in M_2$ とすると，トレースの性質より

$\mathrm{tr}(A+B)=\mathrm{tr}(A)+\mathrm{tr}(B)=0+0=0 \qquad \therefore\quad A+B\in M_2$

(iii) $A\in M_2$ とすると，トレースの性質より

$\mathrm{tr}(kA)=k\,\mathrm{tr}(A)=k\cdot 0=0 \qquad \therefore\quad kA\in M_2$

以上より，M_2 は $M(2,\ \boldsymbol{R})$ の部分空間である。　□

例題1（ベクトル空間）

次の集合はベクトル空間であるか。

(1) $P_1=\left\{\begin{pmatrix} x \\ y \\ z \end{pmatrix}\in \boldsymbol{R}^3 \,\middle|\, x+2y-z=0\right\}$

(2) $P_2=\left\{\begin{pmatrix} x \\ y \\ z \end{pmatrix}\in \boldsymbol{R}^3 \,\middle|\, x+2y-z+1=0\right\}$

解説　ベクトル空間であるための条件をすべて満たしているかどうかチェックする。

集合 V が（K 上の）ベクトル空間であるための条件は

(i) $\boldsymbol{0}\in V$

(ii) $\boldsymbol{a},\ \boldsymbol{b}\in V$ ならば，$\boldsymbol{a}+\boldsymbol{b}\in V$

(iii) $\boldsymbol{a}\in V$ ならば，$k\boldsymbol{a}\in V$ $(k\in K)$

の3つを満たすことである。

解答　(1) (i) $\boldsymbol{0}=\begin{pmatrix} 0 \\ 0 \\ 0 \end{pmatrix}\in P_1$

(ii) $\boldsymbol{a}=\begin{pmatrix} x_1 \\ y_1 \\ z_1 \end{pmatrix}$, $\boldsymbol{b}=\begin{pmatrix} x_2 \\ y_2 \\ z_2 \end{pmatrix}\in P_1$ とすると，$\boldsymbol{a}+\boldsymbol{b}=\begin{pmatrix} x_1+x_2 \\ y_1+y_2 \\ z_1+z_2 \end{pmatrix}$ であり

$(x_1+x_2)+2(y_1+y_2)-(z_1+z_2)$

$=(x_1+2y_1-z_1)+(x_2+2y_2-z_2)=0+0=0$ より，$\boldsymbol{a}+\boldsymbol{b}\in P_1$

(iii) $\boldsymbol{a}=\begin{pmatrix} x \\ y \\ z \end{pmatrix}\in P_1$ とすると，$k\boldsymbol{a}=\begin{pmatrix} kx \\ ky \\ kz \end{pmatrix}$ であり

$(kx)+2(ky)-(kz)=k(x+2y-z)=k\cdot 0=0$ より，$k\boldsymbol{a}\in P_1$

(i), (ii), (iii)より，P_1 はベクトル空間である。　……〔答〕

(2) $\boldsymbol{0}\notin P_2$ であるから，P_2 はベクトル空間ではない。　……〔答〕

例題 2 （部分空間①）

実数を成分とする 2 次正方行列の全体を $M(2,\ \boldsymbol{R})$ で表す。次の集合はベクトル空間 $M(2,\ \boldsymbol{R})$ の部分空間であるか。

(1) $M_1=\{A\in M(2,\ \boldsymbol{R})\mid {}^tA=A\}$

(2) $M_2=\{A\in M(2,\ \boldsymbol{R})\mid A^2=O\}$

解 説 部分空間であるための条件をチェックすればよい。

ベクトル空間 V の部分集合 W が V の**部分空間**であるための条件は

(i) $\boldsymbol{0}\in W$

(ii) $\boldsymbol{a},\ \boldsymbol{b}\in W$ ならば，$\boldsymbol{a}+\boldsymbol{b}\in W$

(iii) $\boldsymbol{a}\in W$ ならば，$k\boldsymbol{a}\in W$ $(k\in K)$

の 3 つを満たすことである。

（注） 条件を見ると，ベクトル空間であるための条件と同じであるが，それは当然である。ベクトル空間 V の部分集合 W が V の部分空間であるとは，W 自身もまたベクトル空間になるということであるから。

解 答 (1) (i) ${}^tO=O$ であるから，$O\in M_1$

(ii) $A,\ B\in M_1$ とする。

${}^t(A+B)={}^tA+{}^tB=A+B$ であるから，$A+B\in M_1$

(iii) $A\in M_1$ とする。

${}^t(kA)=k{}^tA=kA$ であるから，$kA\in M_1$

(i), (ii), (iii)より

M_1 はベクトル空間 $M(2,\ \boldsymbol{R})$ の部分空間である。 ……〔答〕

(2) $A=\begin{pmatrix}0&1\\0&0\end{pmatrix}$, $B=\begin{pmatrix}0&0\\1&0\end{pmatrix}$ とすると

$A^2=O,\ B^2=O$ なので，$A,\ B\in M_2$ であるが

$(A+B)^2=\begin{pmatrix}0&1\\1&0\end{pmatrix}\begin{pmatrix}0&1\\1&0\end{pmatrix}=\begin{pmatrix}1&0\\0&1\end{pmatrix}\neq O$ より，$A+B\notin M_2$

したがって

M_2 はベクトル空間 $M(2,\ \boldsymbol{R})$ の部分空間ではない。 ……〔答〕

例題3（部分空間②）

W_1, W_2 をベクトル空間 V の部分空間とするとき，次の集合が V の部分空間であることを示せ。

(1) $W_1 \cap W_2 = \{\boldsymbol{x} \mid \boldsymbol{x} \in W_1,\ \boldsymbol{x} \in W_2\}$

(2) $W_1 + W_2 = \{\boldsymbol{x}_1 + \boldsymbol{x}_2 \mid \boldsymbol{x}_1 \in W_1,\ \boldsymbol{x}_2 \in W_2\}$

解説　やはり，部分空間であるための条件をチェックすればよい。本問はやや抽象的な議論を必要とするが，線形代数の学習ではこのような練習も非常に大切である。

解答　(1)　(i)　$\boldsymbol{0} \in W_1$, $\boldsymbol{0} \in W_2$ であるから，$\boldsymbol{0} \in W_1 \cap W_2$

(ii)　$\boldsymbol{a}$, $\boldsymbol{b} \in W_1 \cap W_2$ とする。

$\boldsymbol{a}$, $\boldsymbol{b} \in W_1$ より，$\boldsymbol{a} + \boldsymbol{b} \in W_1$　⬅ W_1 は部分空間

$\boldsymbol{a}$, $\boldsymbol{b} \in W_2$ より，$\boldsymbol{a} + \boldsymbol{b} \in W_2$　⬅ W_2 は部分空間

$\therefore\quad \boldsymbol{a} + \boldsymbol{b} \in W_1 \cap W_2$

(iii)　$\boldsymbol{a} \in W_1 \cap W_2$ とする。

$\boldsymbol{a} \in W_1$ より，$k\boldsymbol{a} \in W_1$　⬅ W_1 は部分空間

$\boldsymbol{a} \in W_2$ より，$k\boldsymbol{a} \in W_2$　⬅ W_2 は部分空間

$\therefore\quad k\boldsymbol{a} \in W_1 \cap W_2$

(i), (ii), (iii)より，$W_1 \cap W_2$ は V の部分空間である。

(2)　(i)　$\boldsymbol{0} = \boldsymbol{0} + \boldsymbol{0} \in W_1 + W_2$　⬅ $\boldsymbol{0} \in W_1$, $\boldsymbol{0} \in W_2$

(ii)　$\boldsymbol{a}$, $\boldsymbol{b} \in W_1 + W_2$ とすると，$W_1 + W_2$ の定義より

$\boldsymbol{a} = \boldsymbol{x}_1 + \boldsymbol{x}_2 \quad (\boldsymbol{x}_1 \in W_1,\ \boldsymbol{x}_2 \in W_2)$,

$\boldsymbol{b} = \boldsymbol{y}_1 + \boldsymbol{y}_2 \quad (\boldsymbol{y}_1 \in W_1,\ \boldsymbol{y}_2 \in W_2)$

と表されるから

$$\begin{aligned}\boldsymbol{a} + \boldsymbol{b} &= (\boldsymbol{x}_1 + \boldsymbol{x}_2) + (\boldsymbol{y}_1 + \boldsymbol{y}_2)\\ &= (\boldsymbol{x}_1 + \boldsymbol{y}_1) + (\boldsymbol{x}_2 + \boldsymbol{y}_2) \in W_1 + W_2\end{aligned}$$

⬅ $\boldsymbol{x}_1 + \boldsymbol{y}_1 \in W_1$, $\boldsymbol{x}_2 + \boldsymbol{y}_2 \in W_2$

(iii)　$\boldsymbol{a} \in W_1 + W_2$ とすると，

$\boldsymbol{a} = \boldsymbol{x}_1 + \boldsymbol{x}_2 \quad (\boldsymbol{x}_1 \in W_1,\ \boldsymbol{x}_2 \in W_2)$

と表されるから

$$\begin{aligned}k\boldsymbol{a} &= k(\boldsymbol{x}_1 + \boldsymbol{x}_2)\\ &= (k\boldsymbol{x}_1) + (k\boldsymbol{x}_2) \in W_1 + W_2\end{aligned}$$

⬅ $k\boldsymbol{x}_1 \in W_1$, $k\boldsymbol{x}_2 \in W_2$

(i), (ii), (iii)より，$W_1 + W_2$ は V の部分空間である。

■ 演習問題　3.1

▶解答は p. 236

1　次の集合はベクトル空間であるか。

(1)　同次連立 1 次方程式 $A\boldsymbol{x}=\boldsymbol{0}$ の解の全体：$S_1=\{\boldsymbol{x}\in\boldsymbol{R}^n \mid A\boldsymbol{x}=\boldsymbol{0}\}$

(2)　非同次連立 1 次方程式 $A\boldsymbol{x}=\boldsymbol{b}$ の解の全体：$S_2=\{\boldsymbol{x}\in\boldsymbol{R}^n \mid A\boldsymbol{x}=\boldsymbol{b}\}$

2　x の 2 次以下の実数係数多項式の全体 $\boldsymbol{R}[x]_2$ はベクトル空間であるが，次の集合は $\boldsymbol{R}[x]_2$ の部分空間であるか。

(1)　$P_1=\{f\in\boldsymbol{R}[x]_2 \mid f(x^2)=(f(x))^2\}$

(2)　$P_2=\{f\in\boldsymbol{R}[x]_2 \mid f(1)=0\}$

3　次の問いに答えよ。

(1)　$\boldsymbol{R}^3$ の 2 つの部分空間

$$W_1=\left\{\begin{pmatrix}x\\y\\0\end{pmatrix}\middle|\, x,\ y\in\boldsymbol{R}\right\},\quad W_2=\left\{\begin{pmatrix}0\\0\\z\end{pmatrix}\middle|\, z\in\boldsymbol{R}\right\}$$

に対して，$W_1\cup W_2$ は $\boldsymbol{R}^3$ の部分空間でないことを示せ。

(2)　W_1，W_2 をベクトル空間 V の部分空間とする。$W_1\cup W_2$ が V の部分空間ならば，$W_1\subset W_2$ または $W_2\subset W_1$ であることを示せ。

4　W_1，W_2 をベクトル空間 V の部分空間とするとき，部分空間 W_1+W_2 は W_1 と W_2 を含む最小の部分空間であることを示せ。

ここで，$W_1+W_2=\{\boldsymbol{x}_1+\boldsymbol{x}_2 \mid \boldsymbol{x}_1\in W_1,\ \boldsymbol{x}_2\in W_2\}$ である。

3.2　1次独立

〔目標〕 線形代数でもっとも重要な概念の1つである1次独立について理解する。1次独立の抽象的な定義をしっかりと理解すること。

(1)　ベクトルの1次結合

ベクトルの1次結合

$\boldsymbol{a}_1,\ \boldsymbol{a}_2,\ \cdots,\ \boldsymbol{a}_n \in V,\ k_1,\ k_2,\ \cdots,\ k_n \in K$ に対して

$$k_1\boldsymbol{a}_1 + k_2\boldsymbol{a}_2 + \cdots + k_n\boldsymbol{a}_n$$

を $\boldsymbol{a}_1,\ \boldsymbol{a}_2,\ \cdots,\ \boldsymbol{a}_n$ の**1次結合**または**線形結合**という。

問 1　$\boldsymbol{a}_1 = \begin{pmatrix} 1 \\ 1 \\ 2 \end{pmatrix},\ \boldsymbol{a}_2 = \begin{pmatrix} 2 \\ 0 \\ 5 \end{pmatrix},\ \boldsymbol{a}_3 = \begin{pmatrix} 3 \\ 8 \\ 3 \end{pmatrix},\ \boldsymbol{b} = \begin{pmatrix} 4 \\ -5 \\ 13 \end{pmatrix}$

のとき，ベクトル $\boldsymbol{b}$ を $\boldsymbol{a}_1,\ \boldsymbol{a}_2,\ \boldsymbol{a}_3$ の1次結合で表せ。

(解)　$\boldsymbol{b} = x\boldsymbol{a}_1 + y\boldsymbol{a}_2 + z\boldsymbol{a}_3$ を満たす $x,\ y,\ z$ を求めたい。

$x\boldsymbol{a}_1 + y\boldsymbol{a}_2 + z\boldsymbol{a}_3 = \boldsymbol{b}$ より

$$(\boldsymbol{a}_1\ \ \boldsymbol{a}_2\ \ \boldsymbol{a}_3)\begin{pmatrix} x \\ y \\ z \end{pmatrix} = \boldsymbol{b}$$

⬅ $x\boldsymbol{a}_1 + y\boldsymbol{a}_2 + z\boldsymbol{a}_3 = (\boldsymbol{a}_1\ \ \boldsymbol{a}_2\ \ \boldsymbol{a}_3)\begin{pmatrix} x \\ y \\ z \end{pmatrix}$ **に注意!!**

$$\therefore\ \begin{pmatrix} 1 & 2 & 3 \\ 1 & 0 & 8 \\ 2 & 5 & 3 \end{pmatrix}\begin{pmatrix} x \\ y \\ z \end{pmatrix} = \begin{pmatrix} 4 \\ -5 \\ 13 \end{pmatrix}$$

⬅ 連立1次方程式!!

ここで，拡大係数行列を行基本変形すると

$$\begin{pmatrix} 1 & 2 & 3 & 4 \\ 1 & 0 & 8 & -5 \\ 2 & 5 & 3 & 13 \end{pmatrix} \to \cdots \to \begin{pmatrix} 1 & 0 & 0 & 3 \\ 0 & 1 & 0 & 2 \\ 0 & 0 & 1 & -1 \end{pmatrix}$$

よって，連立1次方程式は次のように書き換えられる。

$$\begin{pmatrix} 1 & 0 & 0 \\ 0 & 1 & 0 \\ 0 & 0 & 1 \end{pmatrix}\begin{pmatrix} x \\ y \\ z \end{pmatrix} = \begin{pmatrix} 3 \\ 2 \\ -1 \end{pmatrix}$$

すなわち，求める解は $\begin{pmatrix} x \\ y \\ z \end{pmatrix} = \begin{pmatrix} 3 \\ 2 \\ -1 \end{pmatrix}$

したがって，$\boldsymbol{b}$ は $\boldsymbol{a}_1$，$\boldsymbol{a}_2$，$\boldsymbol{a}_3$ によって次のように表される。

$$\boldsymbol{b}=3\boldsymbol{a}_1+2\boldsymbol{a}_2-\boldsymbol{a}_3 \qquad \square$$

（注）　ここで，すでに学習した連立1次方程式の重要性に注意しよう。線形代数において連立1次方程式がいかに大切であるかは次第に明らかとなっていく。

ベクトル空間の生成

ベクトル空間 V が

$$V=\{k_1\boldsymbol{a}_1+k_2\boldsymbol{a}_2+\cdots+k_n\boldsymbol{a}_n \mid k_1,\ k_2,\ \cdots,\ k_n\in K\}$$

と表されるとき，V は $\boldsymbol{a}_1$，$\boldsymbol{a}_2$，$\cdots$，$\boldsymbol{a}_n$ によって**生成される**という。

問 2　3次元ベクトル空間 $\boldsymbol{R}^3$ は問1の3つのベクトル $\boldsymbol{a}_1$，$\boldsymbol{a}_2$，$\boldsymbol{a}_3$ で生成されることを示せ。

（解）　$\boldsymbol{R}^3$ の任意のベクトル $\boldsymbol{v}$ が $\boldsymbol{a}_1$，$\boldsymbol{a}_2$，$\boldsymbol{a}_3$ の1次結合で表せることを示せばよい。

$$\boldsymbol{v}=\begin{pmatrix} v_1 \\ v_2 \\ v_3 \end{pmatrix}$$ とする。

$\boldsymbol{v}=x\boldsymbol{a}_1+y\boldsymbol{a}_2+z\boldsymbol{a}_3$ を満たす x，y，z が存在することを示したい。

$x\boldsymbol{a}_1+y\boldsymbol{a}_2+z\boldsymbol{a}_3=\boldsymbol{v}$ より

$$(\boldsymbol{a}_1\ \ \boldsymbol{a}_2\ \ \boldsymbol{a}_3)\begin{pmatrix} x \\ y \\ z \end{pmatrix}=\boldsymbol{v} \qquad \therefore\ \begin{pmatrix} 1 & 2 & 3 \\ 1 & 0 & 8 \\ 2 & 5 & 3 \end{pmatrix}\begin{pmatrix} x \\ y \\ z \end{pmatrix}=\begin{pmatrix} v_1 \\ v_2 \\ v_3 \end{pmatrix}$$

ここで

$$\begin{vmatrix} 1 & 2 & 3 \\ 1 & 0 & 8 \\ 2 & 5 & 3 \end{vmatrix}=32+15-6-40=1\neq 0$$

より，係数行列は正則行列であるから，この連立方程式はただ1つの解をもつ。

すなわち，$\boldsymbol{v}=x\boldsymbol{a}_1+y\boldsymbol{a}_2+z\boldsymbol{a}_3$ を満たす x，y，z が存在する。

よって，$\boldsymbol{R}^3$ は問1の3つのベクトル $\boldsymbol{a}_1$，$\boldsymbol{a}_2$，$\boldsymbol{a}_3$ で生成される。　$\square$

問 3　問1の3つのベクトル $\boldsymbol{a}_1$, $\boldsymbol{a}_2$, $\boldsymbol{a}_3$ のうち，$\boldsymbol{a}_3$ は残りの $\boldsymbol{a}_1$, $\boldsymbol{a}_2$ の1次結合で表せるか。

(解)　$\boldsymbol{a}_3 = x\boldsymbol{a}_2 + y\boldsymbol{a}_3$ を満たす x, y が存在するかどうかを調べる。

$x\boldsymbol{a}_1 + y\boldsymbol{a}_2 = \boldsymbol{a}_3$ より

$$(\boldsymbol{a}_1 \quad \boldsymbol{a}_2)\begin{pmatrix} x \\ y \end{pmatrix} = \boldsymbol{a}_3 \qquad \therefore \quad \begin{pmatrix} 1 & 2 \\ 1 & 0 \\ 2 & 5 \end{pmatrix}\begin{pmatrix} x \\ y \end{pmatrix} = \begin{pmatrix} 3 \\ 8 \\ 3 \end{pmatrix}$$

⬅ 連立1次方程式

拡大係数行列を行基本変形すると

$$\begin{pmatrix} 1 & 2 & 3 \\ 1 & 0 & 8 \\ 2 & 5 & 3 \end{pmatrix} \to \cdots \to \begin{pmatrix} 1 & 0 & 0 \\ 0 & 1 & 0 \\ 0 & 0 & 1 \end{pmatrix}$$

よって，連立1次方程式は次のように書き換えられる。

$$\begin{cases} x \qquad\quad = 0 \\ \qquad\ y \ = 0 \\ 0 \cdot x + 0 \cdot y = 1 \end{cases}$$

第3式を満たす x, y が存在しないので，解なし。

すなわち，$\boldsymbol{a}_3 = x\boldsymbol{a}_2 + y\boldsymbol{a}_3$ を満たす x, y は存在せず，$\boldsymbol{a}_3$ は残りの $\boldsymbol{a}_1$, $\boldsymbol{a}_2$ の1次結合で表すことはできない。　□

(注)　問3の結果より，$\boldsymbol{R}^3$ はベクトル $\boldsymbol{a}_1$, $\boldsymbol{a}_2$ では生成されないことが分かる。このように，あるベクトルが他のベクトルの1次結合で表されるときもあれば，表されないときもある。そのあたりの様子を詳しく調べるのが次に登場する1次独立の概念である。

(2)　ベクトルの1次独立

1次独立

$\boldsymbol{a}_1$, $\boldsymbol{a}_2$, $\cdots$, $\boldsymbol{a}_n$ が **1次独立（線形独立）** であるとは

「$k_1\boldsymbol{a}_1 + k_2\boldsymbol{a}_2 + \cdots + k_n\boldsymbol{a}_n = \boldsymbol{0}$ ならば $k_1 = k_2 = \cdots = k_n = 0$」

であることをいう。1次独立でないときを **1次従属（線形従属）** という。

(注)　上に述べた1次独立の定義は何を言っているのか理解できるだろうか。この定義は n 個のベクトル $\boldsymbol{a}_1$, $\boldsymbol{a}_2$, $\cdots$, $\boldsymbol{a}_n$ のうちのどのベクトルも残りのベクトルの1次結合で表すことはできないということを言っているので

ある。少し解説しよう。

$k_1\boldsymbol{a}_1+k_2\boldsymbol{a}_2+\cdots+k_n\boldsymbol{a}_n=\boldsymbol{0}$ を満たす，すべての値が 0 というわけではない係数 k_1, k_2, …, k_n が存在したとする。たとえば，$k_1\neq 0$ だったとしよう。すると，$k_1\boldsymbol{a}_1=-k_2\boldsymbol{a}_2-\cdots-k_n\boldsymbol{a}_n$ より

$$\boldsymbol{a}_1=-\frac{k_2}{k_1}\boldsymbol{a}_2-\cdots-\frac{k_n}{k_1}\boldsymbol{a}_n$$

となり，$\boldsymbol{a}_1$ が残りのベクトル $\boldsymbol{a}_2$, …, $\boldsymbol{a}_n$ の 1 次結合で表されることになる。この計算を見れば分かる通り，値が 0 でない係数がかかっているベクトルがあれば，そのベクトルは残りのベクトルを用いて表されるのである。

結局，つきつめると

「$k_1\boldsymbol{a}_1+k_2\boldsymbol{a}_2+\cdots+k_n\boldsymbol{a}_n=\boldsymbol{0}$ ならば $k_1=k_2=\cdots=k_n=0$」

が 1 次独立の定義となるのである。

問 4 次の 3 つのベクトルは 1 次独立であるか。

$$\boldsymbol{a}_1=\begin{pmatrix}3\\4\\2\end{pmatrix},\ \boldsymbol{a}_2=\begin{pmatrix}2\\-1\\-3\end{pmatrix},\ \boldsymbol{a}_3=\begin{pmatrix}-1\\1\\1\end{pmatrix}$$

（解） $k\boldsymbol{a}_1+l\boldsymbol{a}_2+m\boldsymbol{a}_3=\boldsymbol{0}$ とすると ⬅ **ここがスタート!!**

$$(\boldsymbol{a}_1\ \ \boldsymbol{a}_2\ \ \boldsymbol{a}_3)\begin{pmatrix}k\\l\\m\end{pmatrix}=\boldsymbol{0}$$

$$\therefore\ \begin{pmatrix}3&2&-1\\4&-1&1\\2&-3&1\end{pmatrix}\begin{pmatrix}k\\l\\m\end{pmatrix}=\begin{pmatrix}0\\0\\0\end{pmatrix}$$ ⬅ **同次連立 1 次方程式**

ここで

$$\begin{vmatrix}3&2&-1\\4&-1&1\\2&-3&1\end{vmatrix}=(-3)+4+12-2-8-(-9)=12\neq 0$$

より，係数行列は正則行列であるから，上の同次連立 1 次方程式は自明な解しかもたない。

よって，$k=l=m=0$ ⬅ **ここがゴール!!**

以上より，3 つのベクトル $\boldsymbol{a}_1$, $\boldsymbol{a}_2$, $\boldsymbol{a}_3$ は 1 次独立である。 □

(3)　ベクトルの1次関係

ベクトルの1次関係

$\boldsymbol{a}_1$, $\boldsymbol{a}_2$, $\cdots$, $\boldsymbol{a}_n$ が

$$k_1\boldsymbol{a}_1+k_2\boldsymbol{a}_2+\cdots+k_n\boldsymbol{a}_n=\boldsymbol{0}$$

を満たすとき，これを $\boldsymbol{a}_1$, $\boldsymbol{a}_2$, $\cdots$, $\boldsymbol{a}_n$ の**1次関係**という。

(注)　$\boldsymbol{a}_1$, $\boldsymbol{a}_2$, $\cdots$, $\boldsymbol{a}_n$ が1次独立ならば，係数がすべて0になるから，その1次関係は恒等式 $\boldsymbol{0}=\boldsymbol{0}$ となる。これを**自明**な1次関係という。つまり，1次独立なベクトルは自明な1次関係しかもたない。

数ベクトルの1次関係について，次が成り立つ。

[定理]（ベクトルの1次関係の判定）

(1)　行列 $(\boldsymbol{a}_1\ \ \boldsymbol{a}_2\ \ \cdots\ \ \boldsymbol{a}_n)$ の行基本変形による変形を $(\boldsymbol{b}_1\ \ \boldsymbol{b}_2\ \ \cdots\ \ \boldsymbol{b}_n)$ とするとき $\boldsymbol{a}_1$, $\boldsymbol{a}_2$, $\cdots$, $\boldsymbol{a}_n$ の1次関係と $\boldsymbol{b}_1$, $\boldsymbol{b}_2$, $\cdots$, $\boldsymbol{b}_n$ の1次関係とは同じである。

(2)　$\boldsymbol{a}_1$, $\boldsymbol{a}_2$, $\cdots$, $\boldsymbol{a}_n$ が1次独立であるための必要十分条件は

$$\mathrm{rank}(\boldsymbol{a}_1\ \ \boldsymbol{a}_2\ \ \cdots\ \ \boldsymbol{a}_n)=n$$

(注)　定理について少しだけ解説しておこう。

たとえば

$$\boldsymbol{a}_1=\begin{pmatrix}2\\1\\3\end{pmatrix},\ \boldsymbol{a}_2=\begin{pmatrix}10\\5\\15\end{pmatrix}$$

とすれば，$\boldsymbol{a}_1$ と $\boldsymbol{a}_2$ には $\boldsymbol{a}_2=5\boldsymbol{a}_1$ という1次関係がある。

この1次関係が $(\boldsymbol{a}_1\ \ \boldsymbol{a}_2)$ の行基本変形でどのようになるか調べよう。

$$(\boldsymbol{a}_1\ \ \boldsymbol{a}_2)=\begin{pmatrix}2&10\\1&5\\3&15\end{pmatrix}\underset{①\leftrightarrow②}{\to}\begin{pmatrix}1&5\\2&10\\3&15\end{pmatrix}=(\boldsymbol{b}_1\ \ \boldsymbol{b}_2)\qquad \boldsymbol{b}_2=5\boldsymbol{b}_1\ \text{である。}$$

$$(\boldsymbol{a}_1\ \ \boldsymbol{a}_2)=\begin{pmatrix}2&10\\1&5\\3&15\end{pmatrix}\underset{①+③}{\to}\begin{pmatrix}5&25\\1&5\\3&15\end{pmatrix}=(\boldsymbol{c}_1\ \ \boldsymbol{c}_2)\qquad \boldsymbol{c}_2=5\boldsymbol{c}_1\ \text{である。}$$

つまり，列の間の関係は行基本変形の影響を受けないことが分かる。

問 5　次の4つのベクトル $\boldsymbol{a}_1$, $\boldsymbol{a}_2$, $\boldsymbol{a}_3$, $\boldsymbol{a}_4$ の1次関係を求めよ。

$$\boldsymbol{a}_1=\begin{pmatrix} 1 \\ -3 \\ 3 \end{pmatrix},\ \boldsymbol{a}_2=\begin{pmatrix} 2 \\ 2 \\ 1 \end{pmatrix},\ \boldsymbol{a}_3=\begin{pmatrix} 3 \\ 7 \\ -1 \end{pmatrix},\ \boldsymbol{a}_4=\begin{pmatrix} 0 \\ 8 \\ 2 \end{pmatrix}$$

(解)　行列 $(\boldsymbol{a}_1\ \ \boldsymbol{a}_2\ \ \boldsymbol{a}_3\ \ \boldsymbol{a}_4)$ を階段行列 $(\boldsymbol{b}_1\ \ \boldsymbol{b}_2\ \ \boldsymbol{b}_3\ \ \boldsymbol{b}_4)$ まで行基本変形すればよい。

$$(\boldsymbol{a}_1\ \ \boldsymbol{a}_2\ \ \boldsymbol{a}_3\ \ \boldsymbol{a}_4)=\begin{pmatrix} 1 & 2 & 3 & 0 \\ -3 & 2 & 7 & 8 \\ 3 & 1 & -1 & 2 \end{pmatrix} \to \cdots \to \begin{pmatrix} 1 & 0 & -1 & 0 \\ 0 & 1 & 2 & 0 \\ 0 & 0 & 0 & 1 \end{pmatrix}$$

より

$$\boldsymbol{b}_1=\begin{pmatrix} 1 \\ 0 \\ 0 \end{pmatrix},\ \boldsymbol{b}_2=\begin{pmatrix} 0 \\ 1 \\ 0 \end{pmatrix},\ \boldsymbol{b}_3=\begin{pmatrix} -1 \\ 2 \\ 0 \end{pmatrix},\ \boldsymbol{b}_4=\begin{pmatrix} 0 \\ 0 \\ 1 \end{pmatrix}$$

$\boldsymbol{b}_1$, $\boldsymbol{b}_2$, $\boldsymbol{b}_3$, $\boldsymbol{b}_4$ の1次関係は明らかであり

$\boldsymbol{b}_1$, $\boldsymbol{b}_2$, $\boldsymbol{b}_4$ が1次独立, $\boldsymbol{b}_3=-\boldsymbol{b}_1+2\boldsymbol{b}_2$

行基本変形によって各列の間の1次関係は変化しないから

$\boldsymbol{a}_1$, $\boldsymbol{a}_2$, $\boldsymbol{a}_4$ が1次独立, $\boldsymbol{a}_3=-\boldsymbol{a}_1+2\boldsymbol{a}_2$　□

さらに, 次の命題により, この1次関係の判定は数ベクトルでない一般の場合にも使うことができる。

[定理]

$\boldsymbol{e}_1$, $\boldsymbol{e}_2$, $\cdots$, $\boldsymbol{e}_m$ をベクトル空間 V の1次独立なベクトルとし, V のベクトル $\boldsymbol{v}_1$, $\boldsymbol{v}_2$, $\cdots$, $\boldsymbol{v}_n$ が次の関係を満たしているとする。

$$(\boldsymbol{v}_1\ \ \boldsymbol{v}_2\ \ \cdots\ \ \boldsymbol{v}_n)=(\boldsymbol{e}_1\ \ \boldsymbol{e}_2\ \ \cdots\ \ \boldsymbol{e}_m)A$$

このとき, $m\times n$ 行列 $A=(\boldsymbol{a}_1\ \ \boldsymbol{a}_2\ \ \cdots\ \ \boldsymbol{a}_n)$ について次が成り立つ。

$\boldsymbol{v}_1$, $\boldsymbol{v}_2$, $\cdots$, $\boldsymbol{v}_n$ の1次関係は A の各列 $\boldsymbol{a}_1$, $\boldsymbol{a}_2$, $\cdots$, $\boldsymbol{a}_n$ の1次関係と同じである。

例題1（1次独立①）

$\boldsymbol{a}$，$\boldsymbol{b}$，$\boldsymbol{c}$ が1次独立であるとき，次のベクトルは1次独立であるか。

(1)　$\boldsymbol{a}+\boldsymbol{b}+3\boldsymbol{c}$，$\boldsymbol{b}+2\boldsymbol{c}$，$2\boldsymbol{a}+3\boldsymbol{b}+5\boldsymbol{c}$

(2)　$2\boldsymbol{a}+\boldsymbol{c}$，$\boldsymbol{a}-2\boldsymbol{b}$，$5\boldsymbol{a}+2\boldsymbol{b}+3\boldsymbol{c}$

解説　$\boldsymbol{a}_1$，$\boldsymbol{a}_2$，…，$\boldsymbol{a}_n$ が**1次独立**であるとは

「$k_1\boldsymbol{a}_1+k_2\boldsymbol{a}_2+\cdots+k_n\boldsymbol{a}_n=\boldsymbol{0}$ ならば $k_1=k_2=\cdots=k_n=0$」

命題の形が「p ならば，q」であることに注意しよう。したがって，条件 p を仮定して（**スタート**），条件 q が結論できるかどうか（**ゴール**）を調べる。

解答　(1)　$k(\boldsymbol{a}+\boldsymbol{b}+3\boldsymbol{c})+l(\boldsymbol{b}+2\boldsymbol{c})+m(2\boldsymbol{a}+3\boldsymbol{b}+5\boldsymbol{c})=\boldsymbol{0}$　⬅ **これがスタート！**

とすると

$$(k+2m)\boldsymbol{a}+(k+l+3m)\boldsymbol{b}+(3k+2l+5m)\boldsymbol{c}=\boldsymbol{0}$$

$\boldsymbol{a}$，$\boldsymbol{b}$，$\boldsymbol{c}$ が1次独立であるから

$$k+2m=k+l+3m=3k+2l+5m=0$$

すなわち

$$\begin{pmatrix}1&0&2\\1&1&3\\3&2&5\end{pmatrix}\begin{pmatrix}k\\l\\m\end{pmatrix}=\begin{pmatrix}0\\0\\0\end{pmatrix}\qquad \text{ここで，}\begin{vmatrix}1&0&2\\1&1&3\\3&2&5\end{vmatrix}=5+4-6-6=-3\neq 0$$

より，係数行列は正則なので，連立1次方程式は自明な解しかもたない。

よって，$k=l=m=0$　⬅ **これがゴール！**

したがって，$\boldsymbol{a}+\boldsymbol{b}+3\boldsymbol{c}$，$\boldsymbol{b}+2\boldsymbol{c}$，$2\boldsymbol{a}+3\boldsymbol{b}+5\boldsymbol{c}$ は1次独立である。　……〔答〕

(2)　$k(2\boldsymbol{a}+\boldsymbol{c})+l(\boldsymbol{a}-2\boldsymbol{b})+m(5\boldsymbol{a}+2\boldsymbol{b}+3\boldsymbol{c})=\boldsymbol{0}$ とすると　⬅ **これがスタート！**

$$(2k+l+5m)\boldsymbol{a}+(-2l+2m)\boldsymbol{b}+(k+3m)\boldsymbol{c}=\boldsymbol{0}$$

$\boldsymbol{a}$，$\boldsymbol{b}$，$\boldsymbol{c}$ が1次独立であるから

$$2k+l+5m=-2l+2m=k+3m=0$$

すなわち

$$\begin{pmatrix}2&1&5\\0&-2&2\\1&0&3\end{pmatrix}\begin{pmatrix}k\\l\\m\end{pmatrix}=\begin{pmatrix}0\\0\\0\end{pmatrix}\quad \text{ここで，}\begin{vmatrix}2&1&5\\0&-2&2\\1&0&3\end{vmatrix}=(-12)+2-(-10)=0$$

より，連立1次方程式は自明でない解をもつ。

よって，$k=l=m=0$ ではない k，l，m が存在する。　⬅ **これがゴール！**

したがって，$2\boldsymbol{a}+\boldsymbol{c}$，$\boldsymbol{a}-2\boldsymbol{b}$，$5\boldsymbol{a}+2\boldsymbol{b}+3\boldsymbol{c}$ は1次独立ではない。　……〔答〕

例題 2（1 次独立②）

次のベクトルは 1 次独立であるか。

(1) $\boldsymbol{a}_1=\begin{pmatrix} 1 \\ -1 \\ 3 \\ 0 \end{pmatrix}$, $\boldsymbol{a}_2=\begin{pmatrix} 2 \\ -2 \\ 1 \\ -1 \end{pmatrix}$, $\boldsymbol{a}_3=\begin{pmatrix} 1 \\ 0 \\ -1 \\ 3 \end{pmatrix}$

(2) $\boldsymbol{a}_1=\begin{pmatrix} 2 \\ 1 \\ 1 \\ 4 \end{pmatrix}$, $\boldsymbol{a}_2=\begin{pmatrix} 3 \\ 2 \\ 1 \\ 1 \end{pmatrix}$, $\boldsymbol{a}_3=\begin{pmatrix} 5 \\ 4 \\ 1 \\ -5 \end{pmatrix}$

解説 同次連立 1 次方程式との関係に注意してもう少し練習してみよう。

解答 (1) $k_1\boldsymbol{a}_1+k_2\boldsymbol{a}_2+k_3\boldsymbol{a}_3=\boldsymbol{0}$ とすると

$$(\boldsymbol{a}_1 \quad \boldsymbol{a}_2 \quad \boldsymbol{a}_3)\begin{pmatrix} k_1 \\ k_2 \\ k_3 \end{pmatrix}=\boldsymbol{0}$$ ⬅ この左辺の変形は大切

$$\therefore \quad \begin{pmatrix} 1 & 2 & 1 \\ -1 & -2 & 0 \\ 3 & 1 & -1 \\ 0 & -1 & 3 \end{pmatrix}\begin{pmatrix} k_1 \\ k_2 \\ k_3 \end{pmatrix}=\begin{pmatrix} 0 \\ 0 \\ 0 \\ 0 \end{pmatrix}$$ ⬅ 同次連立 1 次方程式!!

ここで $\begin{pmatrix} 1 & 2 & 1 \\ -1 & -2 & 0 \\ 3 & 1 & -1 \\ 0 & -1 & 3 \end{pmatrix} \to \cdots \to \begin{pmatrix} 1 & 0 & 0 \\ 0 & 1 & 0 \\ 0 & 0 & 1 \\ 0 & 0 & 0 \end{pmatrix}$ より，$\begin{cases} k_1=0 \\ k_2=0 \\ k_3=0 \end{cases}$

$\therefore \quad k_1=k_2=k_3=0$ 　よって，$\boldsymbol{a}_1$, $\boldsymbol{a}_2$, $\boldsymbol{a}_3$ は 1 次独立である。 ……〔答〕

(2) $k_1\boldsymbol{a}_1+k_2\boldsymbol{a}_2+k_3\boldsymbol{a}_3=\boldsymbol{0}$ とすると，(1)と同様に

$\begin{pmatrix} 2 & 3 & 5 \\ 1 & 2 & 4 \\ 1 & 1 & 1 \\ 4 & 1 & -5 \end{pmatrix} \to \cdots \to \begin{pmatrix} 1 & 0 & -2 \\ 0 & 1 & 3 \\ 0 & 0 & 0 \\ 0 & 0 & 0 \end{pmatrix}$ より，$\begin{cases} k_1-2k_3=0 \\ k_2+3k_3=0 \end{cases}$

$k_1=k_2=k_3=0$ でない (k_1, k_2, k_3) が存在する。

よって，$\boldsymbol{a}_1$, $\boldsymbol{a}_2$, $\boldsymbol{a}_3$ は 1 次独立ではない。 ……〔答〕

例題 3（1次関係）

次のベクトルの1次関係を調べよ。

(1)　$\boldsymbol{a}_1=\begin{pmatrix}1\\1\\2\end{pmatrix}$, $\boldsymbol{a}_2=\begin{pmatrix}-2\\-2\\-4\end{pmatrix}$, $\boldsymbol{a}_3=\begin{pmatrix}1\\2\\1\end{pmatrix}$, $\boldsymbol{a}_4=\begin{pmatrix}2\\1\\5\end{pmatrix}$, $\boldsymbol{a}_5=\begin{pmatrix}2\\3\\3\end{pmatrix}$

(2)　$f_1(x)=x^2+x-2$, $f_2(x)=2x^2-x+1$, $f_3(x)=3x^2-3x+4$

解説　行列の各列の間の1次関係は行基本変形で不変である。したがって，行基本変形により階段行列へと変形すればよい。数ベクトルでなくてもよいことにも注意。

解答　(1)　$(\boldsymbol{a}_1\ \ \boldsymbol{a}_2\ \ \boldsymbol{a}_3\ \ \boldsymbol{a}_4\ \ \boldsymbol{a}_5)=\begin{pmatrix}1&-2&1&2&2\\1&-2&2&1&3\\2&-4&1&5&3\end{pmatrix}\to\cdots$

$$\to\begin{pmatrix}1&-2&0&3&1\\0&0&1&-1&1\\0&0&0&0&0\end{pmatrix}=(\boldsymbol{b}_1\ \ \boldsymbol{b}_2\ \ \boldsymbol{b}_3\ \ \boldsymbol{b}_4\ \ \boldsymbol{b}_5)$$

よって

$\boldsymbol{b}_1$, $\boldsymbol{b}_3$ は1次独立, $\boldsymbol{b}_2=-2\boldsymbol{b}_1$, $\boldsymbol{b}_4=3\boldsymbol{b}_1-\boldsymbol{b}_3$, $\boldsymbol{b}_5=\boldsymbol{b}_1+\boldsymbol{b}_3$

行基本変形によって各列の間の1次関係は変化しないから

$\boldsymbol{a}_1$, $\boldsymbol{a}_3$ は1次独立, $\boldsymbol{a}_2=-2\boldsymbol{a}_1$, $\boldsymbol{a}_4=3\boldsymbol{a}_1-\boldsymbol{a}_3$, $\boldsymbol{a}_5=\boldsymbol{a}_1+\boldsymbol{a}_3$　……〔答〕

(2)　$f_1(x)=x^2+x-2$, $f_2(x)=2x^2-x+1$, $f_3(x)=3x^2-3x+4$ より

$$(f_1(x)\ \ f_2(x)\ \ f_3(x))=(x^2\ \ x\ \ 1)\begin{pmatrix}1&2&3\\1&-1&-3\\-2&1&4\end{pmatrix}$$

ここで

$$\begin{pmatrix}1&2&3\\1&-1&-3\\-2&1&4\end{pmatrix}\to\cdots\to\begin{pmatrix}1&0&-1\\0&1&2\\0&0&0\end{pmatrix}$$

より, $f_1(x)$, $f_2(x)$ は1次独立, $f_3(x)=-f_1(x)+2f_2(x)$　……〔答〕

■ 演習問題　3.2

▶解答は p. 236

1　次のベクトルは1次独立であるか。

(1)　$\boldsymbol{a}=\begin{pmatrix}1\\-4\\7\end{pmatrix}$, $\boldsymbol{b}=\begin{pmatrix}2\\-5\\8\end{pmatrix}$, $\boldsymbol{c}=\begin{pmatrix}-1\\2\\-3\end{pmatrix}$　　(2)　$\boldsymbol{a}=\begin{pmatrix}1\\0\\1\end{pmatrix}$, $\boldsymbol{b}=\begin{pmatrix}3\\1\\2\end{pmatrix}$, $\boldsymbol{c}=\begin{pmatrix}2\\1\\0\end{pmatrix}$

2　$\boldsymbol{a}$, $\boldsymbol{b}$, $\boldsymbol{c}$ が1次独立であるとき，次のベクトルは1次独立であるか。

(1)　$3\boldsymbol{a}+5\boldsymbol{b}+\boldsymbol{c}$, $\boldsymbol{a}-4\boldsymbol{c}$, $\boldsymbol{a}+3\boldsymbol{b}-\boldsymbol{c}$

(2)　$\boldsymbol{a}-\boldsymbol{b}+2\boldsymbol{c}$, $3\boldsymbol{a}+\boldsymbol{b}$, $5\boldsymbol{a}+3\boldsymbol{b}-2\boldsymbol{c}$

3　$\boldsymbol{a}_1$, $\boldsymbol{a}_2$, $\cdots$, $\boldsymbol{a}_n$ が1次独立であるとき，次のベクトルは1次独立であるか。

(1)　$\boldsymbol{a}_1+\boldsymbol{a}_2$, $\boldsymbol{a}_2+\boldsymbol{a}_3$, $\cdots$, $\boldsymbol{a}_{n-1}+\boldsymbol{a}_n$

(2)　$\boldsymbol{a}_1+\boldsymbol{a}_2$, $\boldsymbol{a}_2+\boldsymbol{a}_3$, $\cdots$, $\boldsymbol{a}_{n-1}+\boldsymbol{a}_n$, $\boldsymbol{a}_n+\boldsymbol{a}_1$

4　次のベクトルの1次関係を調べよ。

(1)　$\boldsymbol{a}_1=\begin{pmatrix}1\\0\\2\\1\end{pmatrix}$, $\boldsymbol{a}_2=\begin{pmatrix}1\\1\\3\\3\end{pmatrix}$, $\boldsymbol{a}_3=\begin{pmatrix}-1\\3\\1\\5\end{pmatrix}$, $\boldsymbol{a}_4=\begin{pmatrix}0\\2\\1\\2\end{pmatrix}$, $\boldsymbol{a}_5=\begin{pmatrix}-3\\4\\-4\\1\end{pmatrix}$

(2)　$f_1(x)=x^2+1$, $f_2(x)=3x^2+x$, $f_3(x)=5x^2+2x-1$, $f_4(x)=-x+3$

5　3次元実ベクトル空間 $\boldsymbol{R}^3$ の4つのベクトルを

$$\boldsymbol{a}_1=\begin{pmatrix}1\\2\\2\end{pmatrix},\ \boldsymbol{a}_2=\begin{pmatrix}1\\1\\1\end{pmatrix},\ \boldsymbol{a}_3=\begin{pmatrix}2\\1\\2\end{pmatrix},\ \boldsymbol{a}_4=\begin{pmatrix}1\\3\\4\end{pmatrix}$$

とする。このとき

(1)　$\boldsymbol{a}_1$, $\boldsymbol{a}_2$, $\boldsymbol{a}_3$ は1次独立であることを示せ。

(2)　$\boldsymbol{a}_4$ を $\boldsymbol{a}_1$, $\boldsymbol{a}_2$, $\boldsymbol{a}_3$ の1次結合で表せ。　〈島根大学〉

6　$\boldsymbol{a}_1$, $\boldsymbol{a}_2$, $\cdots$, $\boldsymbol{a}_n\in\boldsymbol{R}^n$ が1次独立でないならば，$|\boldsymbol{a}_1\ \ \boldsymbol{a}_2\ \ \cdots\ \ \boldsymbol{a}_n|=0$ であることを示せ。

3.3　基底と次元

〔目標〕　ここではベクトル空間の基底について理解する。また，同次連立1次方程式の解についての理解を深める。

(1)　ベクトル空間の基底と次元

基底と次元

ベクトル空間 V に対して，次の(i)，(ii)を満たすベクトルの組 $\boldsymbol{a}_1$，$\boldsymbol{a}_2$，…，$\boldsymbol{a}_n$ を V の**基底**という。

(i)　V は $\boldsymbol{a}_1$，$\boldsymbol{a}_2$，…，$\boldsymbol{a}_n$ によって生成される。

(ii)　$\boldsymbol{a}_1$，$\boldsymbol{a}_2$，…，$\boldsymbol{a}_n$ は1次独立である。

また，基底の個数 n をベクトル空間 V の**次元**といい，$\dim V$ で表す。

(注1)　基底をなすベクトルの個数 n はベクトル空間 V に対して一意的に定まる。

(注2)　$V=\{\boldsymbol{0}\}$ のときは $\dim V=0$ と約束する。

【例】　ベクトル空間 $\boldsymbol{R}^n$ は

$$\boldsymbol{e}_1=\begin{pmatrix}1\\0\\\vdots\\0\end{pmatrix},\quad \boldsymbol{e}_2=\begin{pmatrix}0\\1\\\vdots\\0\end{pmatrix},\quad \cdots,\quad \boldsymbol{e}_n=\begin{pmatrix}0\\0\\\vdots\\1\end{pmatrix}$$

を基底とする n 次元ベクトル空間である。この基底を $\boldsymbol{R}^n$ の**標準基底**という。

$\boldsymbol{R}^n$ の任意のベクトル $\boldsymbol{x}=\begin{pmatrix}x_1\\x_2\\\vdots\\x_n\end{pmatrix}$ は基底 $\boldsymbol{e}_1$，$\boldsymbol{e}_2$，…，$\boldsymbol{e}_n$ を用いて

$$\boldsymbol{x}=x_1\boldsymbol{e}_1+x_2\boldsymbol{e}_2+\cdots+x_n\boldsymbol{e}_n=\sum_{i=1}^{n}x_i\boldsymbol{e}_i$$

と表される。

問 1 次のベクトルの組 $\boldsymbol{a}_1$, $\boldsymbol{a}_2$, $\boldsymbol{a}_3$ は $\boldsymbol{R}^3$ の基底であることを示せ。

$$\boldsymbol{a}_1=\begin{pmatrix}1\\2\\0\end{pmatrix},\ \boldsymbol{a}_2=\begin{pmatrix}0\\1\\1\end{pmatrix},\ \boldsymbol{a}_3=\begin{pmatrix}1\\0\\3\end{pmatrix}$$

（解） $\boldsymbol{a}_1$, $\boldsymbol{a}_2$, $\boldsymbol{a}_3$ が1次独立であることを示せばよい。

$$|\boldsymbol{a}_1\ \ \boldsymbol{a}_2\ \ \boldsymbol{a}_3|=\begin{vmatrix}1&0&1\\2&1&0\\0&1&3\end{vmatrix}=3+2=5\neq 0$$

より, $\boldsymbol{a}_1$, $\boldsymbol{a}_2$, $\boldsymbol{a}_3$ は1次独立である。 □

ベクトルの成分

$\boldsymbol{a}_1$, $\boldsymbol{a}_2$, $\cdots$, $\boldsymbol{a}_n$ をベクトル空間 V の基底とする。V の任意のベクトル $\boldsymbol{x}$ は基底を用いて

$$\boldsymbol{x}=x_1\boldsymbol{a}_1+x_2\boldsymbol{a}_2+\cdots+x_n\boldsymbol{a}_n$$

と一意的に表されるが，このとき

$$\begin{pmatrix}x_1\\x_2\\\vdots\\x_n\end{pmatrix}$$

を，基底 $\boldsymbol{a}_1$, $\boldsymbol{a}_2$, $\cdots$, $\boldsymbol{a}_n$ に関する $\boldsymbol{x}$ の**成分**または**座標**という。

【例】 $\boldsymbol{e}_1$, $\boldsymbol{e}_2$, $\cdots$, $\boldsymbol{e}_n$ を $\boldsymbol{R}^n$ の標準基底とするとき

ベクトル $\begin{pmatrix}x_1\\x_2\\\vdots\\x_n\end{pmatrix}\in\boldsymbol{R}^n$ の標準基底に関する成分は $\begin{pmatrix}x_1\\x_2\\\vdots\\x_n\end{pmatrix}$ である。

問 2　$\boldsymbol{R}^3$ の基底として問1の

$$\boldsymbol{a}_1=\begin{pmatrix}1\\2\\0\end{pmatrix},\quad \boldsymbol{a}_2=\begin{pmatrix}0\\1\\1\end{pmatrix},\quad \boldsymbol{a}_3=\begin{pmatrix}1\\0\\3\end{pmatrix}$$

を考えるとき

$$\boldsymbol{v}=\begin{pmatrix}x\\y\\z\end{pmatrix}\in\boldsymbol{R}^3$$

の，基底 $\boldsymbol{a}_1$，$\boldsymbol{a}_2$，$\boldsymbol{a}_3$ に関する成分を求めよ。

（解）　$\boldsymbol{v}=x'\boldsymbol{a}_1+y'\boldsymbol{a}_2+z'\boldsymbol{a}_3$ とすると

$$x'\boldsymbol{a}_1+y'\boldsymbol{a}_2+z'\boldsymbol{a}_3=\boldsymbol{v}$$

$$\therefore\quad (\boldsymbol{a}_1\quad \boldsymbol{a}_2\quad \boldsymbol{a}_3)\begin{pmatrix}x'\\y'\\z'\end{pmatrix}=\begin{pmatrix}x\\y\\z\end{pmatrix}$$

$$\therefore\quad \begin{pmatrix}1&0&1\\2&1&0\\0&1&3\end{pmatrix}\begin{pmatrix}x'\\y'\\z'\end{pmatrix}=\begin{pmatrix}x\\y\\z\end{pmatrix}$$

簡単な計算により

$$\begin{pmatrix}1&0&1\\2&1&0\\0&1&3\end{pmatrix}^{-1}=\frac{1}{5}\begin{pmatrix}3&1&-1\\-6&3&2\\2&-1&1\end{pmatrix}$$

であるから

$$\begin{pmatrix}x'\\y'\\z'\end{pmatrix}=\frac{1}{5}\begin{pmatrix}3&1&-1\\-6&3&2\\2&-1&1\end{pmatrix}\begin{pmatrix}x\\y\\z\end{pmatrix}=\frac{1}{5}\begin{pmatrix}3x+y-z\\-6x+3y+2z\\2x-y+z\end{pmatrix}$$

これが $\boldsymbol{v}$ の基底 $\boldsymbol{a}_1$，$\boldsymbol{a}_2$，$\boldsymbol{a}_3$ に関する成分である。　□

(2) 同次連立1次方程式の解空間

ベクトル空間の学習によって連立1次方程式のより深い理解に達する。特に連立1次方程式が無数の解をもつときの解のしくみをしっかりと理解しよう。

解空間

同次連立1次方程式 $A\boldsymbol{x}=\boldsymbol{0}$ の解の全体はベクトル空間になる。このベクトル空間を与えられた同次連立1次方程式の**解空間**という。

同次連立1次方程式の解については基本解の概念が重要である。

基本解

同次連立1次方程式 $A\boldsymbol{x}=\boldsymbol{0}$ ($\boldsymbol{x}\in\boldsymbol{R}^n$) の係数行列 A の階数 r が $r<n$ を満たすならば，$A\boldsymbol{x}=\boldsymbol{0}$ のすべての解はある $n-r$ 個の解 $\boldsymbol{x}_1$, $\boldsymbol{x}_2$, $\cdots$, $\boldsymbol{x}_{n-r}$ の1次結合

$$\boldsymbol{x}=c_1\boldsymbol{x}_1+c_2\boldsymbol{x}_2+\cdots+c_{n-r}\boldsymbol{x}_{n-r}$$

で表されるが，これを $A\boldsymbol{x}=\boldsymbol{0}$ の**一般解**といい，$\boldsymbol{x}_1$, $\boldsymbol{x}_2$, $\cdots$, $\boldsymbol{x}_{n-r}$ を**基本解**という。

同次連立1次方程式の基本解は次の重要な性質をもつ。

[定理]（解空間の基底）

同次連立1次方程式 $A\boldsymbol{x}=\boldsymbol{0}$ ($\boldsymbol{x}\in\boldsymbol{R}^n$) の係数行列 A の階数 r が $r<n$ を満たすならば，その基本解 $\boldsymbol{x}_1$, $\boldsymbol{x}_2$, $\cdots$, $\boldsymbol{x}_{n-r}$ は解空間の基底である。

(注) これより，解空間の次元は

$$n-\mathrm{rank}(A)$$

で与えられることが分かる。

この基本解のもつ重要な性質については，例題で扱う具体例を使って説明することにしよう。

例題 1（解空間）

同次連立1次方程式

$$\begin{cases} x-2y+2z+u+5v=0 \\ 2x-4y+z+5u+4v=0 \\ x-2y+3z+7v=0 \end{cases}$$

の解の全体がつくるベクトル空間（解空間）の基底および次元を答えよ。

解説　同次連立1次方程式の解の全体（解空間）は代表的なベクトル空間である。その解空間の基底は**基本解**によって与えられる。

解答　同次連立1次方程式の係数行列を行基本変形すると

$$\begin{pmatrix} 1 & -2 & 2 & 1 & 5 \\ 2 & -4 & 1 & 5 & 4 \\ 1 & -2 & 3 & 0 & 7 \end{pmatrix} \to \cdots \to \begin{pmatrix} 1 & -2 & 0 & 3 & 1 \\ 0 & 0 & 1 & -1 & 2 \\ 0 & 0 & 0 & 0 & 0 \end{pmatrix}$$

よって，与式は次のように書き換えられる。

$$\begin{cases} x-2y+3u+v=0 \\ z-u+2v=0 \end{cases}$$

⬅ 主成分に対応する未知数は x と z

したがって，連立1次方程式の解は次のように表される。

$$\begin{pmatrix} x \\ y \\ z \\ u \\ v \end{pmatrix} = \begin{pmatrix} 2a-3b-c \\ a \\ b-2c \\ b \\ c \end{pmatrix} = a\begin{pmatrix} 2 \\ 1 \\ 0 \\ 0 \\ 0 \end{pmatrix} + b\begin{pmatrix} -3 \\ 0 \\ 1 \\ 1 \\ 0 \end{pmatrix} + c\begin{pmatrix} -1 \\ 0 \\ -2 \\ 0 \\ 1 \end{pmatrix} \quad (a,\ b,\ c\ \text{は任意})$$

よって，基底は次の3個のベクトルであり，次元は3である。

$$\begin{pmatrix} 2 \\ 1 \\ 0 \\ 0 \\ 0 \end{pmatrix},\ \begin{pmatrix} -3 \\ 0 \\ 1 \\ 1 \\ 0 \end{pmatrix},\ \begin{pmatrix} -1 \\ 0 \\ -2 \\ 0 \\ 1 \end{pmatrix}$$

⬅ 基本解が解空間の基底になる　　……〔答〕

≪研究≫　同次連立１次方程式の解空間の基底が基本解によって与えられることについて詳しく検討してみよう。

例題１の同次連立１次方程式の係数行列の階段行列は

$$\begin{pmatrix} 1 & -2 & 0 & 3 & 1 \\ 0 & 0 & 1 & -1 & 2 \\ 0 & 0 & 0 & 0 & 0 \end{pmatrix}$$

であり，与式は次のように書き換えられた。

$$\begin{cases} x-2y \quad +3u+v=0 \\ \qquad\quad z-u+2v=0 \end{cases}$$

このとき，一般解は次のように書き表されるのであった。

主成分に対応する未知数 x，z は主成分に対応しない未知数 y，u，v によって

$$x=2y-3u-v,\ z=u-2v$$

と書き表されるので，y，u，v の値を順に a，b，c と表せば，x，z の値は

$$x=2a-3b-c,\ z=b-2c$$

と定まり，一般解は

$$\begin{pmatrix} x \\ y \\ z \\ u \\ v \end{pmatrix}=\begin{pmatrix} 2a-3b-c \\ \textcircled{a} \\ b-2c \\ \textcircled{b} \\ \textcircled{c} \end{pmatrix}=a\begin{pmatrix} 2 \\ \textcircled{1} \\ 0 \\ 0 \\ 0 \end{pmatrix}+b\begin{pmatrix} -3 \\ 0 \\ 1 \\ \textcircled{1} \\ 0 \end{pmatrix}+c\begin{pmatrix} -1 \\ 0 \\ -2 \\ 0 \\ \textcircled{1} \end{pmatrix} \quad (a,\ b,\ c \text{ は任意})$$

と表される。

このとき，解空間がこの３つの基本解で生成されていることは明らかであるが，さらに注意すべきことは，これら３つの基本解が１次独立であることも分かる点である。

主成分に対応しない未知数 y，u，v の値を順に a，b，c とし，主成分に対応する未知数 x，z はこれら a，b，c で表されたことに注意しよう。

したがって，基本解のうち，y 成分が０でないもの，u 成分が０でないもの，v 成分が０でないものはそれぞれ１つずつであり，３つのうちのどの１つも残りの２つを用いて表すことはできない。すなわち，３つの基本解は１次独立であることが分かる。

こうして，**同次連立１次方程式の解空間の基底は基本解によって与えられる**ことが分かる。

例題 2（ベクトルの成分）

　実数を成分とする2次正方行列の全体 $M(2, \boldsymbol{R})$ の基底を次のように定める。

$$E_1=\begin{pmatrix}1 & 0\\ 0 & 0\end{pmatrix},\ E_2=\begin{pmatrix}0 & 1\\ 0 & 0\end{pmatrix},\ E_3=\begin{pmatrix}0 & 0\\ 1 & 0\end{pmatrix},\ E_4=\begin{pmatrix}0 & 0\\ 0 & 1\end{pmatrix}$$

(1)　$A=\begin{pmatrix}x & y\\ z & w\end{pmatrix}\in M(2, \boldsymbol{R})$ の与えられた基底に関する成分を答えよ。

(2)　次の行列で生成される $M(2, \boldsymbol{R})$ の部分空間の基底と次元を求めよ。

$$A_1=\begin{pmatrix}1 & 2\\ -1 & 0\end{pmatrix},\ A_2=\begin{pmatrix}2 & 4\\ -1 & 1\end{pmatrix},\ A_3=\begin{pmatrix}2 & 4\\ 1 & 3\end{pmatrix},\ A_4=\begin{pmatrix}0 & 3\\ 0 & 2\end{pmatrix}$$

解説　(2)は A_1, A_2, A_3, A_4 の1次関係を求めればよい。

解答　(1)　$A=\begin{pmatrix}x & y\\ z & w\end{pmatrix}=xE_1+yE_2+zE_3+wE_4$ より，求める成分は

$$\begin{pmatrix}x\\ y\\ z\\ w\end{pmatrix}$$ ……〔答〕　← E_1, E_2, E_3, E_4 の係数が成分である。

(2)　$$(A_1,\ A_2,\ A_3,\ A_4)=(E_1,\ E_2,\ E_3,\ E_4)\begin{pmatrix}1 & 2 & 2 & 0\\ 2 & 4 & 4 & 3\\ -1 & -1 & 1 & 0\\ 0 & 1 & 3 & 2\end{pmatrix}$$　← 各列が成分

ここで

$$\begin{pmatrix}1 & 2 & 2 & 0\\ 2 & 4 & 4 & 3\\ -1 & -1 & 1 & 0\\ 0 & 1 & 3 & 2\end{pmatrix}\to\cdots\to\begin{pmatrix}1 & 0 & -4 & 0\\ 0 & 1 & 3 & 0\\ 0 & 0 & 0 & 1\\ 0 & 0 & 0 & 0\end{pmatrix}$$

より，A_1, A_2, A_4 が1次独立，$A_3=-4A_1+3A_2$

よって，求める基底は A_1, A_2, A_4 であり，次元は3である。　……〔答〕

■ 演習問題 3.3

▶解答は p. 239

1 次の同次連立1次方程式の解空間の基底と次元を求めよ。

(1) $\begin{cases} 3x+y+4z+2w=0 \\ 2x-y+z-2w=0 \\ x+2y+3z+4w=0 \end{cases}$　　(2) $\begin{cases} x+2y+2z-u+3v=0 \\ x+2y+3z+u+v=0 \\ 3x+6y+8z+u+5v=0 \end{cases}$

2 行列 $A=\begin{pmatrix} 1 & 1 & 3 & 2 \\ 2 & 1 & 5 & 3 \\ 1 & 2 & 4 & 3 \end{pmatrix}$ について，次の問いに答えよ。

(1) A の階数を求めよ。

(2) 連立1次方程式 $A\boldsymbol{x}=\boldsymbol{0}$ の解全体のなす $\boldsymbol{R}^4$ の部分空間（すなわち解空間）W の次元を求めよ。

(3) W の基底を求めよ。〈信州大学〉

3 x の実数係数の2次以下の多項式の全体を $\boldsymbol{R}[x]_2$ とし，その基底として

$$e_1(x)=1,\ e_2(x)=x,\ e_3(x)=x^2$$

を考える。このとき，以下の問いに答えよ。

(1) $f(x)=ax^2+bx+c$ の与えられた基底に関する成分を答えよ。

(2) 次の多項式によって生成される $\boldsymbol{R}[x]_2$ の部分空間の基底と次元を求めよ。

$$f_1(x)=x-2,\ f_2(x)=-3x+6,\ f_3(x)=x^2+2x-5,\ f_4(x)=-2x^2+x$$

4 $\boldsymbol{e}_1, \boldsymbol{e}_2, \cdots, \boldsymbol{e}_m$ をベクトル空間 V の1次独立なベクトルとし，V のベクトル $\boldsymbol{v}_1, \boldsymbol{v}_2, \cdots, \boldsymbol{v}_n$ が次の関係を満たしているとする。

$$(\boldsymbol{v}_1\ \ \boldsymbol{v}_2\ \ \cdots\ \ \boldsymbol{v}_n)=(\boldsymbol{e}_1\ \ \boldsymbol{e}_2\ \ \cdots\ \ \boldsymbol{e}_m)A$$

このとき，$\boldsymbol{v}_1, \boldsymbol{v}_2, \cdots, \boldsymbol{v}_n$ の1次関係は A の各列 $\boldsymbol{a}_1, \boldsymbol{a}_2, \cdots, \boldsymbol{a}_n$ の1次関係と同じであることを示せ。

過去問研究 3－1（ベクトル空間）

a, b を実数とする。以下の問いに答えよ。

(1) 行列 $\begin{pmatrix} 2 & a & -1 \\ 3 & 2 & b \end{pmatrix}$ の階数を求めよ。

(2) 実3次元線形空間 $\boldsymbol{R}^3$ の部分集合

$$V=\left\{\begin{pmatrix} x \\ y \\ z \end{pmatrix}\in\boldsymbol{R}^3 \;\middle|\; \begin{array}{l} 2x+ay-z=0 \\ 3x+2y+bz=0 \end{array}\right\}$$

は $\boldsymbol{R}^3$ の線形部分空間になることを示せ。

(3) V の次元を求めよ。　〈広島大学〉

解説　同次連立1次方程式の解空間の問題である。

解答　(1) $A=\begin{pmatrix} 2 & a & -1 \\ 3 & 2 & b \end{pmatrix}\to\cdots\to\begin{pmatrix} 1 & -a+2 & b+1 \\ 0 & 3a-4 & -2b-3 \end{pmatrix}$ ……(＊)

よって $\begin{cases} a=\dfrac{4}{3} \text{ かつ } b=-\dfrac{3}{2} \text{ ならば，階数は } 1 \\ a\fallingdotseq\dfrac{4}{3} \text{ または } b\fallingdotseq-\dfrac{3}{2} \text{ ならば，階数は } 2 \end{cases}$ ……〔答〕

(2) 線形部分空間であるための以下の条件をチェックするだけである（単純作業なので詳細は省略）。

(i) $\boldsymbol{0}\in V$　(ii) $\boldsymbol{a}$, $\boldsymbol{b}\in V$ ならば，$\boldsymbol{a}+\boldsymbol{b}\in V$　(iii) $\boldsymbol{a}\in V$ ならば，$k\boldsymbol{a}\in V$

(3) V は同次連立1次方程式 $A\boldsymbol{x}=\boldsymbol{0}$ の解空間である。$\dim V=3-\mathrm{rank}\,A$ であるから，次元だけであればすぐに分かるが，勉強のためここでは V を完全に求めてみよう。

(i) $a=\dfrac{4}{3}$ かつ $b=-\dfrac{3}{2}$ のとき

$$(＊)=\begin{pmatrix} 1 & \dfrac{2}{3} & -\dfrac{1}{2} \\ 0 & 0 & 0 \end{pmatrix} \qquad \therefore\ x+\frac{2}{3}y-\frac{1}{2}z=0$$

よって，$\begin{pmatrix} x \\ y \\ z \end{pmatrix}=\begin{pmatrix} -2s+t \\ 3s \\ 2t \end{pmatrix}=s\begin{pmatrix} -2 \\ 3 \\ 0 \end{pmatrix}+t\begin{pmatrix} 1 \\ 0 \\ 2 \end{pmatrix}$　(s, $t\in\boldsymbol{R}$)

V の次元は 2　……〔答〕

(ii) $a \neq \dfrac{4}{3}$ かつ $b = -\dfrac{3}{2}$ のとき

$$(*) = \begin{pmatrix} 1 & -a+2 & -\dfrac{1}{2} \\ 0 & 3a-4 & 0 \end{pmatrix} \to \cdots \to \begin{pmatrix} 1 & 0 & -\dfrac{1}{2} \\ 0 & 1 & 0 \end{pmatrix} \quad \therefore \begin{cases} x - \dfrac{1}{2}z = 0 \\ y = 0 \end{cases}$$

よって，$\begin{pmatrix} x \\ y \\ z \end{pmatrix} = \begin{pmatrix} u \\ 0 \\ 2u \end{pmatrix} = u\begin{pmatrix} 1 \\ 0 \\ 2 \end{pmatrix}$ $(u \in \boldsymbol{R})$　V の次元は 1 ……〔答〕

(iii) $a = \dfrac{4}{3}$ かつ $b \neq -\dfrac{3}{2}$ のとき

$$(*) = \begin{pmatrix} 1 & \dfrac{2}{3} & b+1 \\ 0 & 0 & -2b-3 \end{pmatrix} \to \cdots \to \begin{pmatrix} 1 & \dfrac{2}{3} & 0 \\ 0 & 0 & 1 \end{pmatrix} \quad \therefore \begin{cases} x + \dfrac{2}{3}y = 0 \\ z = 0 \end{cases}$$

よって，$\begin{pmatrix} x \\ y \\ z \end{pmatrix} = \begin{pmatrix} -2v \\ 3v \\ 0 \end{pmatrix} = v\begin{pmatrix} -2 \\ 3 \\ 0 \end{pmatrix}$ $(v \in \boldsymbol{R})$　V の次元は 1 ……〔答〕

(iv) $a \neq \dfrac{4}{3}$ かつ $b \neq -\dfrac{3}{2}$ のとき

$$(*) = \begin{pmatrix} 1 & -a+2 & b+1 \\ 0 & 3a-4 & -2b-3 \end{pmatrix} \quad \therefore \begin{cases} x - (a-2)y + (b+1)z = 0 \\ (3a-4)y - (2b+3)z = 0 \end{cases}$$

よって

$$\begin{pmatrix} x \\ y \\ z \end{pmatrix} = \begin{pmatrix} (a-2)(2b+3)w - (b+1)(3a-4)w \\ (2b+3)w \\ (3a-4)w \end{pmatrix}$$

$$= w\begin{pmatrix} (a-2)(2b+3) - (b+1)(3a-4) \\ 2b+3 \\ 3a-4 \end{pmatrix}$$

$$= w\begin{pmatrix} -ab-2 \\ 2b+3 \\ 3a-4 \end{pmatrix}$$ $(w \in \boldsymbol{R})$　V の次元は 1 ……〔答〕

過去問研究3－2（1次独立）

3次正方行列

$$A=\begin{pmatrix} a & 1 & 1 \\ 1 & -a & 3 \\ 0 & a & -a \end{pmatrix}$$

とベクトル

$$\boldsymbol{v}_1=\begin{pmatrix} 0 \\ 1 \\ 1 \end{pmatrix},\ \boldsymbol{v}_2=\begin{pmatrix} 1 \\ 0 \\ 1 \end{pmatrix},\ \boldsymbol{v}_3=\begin{pmatrix} 1 \\ 1 \\ 0 \end{pmatrix}$$

に対して，次の問いに答えよ。ただし，a は実数である。

(1)　$A\boldsymbol{v}_1$，$A\boldsymbol{v}_2$ を求めよ。

(2)　2つのベクトル $A\boldsymbol{v}_1$，$A\boldsymbol{v}_2$ は a の値にかかわらず1次独立となることを示せ。

(3)　3つのベクトル $A\boldsymbol{v}_1$，$A\boldsymbol{v}_2$，$A\boldsymbol{v}_3$ が1次従属となるような a の値をすべて求めよ。

〈奈良女子大学〉

解説　ベクトルの1次独立性は，1次独立の定義に従って調べるときもあれば，行列の階数や行列式を利用して調べるときもある。

解答　(1)　$A\boldsymbol{v}_1=\begin{pmatrix} a & 1 & 1 \\ 1 & -a & 3 \\ 0 & a & -a \end{pmatrix}\begin{pmatrix} 0 \\ 1 \\ 1 \end{pmatrix}=\begin{pmatrix} 2 \\ -a+3 \\ 0 \end{pmatrix}$ ……〔答〕

$A\boldsymbol{v}_2=\begin{pmatrix} a & 1 & 1 \\ 1 & -a & 3 \\ 0 & a & -a \end{pmatrix}\begin{pmatrix} 1 \\ 0 \\ 1 \end{pmatrix}=\begin{pmatrix} a+1 \\ 4 \\ -a \end{pmatrix}$ ……〔答〕

(2)　2つのベクトル $A\boldsymbol{v}_1$，$A\boldsymbol{v}_2$ が1次独立でないとすると

$$A\boldsymbol{v}_2=kA\boldsymbol{v}_1$$

を満たす k が存在するから

$$\begin{cases} a+1=2k & \cdots\cdots① \\ 4=(-a+3)k & \cdots\cdots② \\ -a=0 & \cdots\cdots③ \end{cases}$$

③より，$a=0$　　これを②に代入すると，$4=3k$　　$\therefore\ k=\dfrac{4}{3}$

ところで，$a=0$，$k=\dfrac{4}{3}$ は①を満たさない。

よって，①，②，③を満たす k は存在しない。

したがって，２つのベクトル $A\boldsymbol{v}_1$，$A\boldsymbol{v}_2$ が１次独立である。

(3) $A\boldsymbol{v}_3=\begin{pmatrix} a & 1 & 1 \\ 1 & -a & 3 \\ 0 & a & -a \end{pmatrix}\begin{pmatrix} 1 \\ 1 \\ 0 \end{pmatrix}=\begin{pmatrix} a+1 \\ -a+1 \\ a \end{pmatrix}$

３つのベクトル $A\boldsymbol{v}_1$，$A\boldsymbol{v}_2$，$A\boldsymbol{v}_3$ が１次独立であるための条件は

$$(A\boldsymbol{v}_1 \quad A\boldsymbol{v}_2 \quad A\boldsymbol{v}_3)=\begin{pmatrix} 2 & a+1 & a+1 \\ -a+3 & 4 & -a+1 \\ 0 & -a & a \end{pmatrix}$$

の階数が３になることである。ここでは行列式が利用できる。

$$|A\boldsymbol{v}_1 \quad A\boldsymbol{v}_2 \quad A\boldsymbol{v}_3|=\begin{vmatrix} 2 & a+1 & a+1 \\ -a+3 & 4 & -a+1 \\ 0 & -a & a \end{vmatrix}$$

$=a\begin{vmatrix} 2 & a+1 & a+1 \\ -a+3 & 4 & -a+1 \\ 0 & -1 & 1 \end{vmatrix}$ ⬅**第３行から a をくくり出す**

$\underset{\boxed{2}+\boxed{3}}{=}a\begin{vmatrix} 2 & 2a+2 & a+1 \\ -a+3 & -a+5 & -a+1 \\ 0 & 0 & 1 \end{vmatrix}$

$=a\{2(-a+5)-(2a+2)(-a+3)\}$

$=2a\{(-a+5)+(a+1)(a-3)\}$

$=2a(a^2-3a+2)=2a(a-1)(a-2)$

よって，３つのベクトル $A\boldsymbol{v}_1$，$A\boldsymbol{v}_2$，$A\boldsymbol{v}_3$ が１次従属となるような a の値は

$a=0,\ 1,\ 2$ ……〔答〕

第4章
線形写像

4.1 線形写像

〔目標〕 ベクトル空間からベクトル空間への写像である線形写像について学ぶ。

(1) 写　像

まず数学のもっとも基本的な概念の1つである写像について確認しておこう。

写　像

集合 A の任意の要素 a に対して集合 B のただ1つの要素 b が対応するとき，これを集合 A から集合 B への**写像**といい，

$$f : A \to B,\ f(a) = b\ （または\ a \mapsto b）$$

のように表す。

$a \in A$ に対して $f(a) \in B$ を写像 f による a の**像**といい，$b \in B$ に対して

$$f^{-1}(b) = \{a \in A \mid f(a) = b\} \subset A$$

を写像 f による b の**逆像**という。

【例】 次の写像を考える。

$$f : \boldsymbol{R}^2 \to \boldsymbol{R},\ f\left(\begin{pmatrix} x \\ y \end{pmatrix}\right) = x + y$$

このとき

$\begin{pmatrix} 1 \\ 2 \end{pmatrix} \in \boldsymbol{R}^2$ の像は，$f\left(\begin{pmatrix} 1 \\ 2 \end{pmatrix}\right) = 1 + 2 = 3 \in \boldsymbol{R}$

$0 \in \boldsymbol{R}$ の逆像は，$f^{-1}(0) = \left\{\begin{pmatrix} x \\ y \end{pmatrix} \in \boldsymbol{R}^2 \,\middle|\, x + y = 0\right\} \subset \boldsymbol{R}^2$ □

全射・単射・全単射

写像 $f: A \to B$ が**全射**であるとは，任意の $b \in B$ に対して $f(a)=b$ を満たす $a \subset A$ が存在することをいう。

写像 $f: A \to B$ が**単射**であるとは，任意の a_1, $a_2 \in A$ に対して $a_1 \neq a_2$ ならば $f(a_1) \neq f(a_2)$ であることをいう。

写像 $f: A \to B$ が全射かつ単射のとき**全単射**という。

問 1　以下の写像は選択肢ア，イ，ウのうちのどれか。

(1)　$f: \boldsymbol{R} \to \boldsymbol{R}$, $f(x)=e^x$　　(2)　$f: \boldsymbol{R} \to \boldsymbol{R}$, $f(x)=x^3-x$

(3)　$f: \boldsymbol{R} \to \boldsymbol{R}$, $f(x)=2x-1$

ア　全射であるが単射ではない。

イ　単射であるが全射ではない。

ウ　全単射である。

(解)　グラフから明らか。　(1)　イ　　(2)　ア　　(3)　ウ　□

逆写像

写像 $f: A \to B$ が全単射，すなわち全射かつ単射とする。このとき，任意の $b \in B$ に対して $f(a)=b$ を満たす $a \in A$ がただ 1 つ存在する。こうして，集合 B から集合 A への写像

$$g: B \to A,\ g(b)=a$$

が定義できる。この写像 g を写像 f の**逆写像**といい，f^{-1} で表す。

問 2　問 1(3)の写像

$$f: \boldsymbol{R} \to \boldsymbol{R},\ f(x)=2x-1$$

は全単射であるから，その逆写像 f^{-1} が存在する。逆写像 f^{-1} を求めよ。

(解)　$f(x)=2x-1=y$ とおくと，$x=\dfrac{y+1}{2}$

よって，求める逆写像は

$$f^{-1}: \boldsymbol{R} \to \boldsymbol{R},\ f^{-1}(y)=\frac{y+1}{2}$$

□

(注)　最後の答えの書き方として，文字 x を使って次のように書くことが多い。

$$f^{-1}: \boldsymbol{R} \to \boldsymbol{R},\ f^{-1}(x)=\frac{x+1}{2}$$

合成写像

2つの写像 $f: A \to B$, $g: B \to C$ が与えられたとき，$a \in A$ に $g(f(a)) \in C$ を対応させる写像が定義できる。これを f と g の**合成写像**といい，$g \circ f$ で表す。

$$g \circ f: A \to C,\ (g \circ f)(a) = g(f(a))$$

問 3　次の2つの写像を考える。

$f: \boldsymbol{R} \to \boldsymbol{R}$, $f(x) = x^3 - x$　　　$g: \boldsymbol{R} \to \boldsymbol{R}$, $g(x) = 2x - 1$

(1)　合成写像 $g \circ f$ を求めよ。　　(2)　合成写像 $f \circ g$ を求めよ。

(解)　合成写像の定義より

(1)　$(g \circ f)(x) = g(f(x)) = g(x^3 - x) = 2(x^3 - x) - 1$
$= 2x^3 - 2x - 1$

(2)　$(f \circ g)(x) = f(g(x)) = f(2x - 1) = (2x - 1)^3 - (2x - 1)$
$= 8x^3 - 12x^2 + 4x$ □

(2)　線形写像

それでは，線形代数で主役を演じる線形写像の定義を述べるとしよう。

線形写像

V, W を K 上のベクトル空間とする。写像 $f: V \to W$ が次の(i), (ii)を満たすとき，f を V から W への**線形写像**という。

(i)　$f(\boldsymbol{a} + \boldsymbol{b}) = f(\boldsymbol{a}) + f(\boldsymbol{b})$　　$(\boldsymbol{a},\ \boldsymbol{b} \in V)$

(ii)　$f(k\boldsymbol{a}) = kf(\boldsymbol{a})$　　$(\boldsymbol{a} \in V,\ k \in K)$

特に，$V = W$ のときは**線形変換**（**1次変換**）という。

(注1)　条件(i)(ii)の性質を**線形性**という。すなわち，線形写像とはベクトル空間からベクトル空間への写像で線形性を満たすものをいう。

(注2)　線形写像は零ベクトルを零ベクトルにうつす。

同型写像

線形写像 $f: V \to W$ が全単射のとき，f を V から W への**同型写像**という。また，V から W への同型写像が存在するとき，V と W は互いに**同型**（または**線形同型**）であるという。

問 4 次の写像は線形写像であることを示せ。

$$f : \boldsymbol{R}^2 \to \boldsymbol{R}^2,\ f\left(\begin{pmatrix} x \\ y \end{pmatrix}\right) = \begin{pmatrix} x+y \\ 2x \end{pmatrix}$$

(解) 線形性を満たすことを確認すればよい。

(i) $$f\left(\begin{pmatrix} x_1 \\ y_1 \end{pmatrix} + \begin{pmatrix} x_2 \\ y_2 \end{pmatrix}\right) = f\left(\begin{pmatrix} x_1+x_2 \\ y_1+y_2 \end{pmatrix}\right) = \begin{pmatrix} (x_1+x_2)+(y_1+y_2) \\ 2(x_1+x_2) \end{pmatrix}$$
$$= \begin{pmatrix} x_1+y_1 \\ 2x_1 \end{pmatrix} + \begin{pmatrix} x_2+y_2 \\ 2x_2 \end{pmatrix} = f\left(\begin{pmatrix} x_1 \\ y_1 \end{pmatrix}\right) + f\left(\begin{pmatrix} x_2 \\ y_2 \end{pmatrix}\right)$$

(ii) $$f\left(k\begin{pmatrix} x \\ y \end{pmatrix}\right) = f\left(\begin{pmatrix} kx \\ ky \end{pmatrix}\right) = \begin{pmatrix} kx+ky \\ 2(kx) \end{pmatrix} = k\begin{pmatrix} x+y \\ 2x \end{pmatrix} = kf\left(\begin{pmatrix} x \\ y \end{pmatrix}\right)$$ □

(3) 像と核

像と核

f が V から W への線形写像であるとき

$$\mathrm{Im}\,f = f(V) = \{f(\boldsymbol{v}) \mid \boldsymbol{v} \in V\} \subset W$$

を f の**像**といい

$$\mathrm{Ker}\,f = f^{-1}(\boldsymbol{0}) = \{\boldsymbol{v} \in V \mid f(\boldsymbol{v}) = \boldsymbol{0}\} \subset V$$

を f の**核**という。

問 5 f が V から W への線形写像であるとき，次を示せ。

(1) 像 $\mathrm{Im}\,f$ は W の部分空間である。

(2) 核 $\mathrm{Ker}\,f$ は V の部分空間である。

(解) 部分空間であるための条件(i)，(ii)，(iii)をチェックすればよい。

(1) (i) $\boldsymbol{0} = f(\boldsymbol{0}) \in \mathrm{Im}\,f$

(ii) $f(\boldsymbol{a}) + f(\boldsymbol{b}) = f(\boldsymbol{a}+\boldsymbol{b}) \in \mathrm{Im}\,f$

(iii) $kf(\boldsymbol{a}) = f(k\boldsymbol{a}) \in \mathrm{Im}\,f$

よって，像 $\mathrm{Im}\,f$ は W の部分空間である。

(2) (i) $f(\boldsymbol{0}) = \boldsymbol{0}$ より，$\boldsymbol{0} \in \mathrm{Ker}\,f$

(ii) $\boldsymbol{a}$，$\boldsymbol{b} \in \mathrm{Ker}\,f$ とする。$f(\boldsymbol{a}+\boldsymbol{b}) = f(\boldsymbol{a}) + f(\boldsymbol{b}) = \boldsymbol{0}+\boldsymbol{0} = \boldsymbol{0}$ より，$\boldsymbol{a}+\boldsymbol{b} \in \mathrm{Ker}\,f$

(iii) $\boldsymbol{a} \in \mathrm{Ker}\,f$ とする。$f(k\boldsymbol{a}) = kf(\boldsymbol{a}) = k\cdot\boldsymbol{0} = \boldsymbol{0}$ より，$k\boldsymbol{a} \in \mathrm{Ker}\,f$

よって，核 $\mathrm{Ker}\,f$ は V の部分空間である。 □

例題 1（線形写像の像と核）

次の線形写像について以下の問いに答えよ。

$$f : \boldsymbol{R}^4 \to \boldsymbol{R}^3,\ f\left(\begin{pmatrix} x \\ y \\ z \\ w \end{pmatrix}\right) = A\begin{pmatrix} x \\ y \\ z \\ w \end{pmatrix} \quad \text{ただし，} A = \begin{pmatrix} 2 & 1 & 2 & -3 \\ 4 & 5 & 4 & -3 \\ 1 & 3 & 1 & 1 \end{pmatrix}$$

(1)　Ker$f$ の基底と次元を求めよ。　　(2) Imf の基底と次元を求めよ。

解説　線形写像の像 Imf と核 Ker$f$ は重要なベクトル空間で，その基底と次元をきちんと理解して求めることができるようになろう。

解答　(1)　次の同次連立 1 次方程式を解けばよい。

$$\begin{pmatrix} 2 & 1 & 2 & -3 \\ 4 & 5 & 4 & -3 \\ 1 & 3 & 1 & 1 \end{pmatrix}\begin{pmatrix} x \\ y \\ z \\ w \end{pmatrix} = \begin{pmatrix} 0 \\ 0 \\ 0 \end{pmatrix}$$

⬅ $\mathrm{Ker}f = \{\boldsymbol{x} \in \boldsymbol{R}^4 \mid A\boldsymbol{x} = \boldsymbol{0}\}$

係数行列を行基本変形すると

$$\begin{pmatrix} 2 & 1 & 2 & -3 \\ 4 & 5 & 4 & -3 \\ 1 & 3 & 1 & 1 \end{pmatrix} \to \cdots \to \begin{pmatrix} 1 & 0 & 1 & -2 \\ 0 & 1 & 0 & 1 \\ 0 & 0 & 0 & 0 \end{pmatrix}$$

より，同次連立 1 次方程式は次のようになる。

$$\begin{cases} x \quad + z - 2w = 0 \\ \quad y \quad\quad + w = 0 \end{cases}$$

よって，その解は

$$\begin{pmatrix} x \\ y \\ z \\ w \end{pmatrix} = \begin{pmatrix} -a+2b \\ -b \\ a \\ b \end{pmatrix} = a\begin{pmatrix} -1 \\ 0 \\ 1 \\ 0 \end{pmatrix} + b\begin{pmatrix} 2 \\ -1 \\ 0 \\ 1 \end{pmatrix} \quad (a,\ b \text{ は任意})$$

したがって，Ker$f$ の基底は次の通りで，次元は 2 である。

$$\left\{\begin{pmatrix} -1 \\ 0 \\ 1 \\ 0 \end{pmatrix}, \begin{pmatrix} 2 \\ -1 \\ 0 \\ 1 \end{pmatrix}\right\} \quad \cdots\cdots〔答〕$$

(2)　$\boldsymbol{R}^4$ の標準基底を $\boldsymbol{e}_1$，$\boldsymbol{e}_2$，$\boldsymbol{e}_3$，$\boldsymbol{e}_4$ とする。すなわち

$$\boldsymbol{e}_1=\begin{pmatrix}1\\0\\0\\0\end{pmatrix},\ \boldsymbol{e}_2=\begin{pmatrix}0\\1\\0\\0\end{pmatrix},\ \boldsymbol{e}_3=\begin{pmatrix}0\\0\\1\\0\end{pmatrix},\ \boldsymbol{e}_4=\begin{pmatrix}0\\0\\0\\1\end{pmatrix}$$

$\boldsymbol{R}^4$ の任意のベクトル $\boldsymbol{x}=x\boldsymbol{e}_1+y\boldsymbol{e}_2+z\boldsymbol{e}_3+w\boldsymbol{e}_4$ に対し

$$\begin{aligned}f(\boldsymbol{x})&=f(x\boldsymbol{e}_1+y\boldsymbol{e}_2+z\boldsymbol{e}_3+w\boldsymbol{e}_4)\\&=xf(\boldsymbol{e}_1)+yf(\boldsymbol{e}_2)+zf(\boldsymbol{e}_3)+wf(\boldsymbol{e}_4)\end{aligned}$$

であるから，$\mathrm{Im}\,f$ は $f(\boldsymbol{e}_1)$，$f(\boldsymbol{e}_2)$，$f(\boldsymbol{e}_3)$，$f(\boldsymbol{e}_4)$ で生成される。

よって，$f(\boldsymbol{e}_1)$，$f(\boldsymbol{e}_2)$，$f(\boldsymbol{e}_3)$，$f(\boldsymbol{e}_4)$ の1次関係が分かればよい。

ところで

$$\begin{aligned}(f(\boldsymbol{e}_1)\ \ f(\boldsymbol{e}_2)\ \ f(\boldsymbol{e}_3)\ \ f(\boldsymbol{e}_4))&=(A\boldsymbol{e}_1\ \ A\boldsymbol{e}_2\ \ A\boldsymbol{e}_3\ \ A\boldsymbol{e}_4)\\&=A\end{aligned}$$

⬅ $\boldsymbol{e}_1$，$\boldsymbol{e}_2$，$\boldsymbol{e}_3$，$\boldsymbol{e}_4$ は標準基底だから

であり，行列 A の階段行列が

$$\begin{pmatrix}1&0&1&-2\\0&1&0&1\\0&0&0&0\end{pmatrix}$$

⬅ 1列目，2列目が1次独立

であったので，$f(\boldsymbol{e}_1)$，$f(\boldsymbol{e}_2)$，$f(\boldsymbol{e}_3)$，$f(\boldsymbol{e}_4)$ の1次関係は

$f(\boldsymbol{e}_1)$，$f(\boldsymbol{e}_2)$ は1次独立，

$f(\boldsymbol{e}_3)=f(\boldsymbol{e}_1)$，$f(\boldsymbol{e}_4)=-2f(\boldsymbol{e}_1)+f(\boldsymbol{e}_2)$

である。

よって，$\mathrm{Im}\,f$ の基底は次の通りで，次元は2である。

$$\begin{aligned}\{f(\boldsymbol{e}_1),\ f(\boldsymbol{e}_2)\}&=\{A\boldsymbol{e}_1,\ A\boldsymbol{e}_2\}\\&=\left\{\begin{pmatrix}2\\4\\1\end{pmatrix},\ \begin{pmatrix}1\\5\\3\end{pmatrix}\right\}\end{aligned}$$

……〔答〕

例題2（線形写像と行列）

線形写像 $f: \boldsymbol{R}^n \to \boldsymbol{R}^m$ とは，$m \times n$ 行列 A を用いて

$$f: \boldsymbol{R}^n \to \boldsymbol{R}^m,\ f(\boldsymbol{x}) = A\boldsymbol{x}$$

と表される写像であることを示せ。

解説　$\boldsymbol{R}^n$ から $\boldsymbol{R}^m$ への線形写像が行列を用いて表される写像であることはよく知られている。このことをきちんと確かめてみよう。

解答　写像 $f: \boldsymbol{R}^n \to \boldsymbol{R}^m$ が $m \times n$ 行列 A を用いて

$$f: \boldsymbol{R}^n \to \boldsymbol{R}^m,\ f(\boldsymbol{x}) = A\boldsymbol{x}$$

と表されるならば，それは明らかに線形写像である。逆を示そう。

写像 $f: \boldsymbol{R}^n \to \boldsymbol{R}^m$ が線形写像とする。

$\boldsymbol{R}^n$ の標準基底を $\boldsymbol{e}_1,\ \boldsymbol{e}_2,\ \cdots,\ \boldsymbol{e}_n$ とし

$$\boldsymbol{a}_1 = f(\boldsymbol{e}_1),\ \boldsymbol{a}_2 = f(\boldsymbol{e}_2),\ \cdots,\ \boldsymbol{a}_n = f(\boldsymbol{e}_n)$$

とおくと，$A = (\boldsymbol{a}_1\ \ \boldsymbol{a}_2\ \ \cdots\ \ \boldsymbol{a}_n)$ は $m \times n$ 行列である。

さて，$\boldsymbol{R}^n$ の任意のベクトルを

$$\boldsymbol{x} = \begin{pmatrix} x_1 \\ x_2 \\ \vdots \\ x_n \end{pmatrix} = x_1\boldsymbol{e}_1 + x_2\boldsymbol{e}_2 + \cdots + x_n\boldsymbol{e}_n$$

とすると

$$\begin{aligned} f(\boldsymbol{x}) &= f(x_1\boldsymbol{e}_1 + x_2\boldsymbol{e}_2 + \cdots + x_n\boldsymbol{e}_n) \\ &= x_1 f(\boldsymbol{e}_1) + x_2 f(\boldsymbol{e}_2) + \cdots + x_n f(\boldsymbol{e}_n) \quad \Leftarrow f\text{ の線形性} \\ &= x_1\boldsymbol{a}_1 + x_2\boldsymbol{a}_2 + \cdots + x_n\boldsymbol{a}_n \\ &= (\boldsymbol{a}_1\ \ \boldsymbol{a}_2\ \ \cdots\ \ \boldsymbol{a}_n)\begin{pmatrix} x_1 \\ x_2 \\ \vdots \\ x_n \end{pmatrix} \quad \Leftarrow \text{この書き換えは大切} \\ &= A\boldsymbol{x} \end{aligned}$$

すなわち，$f(\boldsymbol{x}) = A\boldsymbol{x}$

（注）　一般の線形写像 $f: V \to W$ の場合はもう少し複雑になる。
これについては次の節の線形写像の表現行列で学習する。

例題 3（いろいろな線形写像）

(1) x の n 次以下の実係数多項式の全体がつくるベクトル空間を $\boldsymbol{R}[x]_n$ とするとき，次の写像が線形写像であることを示せ。

$F:\boldsymbol{R}[x]_n \to \boldsymbol{R}[x]_n,\ f(x) \mapsto f'(x)$　ただし，$f'(x)$ は $f(x)$ の導関数

(2) 実数を成分とする n 次正方行列の全体がつくるベクトル空間を $M(n,\ \boldsymbol{R})$ とするとき，次の写像が線形写像であることを示せ。

$G:M(n,\ \boldsymbol{R}) \to M(n,\ \boldsymbol{R}),\ X \mapsto AX-XA$　ただし，$A \in M(n,\ \boldsymbol{R})$

解説 線形写像は数ベクトル空間から数ベクトル空間への写像だけではない。さまざまなベクトル空間からベクトル空間への線形写像が存在する。線形写像とはベクトル空間からベクトル空間への写像で線形性を満たす写像のことである。

解答 線形性を満たすことを示す。

(1) $F:\boldsymbol{R}[x]_n \to \boldsymbol{R}[x]_n,\ f(x) \mapsto f'(x)$

(i) $F(f_1(x)+f_2(x))=\{f_1(x)+f_2(x)\}'$
$=f_1'(x)+f_2'(x)=F(f_1(x))+F(f_2(x))$

(ii) $F(kf(x))=\{kf(x)\}'=kf'(x)=kF(f(x))$

よって，$F:\boldsymbol{R}[x]_n \to \boldsymbol{R}[x]_n$ は線形写像である。

(2) $G:M(n,\ \boldsymbol{R}) \to M(n,\ \boldsymbol{R}),\ X \mapsto AX-XA$　ただし，$A \in M(n,\ \boldsymbol{R})$

(i) $G(X+Y)=A(X+Y)-(X+Y)A$
$=AX+AY-XA-YA$
$=(AX-XA)+(AY-YA)$
$=G(X)+G(Y)$

(ii) $G(kX)=A(kX)-(kX)A$
$=k(AX-XA)=kG(X)$

よって，$G:M(n,\ \boldsymbol{R}) \to M(n,\ \boldsymbol{R})$ は線形写像である。

【参考】 次の写像も線形写像である。

$f:M(n,\ \boldsymbol{R}) \to \boldsymbol{R},\ X \mapsto \mathrm{tr}(X)$　**トレース**

(証明) (i) $f(X+Y)=\mathrm{tr}(X+Y)=\mathrm{tr}(X)+\mathrm{tr}(Y)=f(X)+f(Y)$

(ii) $f(kX)=\mathrm{tr}(kX)=k\,\mathrm{tr}(X)=kf(X)$

よって，$f:M(n,\ \boldsymbol{R}) \to \boldsymbol{R}$ は線形写像である。

(注) $n>1$ のとき，次の写像は線形写像ではない。

$g:M(n,\ \boldsymbol{R}) \to \boldsymbol{R},\ X \mapsto \det(X)$　**行列式**

例題 4（線形写像の一般的性質）

線形写像 $f: V \to W$ について，以下の命題を証明せよ。

(1)　f が単射であるための必要十分条件は $\mathrm{Ker} f = \{\mathbf{0}\}$ である。

(2)　f が単射であるとき，V の1次独立なベクトル $\boldsymbol{a}_1$, $\boldsymbol{a}_2$, …, $\boldsymbol{a}_n$ の f による像 $f(\boldsymbol{a}_1)$, $f(\boldsymbol{a}_2)$, …, $f(\boldsymbol{a}_n)$ は1次独立である。

(3)　$f(\boldsymbol{a}_1)$, $f(\boldsymbol{a}_2)$, …, $f(\boldsymbol{a}_n)$ が1次独立ならば，$\boldsymbol{a}_1$, $\boldsymbol{a}_2$, …, $\boldsymbol{a}_n$ は1次独立である。

解説　線形写像の一般的な性質を少し調べておこう。簡単な問題であるが，慣れないと難しいかもしれない。

解答　(1)　f が単射とすると，明らかに $\mathrm{Ker} f = \{\mathbf{0}\}$

逆に，$\mathrm{Ker} f = \{\mathbf{0}\}$ とする。

$f(\boldsymbol{a}) = f(\boldsymbol{b})$ とすると，$f(\boldsymbol{a}) - f(\boldsymbol{b}) = \mathbf{0}$　　$\therefore$　$f(\boldsymbol{a} - \boldsymbol{b}) = \mathbf{0}$

$\mathrm{Ker} f = \{\mathbf{0}\}$ より，$\boldsymbol{a} - \boldsymbol{b} = \mathbf{0}$　　$\therefore$　$\boldsymbol{a} = \boldsymbol{b}$　　すなわち，f は単射である。

よって，f が単射であるための必要十分条件は $\mathrm{Ker} f = \{\mathbf{0}\}$ である。

（注）　一般に，写像 $f: A \to B$ が単射であるとは，

$a_1 \neq a_2$ ならば $f(a_1) \neq f(a_2)$

であることをいう。

この対偶を考えれば，単射とは

$f(a_1) = f(a_2)$ ならば $a_1 = a_2$

であると言ってもよい。

(2)　$k_1 f(\boldsymbol{a}_1) + k_2 f(\boldsymbol{a}_2) + \cdots + k_n f(\boldsymbol{a}_n) = \mathbf{0}$ とすると　**⬅ここがスタート！**

$f(k_1 \boldsymbol{a}_1 + k_2 \boldsymbol{a}_2 + \cdots + k_n \boldsymbol{a}_n) = \mathbf{0}$　**⬅f の線形性より**

$\therefore$　$k_1 \boldsymbol{a}_1 + k_2 \boldsymbol{a}_2 + \cdots + k_n \boldsymbol{a}_n = \mathbf{0}$　**⬅f は単射であるから，$\mathrm{Ker} f = \{\mathbf{0}\}$**

$\boldsymbol{a}_1$, $\boldsymbol{a}_2$, …, $\boldsymbol{a}_n$ は1次独立なので

$k_1 = k_2 = \cdots = k_n = 0$　**⬅ここがゴール！**

よって，$f(\boldsymbol{a}_1)$, $f(\boldsymbol{a}_2)$, …, $f(\boldsymbol{a}_n)$ は1次独立である。

(3)　$k_1 \boldsymbol{a}_1 + k_2 \boldsymbol{a}_2 + \cdots + k_n \boldsymbol{a}_n = \mathbf{0}$ とすると　**⬅ここがスタート！**

$f(k_1 \boldsymbol{a}_1 + k_2 \boldsymbol{a}_2 + \cdots + k_n \boldsymbol{a}_n) = \mathbf{0}$

$\therefore$　$k_1 f(\boldsymbol{a}_1) + k_2 f(\boldsymbol{a}_2) + \cdots + k_n f(\boldsymbol{a}_n) = \mathbf{0}$　**⬅f の線形性より**

$f(\boldsymbol{a}_1)$, $f(\boldsymbol{a}_2)$, …, $f(\boldsymbol{a}_n)$ が1次独立であることから

$k_1 = k_2 = \cdots = k_n = 0$　**⬅ここがゴール！**

よって，$\boldsymbol{a}_1$, $\boldsymbol{a}_2$, …, $\boldsymbol{a}_n$ は1次独立である。

■ 演習問題 4.1

▶解答は p. 241

1 次の線形写像について以下の問いに答えよ。

$$f:\boldsymbol{R}^3\to\boldsymbol{R}^3,\ f\left(\begin{pmatrix}x\\y\\z\end{pmatrix}\right)=A\begin{pmatrix}x\\y\\z\end{pmatrix}\quad \text{ただし，}A=\begin{pmatrix}1&2&-1\\0&1&1\\1&1&-2\end{pmatrix}$$

(1) $\mathrm{Ker}f$ の基底と次元を求めよ。　　(2) $\mathrm{Im}f$ の基底と次元を求めよ。

2 次の線形写像について以下の問いに答えよ。

$$f:\boldsymbol{R}^4\to\boldsymbol{R}^3,\ f\left(\begin{pmatrix}x\\y\\z\\w\end{pmatrix}\right)=A\begin{pmatrix}x\\y\\z\\w\end{pmatrix}\quad \text{ただし，}A=\begin{pmatrix}1&-1&1&1\\1&0&2&-1\\1&1&3&-3\end{pmatrix}$$

(1) $\mathrm{Ker}f$ の基底と次元を求めよ。　　(2) $\mathrm{Im}f$ の基底と次元を求めよ。

3 (1) 線形写像

$f:\boldsymbol{R}^2\to\boldsymbol{R}^3,\ f(\boldsymbol{x})=A\boldsymbol{x}$

が次を満たすとき，行列 A を求めよ。

$$f\left(\begin{pmatrix}1\\2\end{pmatrix}\right)=\begin{pmatrix}7\\0\\1\end{pmatrix},\quad f\left(\begin{pmatrix}1\\8\end{pmatrix}\right)=\begin{pmatrix}1\\2\\8\end{pmatrix}$$

(2) 線形写像

$f:\boldsymbol{R}^3\to\boldsymbol{R}^3,\ f(\boldsymbol{x})=A\boldsymbol{x}$

が次を満たすとき，行列 A を求めよ。

$$f\left(\begin{pmatrix}2\\3\\5\end{pmatrix}\right)=\begin{pmatrix}1\\1\\1\end{pmatrix},\quad f\left(\begin{pmatrix}0\\1\\2\end{pmatrix}\right)=\begin{pmatrix}1\\0\\0\end{pmatrix},\quad f\left(\begin{pmatrix}1\\1\\1\end{pmatrix}\right)=\begin{pmatrix}2\\1\\2\end{pmatrix}$$

4 線形写像 $f: M(2,\ \boldsymbol{R})\to\boldsymbol{R}$ は $M(2,\ \boldsymbol{R})$ のある正方行列 A を用いて

$$f(X)=\mathrm{tr}(AX)$$

と表せることを示せ。

4.2 線形写像の表現行列

〔目標〕 線形写像が行列によってどのように表されるのか理解する。

(1) 線形写像の表現行列

まず線形写像の表現行列の定義を述べた上で詳しく解説する。

線形写像の表現行列

f を V から W への線形写像とする。
V の基底を $\{\boldsymbol{a}_1, \boldsymbol{a}_2, \cdots, \boldsymbol{a}_n\}$, W の基底を $\{\boldsymbol{b}_1, \boldsymbol{b}_2, \cdots, \boldsymbol{b}_m\}$ とするとき

$$(f(\boldsymbol{a}_1) \quad f(\boldsymbol{a}_2) \quad \cdots \quad f(\boldsymbol{a}_n)) = (\boldsymbol{b}_1 \quad \boldsymbol{b}_2 \quad \cdots \quad \boldsymbol{b}_m)F$$

を満たす行列 F を与えられた基底に関する f の**表現行列**という。

解説　それではこの表現行列の定義について説明していこう。

V の任意のベクトル $\boldsymbol{x} = x_1\boldsymbol{a}_1 + x_2\boldsymbol{a}_2 + \cdots + x_n\boldsymbol{a}_n$ に対し

$$\begin{aligned} f(\boldsymbol{x}) &= f(x_1\boldsymbol{a}_1 + x_2\boldsymbol{a}_2 + \cdots + x_n\boldsymbol{a}_n) \\ &= x_1 f(\boldsymbol{a}_1) + x_2 f(\boldsymbol{a}_2) + \cdots + x_n f(\boldsymbol{a}_n) \end{aligned}$$

であるから，線形写像 f は $f(\boldsymbol{a}_1)$, $f(\boldsymbol{a}_2)$, $\cdots$, $f(\boldsymbol{a}_n)$ によって定まる。

ところで，これらのベクトルはすべて W のベクトルであるから，W の基底の1次結合で表すことができる（以下の各等式の右端の表し方の意味は明らかであろう）。

$$f(\boldsymbol{a}_1) = f_{11}\boldsymbol{b}_1 + f_{21}\boldsymbol{b}_2 + \cdots + f_{m1}\boldsymbol{b}_m = (\boldsymbol{b}_1 \quad \boldsymbol{b}_2 \quad \cdots \quad \boldsymbol{b}_m)\begin{pmatrix} f_{11} \\ f_{21} \\ \vdots \\ f_{m1} \end{pmatrix}$$

$$f(\boldsymbol{a}_2) = f_{12}\boldsymbol{b}_1 + f_{22}\boldsymbol{b}_2 + \cdots + f_{m2}\boldsymbol{b}_m = (\boldsymbol{b}_1 \quad \boldsymbol{b}_2 \quad \cdots \quad \boldsymbol{b}_m)\begin{pmatrix} f_{12} \\ f_{22} \\ \vdots \\ f_{m2} \end{pmatrix}$$

$$\cdots\cdots\cdots\cdots\cdots\cdots\cdots$$

$$f(\boldsymbol{a}_n)=f_{1n}\boldsymbol{b}_1+f_{2n}\boldsymbol{b}_2+\cdots+f_{mn}\boldsymbol{b}_m=(\boldsymbol{b}_1 \quad \boldsymbol{b}_2 \quad \cdots \quad \boldsymbol{b}_m)\begin{pmatrix} f_{1n} \\ f_{2n} \\ \vdots \\ f_{mn} \end{pmatrix}$$

これらの等式を1つの等式にまとめると

$$(f(\boldsymbol{a}_1) \quad f(\boldsymbol{a}_2) \quad \cdots \quad f(\boldsymbol{a}_n))=(\boldsymbol{b}_1 \quad \boldsymbol{b}_2 \quad \cdots \quad \boldsymbol{b}_m)\begin{pmatrix} f_{11} & f_{12} & \cdots & f_{1n} \\ f_{21} & f_{22} & \cdots & f_{2n} \\ \vdots & \vdots & \ddots & \vdots \\ f_{m1} & f_{m2} & \cdots & f_{mn} \end{pmatrix}$$

と簡潔に表され

$$F=\begin{pmatrix} f_{11} & f_{12} & \cdots & f_{1n} \\ f_{21} & f_{22} & \cdots & f_{2n} \\ \vdots & \vdots & \ddots & \vdots \\ f_{m1} & f_{m2} & \cdots & f_{mn} \end{pmatrix}$$

とおけば

$$(f(\boldsymbol{a}_1) \quad f(\boldsymbol{a}_2) \quad \cdots \quad f(\boldsymbol{a}_n))=(\boldsymbol{b}_1 \quad \boldsymbol{b}_2 \quad \cdots \quad \boldsymbol{b}_m)F$$

を得る。

線形写像fは$f(\boldsymbol{a}_1)$, $f(\boldsymbol{a}_2)$, $\cdots$, $f(\boldsymbol{a}_n)$によって定まり，これらのベクトルは行列Fで定まるのだから，行列Fをfの**表現行列**あるいは**行列表示**と呼ぶのが妥当である。 □

ここで1つ注意すべきことがある。線形写像の表現行列はベクトル空間の基底を決めた上ではじめて定まるということである。基底を変更すれば表現行列も別の行列に変わる。すなわち，線形写像だけでその表現行列が決まるわけではない。

それでは具体例で練習してみよう。

問 1　次の写像の，与えられた基底に関する表現行列を求めよ。

$$f: \boldsymbol{R}^3 \to \boldsymbol{R}^2,\ f\left(\begin{pmatrix} x \\ y \\ z \end{pmatrix}\right) = \begin{pmatrix} x+y \\ y-z \end{pmatrix}$$

$\boldsymbol{R}^3$ の基底：$\begin{pmatrix} 1 \\ 0 \\ 1 \end{pmatrix}, \begin{pmatrix} 0 \\ 1 \\ 1 \end{pmatrix}, \begin{pmatrix} 0 \\ 1 \\ 0 \end{pmatrix}$　　$\boldsymbol{R}^2$ の基底：$\begin{pmatrix} 1 \\ 1 \end{pmatrix}, \begin{pmatrix} 1 \\ 2 \end{pmatrix}$

（解）$\boldsymbol{R}^3$，$\boldsymbol{R}^2$ の基底を

$$\boldsymbol{a}_1 = \begin{pmatrix} 1 \\ 0 \\ 1 \end{pmatrix},\ \boldsymbol{a}_2 = \begin{pmatrix} 0 \\ 1 \\ 1 \end{pmatrix},\ \boldsymbol{a}_3 = \begin{pmatrix} 0 \\ 1 \\ 0 \end{pmatrix};\ \boldsymbol{b}_1 = \begin{pmatrix} 1 \\ 1 \end{pmatrix},\ \boldsymbol{b}_2 = \begin{pmatrix} 1 \\ 2 \end{pmatrix}$$

とおく。

$$f(\boldsymbol{a}_1) = \begin{pmatrix} 1 \\ -1 \end{pmatrix},\ f(\boldsymbol{a}_2) = \begin{pmatrix} 1 \\ 0 \end{pmatrix},\ f(\boldsymbol{a}_3) = \begin{pmatrix} 1 \\ 1 \end{pmatrix}$$

より，求める表現行列を F とすると

$$(f(\boldsymbol{a}_1)\ \ f(\boldsymbol{a}_2)\ \ f(\boldsymbol{a}_3)) = (\boldsymbol{b}_1\ \ \boldsymbol{b}_2)F$$

$$\therefore\ \begin{pmatrix} 1 & 1 & 1 \\ -1 & 0 & 1 \end{pmatrix} = \begin{pmatrix} 1 & 1 \\ 1 & 2 \end{pmatrix} F$$

$$F = \begin{pmatrix} 1 & 1 \\ 1 & 2 \end{pmatrix}^{-1} \begin{pmatrix} 1 & 1 & 1 \\ -1 & 0 & 1 \end{pmatrix} = \begin{pmatrix} 2 & -1 \\ -1 & 1 \end{pmatrix} \begin{pmatrix} 1 & 1 & 1 \\ -1 & 0 & 1 \end{pmatrix}$$

$$= \begin{pmatrix} 3 & 2 & 1 \\ -2 & -1 & 0 \end{pmatrix}$$

□

（2）　表現行列とベクトルの成分

線形写像 $f: V \to W$ は，ベクトル空間 V，W の基底を決めておくと，f を表現する行列 F がただ1つ定まることを見た。

ところで，基底を決めておけばすべてのベクトルに対してその成分が定まる。では，ベクトルの成分と線形写像の表現行列との間にはどのような関係があるだろうか。表現行列とベクトルの成分の間には次のような美しい関係が成り立つ。

[定理]（表現行列とベクトルの成分）

線形写像 $f: V \to W$ の，V の基底 $\{\boldsymbol{a}_1, \boldsymbol{a}_2, \cdots, \boldsymbol{a}_n\}$，$W$ の基底 $\{\boldsymbol{b}_1, \boldsymbol{b}_2, \cdots, \boldsymbol{b}_m\}$ に関する表現行列を F とし，$\boldsymbol{y}=f(\boldsymbol{x})$ とする。

$\boldsymbol{x}$，$\boldsymbol{y}$ の与えられた基底に関する成分をそれぞれ

$$\begin{pmatrix} x_1 \\ \vdots \\ x_n \end{pmatrix}, \begin{pmatrix} y_1 \\ \vdots \\ y_m \end{pmatrix}$$

とするとき，次が成り立つ。

$$\begin{pmatrix} y_1 \\ \vdots \\ y_m \end{pmatrix} = F\begin{pmatrix} x_1 \\ \vdots \\ x_n \end{pmatrix}$$

（証明） $f(\boldsymbol{x}) = \boldsymbol{y} = y_1\boldsymbol{b}_1 + \cdots + y_m\boldsymbol{b}_m$

$$= (\boldsymbol{b}_1 \quad \cdots \quad \boldsymbol{b}_m)\begin{pmatrix} y_1 \\ \vdots \\ y_m \end{pmatrix} \quad \cdots\cdots ①$$

⬅ この変形は大切

一方

$$f(\boldsymbol{x}) = f(x_1\boldsymbol{a}_1 + \cdots + x_n\boldsymbol{a}_n) = x_1 f(\boldsymbol{a}_1) + \cdots + x_n f(\boldsymbol{a}_n)$$

$$= (f(\boldsymbol{a}_1) \quad \cdots \quad f(\boldsymbol{a}_n))\begin{pmatrix} x_1 \\ \vdots \\ x_n \end{pmatrix}$$

$$= (\boldsymbol{b}_1 \quad \cdots \quad \boldsymbol{b}_m)F\begin{pmatrix} x_1 \\ \vdots \\ x_n \end{pmatrix} \quad \cdots\cdots ②$$

⬅ 表現行列の定義より

①，②より

$$(\boldsymbol{b}_1 \quad \cdots \quad \boldsymbol{b}_m)\begin{pmatrix} y_1 \\ \vdots \\ y_m \end{pmatrix} = (\boldsymbol{b}_1 \quad \cdots \quad \boldsymbol{b}_m)F\begin{pmatrix} x_1 \\ \vdots \\ x_n \end{pmatrix}$$

ここで，$\boldsymbol{b}_1, \cdots, \boldsymbol{b}_m$ は 1 次独立であるから

$$\begin{pmatrix} y_1 \\ \vdots \\ y_m \end{pmatrix} = F\begin{pmatrix} x_1 \\ \vdots \\ x_n \end{pmatrix}$$

□

（3）　基底の取り換えと表現行列

まずベクトル空間の基底の取り替え行列を定義する。

基底の取り替え行列

ベクトル空間 V の基底 $\{\boldsymbol{a}_1,\ \boldsymbol{a}_2,\ \cdots,\ \boldsymbol{a}_n\}$ を $\{\boldsymbol{b}_1,\ \boldsymbol{b}_2,\ \cdots,\ \boldsymbol{b}_n\}$ へ取り替えたとき

$$(\boldsymbol{b}_1\ \ \boldsymbol{b}_2\ \ \cdots\ \ \boldsymbol{b}_n)=(\boldsymbol{a}_1\ \ \boldsymbol{a}_2\ \ \cdots\ \ \boldsymbol{a}_n)P$$

を満たす行列 P を**基底の取り替え行列**という。

解説　$\boldsymbol{b}_1,\ \boldsymbol{b}_2,\ \cdots,\ \boldsymbol{b}_n$ をそれぞれ $\boldsymbol{a}_1,\ \boldsymbol{a}_2,\ \cdots,\ \boldsymbol{a}_n$ で表してみよう。

$$\boldsymbol{b}_1=p_{11}\boldsymbol{a}_1+p_{21}\boldsymbol{a}_2+\cdots+p_{n1}\boldsymbol{a}_n=(\boldsymbol{a}_1\ \ \boldsymbol{a}_2\ \ \cdots\ \ \boldsymbol{a}_n)\begin{pmatrix}p_{11}\\p_{21}\\\vdots\\p_{n1}\end{pmatrix}$$

⬅ **大切な形！**

$$\boldsymbol{b}_2=p_{12}\boldsymbol{a}_1+p_{22}\boldsymbol{a}_2+\cdots+p_{n2}\boldsymbol{a}_n=(\boldsymbol{a}_1\ \ \boldsymbol{a}_2\ \ \cdots\ \ \boldsymbol{a}_n)\begin{pmatrix}p_{12}\\p_{22}\\\vdots\\p_{n2}\end{pmatrix}$$

……………………

$$\boldsymbol{b}_n=p_{1n}\boldsymbol{a}_1+p_{2n}\boldsymbol{a}_2+\cdots+p_{nn}\boldsymbol{a}_n=(\boldsymbol{a}_1\ \ \boldsymbol{a}_2\ \ \cdots\ \ \boldsymbol{a}_n)\begin{pmatrix}p_{1n}\\p_{2n}\\\vdots\\p_{nn}\end{pmatrix}$$

これらの等式を簡潔に1つの等式にまとめると

$$(\boldsymbol{b}_1\ \ \boldsymbol{b}_2\ \ \cdots\ \ \boldsymbol{b}_n)=(\boldsymbol{a}_1\ \ \boldsymbol{a}_2\ \ \cdots\ \ \boldsymbol{a}_n)P$$

を得る。ただし

$$P=\begin{pmatrix}p_{11}&p_{12}&\cdots&p_{1n}\\p_{21}&p_{22}&\cdots&p_{2n}\\\vdots&\vdots&\ddots&\vdots\\p_{n1}&p_{n2}&\cdots&p_{nn}\end{pmatrix}$$

□

（注）　基底の取り替え行列 P は明らかに正則行列である。

[定理]（線形変換の基底の取り替え）

線形変換 $f: V \to V$ の，基底 $\{\boldsymbol{a}_1, \boldsymbol{a}_2, \cdots, \boldsymbol{a}_n\}$ に関する表現行列を F，基底 $\{\boldsymbol{b}_1, \boldsymbol{b}_2, \cdots, \boldsymbol{b}_n\}$ に関する表現行列を G とする。

$\{\boldsymbol{a}_1, \boldsymbol{a}_2, \cdots, \boldsymbol{a}_n\}$ の $\{\boldsymbol{b}_1, \boldsymbol{b}_2, \cdots, \boldsymbol{b}_n\}$ への基底の取り替え行列を P とするとき

$$G = P^{-1}FP$$

が成り立つ。

（証明） $F=(f_{ij})$，$G=(g_{ij})$，$P=(p_{ij})$ とする。

$f(\boldsymbol{b}_j) = g_{1j}\boldsymbol{b}_1 + g_{2j}\boldsymbol{b}_2 + \cdots + g_{nj}\boldsymbol{b}_n$ **⬅P. 128を参照せよ。**

$= \sum_{i=1}^{n} g_{ij}\boldsymbol{b}_i$ **⬅Σで簡潔に表す**

$= \sum_{i=1}^{n} g_{ij}(p_{1i}\boldsymbol{a}_1 + p_{2i}\boldsymbol{a}_2 + \cdots + p_{ni}\boldsymbol{a}_n)$ **⬅ $\boldsymbol{P}=(\boldsymbol{p}_{ij})$ が基底の取り替え行列**

$= \sum_{i=1}^{n} g_{ij} \sum_{k=1}^{n} p_{ki}\boldsymbol{a}_k$

$= \sum_{k=1}^{n} \left(\sum_{i=1}^{n} p_{ki}g_{ij} \right) \boldsymbol{a}_k$ ……①

一方

$f(\boldsymbol{b}_j) = f(p_{1j}\boldsymbol{a}_1 + p_{2j}\boldsymbol{a}_2 + \cdots + p_{nj}\boldsymbol{a}_n)$ **⬅ $\boldsymbol{P}=(\boldsymbol{p}_{ij})$ が基底の取り替え行列**

$= p_{1j}f(\boldsymbol{a}_1) + p_{2j}f(\boldsymbol{a}_2) + \cdots + p_{nj}f(\boldsymbol{a}_n)$ **⬅ $\boldsymbol{f}$ の線形性**

$= \sum_{i=1}^{n} p_{ij}f(\boldsymbol{a}_i)$

$= \sum_{i=1}^{n} p_{ij}(f_{1i}\boldsymbol{a}_1 + f_{2i}\boldsymbol{a}_2 + \cdots + f_{ni}\boldsymbol{a}_n)$

$= \sum_{i=1}^{n} p_{ij} \sum_{k=1}^{n} f_{ki}\boldsymbol{a}_k$

$= \sum_{k=1}^{n} \left(\sum_{i=1}^{n} f_{ki}p_{ij} \right) \boldsymbol{a}_k$ ……②

①，②より

$\sum_{i=1}^{n} p_{ki}g_{ij} = \sum_{i=1}^{n} f_{ki}p_{ij}$ 　すなわち，$PG = FP$ 　$\therefore$ $G = P^{-1}FP$ 　□

（注） $\sum_{i=1}^{n} p_{ki}g_{ij}$ は PG の (k, j) 成分を，$\sum_{i=1}^{n} f_{ki}p_{ij}$ は FP の (k, j) 成分を表す。

例題 1（線形写像の表現行列）

次の線形写像 f の，与えられた基底に関する表現行列を求めよ。

$$f:\boldsymbol{R}^2\to\boldsymbol{R}^3,\ f\left(\begin{pmatrix}x\\y\end{pmatrix}\right)=A\begin{pmatrix}x\\y\end{pmatrix}\quad \text{ただし，}A=\begin{pmatrix}1&1\\1&-1\\0&1\end{pmatrix}$$

$\boldsymbol{R}^2$ の基底：$\boldsymbol{a}_1=\begin{pmatrix}1\\1\end{pmatrix}$, $\boldsymbol{a}_2=\begin{pmatrix}1\\2\end{pmatrix}$　$\boldsymbol{R}^3$ の基底：$\boldsymbol{b}_1=\begin{pmatrix}1\\0\\1\end{pmatrix}$, $\boldsymbol{b}_2=\begin{pmatrix}0\\1\\1\end{pmatrix}$, $\boldsymbol{b}_3=\begin{pmatrix}0\\1\\0\end{pmatrix}$

解説　線形写像の表現行列を求めることは易しい。大切なことは表現行列の定義を理解し，正しく覚えておくことである。

解答　$f(\boldsymbol{a}_1)=\begin{pmatrix}1&1\\1&-1\\0&1\end{pmatrix}\begin{pmatrix}1\\1\end{pmatrix}=\begin{pmatrix}2\\0\\1\end{pmatrix}$, $f(\boldsymbol{a}_2)=\begin{pmatrix}1&1\\1&-1\\0&1\end{pmatrix}\begin{pmatrix}1\\2\end{pmatrix}=\begin{pmatrix}3\\-1\\2\end{pmatrix}$

求める表現行列を F とすると

$$(f(\boldsymbol{a}_1)\quad f(\boldsymbol{a}_2))=(\boldsymbol{b}_1\quad \boldsymbol{b}_2\quad \boldsymbol{b}_3)F$$ ← 表現行列の定義より

$$\therefore\ \begin{pmatrix}2&3\\0&-1\\1&2\end{pmatrix}=\begin{pmatrix}1&0&0\\0&1&1\\1&1&0\end{pmatrix}F$$

$$\therefore\ F=\begin{pmatrix}1&0&0\\0&1&1\\1&1&0\end{pmatrix}^{-1}\begin{pmatrix}2&3\\0&-1\\1&2\end{pmatrix}=\begin{pmatrix}1&0&0\\-1&0&1\\1&1&-1\end{pmatrix}\begin{pmatrix}2&3\\0&-1\\1&2\end{pmatrix}$$

$$=\begin{pmatrix}2&3\\-1&-1\\1&0\end{pmatrix}$$ ……〔答〕

（注）　ここで $F=A$ でないことに注意しよう。それでは f を定めている行列 A とはいったい何であろうか？

$\boldsymbol{R}^2$ の基底：$\boldsymbol{e}_1=\begin{pmatrix}1\\0\end{pmatrix}$, $\boldsymbol{e}_2=\begin{pmatrix}0\\1\end{pmatrix}$　$\boldsymbol{R}^3$ の基底：$\boldsymbol{e}_1=\begin{pmatrix}1\\0\\0\end{pmatrix}$, $\boldsymbol{e}_2=\begin{pmatrix}0\\1\\0\end{pmatrix}$, $\boldsymbol{e}_3=\begin{pmatrix}0\\0\\1\end{pmatrix}$

と標準基底をとれば

$$(f(\boldsymbol{e}_1)\quad f(\boldsymbol{e}_2))=(\boldsymbol{e}_1\quad \boldsymbol{e}_2\quad \boldsymbol{e}_3)F$$

より，$A=F$ を得る。

例題 2 (表現行列とベクトルの成分)

次の線形変換の，与えられた基底に関する表現行列を求めよ。

$T:\boldsymbol{R}[x]_2 \to \boldsymbol{R}[x]_2,\ T(f(x))=f'(x)$　　$\boldsymbol{R}[x]_2$ の基底：$1,\ x,\ x^2$

解 説 表現行列を求める方法として，**表現行列の定義**を用いる他に，**表現行列とベクトルの成分の関係**を用いる方法がある。表現行列とベクトルの成分の関係は非常になじみやすい関係であろう。それでは今度は 2 つの方法で解いてみよう。

解 答 **(解 1)** $T(1)=0,\ T(x)=1,\ T(x^2)=2x$

より

$$(T(1)\quad T(x)\quad T(x^2))=(1\quad x\quad x^2)\begin{pmatrix}0&1&0\\0&0&2\\0&0&0\end{pmatrix}$$ ⬅ **表現行列の定義**

よって，求める表現行列は

$$A=\begin{pmatrix}0&1&0\\0&0&2\\0&0&0\end{pmatrix}$$ ……〔答〕

(解 2) $f(x)=ax^2+bx+c=c\cdot 1+b\cdot x+a\cdot x^2$ の成分は $\begin{pmatrix}c\\b\\a\end{pmatrix}$

$T(f(x))=f'(x)=2ax+b=b\cdot 1+2a\cdot x+0\cdot x^2$ の成分は $\begin{pmatrix}b\\2a\\0\end{pmatrix}$

より

$$\begin{pmatrix}b\\2a\\0\end{pmatrix}=\begin{pmatrix}0&1&0\\0&0&2\\0&0&0\end{pmatrix}\begin{pmatrix}c\\b\\a\end{pmatrix}$$ ⬅ **成分と表現行列の関係：**$\begin{pmatrix}y_1\\y_2\\y_3\end{pmatrix}=A\begin{pmatrix}x_1\\x_2\\x_3\end{pmatrix}$

よって，求める表現行列は

$$A=\begin{pmatrix}0&1&0\\0&0&2\\0&0&0\end{pmatrix}$$ ……〔答〕

例題3（線形変換の基底の取り替え）

$\boldsymbol{R}^2$ の基底：$\boldsymbol{a}_1=\begin{pmatrix}2\\1\end{pmatrix}$，$\boldsymbol{a}_2=\begin{pmatrix}1\\1\end{pmatrix}$ を別の基底：$\boldsymbol{b}_1=\begin{pmatrix}0\\1\end{pmatrix}$，$\boldsymbol{b}_2=\begin{pmatrix}1\\0\end{pmatrix}$ に取り替えるとき，以下の問いに答えよ。

(1)　基底の取り替え行列 P を求めよ。

(2)　$\boldsymbol{R}^2$ の線形変換 f の基底 $\boldsymbol{a}_1$，$\boldsymbol{a}_2$ に関する表現行列が

$$F=\begin{pmatrix}1 & 1\\-1 & 0\end{pmatrix}$$

であるとき，基底 $\boldsymbol{b}_1$，$\boldsymbol{b}_2$ に関する表現行列 G を求めよ。

解説　線形変換 $f: V\to V$ の，基底 $\{\boldsymbol{a}_1, \boldsymbol{a}_2, \cdots, \boldsymbol{a}_n\}$ に関する表現行列を F，基底 $\{\boldsymbol{b}_1, \boldsymbol{b}_2, \cdots, \boldsymbol{b}_n\}$ に関する表現行列を G とする。

$\{\boldsymbol{a}_1, \boldsymbol{a}_2, \cdots, \boldsymbol{a}_n\}$ の $\{\boldsymbol{b}_1, \boldsymbol{b}_2, \cdots, \boldsymbol{b}_n\}$ への基底の取り替え行列を P とするとき

$$G=P^{-1}FP$$

が成り立つ。

解答　(1)　基底の取り替え行列の定義より

$$(\boldsymbol{b}_1\ \ \boldsymbol{b}_2)=(\boldsymbol{a}_1\ \ \boldsymbol{a}_2)P \quad \Leftarrow (\boldsymbol{b}_1\ \ \boldsymbol{b}_2\ \cdots\ \boldsymbol{b}_n)=(\boldsymbol{a}_1\ \ \boldsymbol{a}_2\ \cdots\ \boldsymbol{a}_n)P$$

$$\therefore\quad \begin{pmatrix}0 & 1\\1 & 0\end{pmatrix}=\begin{pmatrix}2 & 1\\1 & 1\end{pmatrix}P$$

よって

$$P=\begin{pmatrix}2 & 1\\1 & 1\end{pmatrix}^{-1}\begin{pmatrix}0 & 1\\1 & 0\end{pmatrix}$$

$$=\begin{pmatrix}1 & -1\\-1 & 2\end{pmatrix}\begin{pmatrix}0 & 1\\1 & 0\end{pmatrix}=\begin{pmatrix}-1 & 1\\2 & -1\end{pmatrix}\quad\cdots\cdots〔答〕$$

(2)　$G=P^{-1}FP$ $\Leftarrow$ 公式

$$=\begin{pmatrix}-1 & 1\\2 & -1\end{pmatrix}^{-1}\begin{pmatrix}1 & 1\\-1 & 0\end{pmatrix}\begin{pmatrix}-1 & 1\\2 & -1\end{pmatrix}$$

$$=\begin{pmatrix}1 & 1\\2 & 1\end{pmatrix}\begin{pmatrix}1 & 1\\-1 & 0\end{pmatrix}\begin{pmatrix}-1 & 1\\2 & -1\end{pmatrix}$$

$$=\begin{pmatrix}0 & 1\\1 & 2\end{pmatrix}\begin{pmatrix}-1 & 1\\2 & -1\end{pmatrix}=\begin{pmatrix}2 & -1\\3 & -1\end{pmatrix}\quad\cdots\cdots〔答〕$$

■ 演習問題 4.2

▶解答は p. 243

1 次の線形写像 f の，与えられた基底に関する表現行列を求めよ。

$$f : \boldsymbol{R}^2 \to \boldsymbol{R}^3,\ f\left(\begin{pmatrix} x \\ y \end{pmatrix}\right) = A\begin{pmatrix} x \\ y \end{pmatrix} \quad ただし，A = \begin{pmatrix} 1 & -1 \\ 1 & 2 \\ 0 & -1 \end{pmatrix}$$

$\boldsymbol{R}^2$ の基底：$\boldsymbol{a}_1 = \begin{pmatrix} 1 \\ 0 \end{pmatrix}$, $\boldsymbol{a}_2 = \begin{pmatrix} 1 \\ 1 \end{pmatrix}$ 　　$\boldsymbol{R}^3$ の基底：$\boldsymbol{b}_1 = \begin{pmatrix} -1 \\ 2 \\ 1 \end{pmatrix}$, $\boldsymbol{b}_2 = \begin{pmatrix} 0 \\ 1 \\ 1 \end{pmatrix}$, $\boldsymbol{b}_3 = \begin{pmatrix} 1 \\ 0 \\ 0 \end{pmatrix}$

2 次の線形変換の，与えられた基底に関する表現行列を求めよ。

$$T : M(2,\ \boldsymbol{R}) \to M(2,\ \boldsymbol{R}),\ T(X) = AX - XA \quad ただし，A = \begin{pmatrix} 1 & -1 \\ 2 & 3 \end{pmatrix}$$

$M(2,\ \boldsymbol{R})$ の基底：$E_1 = \begin{pmatrix} 1 & 0 \\ 0 & 0 \end{pmatrix}$, $E_2 = \begin{pmatrix} 0 & 1 \\ 0 & 0 \end{pmatrix}$, $E_3 = \begin{pmatrix} 0 & 0 \\ 1 & 0 \end{pmatrix}$, $E_4 = \begin{pmatrix} 0 & 0 \\ 0 & 1 \end{pmatrix}$

3 $\boldsymbol{R}^3$ の基底：$\boldsymbol{a}_1 = \begin{pmatrix} 1 \\ 0 \\ -3 \end{pmatrix}$, $\boldsymbol{a}_2 = \begin{pmatrix} 0 \\ -1 \\ 4 \end{pmatrix}$, $\boldsymbol{a}_3 = \begin{pmatrix} -2 \\ -1 \\ 1 \end{pmatrix}$

を別の基底：$\boldsymbol{b}_1 = \begin{pmatrix} 3 \\ 2 \\ 1 \end{pmatrix}$, $\boldsymbol{b}_2 = \begin{pmatrix} 4 \\ -2 \\ 5 \end{pmatrix}$, $\boldsymbol{b}_3 = \begin{pmatrix} 8 \\ 4 \\ 5 \end{pmatrix}$

に取り替えるとき，基底の取り替え行列 P を求めよ。

4 (1) 線形変換 $T : \boldsymbol{R}[x]_3 \to \boldsymbol{R}[x]_3$, $T(f(x)) = f(x+1)$ の基底 $\{1,\ x,\ x^2,\ x^3\}$ に関する表現行列 F を求めよ。

(2) (1)の線形変換 T の基底 $\{1+x,\ x+x^2,\ x^2+x^3,\ x^3\}$ に関する表現行列 G を求めよ。

過去問研究4－1（線形写像）

行列 $A=\begin{pmatrix} 1 & 0 & a \\ 0 & -1 & 1 \\ -1 & 1 & 0 \end{pmatrix}$ で表される1次変換を f とする。空間の任意の点が f によってある平面 H 上にうつされるとき，以下の問いに答えよ。

(1) a の値を求めよ。

(2) f によって原点にうつされる直線 l の方程式を求めよ。

(3) 平面 H の方程式を求めよ。 〈長岡技術科学大学〉

解説 線形写像の像を具体的に考えるには $\boldsymbol{R}^3$ の標準基底 $\boldsymbol{e}_1$, $\boldsymbol{e}_2$, $\boldsymbol{e}_3$ を考えることが大切である。そこで，$f(\boldsymbol{e}_1)$, $f(\boldsymbol{e}_2)$, $f(\boldsymbol{e}_3)$ の1次独立性を考察する。

解答 (1) $\boldsymbol{R}^3$ の標準基底を $\boldsymbol{e}_1$, $\boldsymbol{e}_2$, $\boldsymbol{e}_3$ とすると

$$(f(\boldsymbol{e}_1)\ \ f(\boldsymbol{e}_2)\ \ f(\boldsymbol{e}_3))=(A\boldsymbol{e}_1\ \ A\boldsymbol{e}_2\ \ A\boldsymbol{e}_3)=A$$

$f(\boldsymbol{e}_1)$, $f(\boldsymbol{e}_2)$, $f(\boldsymbol{e}_3)$ のうち，2つだけが1次独立になればよいから，行列 A の階数が2であればよい。

$$A=\begin{pmatrix} 1 & 0 & a \\ 0 & -1 & 1 \\ -1 & 1 & 0 \end{pmatrix}\to\cdots\to\begin{pmatrix} 1 & 0 & a \\ 0 & 1 & -1 \\ 0 & 0 & a+1 \end{pmatrix}$$

より，行列 A の階数が2であるための条件は，$a=-1$ ……〔答〕

(2) $A\begin{pmatrix} x \\ y \\ z \end{pmatrix}=\begin{pmatrix} 1 & 0 & -1 \\ 0 & -1 & 1 \\ -1 & 1 & 0 \end{pmatrix}\begin{pmatrix} x \\ y \\ z \end{pmatrix}=\begin{pmatrix} 0 \\ 0 \\ 0 \end{pmatrix}$ を解く。 **（注）** $a=-1$

$$A=\begin{pmatrix} 1 & 0 & -1 \\ 0 & -1 & 1 \\ -1 & 1 & 0 \end{pmatrix}\to\cdots\to\begin{pmatrix} 1 & 0 & -1 \\ 0 & 1 & -1 \\ 0 & 0 & 0 \end{pmatrix} \qquad \therefore \begin{cases} x-z=0 \\ y-z=0 \end{cases}$$

よって，直線 l の方程式は，$x=y=z$ ……〔答〕

(3) $\boldsymbol{R}^3$ の任意の点の像を考える。

$$\begin{pmatrix} X \\ Y \\ Z \end{pmatrix}=A\begin{pmatrix} x \\ y \\ z \end{pmatrix}=\begin{pmatrix} 1 & 0 & -1 \\ 0 & -1 & 1 \\ -1 & 1 & 0 \end{pmatrix}\begin{pmatrix} x \\ y \\ z \end{pmatrix}=\begin{pmatrix} x-z \\ -y+z \\ -x+y \end{pmatrix}$$

$$\therefore \quad X+Y+Z=(x-z)+(-y+z)+(-x+y)=0$$

よって，平面 H の方程式は，$x+y+z=0$ ……〔答〕

≪研究≫　(3)の平面 H の方程式を求める問題で，１次変換 f の像 $\mathrm{Im}\,f$ である平面 H についてもう少し理論的に考察してみよう。

$f(\boldsymbol{e}_1)$，$f(\boldsymbol{e}_2)$，$f(\boldsymbol{e}_3)$ の１次関係を確認しておく。

$$(f(\boldsymbol{e}_1)\quad f(\boldsymbol{e}_2)\quad f(\boldsymbol{e}_3))=(A\boldsymbol{e}_1\quad A\boldsymbol{e}_2\quad A\boldsymbol{e}_3)$$

$$=A=\begin{pmatrix}1&0&-1\\0&-1&1\\-1&1&0\end{pmatrix}\to\cdots\to\begin{pmatrix}1&0&-1\\0&1&-1\\0&0&0\end{pmatrix}$$

より

$f(\boldsymbol{e}_1)$，$f(\boldsymbol{e}_2)$ は１次独立で，$f(\boldsymbol{e}_3)=-f(\boldsymbol{e}_1)-f(\boldsymbol{e}_2)$

である。

したがって，平面 H は２つのベクトル $f(\boldsymbol{e}_1)$，$f(\boldsymbol{e}_2)$ で張られる平面である。

$$f(\boldsymbol{e}_1)=A\boldsymbol{e}_1=\begin{pmatrix}1\\0\\-1\end{pmatrix},\ f(\boldsymbol{e}_2)=A\boldsymbol{e}_2=\begin{pmatrix}0\\-1\\1\end{pmatrix}$$

であるから，平面 H 上の点 $(x,\ y,\ z)$ は

$$\begin{pmatrix}x\\y\\z\end{pmatrix}=a\begin{pmatrix}1\\0\\-1\end{pmatrix}+b\begin{pmatrix}0\\-1\\1\end{pmatrix}\quad(a,\ b\in\boldsymbol{R})$$

で表される。

そこで，$x=a$，$y=-b$，$z=-a+b$ より，a，b を消去すると

$x+y+z=0$

を得る。

（注）　本問の(2)は $\mathrm{Ker}\,f$ を求める問題，(3)は $\mathrm{Im}\,f$ を求める問題であると考えてよいことに注意しよう。

(2)より，$\mathrm{Ker}\,f$ は

$$\left\{\begin{pmatrix}1\\1\\1\end{pmatrix}\right\}$$ を基底とする１次元部分空間（直線 l）

(3)より，$\mathrm{Im}\,f$ は

$$\left\{\begin{pmatrix}1\\0\\-1\end{pmatrix},\ \begin{pmatrix}0\\-1\\1\end{pmatrix}\right\}$$ を基底とする２次元部分空間（平面 H）

過去問研究 4 − 2（線形写像の表現行列①）

$V=\boldsymbol{R}^3$ を $\boldsymbol{R}$ 上の3次元ベクトル空間とする。

$$A=\begin{pmatrix}1&-2&3\\0&2&1\\-1&4&-2\end{pmatrix},\ \boldsymbol{b}_1=\begin{pmatrix}1\\0\\0\end{pmatrix},\ \boldsymbol{b}_2=\begin{pmatrix}1\\1\\0\end{pmatrix},\ \boldsymbol{b}_3=\begin{pmatrix}0\\1\\1\end{pmatrix}$$

とし，行列 A が定める V 上の線形変換を $f(\boldsymbol{x})=A\boldsymbol{x}$（$\boldsymbol{x}\in V$）とする。次の問いに答えよ。

(1)　$\{\boldsymbol{b}_1,\ \boldsymbol{b}_2,\ \boldsymbol{b}_3\}$ は V の基底であることを示せ。

(2)　V の基底 $\{\boldsymbol{b}_1,\ \boldsymbol{b}_2,\ \boldsymbol{b}_3\}$ に関する f の表現行列 B を求めよ。

(3)　f の像 $\mathrm{Im}\,f$ は V の部分空間であることを示せ。また，$\mathrm{Im}\,f$ の基底を1つ求めよ。　〈金沢大学〉

解説　線形写像の表現行列は大切である。表現行列の定義を理解しておくこと。また，f の像 $\mathrm{Im}\,f$ の基底の求め方も重要である。

解答　(1) $\{\boldsymbol{b}_1,\ \boldsymbol{b}_2,\ \boldsymbol{b}_3\}$ が1次独立であることを示せばよい。

$$|\boldsymbol{b}_1\ \ \boldsymbol{b}_2\ \ \boldsymbol{b}_3|=\begin{vmatrix}1&1&0\\0&1&1\\0&0&1\end{vmatrix}=1\neq 0$$ より，$\{\boldsymbol{b}_1,\ \boldsymbol{b}_2,\ \boldsymbol{b}_3\}$ は1次独立である。

(2)　まず $f(\boldsymbol{b}_1)$，$f(\boldsymbol{b}_2)$，$f(\boldsymbol{b}_3)$ を計算する。

$$f(\boldsymbol{b}_1)=A\boldsymbol{b}_1=\begin{pmatrix}1\\0\\-1\end{pmatrix},\ f(\boldsymbol{b}_2)=A\boldsymbol{b}_2=\begin{pmatrix}-1\\2\\3\end{pmatrix},\ f(\boldsymbol{b}_3)=A\boldsymbol{b}_3=\begin{pmatrix}1\\3\\2\end{pmatrix}$$

表現行列の定義より

$$(f(\boldsymbol{b}_1)\ \ f(\boldsymbol{b}_2)\ \ f(\boldsymbol{b}_3))=(\boldsymbol{b}_1\ \ \boldsymbol{b}_2\ \ \boldsymbol{b}_3)B$$

$$\therefore\ \begin{pmatrix}1&-1&1\\0&2&3\\-1&3&2\end{pmatrix}=\begin{pmatrix}1&1&0\\0&1&1\\0&0&1\end{pmatrix}B$$

ここで

$$\begin{pmatrix}1&1&0\\0&1&1\\0&0&1\end{pmatrix}^{-1}=\begin{pmatrix}1&-1&1\\0&1&-1\\0&0&1\end{pmatrix}$$

と求まるから

$$B=\begin{pmatrix}1&1&0\\0&1&1\\0&0&1\end{pmatrix}^{-1}\begin{pmatrix}1&-1&1\\0&2&3\\-1&3&2\end{pmatrix}=\begin{pmatrix}1&-1&1\\0&1&-1\\0&0&1\end{pmatrix}\begin{pmatrix}1&-1&1\\0&2&3\\-1&3&2\end{pmatrix}$$

$$=\begin{pmatrix}0&0&0\\1&-1&1\\-1&3&2\end{pmatrix}\quad\cdots\cdots〔答〕$$

(3)　f の像 $\mathrm{Im}f$ が V の部分空間であることの証明は易しいので省略して，$\mathrm{Im}f$ の基底を求めよう。

$V=\boldsymbol{R}^3$ の標準基底を $\boldsymbol{e}_1$，$\boldsymbol{e}_2$，$\boldsymbol{e}_3$ とし，$f(\boldsymbol{e}_1)$，$f(\boldsymbol{e}_2)$，$f(\boldsymbol{e}_3)$ の1次関係を調べる。

$$(f(\boldsymbol{e}_1)\quad f(\boldsymbol{e}_2)\quad f(\boldsymbol{e}_3))=(A\boldsymbol{e}_1\quad A\boldsymbol{e}_2\quad A\boldsymbol{e}_3)$$

$$=A=\begin{pmatrix}1&-2&3\\0&2&1\\-1&4&-2\end{pmatrix}\to\cdots\to\begin{pmatrix}1&0&4\\0&1&\frac{1}{2}\\0&0&0\end{pmatrix}$$

より，$f(\boldsymbol{e}_1)$，$f(\boldsymbol{e}_2)$ は1次独立で，$f(\boldsymbol{e}_3)=4f(\boldsymbol{e}_1)+\dfrac{1}{2}f(\boldsymbol{e}_2)$ であるから

$$f(\boldsymbol{e}_1)=A\boldsymbol{e}_1=\begin{pmatrix}1\\0\\-1\end{pmatrix},\ f(\boldsymbol{e}_2)=A\boldsymbol{e}_2=\begin{pmatrix}-2\\2\\4\end{pmatrix}\quad\cdots\cdots〔答〕$$

が $\mathrm{Im}f$ の基底の1つである。

[(3)の別解]　$f(\boldsymbol{b}_1)$，$f(\boldsymbol{b}_2)$，$f(\boldsymbol{b}_3)$ の1次関係を調べてもよい。

$$(f(\boldsymbol{b}_1)\quad f(\boldsymbol{b}_2)\quad f(\boldsymbol{b}_3))=\begin{pmatrix}1&-1&1\\0&2&3\\-1&3&2\end{pmatrix}\to\cdots\to\begin{pmatrix}1&0&\frac{5}{2}\\0&1&\frac{3}{2}\\0&0&0\end{pmatrix}$$

より，$f(\boldsymbol{b}_1)$，$f(\boldsymbol{b}_2)$ は1次独立で，$f(\boldsymbol{b}_3)=\dfrac{5}{2}f(\boldsymbol{b}_1)+\dfrac{3}{2}f(\boldsymbol{b}_2)$ であるから

$$f(\boldsymbol{b}_1)=\begin{pmatrix}1\\0\\-1\end{pmatrix},\ f(\boldsymbol{b}_2)=\begin{pmatrix}-1\\2\\3\end{pmatrix}\quad\cdots\cdots〔答〕$$

が $\mathrm{Im}f$ の基底の1つである。

過去問研究 4 − 3（線形写像の表現行列②）

実数全体 $\boldsymbol{R}$ の元を係数とする1変数の2次以下の多項式全体を X とする。和および実数との積を多項式の通常の演算として，X は線形空間になる。以下の問いに答えよ。

(1) $f(x)\in X$ に $(x+1)f'(x)$ を対応させる X 上の変換を T とする。T は線形変換であることを示せ。

(2) $f_1(x)=x^2$, $f_2(x)=T(f_1(x))$, $f_3(x)=T(f_2(x))$ と定義するとき $\boldsymbol{E}=\{f_1(x),\ f_2(x),\ f_3(x)\}$ は X の基底となることを示せ。

(3) 線形変換 T の基底 $\boldsymbol{E}$ に関する表現行列を求めよ。

(4) $\mathrm{Ker}\,T$ の基底を1組求めよ。　〈広島大学〉

解説 (3), (4)ではどの基底で考えるかによりいろいろな解き方が考えられる。1つの解き方だけでなく，いろいろな方法を研究してみよう。

解答 (1), (2) はごく簡単な問題であるから演習問題としよう（答えは p. 145）。

(3) まず，基底 $\boldsymbol{E}_0=\{x^2,\ x,\ 1\}$ に関する表現行列 A_0 を求めよう。

$$T(x^2)=(x+1)\cdot 2x=2x^2+2x,\quad T(x)=(x+1)\cdot 1=x+1,\quad T(1)=0$$

より，
$$(T(x^2)\quad T(x)\quad T(1))=(x^2\quad x\quad 1)\begin{pmatrix}2&0&0\\2&1&0\\0&1&0\end{pmatrix}\quad\therefore\quad A_0=\begin{pmatrix}2&0&0\\2&1&0\\0&1&0\end{pmatrix}$$

次に，基底 $\boldsymbol{E}_0$ を基底 $\boldsymbol{E}$ に取り替える行列を P とすると

$$\begin{aligned}(f_1(x)\quad f_2(x)\quad f_3(x))&=(x^2\quad 2x^2+2x\quad 4x^2+6x+2)\\&=(x^2\quad x\quad 1)\begin{pmatrix}1&2&4\\0&2&6\\0&0&2\end{pmatrix}\quad\therefore\quad P=\begin{pmatrix}1&2&4\\0&2&6\\0&0&2\end{pmatrix}\end{aligned}$$

よって，線形変換 T の基底 $\boldsymbol{E}$ に関する表現行列を A とすると

$$A=P^{-1}A_0P=\frac{1}{2}\begin{pmatrix}2&-2&2\\0&1&-3\\0&0&1\end{pmatrix}\begin{pmatrix}2&0&0\\2&1&0\\0&1&0\end{pmatrix}\begin{pmatrix}1&2&4\\0&2&6\\0&0&2\end{pmatrix}$$

$$=\begin{pmatrix}0&0&0\\1&0&-2\\0&1&3\end{pmatrix}\quad\cdots\cdots〔答〕$$

(4) $f(x)=ax^2+bx+c$ の基底 $\boldsymbol{E}_0=\{x^2,\ x,\ 1\}$ に関する成分は $\begin{pmatrix} a \\ b \\ c \end{pmatrix}$

$A_0\begin{pmatrix} a \\ b \\ c \end{pmatrix}=\begin{pmatrix} 2 & 0 & 0 \\ 2 & 1 & 0 \\ 0 & 1 & 0 \end{pmatrix}\begin{pmatrix} a \\ b \\ c \end{pmatrix}=\begin{pmatrix} 2a \\ 2a+b \\ b \end{pmatrix}$ より，$T(f(x))$ の成分は $\begin{pmatrix} 2a \\ 2a+b \\ b \end{pmatrix}$

$T(f(x))=0$ とすると，$a=b=0$ $\quad\therefore\quad f(x)=c$

よって，Ker T の基底として $\{1\}$ をとることができる。 ……〔答〕

[(4)の別解] 基底 $\boldsymbol{E}=\{f_1(x),\ f_2(x),\ f_3(x)\}=\{x^2,\ 2x^2+2x,\ 4x^2+6x+2\}$ をとった場合，$f(x)=ax^2+b(2x^2+2x)+c(4x^2+6x+2)$ とするとき

$A\begin{pmatrix} a \\ b \\ c \end{pmatrix}=\begin{pmatrix} 0 & 0 & 0 \\ 1 & 0 & -2 \\ 0 & 1 & 3 \end{pmatrix}\begin{pmatrix} a \\ b \\ c \end{pmatrix}=\begin{pmatrix} 0 \\ a-2c \\ b+3c \end{pmatrix}$ より，$T(f(x))$ の成分は $\begin{pmatrix} 0 \\ a-2c \\ b+3c \end{pmatrix}$

$T(f(x))=0$ とすると，$a=2c,\ b=-3c$

$\therefore\quad f(x)=2cx^2-3c(2x^2+2x)+c(4x^2+6x+2)=2c$

よって，Ker T の基底として $\{1\}$ をとることができる。 ……〔答〕

[(3)の別解] $f(x)=ax^2+b(2x^2+2x)+c(4x^2+6x+2)$ とするとき

$$
\begin{aligned}
T(f(x))&=(x+1)f'(x)\\
&=(x+1)\{2ax+b(4x+2)+c(8x+6)\}\\
&=(x+1)\{(2a+4b+8c)x+(2b+6c)\}\\
&=(2a+4b+8c)x^2+(2a+6b+14c)x+(2b+6c)\\
&=(2a-4c)x^2+(2a-4c)x+(b+3c)\underset{\sim\sim\sim}{(4x^2+6x+2)}\\
&=(a-2c)\underset{\sim\sim\sim}{(2x^2+2x)}+(b+3c)\underset{\sim\sim\sim}{(4x^2+6x+2)}
\end{aligned}
$$

より，$T(f(x))$ の成分は $\begin{pmatrix} 0 \\ a-2c \\ b+3c \end{pmatrix}$

このとき，$\begin{pmatrix} 0 \\ a-2c \\ b+3c \end{pmatrix}=\begin{pmatrix} 0 & 0 & 0 \\ 1 & 0 & -2 \\ 0 & 1 & 3 \end{pmatrix}\begin{pmatrix} a \\ b \\ c \end{pmatrix}$

であるから，求める表現行列 A は，$A=\begin{pmatrix} 0 & 0 & 0 \\ 1 & 0 & -2 \\ 0 & 1 & 3 \end{pmatrix}$ ……〔答〕

過去問研究 4－4（線形写像の表現行列③）

3次以下の実係数多項式の全体

$$V=\{a+bx+cx^2+dx^3 \mid a,\ b,\ c,\ d\in \boldsymbol{R}\}$$

は $\{1,\ x,\ x^2,\ x^3\}$ を基底とする4次元実ベクトル空間である。線形写像 $f: V\to V$ を

$$f(v)=\frac{d^2v}{dx^2}-2x\frac{dv}{dx}+6v,\quad v\in V$$

によって定義する。以下の各問いに答えよ。

(1)　V の基底 $\{1,\ x,\ x^2,\ x^3\}$ に関する f の表現行列，すなわち

$$(f(1),\ f(x),\ f(x^2),\ f(x^3))=(1,\ x,\ x^2,\ x^3)A$$

を満たす 4×4 行列 A を求めよ。

(2)　$\mathrm{rank}\,f$ を求めよ。　　(3)　$\mathrm{Ker}\,f$ を求めよ。　〈鹿児島大学〉

解説　線形写像の表現行列を考える場合，できるだけ簡単な基底を選んでおくことが望ましい。本問の基底 $\{1,\ x,\ x^2,\ x^3\}$ は理想的なものである。線形写像 f の階数 $\mathrm{rank}\,f$ とは表現行列の階数と定義する。

解答　(1)　$f(1)=6,\ f(x)=0-2x\cdot 1+6\cdot x=4x,$

$f(x^2)=2-2x\cdot 2x+6\cdot x^2=2x^2+2,\ f(x^3)=6x-2x\cdot 3x^2+6\cdot x^3=6x$　より

$$(f(1)\quad f(x)\quad f(x^2)\quad f(x^3))=(1\quad x\quad x^2\quad x^3)\begin{pmatrix}6&0&2&0\\0&4&0&6\\0&0&2&0\\0&0&0&0\end{pmatrix}$$

したがって，V の基底 $\{1,\ x,\ x^2,\ x^3\}$ に関する f の表現行列 A は

$$A=\begin{pmatrix}6&0&2&0\\0&4&0&6\\0&0&2&0\\0&0&0&0\end{pmatrix}\quad \cdots\cdots〔答〕$$

(2)　$$A=\begin{pmatrix}6&0&2&0\\0&4&0&6\\0&0&2&0\\0&0&0&0\end{pmatrix}\to\cdots\to\begin{pmatrix}1&0&0&0\\0&1&0&\frac{3}{2}\\0&0&1&0\\0&0&0&0\end{pmatrix}$$

より，$\mathrm{rank}\,f=\mathrm{rank}\,A=3$　……〔答〕

(3)　同次連立1次方程式 $A\boldsymbol{x}=\boldsymbol{0}$ を解けばよい。

(2)の計算より，同次連立1次方程式は

$$\begin{cases} x=0 \\ y+\dfrac{3}{2}w=0 \\ z=0 \end{cases} \qquad \text{よって，} \begin{pmatrix} x \\ y \\ z \\ w \end{pmatrix}=\begin{pmatrix} 0 \\ -3a \\ 0 \\ 2a \end{pmatrix}=a\begin{pmatrix} 0 \\ -3 \\ 0 \\ 2 \end{pmatrix} \quad (a\in\boldsymbol{R})$$

すなわち，$\mathrm{Ker}\,f=\left\{ a\begin{pmatrix} 0 \\ -3 \\ 0 \\ 2 \end{pmatrix} \middle|\, a\in\boldsymbol{R} \right\}$ ……〔答〕

（注）（$\boldsymbol{a}_1\ \ \boldsymbol{a}_2\ \ \boldsymbol{a}_3\ \ \boldsymbol{a}_4$）の各列を“，”で区切って（$\boldsymbol{a}_1$，$\boldsymbol{a}_2$，$\boldsymbol{a}_3$，$\boldsymbol{a}_4$）と書いてもよい。すなわち，（$f(1)\ \ f(x)\ \ f(x^2)\ \ f(x^3)$）や（$1\ \ x\ \ x^2\ \ x^3$）を問題文のように（$f(1)$，$f(x)$，$f(x^2)$，$f(x^3)$）や（$1$，$x$，$x^2$，$x^3$）と書いてもよい。

<過去問研究 4 － 3 (1)，(2)の答え>

(1)　線形変換 $T(f(x))=(x+1)f'(x)$ が線形性を満たすことを示せばよい。

(i)　$T(f(x)+g(x))=(x+1)\{f(x)+g(x)\}'=(x+1)\{f'(x)+g'(x)\}$

$\qquad\qquad=(x+1)f'(x)+(x+1)g'(x)=T(f(x))+T(g(x))$

(ii)　$T(kf(x))=(x+1)\{kf(x)\}'=(x+1)\{kf'(x)\}$

$\qquad\qquad=k(x+1)f'(x)=kT(f(x))$

(2)　X は3次元だから，$f_1(x)$，$f_2(x)$，$f_3(x)$ が1次独立であることを示せばよい。

$f_1(x)=x^2$，$f_2(x)=(x+1)f_1'(x)=(x+1)\cdot 2x=2x^2+2x$，

$f_3(x)=(x+1)f_2'(x)=(x+1)(4x+2)=4x^2+6x+2$

そこで，$k_1f_1(x)+k_2f_2(x)+k_3f_3(x)=0$ とすると

$k_1x^2+k_2(2x^2+2x)+k_3(4x^2+6x+2)=0$

$\therefore\ \ (k_1+2k_2+4k_3)x^2+(2k_2+6k_3)x+2k_3=0$

$\therefore\ \ k_1+2k_2+4k_3=2k_2+6k_3=2k_3=0$　　ただちに解けて，$k_1=k_2=k_3=0$

よって，$f_1(x)$，$f_2(x)$，$f_3(x)$ は1次独立である。

過去問研究4－5（像と核①）

線形変換 $T:\boldsymbol{R}^4\to\boldsymbol{R}^4$ を

$$T(\boldsymbol{x})=\begin{pmatrix}0&1&1&1\\-1&-2&-5&-1\\1&1&4&0\\1&-1&2&-2\end{pmatrix}\boldsymbol{x},\ \boldsymbol{x}=\begin{pmatrix}x_1\\x_2\\x_3\\x_4\end{pmatrix}\quad(x_1,\ x_2,\ x_3,\ x_4\in\boldsymbol{R})$$

で定義する。以下の問いに答えよ。

(1)　$\mathrm{Ker}(T)=\{\boldsymbol{x}\in\boldsymbol{R}^4\,|\,T(\boldsymbol{x})=\boldsymbol{0}\}$ の基 $\{\boldsymbol{a}_1,\ \boldsymbol{a}_2\}$ を1組求めよ。

(2)　$\mathrm{Im}(T)=\{T(\boldsymbol{x})\,|\,\boldsymbol{x}\in\boldsymbol{R}^4\}$ の基 $\{\boldsymbol{a}_3,\ \boldsymbol{a}_4\}$ を1組求めよ。

(3)　(1)，(2)で求めた $\boldsymbol{a}_1$，$\boldsymbol{a}_2$，$\boldsymbol{a}_3$，$\boldsymbol{a}_4$ が1次独立であることを証明せよ。

〈神戸大学〉

解説　線形写像 f の核 $\mathrm{Ker}(f)$ や像 $\mathrm{Im}(f)$ は重要であり，きちんと理解して完全に求めることができるようにしよう。特に，像 $\mathrm{Im}(f)$ はしっかりと理解しておく必要がある。標準基底をとって考えることが大切である。核 $\mathrm{Ker}(f)$ は単に同次連立1次方程式を解く問題であることに注意しよう。

解答　(1) 線形変換を定める行列を A とする。

同次連立1次方程式 $T(\boldsymbol{x})=\boldsymbol{0}$，すなわち $A\boldsymbol{x}=\boldsymbol{0}$ を解けばよい。ここで

$$A=\begin{pmatrix}0&1&1&1\\-1&-2&-5&-1\\1&1&4&0\\1&-1&2&-2\end{pmatrix}\to\cdots\to\begin{pmatrix}1&0&3&-1\\0&1&1&1\\0&0&0&0\\0&0&0&0\end{pmatrix}$$

よって，同次連立1次方程式 $A\boldsymbol{x}=\boldsymbol{0}$ は次のようになる。

$$\begin{cases}x_1\quad+3x_3-x_4=0\\ \quad x_2+x_3+x_4=0\end{cases}$$

したがって，方程式の解は

$$\boldsymbol{x}=\begin{pmatrix}x_1\\x_2\\x_3\\x_4\end{pmatrix}=\begin{pmatrix}-3a+b\\-a-b\\a\\b\end{pmatrix}=a\begin{pmatrix}-3\\-1\\1\\0\end{pmatrix}+b\begin{pmatrix}1\\-1\\0\\1\end{pmatrix}\quad(a,\ b\in\boldsymbol{R})$$

であり，$\mathrm{Ker}(T)$ の基として次の $\{\boldsymbol{a}_1,\ \boldsymbol{a}_2\}$ をとれる。

$$\boldsymbol{a}_1=\begin{pmatrix}-3\\-1\\1\\0\end{pmatrix},\ \boldsymbol{a}_2=\begin{pmatrix}1\\-1\\0\\1\end{pmatrix}\quad\cdots\cdots〔答〕$$

(2)　$\boldsymbol{R}^4$ の標準基底を $\{\boldsymbol{e}_1,\ \boldsymbol{e}_2,\ \boldsymbol{e}_3,\ \boldsymbol{e}_4\}$ とする。

$$\begin{aligned}T(\boldsymbol{x})&=T(x_1\boldsymbol{e}_1+x_2\boldsymbol{e}_2+x_3\boldsymbol{e}_3+x_4\boldsymbol{e}_4)\\&=x_1T(\boldsymbol{e}_1)+x_2T(\boldsymbol{e}_2)+x_3T(\boldsymbol{e}_3)+x_4T(\boldsymbol{e}_4)\end{aligned}$$

であるから，$T(\boldsymbol{e}_1)$，$T(\boldsymbol{e}_2)$，$T(\boldsymbol{e}_3)$，$T(\boldsymbol{e}_4)$ の1次関係を求めればよい。

$$(T(\boldsymbol{e}_1)\quad T(\boldsymbol{e}_2)\quad T(\boldsymbol{e}_3)\quad T(\boldsymbol{e}_4))$$

$$=(A\boldsymbol{e}_1\quad A\boldsymbol{e}_2\quad A\boldsymbol{e}_3\quad A\boldsymbol{e}_4)=A\rightarrow\begin{pmatrix}1&0&3&-1\\0&1&1&1\\0&0&0&0\\0&0&0&0\end{pmatrix}\text{より}$$

$T(\boldsymbol{e}_1)$，$T(\boldsymbol{e}_2)$ は1次独立で，

$T(\boldsymbol{e}_3)=3T(\boldsymbol{e}_1)+T(\boldsymbol{e}_2)$，$T(\boldsymbol{e}_4)=-T(\boldsymbol{e}_1)+T(\boldsymbol{e}_2)$

よって，$\mathrm{Im}(T)$ の基として次の $\{\boldsymbol{a}_3,\ \boldsymbol{a}_4\}$ をとれる。

$$\boldsymbol{a}_3=T(\boldsymbol{e}_1)=A\boldsymbol{e}_1=\begin{pmatrix}0\\-1\\1\\1\end{pmatrix},\ \boldsymbol{a}_4=T(\boldsymbol{e}_2)=A\boldsymbol{e}_2=\begin{pmatrix}1\\-2\\1\\-1\end{pmatrix}\quad\cdots\cdots〔答〕$$

(3)　$|\boldsymbol{a}_1\quad\boldsymbol{a}_2\quad\boldsymbol{a}_3\quad\boldsymbol{a}_4|\neq 0$ を示せばよい。

$$|\boldsymbol{a}_1\quad\boldsymbol{a}_2\quad\boldsymbol{a}_3\quad\boldsymbol{a}_4|=\begin{vmatrix}-3&1&0&1\\-1&-1&-1&-2\\1&0&1&1\\0&1&1&-1\end{vmatrix}=\cdots=-9\neq 0$$

より，(1)，(2)で求めた $\boldsymbol{a}_1$，$\boldsymbol{a}_2$，$\boldsymbol{a}_3$，$\boldsymbol{a}_4$ は1次独立である。

過去問研究 4 − 6 （像と核②）

$$\boldsymbol{a}_1=\begin{pmatrix}1\\1\\1\\-1\end{pmatrix},\ \boldsymbol{a}_2=\begin{pmatrix}1\\0\\0\\1\end{pmatrix},\ \boldsymbol{a}_3=\begin{pmatrix}0\\1\\-1\\0\end{pmatrix},\ \boldsymbol{a}_4=\begin{pmatrix}-1\\1\\1\\1\end{pmatrix}$$

とし，線形写像 $f:\boldsymbol{R}^4\to\boldsymbol{R}^4$ を

$$f(\boldsymbol{u})=(\boldsymbol{u},\ \boldsymbol{a}_1)\boldsymbol{a}_1+(\boldsymbol{u},\ \boldsymbol{a}_2)\boldsymbol{a}_2+(\boldsymbol{u},\ \boldsymbol{a}_3)\boldsymbol{a}_3$$

で定める。ここで，$(\boldsymbol{u},\ \boldsymbol{a}_i)$ は $\boldsymbol{u}$ と $\boldsymbol{a}_i$ の $\boldsymbol{R}^4$ での標準内積を表す。

このとき，以下の問いに答えよ。

(1) $f(\boldsymbol{a}_1)$，$f(\boldsymbol{a}_2)$，$f(\boldsymbol{a}_3)$，$f(\boldsymbol{a}_4)$ を求めよ。

(2) $\mathrm{Ker}(f)$ の次元と基底を求めよ。

(3) $\mathrm{Im}(f)$ の次元を求めよ。

(4) $f:\boldsymbol{R}^4\to\boldsymbol{R}^4$ の基底 $\boldsymbol{a}_1$，$\boldsymbol{a}_2$，$\boldsymbol{a}_3$，$\boldsymbol{a}_4$ に関する表現行列を求めよ。

〈電気通信大学〉

解説 線形写像 f の核 $\mathrm{Ker}(f)$ や像 $\mathrm{Im}(f)$ についてさらに理解を深めておこう。線形写像 $f:V\to W$ に対して

$$\mathrm{Ker}(f)=\{\boldsymbol{x}\in V\mid f(\boldsymbol{x})=\boldsymbol{0}\}\subset V,\ \mathrm{Im}(f)=\{f(\boldsymbol{x})\mid \boldsymbol{x}\in V\}\subset W$$

が $\mathrm{Ker}(f)$，$\mathrm{Im}(f)$ の定義であり，$\mathrm{Ker}(f)$ は V の部分空間，$\mathrm{Im}(f)$ は W の部分空間となる。本問では表現行列を求める前に核や像を問われている。

解答 (1) $f(\boldsymbol{u})=(\boldsymbol{u},\ \boldsymbol{a}_1)\boldsymbol{a}_1+(\boldsymbol{u},\ \boldsymbol{a}_2)\boldsymbol{a}_2+(\boldsymbol{u},\ \boldsymbol{a}_3)\boldsymbol{a}_3$

より

$$\begin{aligned}f(\boldsymbol{a}_1)&=(\boldsymbol{a}_1,\ \boldsymbol{a}_1)\boldsymbol{a}_1+(\boldsymbol{a}_1,\ \boldsymbol{a}_2)\boldsymbol{a}_2+(\boldsymbol{a}_1,\ \boldsymbol{a}_3)\boldsymbol{a}_3\\&=4\cdot\boldsymbol{a}_1+0\cdot\boldsymbol{a}_2+0\cdot\boldsymbol{a}_3=4\boldsymbol{a}_1\\f(\boldsymbol{a}_2)&=(\boldsymbol{a}_2,\ \boldsymbol{a}_1)\boldsymbol{a}_1+(\boldsymbol{a}_2,\ \boldsymbol{a}_2)\boldsymbol{a}_2+(\boldsymbol{a}_2,\ \boldsymbol{a}_3)\boldsymbol{a}_3\\&=0\cdot\boldsymbol{a}_1+2\cdot\boldsymbol{a}_2+0\cdot\boldsymbol{a}_3=2\boldsymbol{a}_2\\f(\boldsymbol{a}_3)&=(\boldsymbol{a}_3,\ \boldsymbol{a}_1)\boldsymbol{a}_1+(\boldsymbol{a}_3,\ \boldsymbol{a}_2)\boldsymbol{a}_2+(\boldsymbol{a}_3,\ \boldsymbol{a}_3)\boldsymbol{a}_3\\&=0\cdot\boldsymbol{a}_1+0\cdot\boldsymbol{a}_2+2\cdot\boldsymbol{a}_3=2\boldsymbol{a}_3\\f(\boldsymbol{a}_4)&=(\boldsymbol{a}_4,\ \boldsymbol{a}_1)\boldsymbol{a}_1+(\boldsymbol{a}_4,\ \boldsymbol{a}_2)\boldsymbol{a}_2+(\boldsymbol{a}_4,\ \boldsymbol{a}_3)\boldsymbol{a}_3\\&=0\cdot\boldsymbol{a}_1+0\cdot\boldsymbol{a}_2+0\cdot\boldsymbol{a}_3=\boldsymbol{0}\end{aligned}$$

以上より

$f(\boldsymbol{a}_1)=4\boldsymbol{a}_1$，$f(\boldsymbol{a}_2)=2\boldsymbol{a}_2$，$f(\boldsymbol{a}_3)=2\boldsymbol{a}_3$，$f(\boldsymbol{a}_4)=\boldsymbol{0}$ ……〔答〕

(2) $f(x\boldsymbol{a}_1+y\boldsymbol{a}_2+z\boldsymbol{a}_3+w\boldsymbol{a}_4)=xf(\boldsymbol{a}_1)+yf(\boldsymbol{a}_2)+zf(\boldsymbol{a}_3)+wf(\boldsymbol{a}_4)$

$$=4x\boldsymbol{a}_1+2y\boldsymbol{a}_2+2z\boldsymbol{a}_3$$

よって，$f(x\boldsymbol{a}_1+y\boldsymbol{a}_2+z\boldsymbol{a}_3+w\boldsymbol{a}_4)=\boldsymbol{0}$ となる条件は，$x=y=z=0$

$\therefore\quad \mathrm{Ker}(f)=\{w\boldsymbol{a}_4 \mid w\in\boldsymbol{R}\}$

したがって，$\mathrm{Ker}(f)$ の基底は $\{\boldsymbol{a}_4\}$，次元は 1　……〔答〕

(3) $f(x\boldsymbol{a}_1+y\boldsymbol{a}_2+z\boldsymbol{a}_3+w\boldsymbol{a}_4)=4x\boldsymbol{a}_1+2y\boldsymbol{a}_2+2z\boldsymbol{a}_3$

であり，$\{\boldsymbol{a}_1, \boldsymbol{a}_2, \boldsymbol{a}_3\}$ は 1 次独立であるから

$\mathrm{Im}(f)$ の基底は $\{\boldsymbol{a}_1, \boldsymbol{a}_2, \boldsymbol{a}_3\}$，次元は 3　……〔答〕

（注） 実は $\dim(\mathrm{Ker}\,f)+\dim(\mathrm{Im}\,f)=\dim\boldsymbol{R}^4=4$ が成り立つ。

(4) $(f(\boldsymbol{a}_1)\ \ f(\boldsymbol{a}_2)\ \ f(\boldsymbol{a}_3)\ \ f(\boldsymbol{a}_4))=(4\boldsymbol{a}_1\ \ 2\boldsymbol{a}_2\ \ 2\boldsymbol{a}_3\ \ \boldsymbol{0})$

$$=(\boldsymbol{a}_1\ \ \boldsymbol{a}_2\ \ \boldsymbol{a}_3\ \ \boldsymbol{a}_4)\begin{pmatrix}4&0&0&0\\0&2&0&0\\0&0&2&0\\0&0&0&0\end{pmatrix}$$

より，求める表現行列は

$$A=\begin{pmatrix}4&0&0&0\\0&2&0&0\\0&0&2&0\\0&0&0&0\end{pmatrix}\quad\cdots\cdots〔答〕$$

（注） $\{\boldsymbol{a}_1, \boldsymbol{a}_2, \boldsymbol{a}_3, \boldsymbol{a}_4\}$ が $\boldsymbol{R}^4$ の基底であることを確認しておく。

$$|\boldsymbol{a}_1\ \ \boldsymbol{a}_2\ \ \boldsymbol{a}_3\ \ \boldsymbol{a}_4|=\begin{vmatrix}1&1&0&-1\\1&0&1&1\\1&0&-1&1\\-1&1&0&1\end{vmatrix}=\cdots=8\neq0$$

第5章

固有値とその応用

5.1 固有値と固有ベクトル

〔目標〕 固有値と固有ベクトルの概念，その求め方を理解する。

（1） 固有値と固有ベクトル

早速，固有値と固有ベクトルの定義を述べよう。

固有値と固有ベクトル

正方行列 A に対して

$$A\boldsymbol{x}=\lambda\boldsymbol{x} \quad (\boldsymbol{x}\neq\boldsymbol{0})$$

を満たすベクトル $\boldsymbol{x}$ とスカラー λ が存在するとき，λ を A の**固有値**，$\boldsymbol{x}$ を固有値 λ に対する A の**固有ベクトル**という。

【例】 $A=\begin{pmatrix}4 & 2\\1 & 3\end{pmatrix}$，$\boldsymbol{x}=\begin{pmatrix}-1\\1\end{pmatrix}$ （$\neq\boldsymbol{0}$）とすると

$$A\boldsymbol{x}=\begin{pmatrix}4 & 2\\1 & 3\end{pmatrix}\begin{pmatrix}-1\\1\end{pmatrix}=\begin{pmatrix}-2\\2\end{pmatrix}=2\begin{pmatrix}-1\\1\end{pmatrix}=2\boldsymbol{x} \qquad \therefore \quad A\boldsymbol{x}=2\boldsymbol{x}$$

よって，$\lambda=2$ は A の固有値であり，$\boldsymbol{x}=\begin{pmatrix}-1\\1\end{pmatrix}$ は固有値 $\lambda=2$ に対する固有ベクトルである。 □

固有値および固有ベクトルの図形的意味は明らかであろう。行列 A がある線形変換の行列だとすれば，固有ベクトルはその線形変換によって方向を変えないベクトル $\boldsymbol{x}$ のことであり，固有値 λ はその倍率（マイナス倍や0倍もあり）のことである。

さて，固有値・固有ベクトルの求め方を整理しておこう。

固有値・固有ベクトルの求め方

(1) 固有値の求め方：

$A\boldsymbol{x}=\lambda\boldsymbol{x}$ $(\boldsymbol{x}\neq\boldsymbol{0})$ より，$A\boldsymbol{x}-\lambda\boldsymbol{x}=\boldsymbol{0}$ $\quad\therefore\quad A\boldsymbol{x}-\lambda E\boldsymbol{x}=\boldsymbol{0}$

よって，$(A-\lambda E)\boldsymbol{x}=\boldsymbol{0}$ ⬅ 同次連立1次方程式!!

このとき，$\boldsymbol{x}\neq\boldsymbol{0}$ より，$A-\lambda E$ は逆行列をもたない。よって，$|A-\lambda E|=0$ である。逆に，$|A-\lambda E|=0$ が成り立つとき，$(A-\lambda E)\boldsymbol{x}=\boldsymbol{0}$ は非自明な解 $\boldsymbol{x}\neq\boldsymbol{0}$ をもつ。

以上より，行列 A の固有値 λ は t の方程式 $|A-tE|=0$ の解である。この方程式を A の**固有方程式**，左辺の多項式を**固有多項式**という。

(2) 固有ベクトルの求め方：

固有値 λ に対する固有ベクトルを求めることは何でもないことである。同次連立1次方程式 $(A-\lambda E)\boldsymbol{x}=\boldsymbol{0}$ を解けばいいだけである。

問 1 $A=\begin{pmatrix}4 & 2\\ 1 & 3\end{pmatrix}$ の固有値と固有ベクトルをすべて求めよ。

(解) $|A-tE|=\begin{vmatrix}4-t & 2\\ 1 & 3-t\end{vmatrix}=(4-t)(3-t)-2$

$$=t^2-7t+10$$

$$=(t-2)(t-5)$$

よって，固有値は $\lambda=2,\ 5$

(i) $\lambda=2$ に対する固有ベクトル

$A-2E=\begin{pmatrix}2 & 2\\ 1 & 1\end{pmatrix}$ より，$\begin{pmatrix}2 & 2\\ 1 & 1\end{pmatrix}\begin{pmatrix}x\\ y\end{pmatrix}=\begin{pmatrix}0\\ 0\end{pmatrix}$

$\therefore\quad x+y=0 \qquad \therefore\quad \begin{pmatrix}x\\ y\end{pmatrix}=\begin{pmatrix}-a\\ a\end{pmatrix}=a\begin{pmatrix}-1\\ 1\end{pmatrix}\quad (a\neq 0)$

(ii) $\lambda=5$ に対する固有ベクトル

$A-5E=\begin{pmatrix}-1 & 2\\ 1 & -2\end{pmatrix}$ より，$\begin{pmatrix}-1 & 2\\ 1 & -2\end{pmatrix}\begin{pmatrix}x\\ y\end{pmatrix}=\begin{pmatrix}0\\ 0\end{pmatrix}$

$\therefore\quad x-2y=0 \qquad \therefore\quad \begin{pmatrix}x\\ y\end{pmatrix}=\begin{pmatrix}2b\\ b\end{pmatrix}=b\begin{pmatrix}2\\ 1\end{pmatrix}\quad (b\neq 0)$ □

(2)　固有空間

固有空間

λ を A の固有値とするとき

$$W(\lambda)=\{\boldsymbol{x}\,|\,A\boldsymbol{x}=\lambda\boldsymbol{x}\}$$

を固有値 λ に対する A の**固有空間**という。

(注1)　固有空間にはベクトル空間になるように零ベクトルも入れている。

(注2)　固有空間 $W(\lambda)$ は同次連立1次方程式 $(A-\lambda E)\boldsymbol{x}=\boldsymbol{0}$ の解空間である。

固有空間の次元について，次の定理が成り立つ。

［定理］(固有空間の次元)

A の固有値 λ が固有方程式の r 重解ならば

固有空間 $W(\lambda)$ の次元は r 以下　　すなわち，$\dim W(\lambda)\leqq r$

である。この r を固有値 λ の**重複度**という。

(注)　同次連立1次方程式の学習で確認したように，A が n 次であれば

$$\dim W(\lambda)=n-\mathrm{rank}\,(A-\lambda E)$$ ⬅ $(A-\lambda E)\boldsymbol{x}=\boldsymbol{0}$ の解空間の次元

(3)　ケーリー・ハミルトンの定理

多項式 $f(t)=a_0t^n+a_1t^{n-1}+\cdots+a_{n-1}t+a_n$ に対して

$$f(A)=a_0A^n+a_1A^{n-1}+\cdots+a_{n-1}A+a_nE$$

と定める。このとき，次の定理が成り立つ。

［定理］(ケーリー・ハミルトンの定理)

A の固有多項式を $f(t)$ とするとき，$f(A)=O$

(注)　特に，2次正方行列 $A=\begin{pmatrix}a & b\\ c & d\end{pmatrix}$ のときは

$$f(t)=t^2-(a+d)t+ad-bc$$

であるから

$$A^2-(a+d)A+(ad-bc)E=O$$

例題 1（固有値・固有ベクトル）

次の行列の固有値と固有ベクトルをすべて求めよ。

$$A=\begin{pmatrix} 1 & 2 & 2 \\ 1 & 2 & -1 \\ -1 & 1 & 4 \end{pmatrix}$$

解説 簡単な行列式の計算ができ，連立 1 次方程式が解けるようになれば，固有値・固有ベクトルを求めることは何の問題もない。

解答 $|A-tE|=\begin{vmatrix} 1-t & 2 & 2 \\ 1 & 2-t & -1 \\ -1 & 1 & 4-t \end{vmatrix}$ ⬅ **サラスの方法で計算**

$=(1-t)(2-t)(4-t)+2+2+2(2-t)-2(4-t)+(1-t)$

$=(1-t)(2-t)(4-t)+1-t$ ⬅ **第 1 項はすぐにばらさないこと！**

$=(1-t)\{(2-t)(4-t)+1\}=(1-t)(t^2-6t+9)=-(t-1)(t-3)^2$

よって，固有値は 3（重解）と 1 ……〔答〕

(i) 固有値 3（重解）に対する固有ベクトル

$$A-3E=\begin{pmatrix} -2 & 2 & 2 \\ 1 & -1 & -1 \\ -1 & 1 & 1 \end{pmatrix}\to\begin{pmatrix} 1 & -1 & -1 \\ 0 & 0 & 0 \\ 0 & 0 & 0 \end{pmatrix} \qquad \therefore \quad x-y-z=0$$

よって，固有ベクトルは

$$\begin{pmatrix} x \\ y \\ z \end{pmatrix}=\begin{pmatrix} a+b \\ a \\ b \end{pmatrix}=a\begin{pmatrix} 1 \\ 1 \\ 0 \end{pmatrix}+b\begin{pmatrix} 1 \\ 0 \\ 1 \end{pmatrix} \quad ((a,\ b)\fallingdotseq(0,\ 0))$$ ……〔答〕

(ii) 固有値 1 に対する固有ベクトル

$$A-E=\begin{pmatrix} 0 & 2 & 2 \\ 1 & 1 & -1 \\ -1 & 1 & 3 \end{pmatrix}\to\cdots\to\begin{pmatrix} 1 & 0 & -2 \\ 0 & 1 & 1 \\ 0 & 0 & 0 \end{pmatrix} \qquad \therefore \quad \begin{cases} x-2z=0 \\ y+z=0 \end{cases}$$

よって，固有ベクトルは

$$\begin{pmatrix} x \\ y \\ z \end{pmatrix}=\begin{pmatrix} 2c \\ -c \\ c \end{pmatrix}=c\begin{pmatrix} 2 \\ -1 \\ 1 \end{pmatrix} \quad (c\fallingdotseq 0)$$ ……〔答〕

例題 2（固有空間）

次の行列の固有値と固有空間をすべて求めよ。

$$A=\begin{pmatrix} -2 & -2 & 10 \\ -2 & 1 & 5 \\ -2 & -1 & 7 \end{pmatrix}$$

解説　固有値 λ に対する固有空間 $W(\lambda)=\{\boldsymbol{x}\mid A\boldsymbol{x}=\lambda\boldsymbol{x}\}$ とは同次連立1次方程式 $(A-\lambda E)\boldsymbol{x}=0$ の解空間に他ならない。

解答　$|A-tE|=\begin{vmatrix} -2-t & -2 & 10 \\ -2 & 1-t & 5 \\ -2 & -1 & 7-t \end{vmatrix} \underset{②-③}{=} \begin{vmatrix} -2-t & -2 & 10 \\ 0 & 2-t & -2+t \\ -2 & -1 & 7-t \end{vmatrix}$

$=(2-t)\begin{vmatrix} -2-t & -2 & 10 \\ 0 & 1 & -1 \\ -2 & -1 & 7-t \end{vmatrix}$　⬅ **因数が見つかるときはすぐにくくり出す**

$=(2-t)\{(-2-t)(7-t)-4+20-(-2-t)\}$　⬅ **サラスの方法**

$=(2-t)(t^2-4t+4)=-(t-2)^3$　　よって，固有値は2（3重解）

$$A-2E=\begin{pmatrix} -4 & -2 & 10 \\ -2 & -1 & 5 \\ -2 & -1 & 5 \end{pmatrix} \to \begin{pmatrix} 1 & \frac{1}{2} & -\frac{5}{2} \\ 0 & 0 & 0 \\ 0 & 0 & 0 \end{pmatrix} \qquad \therefore\quad x+\frac{1}{2}y-\frac{5}{2}z=0$$

$$\begin{pmatrix} x \\ y \\ z \end{pmatrix}=\begin{pmatrix} -a+5b \\ 2a \\ 2b \end{pmatrix}=a\begin{pmatrix} -1 \\ 2 \\ 0 \end{pmatrix}+b\begin{pmatrix} 5 \\ 0 \\ 2 \end{pmatrix} \quad (a,\ b\ は任意)$$

よって，求める固有空間は

$$W(2)=\left\{a\begin{pmatrix} -1 \\ 2 \\ 0 \end{pmatrix}+b\begin{pmatrix} 5 \\ 0 \\ 2 \end{pmatrix} \,\middle|\, a,\ b\in\boldsymbol{R}\right\}$$　……〔答〕

（注）　本問の行列 A の固有値は2であり，ただ1つの固有空間 $W(2)$ は $\left\{\begin{pmatrix} -1 \\ 2 \\ 0 \end{pmatrix}, \begin{pmatrix} 5 \\ 0 \\ 2 \end{pmatrix}\right\}$ を基底とする2次元ベクトル空間である。

例題 3（ケーリー・ハミルトンの定理）

次の行列について，以下の問いに答えよ。

$$A=\begin{pmatrix}1&0&0\\1&2&1\\0&0&1\end{pmatrix}$$

(1)　$|A-tE|$ を因数分解せよ。

(2)　A^n を求めよ。

解説　次のケーリー・ハミルトンの定理を利用する。

A の固有多項式を $f(t)$ とするとき，$f(A)=O$

解答　(1)　$|A-tE|=\begin{vmatrix}1-t&0&0\\1&2-t&1\\0&0&1-t\end{vmatrix}$

$$=(1-t)^2(2-t)=-(t-1)^2(t-2)\quad\cdots\cdots〔答〕$$

(2)　ケーリー・ハミルトンの定理より，$(A-E)^2(A-2E)=O$

$t^n=(t-1)^2(t-2)g(t)+a(t-1)^2+b(t-1)+c\quad\cdots\cdots(*)$　とおく。

$(*)$ に $t=1$ を代入すると $c=1$，$t=2$ を代入すると $a+b+c=2^n$

$(*)$ の両辺を微分すると

$$nt^{n-1}=2(t-1)(t-2)g(t)+(t-1)^2g(t)+(t-1)^2(t-2)g'(t)+2a(t-1)+b$$

これに $t=1$ を代入すると，$b=n$

よって，$a=2^n-n-1$，$b=n$，$c=1$ となり

$$t^n=(t-1)^2(t-2)g(t)+(2^n-n-1)(t-1)^2+n(t-1)+1$$

したがって，$(A-E)^2(A-2E)=O$ に注意して

$$A^n=(2^n-n-1)(A-E)^2+n(A-E)+E$$

$$=(2^n-n-1)\begin{pmatrix}0&0&0\\1&1&1\\0&0&0\end{pmatrix}^2+n\begin{pmatrix}0&0&0\\1&1&1\\0&0&0\end{pmatrix}+\begin{pmatrix}1&0&0\\0&1&0\\0&0&1\end{pmatrix}$$

$$=\begin{pmatrix}1&0&0\\2^n-1&2^n&2^n-1\\0&0&1\end{pmatrix}\quad\cdots\cdots〔答〕$$

例題 4（やや複雑な固有値の計算）

次の n 次正方行列の固有値を求めよ。ただし，$n \geqq 2$ とする。

$$A=\begin{pmatrix} 0 & 0 & \cdots & 0 & 1 \\ 0 & 0 & \cdots & 1 & 0 \\ \vdots & \vdots & \iddots & \vdots & \vdots \\ 0 & 1 & \cdots & 0 & 0 \\ 1 & 0 & \cdots & 0 & 0 \end{pmatrix}$$

解 説　本問のような場合，固有値の計算は難しくなるが，行列式の計算がきちんとできるようになっていればやはり何の問題もない。

解 答　$D_n=|A-tE|=\begin{vmatrix} -t & 0 & \cdots & 0 & 1 \\ 0 & -t & \cdots & 1 & 0 \\ \vdots & \vdots & \iddots & \vdots & \vdots \\ 0 & 1 & \cdots & -t & 0 \\ 1 & 0 & \cdots & 0 & -t \end{vmatrix}$ とおく（$n \geqq 2$）。

まず第1行で余因子展開し，次に最後の行で余因子展開すると

$$D_n=(-t)\cdot(-1)^{1+1}\begin{vmatrix} -t & \cdots & 1 & 0 \\ \vdots & \iddots & \vdots & \vdots \\ 1 & \cdots & -t & 0 \\ 0 & \cdots & 0 & -t \end{vmatrix}+(-1)^{1+n}\begin{vmatrix} 0 & -t & \cdots & 1 \\ \vdots & \vdots & \iddots & \vdots \\ 0 & 1 & \cdots & -t \\ 1 & 0 & \cdots & 0 \end{vmatrix}$$

$$=(-t)\cdot(-1)^{1+1}\cdot(-t)(-1)^{(n-1)+(n-1)}D_{n-2}+(-1)^{1+n}\cdot(-1)^{(n-1)+1}D_{n-2}$$

$$=(t^2-1)D_{n-2}$$

すなわち，簡単な漸化式 $D_n=(t^2-1)D_{n-2}$ を得る。

また

$$D_2=\begin{vmatrix} -t & 1 \\ 1 & -t \end{vmatrix}=t^2-1,\quad D_3=\begin{vmatrix} -t & 0 & 1 \\ 0 & 1-t & 0 \\ 1 & 0 & -t \end{vmatrix}=(t^2-1)(1-t)$$

(i)　$n=2m$（$m=1, 2, \cdots$）のとき

$D_{2m}=(t^2-1)D_{2(m-1)}$ より，$D_{2m}=(t^2-1)^{m-1}D_2=(t^2-1)^m$

(ii)　$n=2m+1$（$m=1, 2, \cdots$）のとき

$D_{2m+1}=(t^2-1)D_{2(m-1)+1}$ より，$D_{2m+1}=(t^2-1)^{m-1}D_3=(t^2-1)^m(1-t)$

(i)，(ii)のいずれの場合も固有値は ± 1　……〔答〕

■ 演習問題 5.1

▶解答は p. 245

1 次の行列の固有値と固有ベクトルをすべて求めよ。

$$A=\begin{pmatrix} 1 & 2 & 2 \\ 0 & 2 & 1 \\ -1 & 2 & 2 \end{pmatrix}$$

2 次の行列の固有値と固有空間をすべて求めよ。

$$A=\begin{pmatrix} 1 & 1 & -1 \\ 1 & 1 & 1 \\ -1 & 1 & 1 \end{pmatrix}$$

3 次の行列について，以下の問いに答えよ。

$$A=\begin{pmatrix} 0 & 1 & 0 \\ -1 & 2 & 0 \\ 1 & 0 & 1 \end{pmatrix}$$

(1) $|A-tE|$ を因数分解せよ。

(2) ケーリー・ハミルトンの定理を利用して A^n を求めよ。

4 次の n 次正方行列の固有値を求めよ。ただし，$n\geqq 2$ とする。

(1) $A=\begin{pmatrix} 0 & 1 & 0 & \cdots & 0 & 0 & 0 \\ 0 & 0 & 1 & \cdots & 0 & 0 & 0 \\ 0 & 0 & 0 & \cdots & 0 & 0 & 0 \\ \vdots & \vdots & \vdots & \ddots & \vdots & \vdots & \vdots \\ 0 & 0 & 0 & \cdots & 0 & 1 & 0 \\ 0 & 0 & 0 & \cdots & 0 & 0 & 1 \\ 0 & 0 & 0 & \cdots & 0 & 0 & 0 \end{pmatrix}$　(2) $B=\begin{pmatrix} 0 & 1 & 0 & \cdots & 0 & 0 & 0 \\ 0 & 0 & 1 & \cdots & 0 & 0 & 0 \\ 0 & 0 & 0 & \cdots & 0 & 0 & 0 \\ \vdots & \vdots & \vdots & \ddots & \vdots & \vdots & \vdots \\ 0 & 0 & 0 & \cdots & 0 & 1 & 0 \\ 0 & 0 & 0 & \cdots & 0 & 0 & 1 \\ 1 & 0 & 0 & \cdots & 0 & 0 & 0 \end{pmatrix}$

5 A，B を n 次正方行列とするとき，AB と BA は同じ固有値をもつことを示せ。

5. 2　行列の対角化

〔目標〕　線形代数でもっとも重要な概念の1つである対角化について理解する。

行列の対角化

正方行列 A に対して，$P^{-1}AP$ が対角行列となる正則行列 P が存在するとき，A は P で**対角化可能**であるという。

問 1　$A=\begin{pmatrix} 4 & 2 \\ 1 & 3 \end{pmatrix}$ は $P=\begin{pmatrix} -1 & 2 \\ 1 & 1 \end{pmatrix}$ で対角化できることを示せ。

（解）　$P^{-1}=\dfrac{1}{-3}\begin{pmatrix} 1 & -2 \\ -1 & -1 \end{pmatrix}=\dfrac{1}{3}\begin{pmatrix} -1 & 2 \\ 1 & 1 \end{pmatrix}$ より

$$P^{-1}AP=\frac{1}{3}\begin{pmatrix} -1 & 2 \\ 1 & 1 \end{pmatrix}\begin{pmatrix} 4 & 2 \\ 1 & 3 \end{pmatrix}\begin{pmatrix} -1 & 2 \\ 1 & 1 \end{pmatrix}$$

$$=\frac{1}{3}\begin{pmatrix} -2 & 4 \\ 5 & 5 \end{pmatrix}\begin{pmatrix} -1 & 2 \\ 1 & 1 \end{pmatrix}=\frac{1}{3}\begin{pmatrix} 6 & 0 \\ 0 & 15 \end{pmatrix}=\begin{pmatrix} 2 & 0 \\ 0 & 5 \end{pmatrix}$$ **⬅対角行列**　□

［定理］（対角化の必要十分条件）

n 次正方行列 A が対角化可能であるための必要十分条件は

A が n 個の1次独立な固有ベクトルをもつ

ことである。

解説　簡単のため，3次の場合で説明しよう。

A の固有値を λ_1，λ_2，λ_3 とし，対応する固有ベクトルを $\boldsymbol{x}_1$，$\boldsymbol{x}_2$，$\boldsymbol{x}_3$ とすると

$$A\boldsymbol{x}_1=\lambda_1\boldsymbol{x}_1,\ A\boldsymbol{x}_2=\lambda_2\boldsymbol{x}_2,\ A\boldsymbol{x}_3=\lambda_3\boldsymbol{x}_3$$

$$\therefore\quad A(\boldsymbol{x}_1\ \ \boldsymbol{x}_2\ \ \boldsymbol{x}_2)=(\lambda_1\boldsymbol{x}_1\ \ \lambda_2\boldsymbol{x}_2\ \ \lambda_3\boldsymbol{x}_3)=(\boldsymbol{x}_1\ \ \boldsymbol{x}_2\ \ \boldsymbol{x}_3)\begin{pmatrix} \lambda_1 & 0 & 0 \\ 0 & \lambda_2 & 0 \\ 0 & 0 & \lambda_3 \end{pmatrix}$$

よって，$P=(\boldsymbol{x}_1\ \ \boldsymbol{x}_2\ \ \boldsymbol{x}_3)$ とおくと　**⬅P のつくり方**

$$AP=P\begin{pmatrix} \lambda_1 & 0 & 0 \\ 0 & \lambda_2 & 0 \\ 0 & 0 & \lambda_3 \end{pmatrix}$$ **（注）**　ここまでは何の問題もなく進む。

ここで，$P=(\boldsymbol{x}_1\ \ \boldsymbol{x}_2\ \ \boldsymbol{x}_3)$ が正則であれば，両辺に左側から P^{-1} をかけて

$$P^{-1}AP=\begin{pmatrix}\lambda_1 & 0 & 0\\ 0 & \lambda_2 & 0\\ 0 & 0 & \lambda_3\end{pmatrix}$$ ⬅ **対角化完了！　対角成分は固有値である！**

ところで，$P=(\boldsymbol{x}_1\ \ \boldsymbol{x}_2\ \ \boldsymbol{x}_3)$ が正則行列であるための必要十分条件は，$\boldsymbol{x}_1$，$\boldsymbol{x}_2$，$\boldsymbol{x}_3$ が1次独立であることである。 □

問 2　3次正方行列 A が次を満たすとき，A を対角化せよ。

$$A\begin{pmatrix}1\\1\\0\end{pmatrix}=2\begin{pmatrix}1\\1\\0\end{pmatrix},\ A\begin{pmatrix}1\\1\\1\end{pmatrix}=3\begin{pmatrix}1\\1\\1\end{pmatrix},\ A\begin{pmatrix}0\\1\\1\end{pmatrix}=\begin{pmatrix}0\\1\\1\end{pmatrix}$$

（解）　固有値と固有ベクトルを表している3つの等式を1つにまとめると

$$A\begin{pmatrix}1 & 1 & 0\\ 1 & 1 & 1\\ 0 & 1 & 1\end{pmatrix}=\begin{pmatrix}1 & 1 & 0\\ 1 & 1 & 1\\ 0 & 1 & 1\end{pmatrix}\begin{pmatrix}2 & 0 & 0\\ 0 & 3 & 0\\ 0 & 0 & 1\end{pmatrix}$$

ここで

$$P=\begin{pmatrix}1 & 1 & 0\\ 1 & 1 & 1\\ 0 & 1 & 1\end{pmatrix}$$ とおくと，$$AP=P\begin{pmatrix}2 & 0 & 0\\ 0 & 3 & 0\\ 0 & 0 & 1\end{pmatrix}$$

（P のつくり方）

であり，$|P|=1-1-1=-1\neq 0$ より，P^{-1} が存在するから

$$P^{-1}AP=\begin{pmatrix}2 & 0 & 0\\ 0 & 3 & 0\\ 0 & 0 & 1\end{pmatrix}$$ ⬅ **対角化完了！** □

（注）　次のことに注意しよう。

①対角化の行列 P は，1次独立な固有ベクトルを並べてつくる。

②対角化したあとの対角成分には，固有値が並び，その順序は P をつくるときの固有ベクトルの順序に対応している。

固有ベクトルの1次独立性については，次が成り立つ。

[定理]（固有ベクトルの1次独立性①）

λ_1, λ_2, $\cdots$, λ_n を A の異なる固有値とし，$\boldsymbol{x}_1$, $\boldsymbol{x}_2$, $\cdots$, $\boldsymbol{x}_n$ を対応する固有ベクトルとするとき，$\{\boldsymbol{x}_1, \boldsymbol{x}_2, \cdots, \boldsymbol{x}_n\}$ は1次独立である。

（証明） 固有値の個数 n に関する数学的帰納法によって証明する。

（Ⅰ） $n=1$ のとき

明らかに主張は成り立つ。

（Ⅱ） $n=k$ のとき主張が成り立つとする。

$c_1\boldsymbol{x}_1+\cdots+c_k\boldsymbol{x}_k+c_{k+1}\boldsymbol{x}_{k+1}=\boldsymbol{0}$ ……①　とする。

①の両辺に左側から A をかけると

$$c_1A\boldsymbol{x}_1+\cdots+c_kA\boldsymbol{x}_k+c_{k+1}A\boldsymbol{x}_{k+1}=\boldsymbol{0}$$

$$\therefore\quad c_1\lambda_1\boldsymbol{x}_1+\cdots+c_k\lambda_k\boldsymbol{x}_k+c_{k+1}\lambda_{k+1}\boldsymbol{x}_{k+1}=\boldsymbol{0}\quad\cdots\cdots②$$

①$\times\lambda_{k+1}-$② より

$$c_1(\lambda_{k+1}-\lambda_1)\boldsymbol{x}_1+\cdots+c_k(\lambda_{k+1}-\lambda_k)\boldsymbol{x}_k=\boldsymbol{0}$$

帰納法の仮定より $\boldsymbol{x}_1$, $\cdots$, $\boldsymbol{x}_k$ は1次独立であるから

$$c_1(\lambda_{k+1}-\lambda_1)=\cdots=c_k(\lambda_{k+1}-\lambda_k)=0$$

ところで，$\lambda_{k+1}-\lambda_1\neq0$, $\cdots$, $\lambda_{k+1}-\lambda_k\neq0$ であるから，$c_1=\cdots=c_k=0$

よって，①は $c_{k+1}\boldsymbol{x}_{k+1}=\boldsymbol{0}$ となり，$\boldsymbol{x}_{k+1}\neq\boldsymbol{0}$ より $c_{k+1}=0$ を得る。

以上より，$c_1=\cdots=c_k=c_{k+1}=0$

すなわち，$\boldsymbol{x}_1$, $\cdots$, $\boldsymbol{x}_k$, $\boldsymbol{x}_{k+1}$ は1次独立である。

（Ⅰ），（Ⅱ）より，定理は証明された。 □

上の定理からただちに次が成り立つことが分かる。

[定理]（対角化の十分条件）

正方行列 A の固有値がすべて異なる値ならば，A は対角化可能である。

固有ベクトルの1次独立性については，より精密に次の定理が成り立つ。

［定理］（固有ベクトルの1次独立性②）

λ_1, λ_2, $\cdots$, λ_n を A の異なる固有値とする。

$\boldsymbol{x}_1^{(1)}$, $\boldsymbol{x}_2^{(1)}$, $\cdots$, $\boldsymbol{x}_{k_1}^{(1)}$ を λ_1 に対する固有ベクトルの1次独立な組

$\boldsymbol{x}_1^{(2)}$, $\boldsymbol{x}_2^{(2)}$, $\cdots$, $\boldsymbol{x}_{k_2}^{(2)}$ を λ_2 に対する固有ベクトルの1次独立な組

…………………

$\boldsymbol{x}_1^{(n)}$, $\boldsymbol{x}_2^{(n)}$, $\cdots$, $\boldsymbol{x}_{k_n}^{(n)}$ を λ_n に対する固有ベクトルの1次独立な組

とするとき，これらの固有ベクトルの全体

$$\boldsymbol{x}_1^{(1)}, \boldsymbol{x}_2^{(1)}, \cdots, \boldsymbol{x}_{k_1}^{(1)}, \boldsymbol{x}_1^{(2)}, \boldsymbol{x}_2^{(2)}, \cdots, \boldsymbol{x}_{k_2}^{(2)}, \cdots, \boldsymbol{x}_1^{(n)}, \boldsymbol{x}_2^{(n)}, \cdots, \boldsymbol{x}_{k_n}^{(n)}$$

もまた1次独立である。

（証明） 異なる固有値に対する固有ベクトルが1次独立であることから証明される。

$$c_1^{(1)}\boldsymbol{x}_1^{(1)}+\cdots+c_{k_1}^{(1)}\boldsymbol{x}_{k_1}^{(1)}+c_1^{(2)}\boldsymbol{x}_1^{(2)}+\cdots+c_{k_2}^{(2)}\boldsymbol{x}_{k_2}^{(2)}$$
$$+\cdots+c_1^{(n)}\boldsymbol{x}_1^{(n)}+\cdots+c_{k_n}^{(n)}\boldsymbol{x}_{k_n}^{(n)}=\boldsymbol{0}$$

とする。

$$\boldsymbol{y}_1=c_1^{(1)}\boldsymbol{x}_1^{(1)}+\cdots+c_{k_1}^{(1)}\boldsymbol{x}_{k_1}^{(1)},$$
$$\boldsymbol{y}_2=c_1^{(2)}\boldsymbol{x}_1^{(2)}+\cdots+c_{k_2}^{(2)}\boldsymbol{x}_{k_2}^{(2)},$$
$$\cdots\cdots\cdots\cdots,$$
$$\boldsymbol{y}_n=c_1^{(n)}\boldsymbol{x}_1^{(n)}+\cdots+c_{k_n}^{(n)}\boldsymbol{x}_{k_n}^{(n)}$$

とおくと

$$\boldsymbol{y}_1+\boldsymbol{y}_2+\cdots+\boldsymbol{y}_n=\boldsymbol{0}$$

ところで，$\boldsymbol{y}_i$ は $\boldsymbol{0}$ でない限り，固有値 λ_i に対する固有ベクトルであり，異なる固有値に対する固有ベクトルは1次独立であることに注意すると

$$\boldsymbol{y}_1=\boldsymbol{y}_2=\cdots=\boldsymbol{y}_n=\boldsymbol{0}$$

を得る。よって，各固有値に対する固有ベクトルの組の1次独立性より

$$c_1^{(1)}=\cdots=c_{k_1}^{(1)}=c_1^{(2)}=\cdots=c_{k_2}^{(2)}=\cdots=c_1^{(n)}=\cdots=c_{k_n}^{(n)}=0$$

したがって

$$\boldsymbol{x}_1^{(1)}, \boldsymbol{x}_2^{(1)}, \cdots, \boldsymbol{x}_{k_1}^{(1)}, \boldsymbol{x}_1^{(2)}, \boldsymbol{x}_2^{(2)}, \cdots, \boldsymbol{x}_{k_2}^{(2)}, \cdots, \boldsymbol{x}_1^{(n)}, \boldsymbol{x}_2^{(n)}, \cdots, \boldsymbol{x}_{k_n}^{(n)}$$

は1次独立である。 □

例題1（行列の対角化）

次の行列は対角化可能か。対角化可能であれば対角化せよ。

(1) $A=\begin{pmatrix} 0 & 1 & -1 \\ 1 & 0 & 1 \\ -1 & 1 & 0 \end{pmatrix}$　　(2) $B=\begin{pmatrix} 1 & 2 & 0 \\ 0 & -1 & 3 \\ 0 & 0 & -1 \end{pmatrix}$

解説　行列の対角化は易しい問題である。固有値と固有ベクトルを計算すれば解決する。3次正方行列が対角化可能であるための必要十分条件は，1次独立な3つの固有ベクトルが存在することである。したがって，1次独立な3つの固有ベクトルが存在しないことが分かればその時点で対角化不可能と判断できる。

解答　(1)　$|A-tE|=\begin{vmatrix} -t & 1 & -1 \\ 1 & -t & 1 \\ -1 & 1 & -t \end{vmatrix}=-t^3-1-1+t+t+t$

$$=-(t^3-3t+2)=-(t-1)(t^2+t-2)=-(t-1)^2(t+2)$$

よって，固有値は 1（重解）と -2

(i)　固有値1（重解）に対する固有ベクトル

$$A-E=\begin{pmatrix} -1 & 1 & -1 \\ 1 & -1 & 1 \\ -1 & 1 & -1 \end{pmatrix}\to\begin{pmatrix} 1 & -1 & 1 \\ 0 & 0 & 0 \\ 0 & 0 & 0 \end{pmatrix}\qquad \therefore\quad x-y+z=0$$

よって，固有ベクトルは

$$\begin{pmatrix} x \\ y \\ z \end{pmatrix}=\begin{pmatrix} a-b \\ a \\ b \end{pmatrix}=a\begin{pmatrix} 1 \\ 1 \\ 0 \end{pmatrix}+b\begin{pmatrix} -1 \\ 0 \\ 1 \end{pmatrix}\quad ((a,\ b)\neq(0,\ 0))$$

(ii)　固有値 -2 に対する固有ベクトル

$$A+2E=\begin{pmatrix} 2 & 1 & -1 \\ 1 & 2 & 1 \\ -1 & 1 & 2 \end{pmatrix}\to\cdots\to\begin{pmatrix} 1 & 0 & -1 \\ 0 & 1 & 1 \\ 0 & 0 & 0 \end{pmatrix}\qquad \therefore\quad \begin{cases} x-z=0 \\ y+z=0 \end{cases}$$

よって，固有ベクトルは

$$\begin{pmatrix} x \\ y \\ z \end{pmatrix}=\begin{pmatrix} c \\ -c \\ c \end{pmatrix}=c\begin{pmatrix} 1 \\ -1 \\ 1 \end{pmatrix}\quad (c\neq 0)$$

(i)，(ii)より，A は1次独立な3つの固有ベクトル

$$\begin{pmatrix}1\\1\\0\end{pmatrix},\ \begin{pmatrix}-1\\0\\1\end{pmatrix},\ \begin{pmatrix}1\\-1\\1\end{pmatrix}$$

をもつから対角化可能であり

$P=\begin{pmatrix}1&-1&1\\1&0&-1\\0&1&1\end{pmatrix}$ とおくと，P は正則行列で，$P^{-1}AP=\begin{pmatrix}1&0&0\\0&1&0\\0&0&-2\end{pmatrix}$

(2) $|B-tE|=\begin{vmatrix}1-t&2&0\\0&-1-t&3\\0&0&-1-t\end{vmatrix}=(1-t)(-1-t)^2=-(t-1)(t+1)^2$

よって，固有値は -1（重解）と1

(i) 固有値 -1（重解）に対する固有ベクトル

$$B+E=\begin{pmatrix}2&2&0\\0&0&3\\0&0&0\end{pmatrix}\to\begin{pmatrix}1&1&0\\0&0&1\\0&0&0\end{pmatrix}\quad \therefore\ \begin{cases}x+y=0\\z=0\end{cases}$$

よって，固有ベクトルは

$$\begin{pmatrix}x\\y\\z\end{pmatrix}=\begin{pmatrix}-a\\a\\0\end{pmatrix}=a\begin{pmatrix}-1\\1\\0\end{pmatrix}\quad (a\neq 0)$$

ここで，固有値 -1（重解）に対する1次独立な固有ベクトルは1つしかないことに注意する。固有値1（重解でない）に対する1次独立な固有ベクトルは1つしかなく，行列 B は1次独立な3つの固有ベクトルをもたないから対角化不可能である。

（注） (ii) 固有値1に対する固有ベクトル

$$B-E=\begin{pmatrix}0&2&0\\0&-2&3\\0&0&-2\end{pmatrix}\to\begin{pmatrix}0&1&0\\0&0&1\\0&0&0\end{pmatrix}\quad \therefore\ \begin{cases}y=0\\z=0\end{cases}$$

よって，固有ベクトルは

$$\begin{pmatrix}x\\y\\z\end{pmatrix}=\begin{pmatrix}b\\0\\0\end{pmatrix}=b\begin{pmatrix}1\\0\\0\end{pmatrix}\quad (b\neq 0)$$

例題2（固有ベクトルの1次独立性）

3次正方行列 A が固有値 1, 2, 3 をもち，対応する固有ベクトルを $\boldsymbol{x}_1$, $\boldsymbol{x}_2$, $\boldsymbol{x}_3$ とするとき，次の問いに答えよ。

(1) $\boldsymbol{x}_1$, $\boldsymbol{x}_2$ は1次独立であることを示せ。

(2) $\boldsymbol{x}_1$, $\boldsymbol{x}_2$, $\boldsymbol{x}_3$ は1次独立であることを示せ。

解説 異なる固有値に対する固有ベクトルは1次独立になる。このことについて少し具体的に考察してみよう。

解答 (1) $c_1\boldsymbol{x}_1+c_2\boldsymbol{x}_2=\boldsymbol{0}$ ……①　とする。

①の両辺に左側から A をかけると

$$c_1A\boldsymbol{x}_1+c_2A\boldsymbol{x}_2=\boldsymbol{0}$$

$A\boldsymbol{x}_1=\boldsymbol{x}_1$, $A\boldsymbol{x}_2=2\boldsymbol{x}_2$ であるから

$$c_1\boldsymbol{x}_1+2c_2\boldsymbol{x}_2=\boldsymbol{0} \quad \cdots\cdots ②$$

①×2−② より，$c_1\boldsymbol{x}_1=\boldsymbol{0}$　　$\boldsymbol{x}_1\neq\boldsymbol{0}$ であるから，$c_1=0$

よって，①は $c_2\boldsymbol{x}_2=\boldsymbol{0}$ となり，$\boldsymbol{x}_2\neq\boldsymbol{0}$ であるから，$c_2=0$

したがって，$c_1=c_2=0$

すなわち，$\boldsymbol{x}_1$, $\boldsymbol{x}_2$ は1次独立である。

(2) $c_1\boldsymbol{x}_1+c_2\boldsymbol{x}_2+c_3\boldsymbol{x}_3=\boldsymbol{0}$ ……③　とする。

③の両辺に左側から A をかけると

$$c_1A\boldsymbol{x}_1+c_2A\boldsymbol{x}_2+c_3A\boldsymbol{x}_3=\boldsymbol{0}$$

$A\boldsymbol{x}_1=\boldsymbol{x}_1$, $A\boldsymbol{x}_2=2\boldsymbol{x}_2$, $A\boldsymbol{x}_3=3\boldsymbol{x}_3$ であるから

$$c_1\boldsymbol{x}_1+2c_2\boldsymbol{x}_2+3c_3\boldsymbol{x}_3=\boldsymbol{0} \quad \cdots\cdots ④$$

③×3−④ より，$2c_1\boldsymbol{x}_1+c_2\boldsymbol{x}_2=\boldsymbol{0}$

(1)より，$\boldsymbol{x}_1$, $\boldsymbol{x}_2$ は1次独立であるから，$2c_1=c_2=0$　　$\therefore$　$c_1=c_2=0$

よって，③は $c_3\boldsymbol{x}_3=\boldsymbol{0}$ となり，$\boldsymbol{x}_3\neq\boldsymbol{0}$ であるから，$c_3=0$

したがって，$c_1=c_2=c_3=0$

すなわち，$\boldsymbol{x}_1$, $\boldsymbol{x}_2$, $\boldsymbol{x}_3$ は1次独立である。

例題 3（対角化の応用）

次の行列 A の対角化を利用して，A^n を求めよ。

$$A=\begin{pmatrix}3&1&1\\1&0&2\\1&2&0\end{pmatrix}$$

解説 行列の対角化を利用して，行列の n 乗を計算することができる。

解答 $|A-tE|=\begin{vmatrix}3-t&1&1\\1&-t&2\\1&2&-t\end{vmatrix}\underset{②-③}{=}\begin{vmatrix}3-t&1&1\\0&-t-2&2+t\\1&2&-t\end{vmatrix}$

$$=(-t-2)\begin{vmatrix}3-t&1&1\\0&1&-1\\1&2&-t\end{vmatrix}$$ ⬅ 因数は早めにくくり出す

$$=(-t-2)\{(3-t)(-t)-1-1+2(3-t)\}$$
$$=(-t-2)(t^2-5t+4)$$
$$=-(t+2)(t-1)(t-4)$$

よって，固有値は 4，1，-2

(i) 固有値 4 に対する固有ベクトル

$$A-4E=\begin{pmatrix}-1&1&1\\1&-4&2\\1&2&-4\end{pmatrix}\to\cdots\to\begin{pmatrix}1&0&-2\\0&1&-1\\0&0&0\end{pmatrix}\quad\therefore\ \begin{cases}x-2z=0\\y-z=0\end{cases}$$

よって，固有ベクトルは $\begin{pmatrix}x\\y\\z\end{pmatrix}=\begin{pmatrix}2a\\a\\a\end{pmatrix}=a\begin{pmatrix}2\\1\\1\end{pmatrix}$ $(a\neq0)$

(ii) 固有値 1 に対する固有ベクトル

$$A-E=\begin{pmatrix}2&1&1\\1&-1&2\\1&2&-1\end{pmatrix}\to\cdots\to\begin{pmatrix}1&0&1\\0&1&-1\\0&0&0\end{pmatrix}\quad\therefore\ \begin{cases}x+z=0\\y-z=0\end{cases}$$

よって，固有ベクトルは $\begin{pmatrix}x\\y\\z\end{pmatrix}=\begin{pmatrix}-b\\b\\b\end{pmatrix}=b\begin{pmatrix}-1\\1\\1\end{pmatrix}$ $(b\neq0)$

(iii)　固有値 -2 に対する固有ベクトル

$$A+2E=\begin{pmatrix}5&1&1\\1&2&2\\1&2&2\end{pmatrix}\to\cdots\to\begin{pmatrix}1&0&0\\0&1&1\\0&0&0\end{pmatrix}\qquad\therefore\quad\begin{cases}x=0\\y+z=0\end{cases}$$

よって，固有ベクトルは

$$\begin{pmatrix}x\\y\\z\end{pmatrix}=\begin{pmatrix}0\\-c\\c\end{pmatrix}=c\begin{pmatrix}0\\-1\\1\end{pmatrix}\quad(c\neq0)$$

(i)，(ii)，(iii)より

$$P=\begin{pmatrix}2&-1&0\\1&1&-1\\1&1&1\end{pmatrix}$$ ⬅ **1次独立な3つの固有ベクトルを並べる**

とおくと，P は正則で

$$P^{-1}AP=\begin{pmatrix}4&0&0\\0&1&0\\0&0&-2\end{pmatrix}\qquad\text{ここで，}P^{-1}=\frac{1}{6}\begin{pmatrix}2&1&1\\-2&2&2\\0&-3&3\end{pmatrix}$$

$$\therefore\quad(P^{-1}AP)^n=\begin{pmatrix}4&0&0\\0&1&0\\0&0&-2\end{pmatrix}^n$$ ⬅ $\begin{pmatrix}\alpha&0&0\\0&\beta&0\\0&0&\gamma\end{pmatrix}^n=\begin{pmatrix}\alpha^n&0&0\\0&\beta^n&0\\0&0&\gamma^n\end{pmatrix}$

$$\therefore\quad P^{-1}A^nP=\begin{pmatrix}4^n&0&0\\0&1&0\\0&0&(-2)^n\end{pmatrix}$$ ⬅ $(P^{-1}AP)^n$
$=(P^{-1}AP)(P^{-1}AP)\cdots(P^{-1}AP)$
$=P^{-1}A^nP$

したがって

$$A^n=P\begin{pmatrix}4^n&0&0\\0&1&0\\0&0&(-2)^n\end{pmatrix}P^{-1}$$

$$=\begin{pmatrix}2&-1&0\\1&1&-1\\1&1&1\end{pmatrix}\begin{pmatrix}4^n&0&0\\0&1&0\\0&0&(-2)^n\end{pmatrix}\frac{1}{6}\begin{pmatrix}2&1&1\\-2&2&2\\0&-3&3\end{pmatrix}$$

$$=\frac{1}{6}\begin{pmatrix}4\cdot4^n+2&2\cdot4^n-2&2\cdot4^n-2\\2\cdot4^n-2&4^n+2+3\cdot(-2)^n&4^n+2-3\cdot(-2)^n\\2\cdot4^n-2&4^n+2-3\cdot(-2)^n&4^n+2+3\cdot(-2)^n\end{pmatrix}$$ ……〔**答**〕

■ 演習問題 5.2

▶解答は p. 247

1 次の行列は対角化可能か。対角化可能であれば対角化せよ。

(1) $A=\begin{pmatrix} 2 & 1 & 1 \\ 1 & 0 & 1 \\ 1 & -1 & 2 \end{pmatrix}$

(2) $B=\begin{pmatrix} 1 & 2 & 1 \\ -1 & 4 & 1 \\ 2 & -4 & 0 \end{pmatrix}$

(3) $C=\begin{pmatrix} 0 & 1 & 0 \\ 0 & 0 & 1 \\ 1 & -3 & 3 \end{pmatrix}$

2 次の行列 A の対角化を利用して，A^n を求めよ。

$$A=\begin{pmatrix} 1 & 2 & 2 \\ 1 & 2 & -1 \\ -1 & 1 & 4 \end{pmatrix}$$

3 正方行列 A, B が**同時対角化可能**（ある正則行列 P が存在して，$P^{-1}AP$ と $P^{-1}BP$ がともに対角行列となる）ならば，$AB=BA$ であることを示せ。

4 次の行列 A を適当な正則行列 P で対角化せよ。

$$A=\begin{pmatrix} a & b & c \\ c & a & b \\ b & c & a \end{pmatrix}$$

5.3 行列の三角化

〔目標〕 ここではやや発展的な話題である行列の三角化について議論する。

（1） 行列の三角化

前節で見たように，正方行列はすべて対角化できるわけではない。すなわち，対角化可能なものもあれば，対角化不可能なものもある。しかし，すべての正方行列は**三角化可能**である。次の定理が成り立つ（証明は解答編 p. 252）。

［定理］（行列の三角化）

任意の n 次正方行列 A はある正則行列 P によって

$$P^{-1}AP=\begin{pmatrix} \lambda_1 & * & \cdots & * \\ 0 & \lambda_2 & \cdots & * \\ \vdots & \vdots & \ddots & \vdots \\ 0 & 0 & \cdots & \lambda_n \end{pmatrix}$$

⬅ 行列 A の三角化

とできる。ここで，λ_1, λ_2, $\cdots$, λ_n は A の固有値である。

（注） 行列 A を三角化したとき，対角成分に A のすべての固有値が並ぶことを確認しておこう。

$P^{-1}AP$ の固有多項式は

$$|P^{-1}AP-tE|=\begin{vmatrix} \lambda_1-t & * & \cdots & * \\ 0 & \lambda_2-t & \cdots & * \\ \vdots & \vdots & \ddots & \vdots \\ 0 & 0 & \cdots & \lambda_n-t \end{vmatrix}$$

$$=(\lambda_1-t)(\lambda_2-t)\cdots(\lambda_n-t) \quad \cdots\cdots①$$

一方

$$|P^{-1}AP-tE|=|P^{-1}(A-tE)P|=|P|^{-1}|A-tE||P|=|A-tE|$$

であるから，①は A の固有多項式に一致する。したがって，三角行列の対角成分 λ_1, λ_2, $\cdots$, λ_n は A の固有値である。 □

行列の三角化によっていろいろな定理が証明できる。次の定理は固有値の基本性質の1つである。

［定理］（固有値の和と積）

A の固有値を λ_1, λ_2, …, λ_n とするとき

$$\begin{cases} \lambda_1+\lambda_2+\cdots+\lambda_n=\mathrm{tr}\,A \\ \lambda_1\cdot\lambda_2\cdot\cdots\cdot\lambda_n=\det A \end{cases}$$

（証明） A を次のように正則行列 P によって三角化する。

$$P^{-1}AP=\begin{pmatrix} \lambda_1 & * & \cdots & * \\ 0 & \lambda_2 & \cdots & * \\ \vdots & \vdots & \ddots & \vdots \\ 0 & 0 & \cdots & \lambda_n \end{pmatrix}$$

$\mathrm{tr}(P^{-1}AP)=\mathrm{tr}(APP^{-1})=\mathrm{tr}(A)$ より　⬅ $\mathrm{tr}(MN)=\mathrm{tr}(NM)$ **に注意！**

$\mathrm{tr}(A)=\mathrm{tr}(P^{-1}AP)=\lambda_1+\lambda_2+\cdots+\lambda_n$

$|P^{-1}AP|=|P|^{-1}|A||P|=|A|$ より　⬅ $|MN|=|M||N|$ **に注意！**

$|A|=|P^{-1}AP|=\lambda_1\cdot\lambda_2\cdot\cdots\cdot\lambda_n$ □

他に次のような定理が行列の三角化により証明される（例題参照）。

［定理］（ケーリー・ハミルトンの定理）

A の固有多項式を $f(t)$ とするとき，$f(A)=O$

［定理］（フロベニウスの定理）

$g(t)$ を任意の多項式，λ_1, λ_2, …, λ_n を n 次正方行列 A の固有値とするとき，$g(A)$ の固有値は $g(\lambda_1)$, $g(\lambda_2)$, …, $g(\lambda_n)$ である。

例題1（行列の三角化）

次の行列 A を適当な正則行列 P によって三角化せよ。

$$A=\begin{pmatrix} 1 & 2 & 1 \\ 0 & 1 & 0 \\ -1 & 0 & 3 \end{pmatrix}$$

解説　任意の正方行列 A は適当な正則行列 P によって三角化可能である。そのとき，対角成分に A のすべての固有値が並ぶ。

解答　
$$|A-tE|=\begin{vmatrix} 1-t & 2 & 1 \\ 0 & 1-t & 0 \\ -1 & 0 & 3-t \end{vmatrix}$$
$$=(1-t)^2(3-t)+(1-t)=(1-t)\{(1-t)(3-t)+1\}$$
$$=(1-t)(t^2-4t+4)$$
$$=-(t-1)(t-2)^2$$

固有値は2（重解）と1

(i)　固有値2（重解）に対する固有ベクトル

$$A-2E=\begin{pmatrix} -1 & 2 & 1 \\ 0 & -1 & 0 \\ -1 & 0 & 1 \end{pmatrix}\to\cdots\to\begin{pmatrix} 1 & 0 & -1 \\ 0 & 1 & 0 \\ 0 & 0 & 0 \end{pmatrix} \qquad \therefore \begin{cases} x-z=0 \\ y=0 \end{cases}$$

よって，固有ベクトルは

$$\begin{pmatrix} x \\ y \\ z \end{pmatrix}=\begin{pmatrix} a \\ 0 \\ a \end{pmatrix}=a\begin{pmatrix} 1 \\ 0 \\ 1 \end{pmatrix} \quad (a\neq 0)$$

(ii)　固有値1に対する固有ベクトル

$$A-E=\begin{pmatrix} 0 & 2 & 1 \\ 0 & 0 & 0 \\ -1 & 0 & 2 \end{pmatrix}\to\cdots\to\begin{pmatrix} 1 & 0 & -2 \\ 0 & 1 & \frac{1}{2} \\ 0 & 0 & 0 \end{pmatrix} \qquad \therefore \begin{cases} x-2z=0 \\ y+\frac{1}{2}z=0 \end{cases}$$

よって，固有ベクトルは

$$\begin{pmatrix} x \\ y \\ z \end{pmatrix}=\begin{pmatrix} 4b \\ -b \\ 2b \end{pmatrix}=b\begin{pmatrix} 4 \\ -1 \\ 2 \end{pmatrix} \quad (b\neq 0)$$

A は1次独立な3つの固有ベクトルをもたないから対角化不可能であるが，以下に見るように三角化することができる。

$$\boldsymbol{x}_1=\begin{pmatrix}1\\0\\1\end{pmatrix},\ \boldsymbol{x}_2=\begin{pmatrix}4\\-1\\2\end{pmatrix}$$

とおくと，$A\boldsymbol{x}_1=2\boldsymbol{x}_1$，$A\boldsymbol{x}_2=\boldsymbol{x}_2$ より

$$A(\boldsymbol{x}_1\quad\boldsymbol{x}_2\quad ?)=(\boldsymbol{x}_1\quad\boldsymbol{x}_2\quad ?)\begin{pmatrix}2&0&?\\0&1&?\\0&0&?\end{pmatrix}$$ ⬅ **ベクトル？を見つけたい**

そこで，？として，たとえば $\boldsymbol{x}_1$，$\boldsymbol{x}_2$ と3つ合わせて1次独立になるように

$$\boldsymbol{y}=\begin{pmatrix}0\\0\\1\end{pmatrix}$$ ⬅ **yのとり方は他にもいろいろ考えられる**

をとると

$$A\boldsymbol{y}=\begin{pmatrix}1\\0\\3\end{pmatrix}=\begin{pmatrix}1\\0\\1\end{pmatrix}+\begin{pmatrix}0\\0\\2\end{pmatrix}=\boldsymbol{x}_1+2\boldsymbol{y}=(\boldsymbol{x}_1\quad\boldsymbol{x}_2\quad\boldsymbol{y})\begin{pmatrix}1\\0\\2\end{pmatrix}$$

$$\therefore\quad A(\boldsymbol{x}_1\quad\boldsymbol{x}_2\quad\boldsymbol{y})=(\boldsymbol{x}_1\quad\boldsymbol{x}_2\quad\boldsymbol{y})\begin{pmatrix}2&0&1\\0&1&0\\0&0&2\end{pmatrix}$$

よって

$$P=(\boldsymbol{x}_1\quad\boldsymbol{x}_2\quad\boldsymbol{y})=\begin{pmatrix}1&4&0\\0&-1&0\\1&2&1\end{pmatrix}$$

とおけば

$$AP=P\begin{pmatrix}2&0&1\\0&1&0\\0&0&2\end{pmatrix}$$

P は正則行列であるから P^{-1} が存在して

$$P^{-1}AP=\begin{pmatrix}2&0&1\\0&1&0\\0&0&2\end{pmatrix}$$ ⬅ **三角化完了！**

例題 2（フロベニウスの定理）

$g(t)$ を任意の多項式，λ_1，λ_2，…，λ_n を n 次正方行列 A の固有値とするとき，$g(A)$ の固有値は $g(\lambda_1)$，$g(\lambda_2)$，…，$g(\lambda_n)$ であることを示せ。

解 説　行列の三角化は重要な定理の証明でしばしば必要となる。

解 答　A を次のように正則行列 P によって三角化する。

$$P^{-1}AP=\begin{pmatrix}\lambda_1 & * & \cdots & * \\ 0 & \lambda_2 & \cdots & * \\ \vdots & \vdots & \ddots & \vdots \\ 0 & 0 & \cdots & \lambda_n\end{pmatrix}$$

$g(t)=a_0t^m+a_1t^{m-1}+\cdots+a_{m-1}t+a_m$ とすると

$$\begin{aligned}g(P^{-1}AP)&=a_0(P^{-1}AP)^m+a_1(P^{-1}AP)^{m-1}+\cdots+a_{m-1}(P^{-1}AP)+a_mE\\&=a_0(P^{-1}A^mP)+a_1(P^{-1}A^{m-1}P)+\cdots+a_{m-1}(P^{-1}AP)+a_mE\\&=P^{-1}(a_0A^m+a_1A^{m-1}+\cdots+a_{m-1}A+a_mE)P\\&=P^{-1}g(A)P\end{aligned}$$

より

$$\begin{aligned}P^{-1}g(A)P&=g(P^{-1}AP)\\&=a_0(P^{-1}AP)^m+\cdots+a_{m-1}(P^{-1}AP)+a_mE\\&=a_0\begin{pmatrix}\lambda_1^m & * & \cdots & * \\ 0 & \lambda_2^m & \cdots & * \\ \vdots & \vdots & \ddots & \vdots \\ 0 & 0 & \cdots & \lambda_n^m\end{pmatrix}+\cdots+a_{m-1}\begin{pmatrix}\lambda_1 & * & \cdots & * \\ 0 & \lambda_2 & \cdots & * \\ \vdots & \vdots & \ddots & \vdots \\ 0 & 0 & \cdots & \lambda_n\end{pmatrix}\\&\quad+a_m\begin{pmatrix}1 & 0 & \cdots & 0 \\ 0 & 1 & \cdots & 0 \\ \vdots & \vdots & \ddots & \vdots \\ 0 & 0 & \cdots & 1\end{pmatrix}\\&=\begin{pmatrix}g(\lambda_1) & * & \cdots & * \\ 0 & g(\lambda_2) & \cdots & * \\ \vdots & \vdots & \ddots & \vdots \\ 0 & 0 & \cdots & g(\lambda_n)\end{pmatrix}\end{aligned}$$

であり，$g(A)$ の固有値と $P^{-1}g(A)P$ の固有値は一致することから，$g(A)$ の固有値は $g(\lambda_1)$，$g(\lambda_2)$，…，$g(\lambda_n)$ である。

■ 演習問題 5.3

▶解答は p. 250

1 次の行列を三角化せよ。

(1) $A=\begin{pmatrix} 2 & -1 & 2 \\ 1 & 0 & 2 \\ -2 & 2 & -1 \end{pmatrix}$　　(2) $B=\begin{pmatrix} 3 & -2 & 1 \\ 1 & 0 & 1 \\ 0 & -1 & 3 \end{pmatrix}$

2 (1) n 次上三角行列 A_k ($k=1, 2, \cdots, n$) を

$$A_k=\begin{pmatrix} a_{11} & & & & * \\ & \ddots & & & \\ & & 0 & & \\ & & & \ddots & \\ O & & & & a_{nn} \end{pmatrix} \quad (a_{kk}=0)$$

と定めるとき，$m=1, 2, \cdots, n$ に対して次が成り立つことを示せ。

$A_1A_2\cdots A_m$ は第1列から第 m 列までの成分はすべて0である。

特に，$A_1A_2\cdots A_n=O$ が成り立つ。

(2) **ケーリー・ハミルトンの定理**：

A の固有多項式を $f(t)$ とするとき，$f(A)=O$

を示せ。

3 **固有空間の次元**：A の固有値 λ が固有方程式の r 重解ならば

固有空間 $W(\lambda)$ の次元は r 以下　　すなわち，$\dim W(\lambda)\leqq r$

であることを示せ。この r を固有値 λ の**重複度**という。

過去問研究5－1（固有値・固有ベクトルと行列の対角化）

行列 $A=\begin{pmatrix} 2 & -1 & -2 \\ 0 & 1 & -2 \\ -1 & 1 & -1 \end{pmatrix}$ について，次の問いに答えよ。

(1)　A の固有値を求めよ。　　(2)　A の固有ベクトルを求めよ。

(3)　A を対角化せよ。　〈信州大学〉

解 説　$A\boldsymbol{x}=\lambda\boldsymbol{x}$ ($\boldsymbol{x}\neq\boldsymbol{0}$) を満たす λ を A の固有値，$\boldsymbol{x}$ を固有値 λ に対する固有ベクトルという。したがって，固有値 λ は固有方程式 $|A-tE|=0$ の解であり，固有ベクトル $\boldsymbol{x}$ は同次連立1次方程式 $(A-\lambda E)\boldsymbol{x}=\boldsymbol{0}$ の非自明な解である。固有値・固有ベクトルを利用して行列の対角化を考える。

解 答　(1)　$|A-tE|=\begin{vmatrix} 2-t & -1 & -2 \\ 0 & 1-t & -2 \\ -1 & 1 & -1-t \end{vmatrix}$

$=(2-t)(1-t)(-1-t)-2-2(1-t)+2(2-t)=(2-t)(1-t)(-1-t)$

$=-(t-2)(t-1)(t+1)$　　よって，固有値は　2, 1, −1　……〔答〕

(2)　(i)　固有値2に対する固有ベクトル

$$A-2E=\begin{pmatrix} 0 & -1 & -2 \\ 0 & -1 & -2 \\ -1 & 1 & -3 \end{pmatrix} \to \cdots \to \begin{pmatrix} 1 & 0 & 5 \\ 0 & 1 & 2 \\ 0 & 0 & 0 \end{pmatrix} \quad \therefore \quad \begin{cases} x+5z=0 \\ y+2z=0 \end{cases}$$

よって，求める固有ベクトルは

$$\begin{pmatrix} x \\ y \\ z \end{pmatrix}=\begin{pmatrix} -5a \\ -2a \\ a \end{pmatrix}=a\begin{pmatrix} -5 \\ -2 \\ 1 \end{pmatrix} \quad (a\neq 0) \quad \cdots\cdots〔答〕$$

(ii)　固有値1に対する固有ベクトル

$$A-E=\begin{pmatrix} 1 & -1 & -2 \\ 0 & 0 & -2 \\ -1 & 1 & -2 \end{pmatrix} \to \cdots \to \begin{pmatrix} 1 & -1 & 0 \\ 0 & 0 & 1 \\ 0 & 0 & 0 \end{pmatrix} \quad \therefore \quad \begin{cases} x-y=0 \\ z=0 \end{cases}$$

よって，求める固有ベクトルは

$$\begin{pmatrix} x \\ y \\ z \end{pmatrix}=\begin{pmatrix} b \\ b \\ 0 \end{pmatrix}=b\begin{pmatrix} 1 \\ 1 \\ 0 \end{pmatrix} \quad (b\neq 0) \quad \cdots\cdots〔答〕$$

(iii) 固有値 -1 に対する固有ベクトル

$$A+E=\begin{pmatrix} 3 & -1 & -2 \\ 0 & 2 & -2 \\ -1 & 1 & 0 \end{pmatrix} \to \cdots \to \begin{pmatrix} 1 & 0 & -1 \\ 0 & 1 & -1 \\ 0 & 0 & 0 \end{pmatrix} \qquad \therefore \quad \begin{cases} x-z=0 \\ y-z=0 \end{cases}$$

よって，求める固有ベクトルは

$$\begin{pmatrix} x \\ y \\ z \end{pmatrix}=\begin{pmatrix} c \\ c \\ c \end{pmatrix}=c\begin{pmatrix} 1 \\ 1 \\ 1 \end{pmatrix} \quad (c \neq 0) \quad \cdots\cdots〔答〕$$

(3) (2)の結果より

$$P=\begin{pmatrix} -5 & 1 & 1 \\ -2 & 1 & 1 \\ 1 & 0 & 1 \end{pmatrix}$$ とおくと P は正則であり

$$P^{-1}AP=\begin{pmatrix} 2 & 0 & 0 \\ 0 & 1 & 0 \\ 0 & 0 & -1 \end{pmatrix} \quad \cdots\cdots〔答〕$$

(注) 対角化の原理をもう一度復習してしておこう。

$A\boldsymbol{x}_1=\lambda_1\boldsymbol{x}_1$，$A\boldsymbol{x}_2=\lambda_2\boldsymbol{x}_2$，$A\boldsymbol{x}_3=\lambda_3\boldsymbol{x}_3$

より

$$A(\boldsymbol{x}_1 \quad \boldsymbol{x}_2 \quad \boldsymbol{x}_2)=(\lambda_1\boldsymbol{x}_1 \quad \lambda_2\boldsymbol{x}_2 \quad \lambda_3\boldsymbol{x}_3)=(\boldsymbol{x}_1 \quad \boldsymbol{x}_2 \quad \boldsymbol{x}_3)\begin{pmatrix} \lambda_1 & 0 & 0 \\ 0 & \lambda_2 & 0 \\ 0 & 0 & \lambda_3 \end{pmatrix}$$

よって，$P=(\boldsymbol{x}_1 \quad \boldsymbol{x}_2 \quad \boldsymbol{x}_3)$ とおくと　**⬅ P のつくり方**

$$AP=P\begin{pmatrix} \lambda_1 & 0 & 0 \\ 0 & \lambda_2 & 0 \\ 0 & 0 & \lambda_3 \end{pmatrix}$$ **⬅ ここまでは何の問題もなく進む**

ここで，$P=(\boldsymbol{x}_1 \quad \boldsymbol{x}_2 \quad \boldsymbol{x}_3)$ が正則であれば，両辺に左側から P^{-1} をかけて

$$P^{-1}AP=\begin{pmatrix} \lambda_1 & 0 & 0 \\ 0 & \lambda_2 & 0 \\ 0 & 0 & \lambda_3 \end{pmatrix}$$ **⬅ 対角化完了！　対角成分は固有値である！**

ところで，$P=(\boldsymbol{x}_1 \quad \boldsymbol{x}_2 \quad \boldsymbol{x}_3)$ が正則行列であるための必要十分条件は，$\boldsymbol{x}_1$，$\boldsymbol{x}_2$，$\boldsymbol{x}_3$ が1次独立であることである。

過去問研究 5 − 2（対角化の応用）

行列 $A=\begin{pmatrix}1 & 1 & 2\\ 1 & 0 & -1\\ 1 & -1 & 0\end{pmatrix}$ とベクトル $\boldsymbol{b}=\begin{pmatrix}1\\2\\3\end{pmatrix}$，$\boldsymbol{x}=\begin{pmatrix}x\\y\\z\end{pmatrix}$ について，以下の問いに答えよ。

(1)　$A\boldsymbol{x}=\boldsymbol{b}$ を解いて，$\boldsymbol{x}$ を求めよ。

(2)　行列 A の3つの固有値 $\lambda_1>\lambda_2>\lambda_3$ と，対応する固有ベクトル $\boldsymbol{p}_1$，$\boldsymbol{p}_2$，$\boldsymbol{p}_3$ を求めよ。ただし，固有ベクトルは，第3成分が1となるようにして示せ。

(3)　$P^{-1}AP$ が対角行列となるような正則行列 P を求めよ。そして，$P^{-1}A^nP$ を求めよ。　〈名古屋大学〉

解答　(1)　拡大係数行列を行基本変形すると

$$(A\quad\boldsymbol{b})=\begin{pmatrix}1 & 1 & 2 & 1\\ 1 & 0 & -1 & 2\\ 1 & -1 & 0 & 3\end{pmatrix}\to\cdots\to\begin{pmatrix}1 & 0 & 0 & 2\\ 0 & 1 & 0 & -1\\ 0 & 0 & 1 & 0\end{pmatrix}$$

よって，求める解は $\boldsymbol{x}=\begin{pmatrix}x\\y\\z\end{pmatrix}=\begin{pmatrix}2\\-1\\0\end{pmatrix}$　……〔答〕

(2)　$$|A-tE|=\begin{vmatrix}1-t & 1 & 2\\ 1 & -t & -1\\ 1 & -1 & -t\end{vmatrix}=t^2(1-t)-1-2+2t+t-(1-t)$$

$$=t^2(1-t)+4t-4=-(t-1)(t^2-4)=-(t-1)(t+2)(t-2)$$

よって，$\lambda_1=2$，$\lambda_2=1$，$\lambda_3=-2$　……〔答〕

(i)　固有値 $\lambda_1=2$ に対する固有ベクトル

$$A-2E=\begin{pmatrix}-1 & 1 & 2\\ 1 & -2 & -1\\ 1 & -1 & -2\end{pmatrix}\to\cdots\to\begin{pmatrix}1 & 0 & -3\\ 0 & 1 & -1\\ 0 & 0 & 0\end{pmatrix}\qquad\therefore\ \begin{cases}x-3z=0\\ y-z=0\end{cases}$$

よって，固有ベクトルは

$$\begin{pmatrix}x\\y\\z\end{pmatrix}=\begin{pmatrix}3a\\a\\a\end{pmatrix}=a\begin{pmatrix}3\\1\\1\end{pmatrix}\quad(a\neq 0)\qquad\therefore\ \boldsymbol{p}_1=\begin{pmatrix}3\\1\\1\end{pmatrix}$$　……〔答〕

(ii)　固有値 $\lambda_2=1$ に対する固有ベクトル

$$A-E=\begin{pmatrix}0&1&2\\1&-1&-1\\1&-1&-1\end{pmatrix}\to\cdots\to\begin{pmatrix}1&0&1\\0&1&2\\0&0&0\end{pmatrix}\quad\therefore\quad\begin{cases}x+z=0\\y+2z=0\end{cases}$$

よって，固有ベクトルは

$$\begin{pmatrix}x\\y\\z\end{pmatrix}=\begin{pmatrix}-b\\-2b\\b\end{pmatrix}=b\begin{pmatrix}-1\\-2\\1\end{pmatrix}\quad(b\neq0)\qquad\therefore\quad \boldsymbol{p}_2=\begin{pmatrix}-1\\-2\\1\end{pmatrix}$$ ……〔答〕

(iii)　固有値 $\lambda_3=-2$ に対する固有ベクトル

$$A+2E=\begin{pmatrix}3&1&2\\1&2&-1\\1&-1&2\end{pmatrix}\to\cdots\to\begin{pmatrix}1&0&1\\0&1&-1\\0&0&0\end{pmatrix}\quad\therefore\quad\begin{cases}x+z=0\\y-z=0\end{cases}$$

よって，固有ベクトルは

$$\begin{pmatrix}x\\y\\z\end{pmatrix}=\begin{pmatrix}-c\\c\\c\end{pmatrix}=c\begin{pmatrix}-1\\1\\1\end{pmatrix}\quad(c\neq0)\qquad\therefore\quad \boldsymbol{p}_3=\begin{pmatrix}-1\\1\\1\end{pmatrix}$$ ……〔答〕

(3)　(2)より

$$P=(\boldsymbol{p}_1\quad\boldsymbol{p}_2\quad\boldsymbol{p}_3)=\begin{pmatrix}3&-1&-1\\1&-2&1\\1&1&1\end{pmatrix}$$ とおくと P は正則行列で

$$P^{-1}AP=\begin{pmatrix}2&0&0\\0&1&0\\0&0&-2\end{pmatrix}$$

$$\therefore\quad P^{-1}A^nP=(P^{-1}AP)^n=\begin{pmatrix}2^n&0&0\\0&1&0\\0&0&(-2)^n\end{pmatrix}$$ ……〔答〕

〔注〕　(3)の結果に左側から P，右側から P^{-1} をかければ，A^n が求まる。

過去問研究 5 − 3（行列の三角化）

次の行列 A に対して，(1)〜(3)に答えよ。

$$A=\begin{pmatrix} 1 & 1 & 0 \\ -1 & 1 & 1 \\ -1 & 1 & 2 \end{pmatrix}$$

ただし，I は 3 次の単位行列，$\mathbf{0}$ は 3 次元零ベクトルを表す。

(1) 行列 A の固有値とその固有ベクトルの組 $(\lambda,\ \boldsymbol{p})$ の中で

$$(A-\lambda I)\boldsymbol{q}=\boldsymbol{p} \quad \text{かつ} \quad \boldsymbol{q}\neq\mathbf{0}$$

が成立するベクトル $\boldsymbol{q}$ が存在するような組を 1 つ求めよ。

(2) (1)の結果を用いて，$AP=PB$ が成立するような上三角行列 B と正則行列 P を求めよ。

(3) (2)の結果を用いて，A^n の各成分を n の式で表せ。〈京都大学〉

解説　任意の正方行列 A は適当な正則行列 P によって**三角化**可能である。そのとき，対角成分に A のすべての固有値が並ぶようにできる。本問では誘導に従って解いていけば問題はない。

解答　(1)　まず，行列 A の固有値とその固有ベクトルを求める。

$$|A-tI|=\begin{vmatrix} 1-t & 1 & 0 \\ -1 & 1-t & 1 \\ -1 & 1 & 2-t \end{vmatrix}=(1-t)^2(2-t)-1+(2-t)-(1-t)$$

$$=(1-t)^2(2-t)$$

$$=-(t-1)^2(t-2)$$

よって，固有値は 1（重解）と 2

(i) 固有値 1（重解）に対する固有ベクトル

$$A-I=\begin{pmatrix} 0 & 1 & 0 \\ -1 & 0 & 1 \\ -1 & 1 & 1 \end{pmatrix}\to\cdots\to\begin{pmatrix} 1 & 0 & -1 \\ 0 & 1 & 0 \\ 0 & 0 & 0 \end{pmatrix} \quad \therefore \begin{cases} x-z=0 \\ y=0 \end{cases}$$

よって，固有ベクトルは

$$\begin{pmatrix} x \\ y \\ z \end{pmatrix}=\begin{pmatrix} a \\ 0 \\ a \end{pmatrix}=a\begin{pmatrix} 1 \\ 0 \\ 1 \end{pmatrix} \quad (a\neq 0) \qquad \boldsymbol{p}_1=\begin{pmatrix} 1 \\ 0 \\ 1 \end{pmatrix} \text{とおく。}$$

(ii) 固有値 2 に対する固有ベクトル

$$A-2I=\begin{pmatrix}-1 & 1 & 0\\ -1 & -1 & 1\\ -1 & 1 & 0\end{pmatrix}\to\cdots\to\begin{pmatrix}1 & 0 & -\frac{1}{2}\\ 0 & 1 & -\frac{1}{2}\\ 0 & 0 & 0\end{pmatrix}\quad\therefore\quad\begin{cases}x-\frac{1}{2}z=0\\ y-\frac{1}{2}z=0\end{cases}$$

よって，固有ベクトルは

$$\begin{pmatrix}x\\ y\\ z\end{pmatrix}=\begin{pmatrix}b\\ b\\ 2b\end{pmatrix}=b\begin{pmatrix}1\\ 1\\ 2\end{pmatrix}\quad(b\neq 0)\qquad \boldsymbol{p}_2=\begin{pmatrix}1\\ 1\\ 2\end{pmatrix}\text{とおく。}$$

次に，連立 1 次方程式 $(A-\lambda I)\boldsymbol{q}=\boldsymbol{p}$ で非自明な解 $\boldsymbol{q}\neq\boldsymbol{0}$ をもつかどうか調べる。

(i) $\lambda=1$，$\boldsymbol{p}=\boldsymbol{p}_1$ のとき

$$(A-I\quad \boldsymbol{p}_1)=\begin{pmatrix}0 & 1 & 0 & 1\\ -1 & 0 & 1 & 0\\ -1 & 1 & 1 & 1\end{pmatrix}\to\cdots\to\begin{pmatrix}1 & 0 & -1 & 0\\ 0 & 1 & 0 & 1\\ 0 & 0 & 0 & 0\end{pmatrix}$$

$$\therefore\quad\begin{cases}x-z=0\\ y=1\end{cases}$$

よって，連立 1 次方程式 $(A-I)\boldsymbol{q}=\boldsymbol{p}_1$ の解は

$$\boldsymbol{q}=\begin{pmatrix}s\\ 1\\ s\end{pmatrix}\neq\boldsymbol{0}\qquad\text{特に，}s=0\text{ のとき }\boldsymbol{q}=\begin{pmatrix}0\\ 1\\ 0\end{pmatrix}$$

(ii) $\lambda=2$，$\boldsymbol{p}=\boldsymbol{p}_2$ のとき

$$(A-2I\quad \boldsymbol{p}_2)=\begin{pmatrix}-1 & 1 & 0 & 1\\ -1 & -1 & 1 & 1\\ -1 & 1 & 0 & 2\end{pmatrix}\to\begin{pmatrix}1 & -1 & 0 & -1\\ 0 & -2 & 1 & 0\\ 0 & 0 & 0 & 1\end{pmatrix}$$

よって，連立 1 次方程式 $(A-2I)\boldsymbol{q}=\boldsymbol{p}_2$ は解なし（3 行目に注意）。

以上より，題意の固有値とその固有ベクトルの組 $(\lambda,\ \boldsymbol{p})$ を次のようにとることができる。

$$\lambda=1,\ \boldsymbol{p}=\boldsymbol{p}_1=\begin{pmatrix}1\\ 0\\ 1\end{pmatrix}\quad\cdots\cdots\text{〔答〕}$$

(2)　(1)の計算より

$$A\boldsymbol{p}_1=\boldsymbol{p}_1,\ A\boldsymbol{q}=\boldsymbol{p}_1+\boldsymbol{q},\ A\boldsymbol{p}_2=2\boldsymbol{p}_2$$ ⬅ $(A-I)\boldsymbol{q}=\boldsymbol{p}_1$ より，$A\boldsymbol{q}=\boldsymbol{p}_1+\boldsymbol{q}$

よって

$$A(\boldsymbol{p}_1\ \ \boldsymbol{q}\ \ \boldsymbol{p}_2)=(\boldsymbol{p}_1\ \ \boldsymbol{p}_1+\boldsymbol{q}\ \ 2\boldsymbol{p}_2)=(\boldsymbol{p}_1\ \ \boldsymbol{q}\ \ \boldsymbol{p}_2)\begin{pmatrix}1&1&0\\0&1&0\\0&0&2\end{pmatrix}$$

そこで

$$P=(\boldsymbol{p}_1\ \ \boldsymbol{q}\ \ \boldsymbol{p}_2)=\begin{pmatrix}1&0&1\\0&1&1\\1&0&2\end{pmatrix},\ B=\begin{pmatrix}1&1&0\\0&1&0\\0&0&2\end{pmatrix}$$

とおくと B は上三角行列であり，$|P|=1\neq0$ より P は正則行列で，$AP=PB$ が成り立つ。

(3)　(2)より

$$P^{-1}AP=B\qquad\therefore\quad P^{-1}A^nP=B^n\qquad\therefore\quad A^n=PB^nP^{-1}$$

ここで簡単な計算により

$$B^n=\begin{pmatrix}1&n&0\\0&1&0\\0&0&2^n\end{pmatrix},\ P^{-1}=\begin{pmatrix}2&0&-1\\1&1&-1\\-1&0&1\end{pmatrix}$$

と求まるから

$$\begin{aligned}A^n&=PB^nP^{-1}\\&=\begin{pmatrix}1&0&1\\0&1&1\\1&0&2\end{pmatrix}\begin{pmatrix}1&n&0\\0&1&0\\0&0&2^n\end{pmatrix}\begin{pmatrix}2&0&-1\\1&1&-1\\-1&0&1\end{pmatrix}\\&=\begin{pmatrix}1&n&2^n\\0&1&2^n\\1&n&2^{n+1}\end{pmatrix}\begin{pmatrix}2&0&-1\\1&1&-1\\-1&0&1\end{pmatrix}\\&=\begin{pmatrix}-2^n+n+2&n&2^n-n-1\\-2^n+1&1&2^n-1\\-2^{n+1}+n+2&n&2^{n+1}-n-1\end{pmatrix}\end{aligned}$$ ……〔答〕

過去問研究 5－4（ケーリー・ハミルトンの定理）

$A=\begin{pmatrix} 0 & 1 & -1 \\ 3 & 0 & -4 \\ -1 & 1 & 0 \end{pmatrix}$ とし，I を 3 次の単位行列とする。以下の問いに答えよ。

(1) A の逆行列があれば求めよ。

(2) 行列式 $\det(\lambda I-A)$ を λ に関する多項式の形に整理せよ。

(3) $A\boldsymbol{x}=\lambda_0\boldsymbol{x}$ となる $\boldsymbol{0}\neq\boldsymbol{x}\in\boldsymbol{R}^3$ をもつような，実数 λ_0 を求めよ。また，そのときの $\boldsymbol{x}\neq\boldsymbol{0}$ を 1 つ答えよ。

(4) A^{2010} を求めよ。〈電気通信大学〉

解説 **ケーリー・ハミルトンの定理：**

$f(t)=\det(tI-A)$ とおくとき，$f(A)=O$

解答 (1) 簡単な計算により，$A^{-1}=\begin{pmatrix} 4 & -1 & -4 \\ 4 & -1 & -3 \\ 3 & -1 & -3 \end{pmatrix}$ ……〔答〕

(2) $\det(\lambda I-A)=|\lambda I-A|$

$$=\begin{vmatrix} \lambda & -1 & 1 \\ -3 & \lambda & 4 \\ 1 & -1 & \lambda \end{vmatrix}=\lambda^3-4+3-\lambda-3\lambda+4\lambda=\lambda^3-1$$ ……〔答〕

(3) (2)の結果より，実数 λ_0 は，$\lambda_0=1$ ……〔答〕

$$A-I=\begin{pmatrix} -1 & 1 & -1 \\ 3 & -1 & -4 \\ -1 & 1 & -1 \end{pmatrix}\to\cdots\to\begin{pmatrix} 1 & 0 & -\frac{5}{2} \\ 0 & 1 & -\frac{7}{2} \\ 0 & 0 & 0 \end{pmatrix} \quad \therefore \begin{cases} x-\frac{5}{2}z=0 \\ y-\frac{7}{2}z=0 \end{cases}$$

$\begin{pmatrix} x \\ y \\ z \end{pmatrix}=\begin{pmatrix} 5a \\ 7a \\ 2a \end{pmatrix}=a\begin{pmatrix} 5 \\ 7 \\ 2 \end{pmatrix}$ $(a\neq 0)$ $a=1$ ととれば，$\boldsymbol{x}=\begin{pmatrix} 5 \\ 7 \\ 2 \end{pmatrix}\neq\boldsymbol{0}$ ……〔答〕

(4) ケーリー・ハミルトンの定理より，$A^3-I=O$ $\quad\therefore\quad A^3=I$

よって，$A^{2010}=(A^3)^{670}=I^{670}=I=\begin{pmatrix} 1 & 0 & 0 \\ 0 & 1 & 0 \\ 0 & 0 & 1 \end{pmatrix}$ ……〔答〕

第6章 内積空間

6.1 内　積

〔目標〕 ベクトル空間に内積が与えられると，ベクトルの“大きさ”や“直交”といった内容が現れる。これらの内容を自由に使えるように練習する。

(1) 標準内積

まずは馴染みのある $\boldsymbol{R}^n$ の内積，すなわち“標準内積”から始めよう。

標準内積

$\boldsymbol{R}^n$ のベクトル $\boldsymbol{a}={}^t(a_1 \quad a_2 \quad \cdots \quad a_n)$，$\boldsymbol{b}={}^t(b_1 \quad b_2 \quad \cdots \quad b_n)$ に対し

$$(\boldsymbol{a},\ \boldsymbol{b})=a_1b_1+a_2b_2+\cdots+a_nb_n$$

を $\boldsymbol{R}^n$ の**標準内積**という。

(注) 内積の記号は，$(\boldsymbol{a},\ \boldsymbol{b})$ の他に，$\boldsymbol{a}\cdot\boldsymbol{b}$ や $\langle\boldsymbol{a},\ \boldsymbol{b}\rangle$ などがよく使われる。

［定理］（標準内積の基本性質）

$\boldsymbol{R}^n$ の標準内積は次の性質を満たす。

(i) $(\boldsymbol{a},\ \boldsymbol{b})=(\boldsymbol{b},\ \boldsymbol{a})$ ⬅ **対称性**

(ii) $(\boldsymbol{a}+\boldsymbol{b},\ \boldsymbol{c})=(\boldsymbol{a},\ \boldsymbol{c})+(\boldsymbol{b},\ \boldsymbol{c})$

(iii) $(k\boldsymbol{a},\ \boldsymbol{b})=k(\boldsymbol{a},\ \boldsymbol{b})$ $(k\in\boldsymbol{R})$

（(ii)(iii) ⬅ **線形性**）

(iv) $(\boldsymbol{a},\ \boldsymbol{a})\geqq 0$ （等号成立の条件は $\boldsymbol{a}=\boldsymbol{0}$） ⬅ **正値性**

(証明) 標準内積の定義から明らか。 □

また，$\boldsymbol{R}^n$ のベクトルの“大きさ”や“直交”を次のように定義する。

ベクトルの大きさ

標準内積が与えられた $\boldsymbol{R}^n$ において，ベクトル $\boldsymbol{a}={}^t(a_1 \quad a_2 \quad \cdots \quad a_n)$ の**大きさ**を

$$|\boldsymbol{a}|=\sqrt{a_1{}^2+a_2{}^2+\cdots+a_n{}^2}$$

と定義する。これは標準内積を用いると $|\boldsymbol{a}|=\sqrt{(\boldsymbol{a},\ \boldsymbol{a})}$ と表される。

(注)　$|\boldsymbol{a}|$ を二重線を用いて $\|\boldsymbol{a}\|$ と表すこともある。

ベクトルの直交

$\boldsymbol{a}$，$\boldsymbol{b}$ が $(\boldsymbol{a},\ \boldsymbol{b})=0$ をみたすとき，$\boldsymbol{a}$，$\boldsymbol{b}$ は互いに**直交する**といい，$\boldsymbol{a}\perp\boldsymbol{b}$ で表す。

(2)　正規直交系

ベクトル空間に内積が与えれると，ベクトルの大きさやベクトルの直交といったことが考えられるようになる。少し言葉を準備しよう。

正規直交系

$\{\boldsymbol{a}_1,\ \boldsymbol{a}_2,\ \cdots,\ \boldsymbol{a}_n\}$ が次の(i)，(ii)を満たすとき，$\{\boldsymbol{a}_1,\ \boldsymbol{a}_2,\ \cdots,\ \boldsymbol{a}_n\}$ は**正規直交系**であるという。

(i)　$|\boldsymbol{a}_i|=1 \quad (i=1,\ 2,\ \cdots,\ n)$　　　(ii)　$\boldsymbol{a}_i\perp\boldsymbol{a}_j \quad (i\neq j)$

また，正規直交系である基底を**正規直交基底**という。

【例】　$\boldsymbol{R}^n$ の標準基底を $\{\boldsymbol{e}_1,\ \boldsymbol{e}_2,\ \cdots,\ \boldsymbol{e}_n\}$ とすると

(i) $|\boldsymbol{e}_i|=1 \quad (i=1,\ 2,\ \cdots,\ n)$　　　(ii)　$\boldsymbol{e}_i\perp\boldsymbol{e}_j \quad (i\neq j)$

であるから，標準基底 $\{\boldsymbol{e}_1,\ \boldsymbol{e}_2,\ \cdots,\ \boldsymbol{e}_n\}$ は正規直交基底である。　□

次に，与えられた基底を正規直交基底に組み直す方法がないか考えてみよう。

【例】 $\boldsymbol{R}^2$ の正規直交基底でない基底 $\{\boldsymbol{a}_1,\ \boldsymbol{a}_2\}$ が与えられているとする。これを正規直交基底 $\{\boldsymbol{b}_1,\ \boldsymbol{b}_2\}$ に組み直そう。
$\boldsymbol{b}_1$ は簡単である。とりあえず $\boldsymbol{a}_1$ 自身の大きさを1にするだけでよいから

$$\boldsymbol{b}_1=\frac{\boldsymbol{a}_1}{|\boldsymbol{a}_1|}$$

$\boldsymbol{b}_2$ は少し厄介である。$\boldsymbol{a}_2$ の大きさを1にするだけでは $\boldsymbol{b}_1$ と直交するとは限らない。そこで，$\boldsymbol{a}_2$ とすでにできている $\boldsymbol{b}_1$ を用いて，$\boldsymbol{b}_1$ と直交するベクトルをつくることを考える。
$(\boldsymbol{a}_2+k\boldsymbol{b}_1)\perp\boldsymbol{b}_1$ とすると，$(\boldsymbol{a}_2+k\boldsymbol{b}_1,\ \boldsymbol{b}_1)=0$

$$\therefore\quad (\boldsymbol{a}_2,\ \boldsymbol{b}_1)+k|\boldsymbol{b}_1|^2=0 \qquad \therefore\quad k=-(\boldsymbol{a}_2,\ \boldsymbol{b}_1)$$

よって，$\boldsymbol{a}_2-(\boldsymbol{a}_2,\ \boldsymbol{b}_1)\boldsymbol{b}_1$ が $\boldsymbol{b}_1$ と直交するベクトルである。

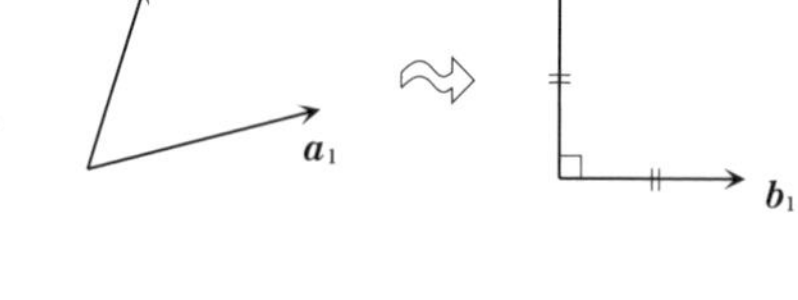

あとは大きさを1にするだけでよいから

$$\boldsymbol{b}_2=\frac{\boldsymbol{a}_2-(\boldsymbol{a}_2,\ \boldsymbol{b}_1)\boldsymbol{b}_1}{|\boldsymbol{a}_2-(\boldsymbol{a}_2,\ \boldsymbol{b}_1)\boldsymbol{b}_1|}$$

以上により，正規直交基底 $\{\boldsymbol{b}_1,\ \boldsymbol{b}_2\}$ が完成した。 □

問 1 $\boldsymbol{R}^3$ の正規直交基底でない基底 $\{\boldsymbol{a}_1,\ \boldsymbol{a}_2,\ \boldsymbol{a}_3\}$ が与えられているとする。これを正規直交基底 $\{\boldsymbol{b}_1,\ \boldsymbol{b}_2,\ \boldsymbol{b}_3\}$ に組み直せ。
(解) **【例】** で見たように，$\boldsymbol{b}_1$，$\boldsymbol{b}_2$ については

$$\boldsymbol{b}_1=\frac{\boldsymbol{a}_1}{|\boldsymbol{a}_1|},\ \ \boldsymbol{b}_2=\frac{\boldsymbol{a}_2-(\boldsymbol{a}_2,\ \boldsymbol{b}_1)\boldsymbol{b}_1}{|\boldsymbol{a}_2-(\boldsymbol{a}_2,\ \boldsymbol{b}_1)\boldsymbol{b}_1|}$$

である。
同様に考えて $\boldsymbol{b}_3$ をつくる。
まず，$\boldsymbol{a}_3$ と $\boldsymbol{b}_1$，$\boldsymbol{b}_2$ を用いて，$\boldsymbol{b}_1$，$\boldsymbol{b}_2$ の両方と直交するベクトルをつくる。
$(\boldsymbol{a}_3+k\boldsymbol{b}_1+l\boldsymbol{b}_2)\perp\boldsymbol{b}_1$ とすると，$(\boldsymbol{a}_3+k\boldsymbol{b}_1+l\boldsymbol{b}_2,\ \boldsymbol{b}_1)=0$

$$\therefore\quad (\boldsymbol{a}_3,\ \boldsymbol{b}_1)+k|\boldsymbol{b}_1|^2+l(\boldsymbol{b}_2,\ \boldsymbol{b}_1)=0$$

$$\therefore\quad (\boldsymbol{a}_3,\ \boldsymbol{b}_1)+k\cdot 1+l\cdot 0=0 \qquad \therefore\quad k=-(\boldsymbol{a}_3,\ \boldsymbol{b}_1)$$

$(\boldsymbol{a}_3+k\boldsymbol{b}_1+l\boldsymbol{b}_2)\perp\boldsymbol{b}_2$ とすると，$(\boldsymbol{a}_3+k\boldsymbol{b}_1+l\boldsymbol{b}_2,\ \boldsymbol{b}_2)=0$

$$\therefore\quad (\boldsymbol{a}_3,\ \boldsymbol{b}_2)+k(\boldsymbol{b}_1,\ \boldsymbol{b}_2)+l|\boldsymbol{b}_2|^2=0$$

$$\therefore\quad (\boldsymbol{a}_3,\ \boldsymbol{b}_2)+k\cdot 0+l\cdot 1=0 \qquad \therefore\quad l=-(\boldsymbol{a}_3,\ \boldsymbol{b}_2)$$

よって，$\boldsymbol{a}_3-(\boldsymbol{a}_3,\ \boldsymbol{b}_1)\boldsymbol{b}_1-(\boldsymbol{a}_3,\ \boldsymbol{b}_2)\boldsymbol{b}_2$ が $\boldsymbol{b}_1$，$\boldsymbol{b}_2$ の両方と直交するベクトルである。

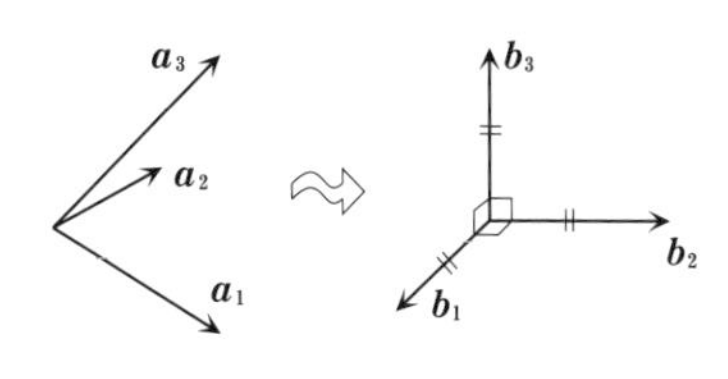

あとは大きさを1にするだけでよいから

$$\boldsymbol{b}_3=\frac{\boldsymbol{a}_3-(\boldsymbol{a}_3,\ \boldsymbol{b}_1)\boldsymbol{b}_1-(\boldsymbol{a}_3,\ \boldsymbol{b}_2)\boldsymbol{b}_2}{|\boldsymbol{a}_3-(\boldsymbol{a}_3,\ \boldsymbol{b}_1)\boldsymbol{b}_1-(\boldsymbol{a}_3,\ \boldsymbol{b}_2)\boldsymbol{b}_2|}$$

以上により，正規直交基底 $\{\boldsymbol{b}_1,\ \boldsymbol{b}_2,\ \boldsymbol{b}_3\}$ が完成した。 □

この方法は“グラム・シュミットの正規直交化法”の名で知られている。

［定理］（グラム・シュミットの正規直交化法）

$\boldsymbol{R}^n$ の与えられた基底 $\{\boldsymbol{a}_1,\ \boldsymbol{a}_2,\ \cdots,\ \boldsymbol{a}_n\}$ から次の手順で正規直交基底を構成する。

$$\boldsymbol{b}_1=\frac{\boldsymbol{a}_1}{|\boldsymbol{a}_1|},\quad \boldsymbol{b}_2=\frac{\boldsymbol{a}_2-(\boldsymbol{a}_2,\ \boldsymbol{b}_1)\boldsymbol{b}_1}{|\boldsymbol{a}_2-(\boldsymbol{a}_2,\ \boldsymbol{b}_1)\boldsymbol{b}_1|}$$

$$\boldsymbol{b}_3=\frac{\boldsymbol{a}_3-(\boldsymbol{a}_3,\ \boldsymbol{b}_1)\boldsymbol{b}_1-(\boldsymbol{a}_3,\ \boldsymbol{b}_2)\boldsymbol{b}_2}{|\boldsymbol{a}_3-(\boldsymbol{a}_3,\ \boldsymbol{b}_1)\boldsymbol{b}_1-(\boldsymbol{a}_3,\ \boldsymbol{b}_2)\boldsymbol{b}_2|}$$

以下，同様にして $\boldsymbol{b}_1,\ \boldsymbol{b}_2,\ \cdots,\ \boldsymbol{b}_k$ に対して $\boldsymbol{b}_{k+1}$ を定めていく。
こうして，正規直交基底 $\{\boldsymbol{b}_1,\ \boldsymbol{b}_2,\ \cdots,\ \boldsymbol{b}_n\}$ が構成できる。

（注） ベクトルの大きさを1にすることを**正規化**という。

【参考】 本書では正規直交化の作業を“正規化しながら”進めていったが，まず直交化の作業だけを先に行い，最後に正規化の作業をまとめて行うやり方もある。簡単のため3つのベクトルで説明する。

1次独立な3つのベクトル $\{\boldsymbol{a}_1,\ \boldsymbol{a}_2,\ \boldsymbol{a}_3\}$ が与えられたとする。

まず，次のようにして直交化の作業だけ進める（直交化の考え方は前と同じ)。

$\boldsymbol{b}_1=\boldsymbol{a}_1$ とおく。 ⬅ **$\boldsymbol{b}_1$ は大きさ1のベクトルとは限らない!!**

$$\boldsymbol{b}_2=\boldsymbol{a}_2-\frac{(\boldsymbol{a}_2,\ \boldsymbol{b}_1)}{|\boldsymbol{b}_1|^2}\boldsymbol{b}_1$$ ⬅ **$\boldsymbol{a}_1$，$\boldsymbol{a}_2$ の1次独立性より $\boldsymbol{b}_2\neq 0$**

$$\boldsymbol{b}_3=\boldsymbol{a}_3-\frac{(\boldsymbol{a}_3,\ \boldsymbol{b}_1)}{|\boldsymbol{b}_1|^2}\boldsymbol{b}_1-\frac{(\boldsymbol{a}_3,\ \boldsymbol{b}_2)}{|\boldsymbol{b}_2|^2}\boldsymbol{b}_2$$ ⬅ **$\boldsymbol{a}_1$，$\boldsymbol{a}_2$，$\boldsymbol{a}_3$ の1次独立性より $\boldsymbol{b}_3\neq 0$**

最後に

$$\boldsymbol{c}_1=\frac{\boldsymbol{b}_1}{|\boldsymbol{b}_1|},\quad \boldsymbol{c}_2=\frac{\boldsymbol{b}_2}{|\boldsymbol{b}_2|},\quad \boldsymbol{c}_3=\frac{\boldsymbol{b}_3}{|\boldsymbol{b}_3|}$$

により正規化して，正規直交系 $\{\boldsymbol{c}_1,\ \boldsymbol{c}_2,\ \boldsymbol{c}_3\}$ を得る。

問 2　次の $\boldsymbol{R}^3$ の基底を正規直交化せよ。

$$\boldsymbol{a}_1=\begin{pmatrix}1\\1\\1\end{pmatrix},\ \boldsymbol{a}_2=\begin{pmatrix}1\\2\\3\end{pmatrix},\ \boldsymbol{a}_3=\begin{pmatrix}2\\1\\3\end{pmatrix}$$

（解）　$\boldsymbol{b}_1=\dfrac{\boldsymbol{a}_1}{|\boldsymbol{a}_1|}=\dfrac{1}{\sqrt{3}}\begin{pmatrix}1\\1\\1\end{pmatrix}$　← $\boldsymbol{b}_1$ は簡単

次に

$$\boldsymbol{a}_2-(\boldsymbol{a}_2,\ \boldsymbol{b}_1)\boldsymbol{b}_1=\begin{pmatrix}1\\2\\3\end{pmatrix}-\frac{6}{\sqrt{3}}\cdot\frac{1}{\sqrt{3}}\begin{pmatrix}1\\1\\1\end{pmatrix}=\begin{pmatrix}-1\\0\\1\end{pmatrix}\qquad \text{大きさは } \sqrt{2}$$

より

$$\boldsymbol{b}_2=\frac{\boldsymbol{a}_2-(\boldsymbol{a}_2,\ \boldsymbol{b}_1)\boldsymbol{b}_1}{|\boldsymbol{a}_2-(\boldsymbol{a}_2,\ \boldsymbol{b}_1)\boldsymbol{b}_1|}=\frac{1}{\sqrt{2}}\begin{pmatrix}-1\\0\\1\end{pmatrix}$$

また

$$\boldsymbol{a}_3-(\boldsymbol{a}_3,\ \boldsymbol{b}_1)\boldsymbol{b}_1-(\boldsymbol{a}_3,\ \boldsymbol{b}_2)\boldsymbol{b}_2$$

$$=\begin{pmatrix}2\\1\\3\end{pmatrix}-\frac{6}{\sqrt{3}}\cdot\frac{1}{\sqrt{3}}\begin{pmatrix}1\\1\\1\end{pmatrix}-\frac{1}{\sqrt{2}}\cdot\frac{1}{\sqrt{2}}\begin{pmatrix}-1\\0\\1\end{pmatrix}=\frac{1}{2}\begin{pmatrix}1\\-2\\1\end{pmatrix}\qquad \text{大きさは } \frac{\sqrt{6}}{2}$$

より

$$\boldsymbol{b}_3=\frac{\boldsymbol{a}_3-(\boldsymbol{a}_3,\ \boldsymbol{b}_1)\boldsymbol{b}_1-(\boldsymbol{a}_3,\ \boldsymbol{b}_2)\boldsymbol{b}_2}{|\boldsymbol{a}_3-(\boldsymbol{a}_3,\ \boldsymbol{b}_1)\boldsymbol{b}_1-(\boldsymbol{a}_3,\ \boldsymbol{b}_2)\boldsymbol{b}_2|}=\frac{2}{\sqrt{6}}\cdot\frac{1}{2}\begin{pmatrix}1\\-2\\1\end{pmatrix}=\frac{1}{\sqrt{6}}\begin{pmatrix}1\\-2\\1\end{pmatrix}$$

以上より，求める正規直交基底は

$$\boldsymbol{b}_1=\frac{1}{\sqrt{3}}\begin{pmatrix}1\\1\\1\end{pmatrix},\ \boldsymbol{b}_2=\frac{1}{\sqrt{2}}\begin{pmatrix}-1\\0\\1\end{pmatrix},\ \boldsymbol{b}_3=\frac{1}{\sqrt{6}}\begin{pmatrix}1\\-2\\1\end{pmatrix}$$

□

正規直交系について次が成り立つ。

［定理］（正規直交系の1次独立性）

正規直交系 $\{\boldsymbol{a}_1, \boldsymbol{a}_2, \cdots, \boldsymbol{a}_n\}$ は1次独立である。

（証明） $k_1\boldsymbol{a}_1+k_2\boldsymbol{a}_2+\cdots+k_n\boldsymbol{a}_n=\boldsymbol{0}$ とする。

$$0=(\boldsymbol{a}_1, \boldsymbol{0})=(\boldsymbol{a}_1, k_1\boldsymbol{a}_1+k_2\boldsymbol{a}_2+\cdots+k_n\boldsymbol{a}_n)$$
$$=k_1|\boldsymbol{a}_1|^2+k_2(\boldsymbol{a}_1, \boldsymbol{a}_2)+\cdots+k_n(\boldsymbol{a}_1, \boldsymbol{a}_n)$$
$$=k_1\cdot 1+k_2\cdot 0+\cdots+k_n\cdot 0=k_1 \qquad \therefore \quad k_1=0$$

同様にして，$k_1=k_2=\cdots=k_n=0$ を得る。 □

（3） 抽象的な内積

ベクトル空間は，$\boldsymbol{R}^n$ に限らない，さらに抽象的なものまで学習してきた。そこで，内積もまたより一般的な枠組みで考えることにしよう。

（抽象的な）内積

任意のベクトル $\boldsymbol{a}$, $\boldsymbol{b}\in V$ に対し，実数 $(\boldsymbol{a}, \boldsymbol{b})$ が定義されて，次の(i)～(iv)が成り立つとき，$(\boldsymbol{a}, \boldsymbol{b})$ を $\boldsymbol{a}$, $\boldsymbol{b}$ の**内積**という。

(i) $(\boldsymbol{a}, \boldsymbol{b})=(\boldsymbol{b}, \boldsymbol{a})$ ⬅ **対称性**

(ii) $(\boldsymbol{a}+\boldsymbol{b}, \boldsymbol{c})=(\boldsymbol{a}, \boldsymbol{c})+(\boldsymbol{b}, \boldsymbol{c})$

(iii) $(k\boldsymbol{a}, \boldsymbol{b})=k(\boldsymbol{a}, \boldsymbol{b})$ $(k\in\boldsymbol{R})$

（(ii)，(iii)）⬅ **線形性**

(iv) $(\boldsymbol{a}, \boldsymbol{a})\geqq 0$ （等号成立の条件は $\boldsymbol{a}=0$） ⬅ **正値性**

また，内積の定義されたベクトル空間を**内積空間**という。

ベクトルの大きさ

$|\boldsymbol{a}|=\sqrt{(\boldsymbol{a}, \boldsymbol{a})}$ をベクトル $\boldsymbol{a}$ の**大きさ**という。

（注） $|\boldsymbol{a}|$ を $\|\boldsymbol{a}\|$ と表すこともある。

ベクトルの直交

$\boldsymbol{a}$, $\boldsymbol{b}$ が $(\boldsymbol{a}, \boldsymbol{b})=0$ をみたすとき，$\boldsymbol{a}$, $\boldsymbol{b}$ は互いに**直交する**といい，$\boldsymbol{a}\perp\boldsymbol{b}$ で表す。

ベクトルの大きさについて，次が成り立つ。

［公式］

(i)　$|(\boldsymbol{a},\ \boldsymbol{b})| \leqq \|\boldsymbol{a}\| \cdot \|\boldsymbol{b}\|$　　　(ii)　$\|\boldsymbol{a}+\boldsymbol{b}\| \leqq \|\boldsymbol{a}\| + \|\boldsymbol{b}\|$

問 3　$\boldsymbol{R}[x]_2$ の内積を

$$(f,\ g)=\int_{-1}^{1} f(x)g(x)\,dx \qquad \text{ただし}\quad f,\ g \in \boldsymbol{R}[x]_2$$

で定義するとき，$\boldsymbol{R}[x]_2$ の 2 つのベクトル 1，x の大きさをそれぞれ求めよ。また，この 2 つのベクトルは直交するかどうか調べよ。

(解)　ここではベクトルの大きさを，絶対値と勘違いしないように，二重線 $\|\cdot\|$ で表しておこう。

$$\|1\|^2=(1,\ 1)=\int_{-1}^{1} 1\cdot 1\,dx=2 \qquad \therefore\quad \|1\|=\sqrt{2}$$

$$\|x\|^2=(x,\ x)=\int_{-1}^{1} x^2\,dx=\frac{2}{3} \qquad \therefore\quad \|x\|=\sqrt{\frac{2}{3}}=\frac{\sqrt{6}}{3}$$

$$(1,\ x)=\int_{-1}^{1} 1\cdot x\,dx=0 \qquad \therefore\quad 1 \perp x$$

すなわち，直交する。　□

問 4　$M(2,\ \boldsymbol{R})$ の内積を

$$(A,\ B)=\mathrm{tr}\,({}^tAB) \qquad \text{ただし}\quad A,\ B \in M(2,\ \boldsymbol{R})$$

で定義するとき，$M(2,\ \boldsymbol{R})$ の 2 つのベクトル

$$A=\begin{pmatrix} a_1 & a_2 \\ a_3 & a_4 \end{pmatrix},\quad B=\begin{pmatrix} b_1 & b_2 \\ b_3 & b_4 \end{pmatrix}$$

の内積 $(A,\ B)$ を行列の成分を用いて表せ。

(解)　$${}^tAB=\begin{pmatrix} a_1 & a_3 \\ a_2 & a_4 \end{pmatrix}\begin{pmatrix} b_1 & b_2 \\ b_3 & b_4 \end{pmatrix}=\begin{pmatrix} a_1b_1+a_3b_3 & * \\ * & a_2b_2+a_4b_4 \end{pmatrix}$$

より

$$\begin{aligned}(A,\ B)&=\mathrm{tr}\,({}^tAB)\\ &=a_1b_1+a_2b_2+a_3b_3+a_4b_4\end{aligned}$$

□

例題 1 (正規直交化①)

次の $\boldsymbol{R}^3$ の基底を正規直交化せよ。

$$\boldsymbol{a}_1=\begin{pmatrix}1\\1\\0\end{pmatrix},\ \boldsymbol{a}_2=\begin{pmatrix}-1\\2\\3\end{pmatrix},\ \boldsymbol{a}_3=\begin{pmatrix}0\\1\\2\end{pmatrix}$$

解説　グラム・シュミットの正規直交化法に従う。

解答　$\boldsymbol{b}_1=\dfrac{\boldsymbol{a}_1}{|\boldsymbol{a}_1|}=\dfrac{1}{\sqrt{2}}\begin{pmatrix}1\\1\\0\end{pmatrix}$　⬅ $\boldsymbol{b}_1$ は簡単

次に

$$\boldsymbol{a}_2-(\boldsymbol{a}_2,\ \boldsymbol{b}_1)\boldsymbol{b}_1$$

$$=\begin{pmatrix}-1\\2\\3\end{pmatrix}-\frac{1}{\sqrt{2}}\cdot\frac{1}{\sqrt{2}}\begin{pmatrix}1\\1\\0\end{pmatrix}=\frac{3}{2}\begin{pmatrix}-1\\1\\2\end{pmatrix}\qquad \text{大きさは } \frac{3\sqrt{6}}{2}$$

より

$$\boldsymbol{b}_2=\frac{\boldsymbol{a}_2-(\boldsymbol{a}_2,\ \boldsymbol{b}_1)\boldsymbol{b}_1}{|\boldsymbol{a}_2-(\boldsymbol{a}_2,\ \boldsymbol{b}_1)\boldsymbol{b}_1|}=\frac{2}{3\sqrt{6}}\cdot\frac{3}{2}\begin{pmatrix}-1\\1\\2\end{pmatrix}=\frac{1}{\sqrt{6}}\begin{pmatrix}-1\\1\\2\end{pmatrix}$$

また

$$\boldsymbol{a}_3-(\boldsymbol{a}_3,\ \boldsymbol{b}_1)\boldsymbol{b}_1-(\boldsymbol{a}_3,\ \boldsymbol{b}_2)\boldsymbol{b}_2$$

$$=\begin{pmatrix}0\\1\\2\end{pmatrix}-\frac{1}{\sqrt{2}}\cdot\frac{1}{\sqrt{2}}\begin{pmatrix}1\\1\\0\end{pmatrix}-\frac{5}{\sqrt{6}}\cdot\frac{1}{\sqrt{6}}\begin{pmatrix}-1\\1\\2\end{pmatrix}=\frac{1}{3}\begin{pmatrix}1\\-1\\1\end{pmatrix}\qquad \text{大きさは } \frac{\sqrt{3}}{3}$$

より

$$\boldsymbol{b}_3=\frac{\boldsymbol{a}_3-(\boldsymbol{a}_3,\ \boldsymbol{b}_1)\boldsymbol{b}_1-(\boldsymbol{a}_3,\ \boldsymbol{b}_2)\boldsymbol{b}_2}{|\boldsymbol{a}_3-(\boldsymbol{a}_3,\ \boldsymbol{b}_1)\boldsymbol{b}_1-(\boldsymbol{a}_3,\ \boldsymbol{b}_2)\boldsymbol{b}_2|}=\frac{3}{\sqrt{3}}\cdot\frac{1}{3}\begin{pmatrix}1\\-1\\1\end{pmatrix}=\frac{1}{\sqrt{3}}\begin{pmatrix}1\\-1\\1\end{pmatrix}$$

以上より，求める正規直交基底は

$$\boldsymbol{b}_1=\frac{1}{\sqrt{2}}\begin{pmatrix}1\\1\\0\end{pmatrix},\ \boldsymbol{b}_2=\frac{1}{\sqrt{6}}\begin{pmatrix}-1\\1\\2\end{pmatrix},\ \boldsymbol{b}_3=\frac{1}{\sqrt{3}}\begin{pmatrix}1\\-1\\1\end{pmatrix}$$ ……〔答〕

例題 2（正規直交化②）

$\boldsymbol{R}[x]_2$ の内積を

$$(f,\ g)=\int_0^1 f(x)g(x)\,dx \qquad \text{ただし}\quad f,\ g\in\boldsymbol{R}[x]_2$$

で定義するとき，$\boldsymbol{R}[x]_2$ の基底 $\{1,\ x,\ x^2\}$ を正規直交化せよ。

解説　一般のベクトル空間の抽象的な内積も練習しておこう。

解答　$\boldsymbol{a}_1=1,\ \boldsymbol{a}_2=x,\ \boldsymbol{a}_3=x^2$ とおく。（ベクトルの大きさを $\|\cdot\|$ で表す。）

$$\|\boldsymbol{a}_1\|^2=(\boldsymbol{a}_1,\ \boldsymbol{a}_1)=\int_0^1 1\cdot 1\,dx=1 \qquad \therefore\quad \|\boldsymbol{a}_1\|=1 \qquad \text{よって，}\ \boldsymbol{b}_1=\frac{\boldsymbol{a}_1}{\|\boldsymbol{a}_1\|}=1$$

次に

$$(\boldsymbol{a}_2,\ \boldsymbol{b}_1)=\int_0^1 x\cdot 1\,dx=\frac{1}{2}\ \text{より，}\ \boldsymbol{a}_2-(\boldsymbol{a}_2,\ \boldsymbol{b}_1)\boldsymbol{b}_1=x-\frac{1}{2}$$

ここで，$\|\boldsymbol{a}_2-(\boldsymbol{a}_2,\ \boldsymbol{b}_1)\boldsymbol{b}_1\|^2=\displaystyle\int_0^1\left(x-\frac{1}{2}\right)^2 dx=\frac{1}{12}$

$$\therefore\quad \|\boldsymbol{a}_2-(\boldsymbol{a}_2,\ \boldsymbol{b}_1)\boldsymbol{b}_1\|=\frac{1}{2\sqrt{3}}$$

よって，$\boldsymbol{b}_2=\dfrac{\boldsymbol{a}_2-(\boldsymbol{a}_2,\ \boldsymbol{b}_1)\boldsymbol{b}_1}{\|\boldsymbol{a}_2-(\boldsymbol{a}_2,\ \boldsymbol{b}_1)\boldsymbol{b}_1\|}=2\sqrt{3}\left(x-\dfrac{1}{2}\right)$

最後に

$$(\boldsymbol{a}_3,\ \boldsymbol{b}_1)=\int_0^1 x^2\cdot 1\,dx=\frac{1}{3},\ (\boldsymbol{a}_3,\ \boldsymbol{b}_2)=\int_0^1 x^2\cdot 2\sqrt{3}\left(x-\frac{1}{2}\right)dx=\frac{\sqrt{3}}{6}$$

より

$$\boldsymbol{a}_3-(\boldsymbol{a}_3,\ \boldsymbol{b}_1)\boldsymbol{b}_1-(\boldsymbol{a}_3,\ \boldsymbol{b}_2)\boldsymbol{b}_2=x^2-\frac{1}{3}\cdot 1-\frac{\sqrt{3}}{6}\cdot 2\sqrt{3}\left(x-\frac{1}{2}\right)=x^2-x+\frac{1}{6}$$

ここで，$\|\boldsymbol{a}_3-(\boldsymbol{a}_3,\ \boldsymbol{b}_1)\boldsymbol{b}_1-(\boldsymbol{a}_3,\ \boldsymbol{b}_2)\boldsymbol{b}_2\|^2=\displaystyle\int_0^1\left(x^2-x+\frac{1}{6}\right)^2 dx=\cdots=\frac{1}{5\cdot 36}$

$$\therefore\quad \|\boldsymbol{a}_3-(\boldsymbol{a}_3,\ \boldsymbol{b}_1)\boldsymbol{b}_1-(\boldsymbol{a}_3,\ \boldsymbol{b}_2)\boldsymbol{b}_2\|=\frac{1}{6\sqrt{5}}$$

よって，$\boldsymbol{b}_3=\dfrac{\boldsymbol{a}_3-(\boldsymbol{a}_3,\ \boldsymbol{b}_1)\boldsymbol{b}_1-(\boldsymbol{a}_3,\ \boldsymbol{b}_2)\boldsymbol{b}_2}{\|\boldsymbol{a}_3-(\boldsymbol{a}_3,\ \boldsymbol{b}_1)\boldsymbol{b}_1-(\boldsymbol{a}_3,\ \boldsymbol{b}_2)\boldsymbol{b}_2\|}=6\sqrt{5}\left(x^2-x+\dfrac{1}{6}\right)$

以上より，求める正規直交基底は

$$\boldsymbol{b}_1=1,\ \boldsymbol{b}_2=2\sqrt{3}\left(x-\frac{1}{2}\right),\ \boldsymbol{b}_3=6\sqrt{5}\left(x^2-x+\frac{1}{6}\right)$$ ……〔答〕

■ 演習問題　6.1

▶解答は p. 253

1　次の $\boldsymbol{R}^3$ の基底を正規直交化せよ。

$$\boldsymbol{a}_1=\begin{pmatrix}1\\0\\-1\end{pmatrix},\ \boldsymbol{a}_2=\begin{pmatrix}2\\-1\\0\end{pmatrix},\ \boldsymbol{a}_3=\begin{pmatrix}1\\1\\2\end{pmatrix}$$

2　$\boldsymbol{R}[x]_2$ の内積を

$$(f,\ g)=\int_{-1}^{1}f(x)g(x)dx \qquad \text{ただし}\quad f,\ g\in\boldsymbol{R}[x]_2$$

で定義するとき，$\boldsymbol{R}[x]_2$ の基底 $\{1,\ x,\ x^2\}$ を正規直交化せよ。

3　内積の定義されたベクトル空間（内積空間）V の部分空間 W に対して

$W^{\perp}=\{\boldsymbol{x}\in V\,|$ 任意の $\boldsymbol{w}\in W$ に対して，$\boldsymbol{w}\perp\boldsymbol{x}\}$　（W の**直交補空間**）

と定めるとき，以下を示せ。

(1)　$W^{\perp}$ は V の部分空間である。

(2)　$W\cap W^{\perp}=\{\boldsymbol{0}\}$

4　$\boldsymbol{R}^3$ の部分空間

$$W=\left\{\begin{pmatrix}x\\y\\z\end{pmatrix}\middle|\ \begin{matrix}3x+y-z=0\\x-5y+z=0\end{matrix}\right\}$$

について，以下の問いに答えよ。

(1)　W の基底を求めよ。

(2)　W の直交補空間 $W^{\perp}$ の基底を求めよ。ただし，内積は標準内積を考える。

6.2 対称行列の対角化

〔目標〕 実対称行列は直交行列によって対角化できることを理解する。

(1) 直交行列

直交行列

n 次の実正方行列 P が次を満たすとき，P は**直交行列**であるという。

$${}^tPP=E \quad (\text{すなわち，} P^{-1}={}^tP)$$

【例】 $P=\begin{pmatrix} 0 & -1 \\ 1 & 0 \end{pmatrix}$ は直交行列である。なぜならば

$${}^tPP=\begin{pmatrix} 0 & 1 \\ -1 & 0 \end{pmatrix}\begin{pmatrix} 0 & -1 \\ 1 & 0 \end{pmatrix}=\begin{pmatrix} 1 & 0 \\ 0 & 1 \end{pmatrix}$$ □

［定理］（直交行列であるための必要十分条件）

n 次の実正方行列 $P=(\boldsymbol{p}_1 \ \ \boldsymbol{p}_2 \ \ \cdots \ \ \boldsymbol{p}_n)$ が直交行列であるための必要十分条件は，$\{\boldsymbol{p}_1, \boldsymbol{p}_2, \cdots, \boldsymbol{p}_n\}$ が正規直交系となることである。

（証明） 標準内積が $\boldsymbol{a}\cdot\boldsymbol{b}={}^t\boldsymbol{a}\boldsymbol{b}$ を満たすことに注意する。

$${}^tPP=\begin{pmatrix} {}^t\boldsymbol{p}_1 \\ {}^t\boldsymbol{p}_2 \\ \vdots \\ {}^t\boldsymbol{p}_n \end{pmatrix}(\boldsymbol{p}_1 \ \ \boldsymbol{p}_2 \ \ \cdots \ \ \boldsymbol{p}_n)=\begin{pmatrix} {}^t\boldsymbol{p}_1\boldsymbol{p}_1 & {}^t\boldsymbol{p}_1\boldsymbol{p}_2 & \cdots & {}^t\boldsymbol{p}_1\boldsymbol{p}_n \\ {}^t\boldsymbol{p}_2\boldsymbol{p}_1 & {}^t\boldsymbol{p}_2\boldsymbol{p}_2 & \cdots & {}^t\boldsymbol{p}_2\boldsymbol{p}_n \\ \vdots & \vdots & \ddots & \vdots \\ {}^t\boldsymbol{p}_n\boldsymbol{p}_1 & {}^t\boldsymbol{p}_n\boldsymbol{p}_2 & \cdots & {}^t\boldsymbol{p}_n\boldsymbol{p}_n \end{pmatrix}$$

$$=\begin{pmatrix} \boldsymbol{p}_1\cdot\boldsymbol{p}_1 & \boldsymbol{p}_1\cdot\boldsymbol{p}_2 & \cdots & \boldsymbol{p}_1\cdot\boldsymbol{p}_n \\ \boldsymbol{p}_2\cdot\boldsymbol{p}_1 & \boldsymbol{p}_2\cdot\boldsymbol{p}_2 & \cdots & \boldsymbol{p}_2\cdot\boldsymbol{p}_n \\ \vdots & \vdots & \ddots & \vdots \\ \boldsymbol{p}_n\cdot\boldsymbol{p}_1 & \boldsymbol{p}_n\cdot\boldsymbol{p}_2 & \cdots & \boldsymbol{p}_n\cdot\boldsymbol{p}_n \end{pmatrix}$$ ⬅ 標準内積：$\boldsymbol{a}\cdot\boldsymbol{b}={}^t\boldsymbol{a}\boldsymbol{b}$

よって

$${}^tPP=E \iff \{\boldsymbol{p}_1, \boldsymbol{p}_2, \cdots, \boldsymbol{p}_n\} \text{ が正規直交系}$$ □

（2） 実対称行列の固有値と固有ベクトル

実対称行列の固有値と固有ベクトルには以下のような特別な性質がある。

［定理］（実対称行列の固有値）

実対称行列の固有値はすべて実数である。

（証明） 実対称行列 A の固有値を λ，固有値 λ に対する固有ベクトルを $\boldsymbol{x}$ とする。すなわち

$$A\boldsymbol{x}=\lambda\boldsymbol{x} \quad (\boldsymbol{x}\neq\boldsymbol{0})$$

この両辺の共役複素数を考えると

$$A\overline{\boldsymbol{x}}=\overline{\lambda}\overline{\boldsymbol{x}} \quad (\because \ A \text{ は実行列だから } \overline{A}=A)$$

よって，${}^tA=A$ に注意して

$$\overline{\lambda}\,{}^t\overline{\boldsymbol{x}}\boldsymbol{x}={}^t(\overline{\lambda}\overline{\boldsymbol{x}})\boldsymbol{x}={}^t(A\overline{\boldsymbol{x}})\boldsymbol{x}={}^t\overline{\boldsymbol{x}}\,{}^tA\boldsymbol{x}={}^t\overline{\boldsymbol{x}}A\boldsymbol{x}={}^t\overline{\boldsymbol{x}}(\lambda\boldsymbol{x})=\lambda\,{}^t\overline{\boldsymbol{x}}\boldsymbol{x}$$

であるから

$$\overline{\lambda}\,{}^t\overline{\boldsymbol{x}}\boldsymbol{x}=\lambda\,{}^t\overline{\boldsymbol{x}}\boldsymbol{x} \quad \cdots\cdots①$$

ここで

$$\boldsymbol{x}=\begin{pmatrix} x_1 \\ \vdots \\ x_n \end{pmatrix}$$

とおくと，$\boldsymbol{x}\neq\boldsymbol{0}$ より

$${}^t\overline{\boldsymbol{x}}\boldsymbol{x}=(\overline{x}_1 \ \cdots \ \overline{x}_n)\begin{pmatrix} x_1 \\ \vdots \\ x_n \end{pmatrix}=\overline{x}_1x_1+\cdots+\overline{x}_nx_n=|x_1|^2+\cdots+|x_n|^2\neq 0$$

よって，①の両辺を ${}^t\overline{\boldsymbol{x}}\boldsymbol{x}$ で割ることができて，$\overline{\lambda}=\lambda$

すなわち λ は実数である。 □

（注） λ に対する固有ベクトル $\boldsymbol{x}$ は

$$A\boldsymbol{x}=\lambda\boldsymbol{x} \quad \text{すなわち，同次連立 1 次方程式：} (A-\lambda E)\boldsymbol{x}=\boldsymbol{0}$$

の非自明な解であり，実対称行列は λ が実数であることから，固有ベクトルも実ベクトルの範囲で考えることができる。

［定理］（実対称行列の固有ベクトル）

実対称行列の異なる固有値に対する固有ベクトルは，互いに直交する。

（証明）　実対称行列 A の異なる固有値を λ，μ とし，固有値 λ，μ に対する固有ベクトルをそれぞれ $\boldsymbol{x}$，$\boldsymbol{y}$ とする。$\boldsymbol{x}$，$\boldsymbol{y}$ の内積を $(\boldsymbol{x},\ \boldsymbol{y})$ で表す。

さて

$$\begin{aligned}\lambda(\boldsymbol{x},\ \boldsymbol{y})&=(\lambda\boldsymbol{x},\ \boldsymbol{y})=(A\boldsymbol{x},\ \boldsymbol{y})={}^t(A\boldsymbol{x})\boldsymbol{y}={}^t\boldsymbol{x}{}^tA\boldsymbol{y}={}^t\boldsymbol{x}(A\boldsymbol{y})\\&=(\boldsymbol{x},\ A\boldsymbol{y})=(\boldsymbol{x},\ \mu\boldsymbol{y})=\mu(\boldsymbol{x},\ \boldsymbol{y})\end{aligned}$$

であるから，$(\lambda-\mu)(\boldsymbol{x},\ \boldsymbol{y})=0$

ここで，$\lambda-\mu\neq 0$ であるから，$(\boldsymbol{x},\ \boldsymbol{y})=0$

すなわち，$\boldsymbol{x}$ と $\boldsymbol{y}$ は互いに直交する。　□

（3）　実対称行列の直交行列による対角化

行列の三角化について，次の定理が成り立つ（証明は省く）。

［定理］（行列の直交行列による三角化）

n 次実正方行列 A の固有値がすべて実数ならば，A はある直交行列 P によって

$$P^{-1}AP=\begin{pmatrix}\lambda_1 & * & \cdots & * \\ 0 & \lambda_2 & \cdots & * \\ \vdots & \vdots & \ddots & \vdots \\ 0 & 0 & \cdots & \lambda_n\end{pmatrix}$$

と三角化できる。ここで，λ_1，λ_2，$\cdots$，λ_n は A の固有値である。

［定理］（実対称行列の直交行列による対角化）

任意の n 次実対称行列 A は適当な直交行列 P によって

$$P^{-1}AP={}^tPAP=\begin{pmatrix}\lambda_1 & & & O \\ & \lambda_2 & & \\ & & \ddots & \\ O & & & \lambda_n\end{pmatrix}$$

と対角化できる。ここで，λ_1，λ_2，$\cdots$，λ_n は A の固有値である。

(証明)　実対称行列 A は固有値がすべて実数であるから，適当な直交行列 P によって

$$P^{-1}AP={}^tPAP=\begin{pmatrix}\lambda_1 & & & *\\ & \lambda_2 & & \\ & & \ddots & \\ O & & & \lambda_n\end{pmatrix}$$

と三角化される。

ここで

$${}^t(P^{-1}AP)={}^t({}^tPAP)={}^tP{}^tA{}^t({}^tP)={}^tPAP=P^{-1}AP$$

より，これは対称行列であることが分かる。したがって

$$P^{-1}AP={}^tPAP=\begin{pmatrix}\lambda_1 & & & O\\ & \lambda_2 & & \\ & & \ddots & \\ O & & & \lambda_n\end{pmatrix}$$

と対角化される。□

（4）　直交変換

直交変換

内積空間 V の線形変換 f が

$$(f(\boldsymbol{a}),\ f(\boldsymbol{b}))=(\boldsymbol{a},\ \boldsymbol{b})\qquad \boldsymbol{a},\ \boldsymbol{b}\in V$$

を満たすとき，線形変換 f を**直交変換**という。

(注)　内積空間 V の正規直交基底を $\{\boldsymbol{e}_1,\ \boldsymbol{e}_2,\ \cdots,\ \boldsymbol{e}_n\}$ とするとき

f が直交変換 $\Longleftrightarrow$ $(f(\boldsymbol{e}_i),\ f(\boldsymbol{e}_j))=(\boldsymbol{e}_i,\ \boldsymbol{e}_j)$

(証明)　$(\Rightarrow)$ は明らか。$(\Leftarrow)$ を示せばよい。

$$\boldsymbol{a}=a_1\boldsymbol{e}_1+a_2\boldsymbol{e}_2+\cdots+a_n\boldsymbol{e}_n=\sum_{i=1}^n a_i\boldsymbol{e}_i,\ \ \boldsymbol{b}=b_1\boldsymbol{e}_1+b_2\boldsymbol{e}_2+\cdots+b_n\boldsymbol{e}_n=\sum_{j=1}^n b_j\boldsymbol{e}_j$$

とする。

$$(f(\boldsymbol{a}),\ f(\boldsymbol{b}))=\left(f\left(\sum_{i=1}^n a_i\boldsymbol{e}_i\right),\ f\left(\sum_{j=1}^n b_j\boldsymbol{e}_j\right)\right)=\left(\sum_{i=1}^n a_if(\boldsymbol{e}_i),\ \sum_{j=1}^n b_jf(\boldsymbol{e}_j)\right)$$

$$=\sum_{i,j=1}^n a_ib_j(f(\boldsymbol{e}_i),\ f(\boldsymbol{e}_j))=\sum_{i,j=1}^n a_ib_j(\boldsymbol{e}_i,\ \boldsymbol{e}_j)=\sum_{i=1}^n a_ib_i=(\boldsymbol{a},\ \boldsymbol{b})$$

□

例題1（対称行列の直交行列による対角化）

次の対称行列 A を適当な直交行列 P によって対角化せよ。

$$A=\begin{pmatrix} 0 & 1 & -1 \\ 1 & 0 & 1 \\ -1 & 1 & 0 \end{pmatrix}$$

解説　実対称行列は**直交行列**によって対角化できる。対角化に用いる行列を直交行列にするため，**固有ベクトルの正規直交化**の作業が必要となる。その際，異なる固有値に対する固有ベクトルは互いに直交することに注意すれば，“直交化”の作業は同じ固有値に属する固有ベクトルだけに行えば十分である。

解答　**5.2節の例題1**(1)で計算したように

固有値は1（重解）と -2

固有値1（重解）に対する固有ベクトルは

$$\begin{pmatrix} x \\ y \\ z \end{pmatrix}=a\begin{pmatrix} 1 \\ 1 \\ 0 \end{pmatrix}+b\begin{pmatrix} -1 \\ 0 \\ 1 \end{pmatrix}\quad ((a,\ b)\neq(0,\ 0))$$

固有値 -2 に対する固有ベクトルは

$$\begin{pmatrix} x \\ y \\ z \end{pmatrix}=c\begin{pmatrix} 1 \\ -1 \\ 1 \end{pmatrix}\quad (c\neq 0)$$

であった。

そこで

$$\boldsymbol{a}_1=\begin{pmatrix} 1 \\ 1 \\ 0 \end{pmatrix},\ \boldsymbol{a}_2=\begin{pmatrix} -1 \\ 0 \\ 1 \end{pmatrix},\ \boldsymbol{a}_3=\begin{pmatrix} 1 \\ -1 \\ 1 \end{pmatrix}$$

とおいて，直交行列 P を得るために，$\{\boldsymbol{a}_1,\ \boldsymbol{a}_2,\ \boldsymbol{a}_3\}$ を正規直交化する。

　ここで1つ注意すべきことがある。

　$\boldsymbol{a}_1$，$\boldsymbol{a}_2$ は固有値1（重解）に対する固有ベクトルであり，$\boldsymbol{a}_3$ は固有値 -2 に対する固有ベクトルであるということである。実対称行列では，異なる固有値に対する固有ベクトルは直交する。すなわち，$\boldsymbol{a}_3$ は $\boldsymbol{a}_1$，$\boldsymbol{a}_2$ の両方と直交する。したがって，$\boldsymbol{a}_3$ は正規化だけすればよい。

$$\boldsymbol{b}_1=\frac{\boldsymbol{a}_1}{|\boldsymbol{a}_1|}=\frac{1}{\sqrt{2}}\begin{pmatrix}1\\1\\0\end{pmatrix}$$

次に

$$\boldsymbol{a}_2-(\boldsymbol{a}_2,\ \boldsymbol{b}_1)\boldsymbol{b}_1=\begin{pmatrix}-1\\0\\1\end{pmatrix}-\frac{-1}{\sqrt{2}}\cdot\frac{1}{\sqrt{2}}\begin{pmatrix}1\\1\\0\end{pmatrix}=\frac{1}{2}\begin{pmatrix}-1\\1\\2\end{pmatrix}\qquad \text{大きさは } \frac{\sqrt{6}}{2}$$

より，$\boldsymbol{b}_2=\dfrac{\boldsymbol{a}_2-(\boldsymbol{a}_2,\ \boldsymbol{b}_1)\boldsymbol{b}_1}{|\boldsymbol{a}_2-(\boldsymbol{a}_2,\ \boldsymbol{b}_1)\boldsymbol{b}_1|}=\dfrac{2}{\sqrt{6}}\cdot\dfrac{1}{2}\begin{pmatrix}-1\\1\\2\end{pmatrix}=\dfrac{1}{\sqrt{6}}\begin{pmatrix}-1\\1\\2\end{pmatrix}$

また

$$\boldsymbol{b}_3=\frac{\boldsymbol{a}_3}{|\boldsymbol{a}_3|}=\frac{1}{\sqrt{3}}\begin{pmatrix}1\\-1\\1\end{pmatrix}$$ ⬅ **$\boldsymbol{a}_3$ は正規化するだけでよい**

以上より，求める正規直交系は

$$\boldsymbol{b}_1=\frac{1}{\sqrt{2}}\begin{pmatrix}1\\1\\0\end{pmatrix},\ \boldsymbol{b}_2=\frac{1}{\sqrt{6}}\begin{pmatrix}-1\\1\\2\end{pmatrix},\ \boldsymbol{b}_3=\frac{1}{\sqrt{3}}\begin{pmatrix}1\\-1\\1\end{pmatrix}$$

さらにここでもう1つ注意すべきことがある。$\boldsymbol{b}_1$, $\boldsymbol{b}_2$ は $\boldsymbol{a}_1$, $\boldsymbol{a}_2$ の1次結合で得られているから，固有値1（重解）に対する固有ベクトルである。また，$\boldsymbol{b}_3$ は $\boldsymbol{a}_3$ の1次結合で得られているから，固有値 -2 に対する固有ベクトルである。

したがって

$$P=(\boldsymbol{b}_1\quad \boldsymbol{b}_2\quad \boldsymbol{b}_3)=\frac{1}{\sqrt{6}}\begin{pmatrix}\sqrt{3}&-1&\sqrt{2}\\\sqrt{3}&1&-\sqrt{2}\\0&2&\sqrt{2}\end{pmatrix}\quad \text{とおくと}$$

$$P^{-1}AP={}^tPAP=\begin{pmatrix}1&0&0\\0&1&0\\0&0&-2\end{pmatrix}$$

（注） $P^{-1}={}^tP=\dfrac{1}{\sqrt{6}}\begin{pmatrix}\sqrt{3}&\sqrt{3}&0\\-1&1&2\\\sqrt{2}&-\sqrt{2}&\sqrt{2}\end{pmatrix}$

例題 2（直交変換）

線形変換 $f: \boldsymbol{R}^n \to \boldsymbol{R}^n$, $f(\boldsymbol{x}) = A\boldsymbol{x}$ が直交変換であるための必要十分条件は，変換を定義する行列 A が直交行列であることを示せ。

解説　直交変換とは内積を保つ変換のことである。ところで，p. 195 で証明したように，すべてのベクトルに対して内積を保つことと，正規直交基底に対して内積を保つこととは同値である。

解答　$\boldsymbol{R}^n$ の標準基底を $\{\boldsymbol{e}_1, \boldsymbol{e}_2, \cdots, \boldsymbol{e}_n\}$ とするとき

$$ {}^tAA = E \iff (A\boldsymbol{e}_i, A\boldsymbol{e}_j) = (\boldsymbol{e}_i, \boldsymbol{e}_j) = \begin{cases} 1 & (i=j) \\ 0 & (i \neq j) \end{cases} $$

であることを示せばよい。

$$ \begin{pmatrix} (A\boldsymbol{e}_1, A\boldsymbol{e}_1) & (A\boldsymbol{e}_1, A\boldsymbol{e}_2) & \cdots & (A\boldsymbol{e}_1, A\boldsymbol{e}_n) \\ (A\boldsymbol{e}_2, A\boldsymbol{e}_1) & (A\boldsymbol{e}_2, A\boldsymbol{e}_2) & \cdots & (A\boldsymbol{e}_2, A\boldsymbol{e}_n) \\ \vdots & \vdots & \ddots & \vdots \\ (A\boldsymbol{e}_n, A\boldsymbol{e}_1) & (A\boldsymbol{e}_n, A\boldsymbol{e}_2) & \cdots & (A\boldsymbol{e}_n, A\boldsymbol{e}_n) \end{pmatrix} $$

$$ = \begin{pmatrix} {}^t(A\boldsymbol{e}_1)A\boldsymbol{e}_1 & {}^t(A\boldsymbol{e}_1)A\boldsymbol{e}_2 & \cdots & {}^t(A\boldsymbol{e}_1)A\boldsymbol{e}_n \\ {}^t(A\boldsymbol{e}_2)A\boldsymbol{e}_1 & {}^t(A\boldsymbol{e}_2)A\boldsymbol{e}_2 & \cdots & {}^t(A\boldsymbol{e}_2)A\boldsymbol{e}_n \\ \vdots & \vdots & \ddots & \vdots \\ {}^t(A\boldsymbol{e}_n)A\boldsymbol{e}_1 & {}^t(A\boldsymbol{e}_n)A\boldsymbol{e}_2 & \cdots & {}^t(A\boldsymbol{e}_n)A\boldsymbol{e}_n \end{pmatrix} $$

← 標準内積：$(\boldsymbol{a}, \boldsymbol{b}) = {}^t\boldsymbol{a}\boldsymbol{b}$

$$ = \begin{pmatrix} {}^t\boldsymbol{e}_1({}^tAA)\boldsymbol{e}_1 & {}^t\boldsymbol{e}_1({}^tAA)\boldsymbol{e}_2 & \cdots & {}^t\boldsymbol{e}_1({}^tAA)\boldsymbol{e}_n \\ {}^t\boldsymbol{e}_2({}^tAA)\boldsymbol{e}_1 & {}^t\boldsymbol{e}_2({}^tAA)\boldsymbol{e}_2 & \cdots & {}^t\boldsymbol{e}_2({}^tAA)\boldsymbol{e}_n \\ \vdots & \vdots & \ddots & \vdots \\ {}^t\boldsymbol{e}_n({}^tAA)\boldsymbol{e}_1 & {}^t\boldsymbol{e}_n({}^tAA)\boldsymbol{e}_2 & \cdots & {}^t\boldsymbol{e}_n({}^tAA)\boldsymbol{e}_n \end{pmatrix} $$

← ${}^t(AB) = {}^tB\,{}^tA$

$$ = \begin{pmatrix} {}^t\boldsymbol{e}_1 \\ {}^t\boldsymbol{e}_2 \\ \vdots \\ {}^t\boldsymbol{e}_n \end{pmatrix} (({}^tAA)\boldsymbol{e}_1 \quad ({}^tAA)\boldsymbol{e}_2 \quad \cdots \quad ({}^tAA)\boldsymbol{e}_n) $$

← $\begin{pmatrix} {}^t\boldsymbol{e}_1 \\ {}^t\boldsymbol{e}_2 \\ \vdots \\ {}^t\boldsymbol{e}_n \end{pmatrix} = E$

$$ = (({}^tAA)\boldsymbol{e}_1 \quad ({}^tAA)\boldsymbol{e}_2 \quad \cdots \quad ({}^tAA)\boldsymbol{e}_n) $$

$$ = {}^tAA(\boldsymbol{e}_1 \quad \boldsymbol{e}_2 \quad \cdots \quad \boldsymbol{e}_n) $$

$$ = {}^tAA $$

より，$(A\boldsymbol{e}_i, A\boldsymbol{e}_j) = (\boldsymbol{e}_i, \boldsymbol{e}_j) \iff {}^tAA = E$

よって，題意は示された。

■ 演習問題 6.2

▶解答は p. 254

1 次の対称行列を適当な直交行列によって対角化せよ。

(1) $\begin{pmatrix} 2 & -2 \\ -2 & -1 \end{pmatrix}$ (2) $\begin{pmatrix} 3 & -1 \\ -1 & 3 \end{pmatrix}$

(3) $\begin{pmatrix} 0 & 0 & -1 \\ 0 & 1 & 0 \\ -1 & 0 & 0 \end{pmatrix}$ (4) $\begin{pmatrix} -1 & 0 & 2 \\ 0 & -1 & 1 \\ 2 & 1 & 3 \end{pmatrix}$

2 実対称行列は直交行列によって対角化可能であるが，逆に，直交行列によって対角化可能な実行列は対称行列であることを示せ。

3 $\boldsymbol{R}^2$ における直交変換について，以下の問いに答えよ。

(1) 原点のまわりの θ 回転を表す行列 P_1 を求めよ。

(2) 直線 $y=\left(\tan\dfrac{\theta}{2}\right)x$ に関する対称変換を表す行列 P_2 を求めよ。

(3) $\boldsymbol{R}^2$ における直交変換を表す行列は P_1 か P_2 いずれかの形で表せることを示せ。

4 $\boldsymbol{R}^3$ において z 軸のまわりの θ 回転を表す線形変換 f について，以下の問いに答えよ。ただし，$0<\theta<\pi$ である。

(1) 線形変換 f を表す行列 P を求めよ。

(2) P は直交行列であることを示せ。

(3) P の固有値と固有ベクトルをすべて求めよ。

5 n 次実正則行列 A はある直交行列 P と上三角行列 T によって

$$A=PT$$

と分解できることを示せ。

6.3 2次形式

〔目標〕 2次形式の基本事項とその応用について理解する。

(1) 2次形式

早速，2次形式の定義を述べよう。

2次形式

n 個の変数 $x_1,\ x_2,\ \cdots,\ x_n$ に関する実数係数の2次の同次式

$$f(x_1,\ x_2,\ \cdots,\ x_n)=\sum_{i,j=1}^{n} a_{ij}x_ix_j$$

を**2次形式**という。$A=(a_{ij})$ として実対称行列をとることができるが，この実対称行列 A を**2次形式** $f(x_1,\ x_2,\ \cdots,\ x_n)$ **の行列**という。

$A=(a_{ij}),\ \boldsymbol{x}={}^t(x_1\quad x_2\quad\cdots\quad x_n)$ とすると

$$f(x_1,\ x_2,\ \cdots,\ x_n)={}^t\boldsymbol{x}A\boldsymbol{x}=(A\boldsymbol{x},\ \boldsymbol{x})=(\boldsymbol{x},\ A\boldsymbol{x})$$

と表すことができる。

問 1 次の2次形式 $f(x,\ y)$ の行列 A を求めよ。

$$f(x,\ y)=2x^2-4xy-y^2$$

(解) $A=\begin{pmatrix} 2 & -2 \\ -2 & -1 \end{pmatrix},\ \boldsymbol{x}=\begin{pmatrix} x \\ y \end{pmatrix}$ とおくと

$$\begin{aligned}{}^t\boldsymbol{x}A\boldsymbol{x}&=(x\quad y)\begin{pmatrix} 2 & -2 \\ -2 & -1 \end{pmatrix}\begin{pmatrix} x \\ y \end{pmatrix}\\ &=(x\quad y)\begin{pmatrix} 2x-2y \\ -2x-y \end{pmatrix}\\ &=x(2x-2y)+y(-2x-y)\\ &=2x^2-4xy-y^2\end{aligned}$$

□

(注) 2次形式の行列は少し慣れると式を見てすぐに分かるようになる。上の解答をよく見て，行列と2次形式の係数がどのように対応しているか理解しよう。

（2） 2次形式の標準形

2次形式は標準形と呼ばれる重要な形がある。次が成り立つ。

[定理]（2次形式の標準形）

2次形式 ${}^t\boldsymbol{x}A\boldsymbol{x}$ は適当な直交行列 P による変数変換 $\boldsymbol{x}=P\boldsymbol{y}$ によって

$$\lambda_1 y_1^2+\lambda_2 y_2^2+\cdots+\lambda_n y_n^2 \quad \Leftarrow \textbf{標準形}$$

と表すことができる。ここで，λ_1，λ_2，…，λ_n は A の固有値である。

（証明） 実対称行列 A を適当な直交行列 P によって

$$ {}^tPAP=\begin{pmatrix} \lambda_1 & & & O \\ & \lambda_2 & & \\ & & \ddots & \\ O & & & \lambda_n \end{pmatrix} $$

と対角化しておく。

$\boldsymbol{x}=P\boldsymbol{y}$ とおくと，${}^t\boldsymbol{x}={}^t\boldsymbol{y}{}^tP$ であるから

$$ \begin{aligned} {}^t\boldsymbol{x}A\boldsymbol{x} &= {}^t\boldsymbol{y}{}^tPAP\boldsymbol{y} \\ &= (y_1 \quad y_2 \quad \cdots \quad y_n)\begin{pmatrix} \lambda_1 & & & O \\ & \lambda_2 & & \\ & & \ddots & \\ O & & & \lambda_n \end{pmatrix}\begin{pmatrix} y_1 \\ y_2 \\ \vdots \\ y_n \end{pmatrix} \\ &= \lambda_1 y_1^2+\lambda_2 y_2^2+\cdots+\lambda_n y_n^2 \end{aligned} $$

□

問 2 問1の2次形式 $f(x,\ y)=2x^2-4xy-y^2$ を標準形にせよ。

（解） 前節の**演習6.2 1**(1)より

$P=\dfrac{1}{\sqrt{5}}\begin{pmatrix} -2 & 1 \\ 1 & 2 \end{pmatrix}$ とおくと ${}^tPAP=\begin{pmatrix} 3 & 0 \\ 0 & -2 \end{pmatrix}$ であるから，$\begin{pmatrix} x \\ y \end{pmatrix}=P\begin{pmatrix} X \\ Y \end{pmatrix}$ により

$$ \begin{aligned} f(x,\ y) &= (x \quad y)A\begin{pmatrix} x \\ y \end{pmatrix} \\ &= (X \quad Y){}^tPAP\begin{pmatrix} X \\ Y \end{pmatrix} \quad \Leftarrow (x \quad y)=(X \quad Y){}^tP \\ &= (X \quad Y)\begin{pmatrix} 3 & 0 \\ 0 & -2 \end{pmatrix}\begin{pmatrix} X \\ Y \end{pmatrix}=3X^2-2Y^2 \end{aligned} $$

□

例題1（2次形式の行列）

次の2次形式の行列を答えよ。

(1) $f(x,\ y)=x^2-2xy-y^2$

(2) $f(x,\ y)=3x^2+2\sqrt{2}xy+2y^2$

(3) $f(x,\ y)=3x^2-y^2+z^2-2xy+4zx$

解説 2次形式は適当な実対称行列 A を用いて，${}^t\boldsymbol{x}A\boldsymbol{x}$ の形で表すことができる。この行列 A を**2次形式の行列**というが，これは少し慣れると式を見ればすぐに分かる。

解答 (1)

$$(x\quad y)\begin{pmatrix}1 & -1\\ -1 & -1\end{pmatrix}\begin{pmatrix}x\\ y\end{pmatrix}=(x\quad y)\begin{pmatrix}x-y\\ -x-y\end{pmatrix}$$

$$=x(x-y)+y(-x-y)$$

$$=x^2-2xy-y^2$$

より，求める行列は $\begin{pmatrix}1 & -1\\ -1 & -1\end{pmatrix}$ ……〔答〕

(2)

$$(x\quad y)\begin{pmatrix}3 & \sqrt{2}\\ \sqrt{2} & 2\end{pmatrix}\begin{pmatrix}x\\ y\end{pmatrix}=(x\quad y)\begin{pmatrix}3x+\sqrt{2}y\\ \sqrt{2}x+2y\end{pmatrix}$$

$$=x(3x+\sqrt{2}y)+y(\sqrt{2}x+2y)$$

$$=3x^2+2\sqrt{2}xy+2y^2$$

より，求める行列は $\begin{pmatrix}3 & \sqrt{2}\\ \sqrt{2} & 2\end{pmatrix}$ ……〔答〕

(3)

$$(x\quad y\quad z)\begin{pmatrix}3 & -1 & 2\\ -1 & -1 & 0\\ 2 & 0 & 1\end{pmatrix}\begin{pmatrix}x\\ y\\ z\end{pmatrix}=(x\quad y\quad z)\begin{pmatrix}3x-y+2z\\ -x-y\\ 2x+z\end{pmatrix}$$

$$=x(3x-y+2z)+y(-x-y)+z(2x+z)$$

$$=3x^2-y^2+z^2-2xy+4zx$$

より，求める行列は $\begin{pmatrix}3 & -1 & 2\\ -1 & -1 & 0\\ 2 & 0 & 1\end{pmatrix}$ ……〔答〕

例題2（2次形式の標準形）

次の2次形式を適当な直交行列を用いて標準形にせよ。

$$f(x,\ y,\ z)=-x^2-y^2+3z^2+2yz+4zx$$

解説 2次形式 ${}^t\boldsymbol{x}A\boldsymbol{x}$ は適当な直交行列 P による変数変換 $\boldsymbol{x}=P\boldsymbol{y}$ によって

$$\lambda_1 y_1{}^2+\lambda_2 y_2{}^2+\cdots+\lambda_n y_n{}^2$$ ⬅ 標準形

と表すことができる。ここで，λ_1，λ_2，…，λ_n は A の固有値である。

解答 $$(x\quad y\quad z)\begin{pmatrix}-1 & 0 & 2\\ 0 & -1 & 1\\ 2 & 1 & 3\end{pmatrix}\begin{pmatrix}x\\ y\\ z\end{pmatrix}=(x\quad y\quad z)\begin{pmatrix}-x+2z\\ -y+z\\ 2x+y+3z\end{pmatrix}$$

$$=x(-x+2z)+y(-y+z)+z(2x+y+3z)$$

$$=-x^2-y^2+3z^2+2yz+4zx$$

より，与えられた2次形式の行列は，$A=\begin{pmatrix}-1 & 0 & 2\\ 0 & -1 & 1\\ 2 & 1 & 3\end{pmatrix}$

前節の**演習6. 2 1**(4)より，行列 A は

直交行列 $P=\dfrac{1}{\sqrt{30}}\begin{pmatrix}2 & -\sqrt{6} & -2\sqrt{5}\\ 1 & 2\sqrt{6} & -\sqrt{5}\\ 5 & 0 & \sqrt{5}\end{pmatrix}$ により，${}^tPAP=\begin{pmatrix}4 & 0 & 0\\ 0 & -1 & 0\\ 0 & 0 & -2\end{pmatrix}$

と対角化されるから

$$\begin{pmatrix}x\\ y\\ z\end{pmatrix}=P\begin{pmatrix}X\\ Y\\ Z\end{pmatrix}$$ ⬅ **このとき，**$(x\quad y\quad z)=(X\quad Y\quad Z)\,{}^tP$

の変換により

$$f(x,\ y,\ z)=(x\quad y\quad z)A\begin{pmatrix}x\\ y\\ z\end{pmatrix}=(X\quad Y\quad Z)\,{}^tPAP\begin{pmatrix}X\\ Y\\ Z\end{pmatrix}$$

$$=(X\quad Y\quad Z)\begin{pmatrix}4 & 0 & 0\\ 0 & -1 & 0\\ 0 & 0 & -2\end{pmatrix}\begin{pmatrix}X\\ Y\\ Z\end{pmatrix}$$

$$=4X^2-Y^2-2Z^2$$ ……〔答〕

例題3（2次形式の標準形の応用）

2次曲線 $C: 3x^2+2xy+3y^2=4$ の標準形を求め，曲線 C の概形を描け。

解説　2次形式の標準形を利用して2次曲線の標準形を求めることができる。標準形を求めることによって曲線の概形を知ることができる。同様に，2次形式の標準形を利用することにより2次曲面の概形を知ることができる。

解答　まず，2次形式 $f(x,\ y)=3x^2+2xy+3y^2$ の標準形を求める。

2次形式の行列は $A=\begin{pmatrix} 3 & 1 \\ 1 & 3 \end{pmatrix}$ であり，固有値を求めると，2と4

固有値2，4に対する固有ベクトルとしてそれぞれ

$$\boldsymbol{a}_1=\begin{pmatrix} -1 \\ 1 \end{pmatrix},\ \boldsymbol{a}_2=\begin{pmatrix} 1 \\ 1 \end{pmatrix}$$

がとれ，正規化して

$$\boldsymbol{b}_1=\frac{1}{\sqrt{2}}\begin{pmatrix} -1 \\ 1 \end{pmatrix},\ \boldsymbol{b}_2=\frac{1}{\sqrt{2}}\begin{pmatrix} 1 \\ 1 \end{pmatrix}$$

を得る。これを並べて直交行列 P をつくることができるが，並べる順番によって“回転を表す行列”かそれとも“対称移動を表す行列”になる。
回転移動の方が分かりやすいから

$$P=(\boldsymbol{b}_2\quad \boldsymbol{b}_1)=\frac{1}{\sqrt{2}}\begin{pmatrix} 1 & -1 \\ 1 & 1 \end{pmatrix}=\begin{pmatrix} \cos 45^\circ & -\sin 45^\circ \\ \sin 45^\circ & \cos 45^\circ \end{pmatrix}$$　⬅ **45° 回転を表す**

とおくと

${}^tPAP=\begin{pmatrix} 4 & 0 \\ 0 & 2 \end{pmatrix}$ であるから，$\begin{pmatrix} x \\ y \end{pmatrix}=P\begin{pmatrix} X \\ Y \end{pmatrix}$ の変換により

$$f(x,\ y)=4X^2+2Y^2=4 \qquad \therefore\quad X^2+\frac{Y^2}{2}=1$$

ところで，点 $(x,\ y)$ は点 $(X,\ Y)$ を原点のまわりに45° 回転した点であるから，曲線 $C: 3x^2+2xy+3y^2=4$ の概形は図のようになる。

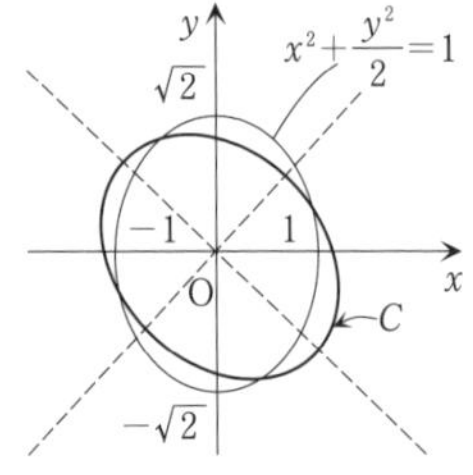

■ 演習問題 6.3

▶解答は p. 258

1 次の 2 次形式の行列を答えよ。

(1) $f(x,\ y)=-2x^2+2xy+y^2$

(2) $f(x,\ y,\ z)=x^2-3y^2-z^2-2yz+2zx$

2 次の 2 次形式を適当な直交行列を用いて標準形にせよ。

(1) $f(x,\ y)=x^2-6xy+y^2$

(2) $f(x,\ y,\ z)=5x^2+y^2+z^2+2xy+6yz+2zx$

(3) $f(x,\ y,\ z)=2xy+2yz-2zx$

3 2 次形式 ${}^t\boldsymbol{x}A\boldsymbol{x}$ が零ベクトルでないすべての $\boldsymbol{x}$ に対して ${}^t\boldsymbol{x}A\boldsymbol{x}>0$ となるとき，**正値**であるという。次の 2 次形式が正値となる a の値の範囲を求めよ。

$$f(x,\ y,\ z)=x^2+y^2+z^2+2axy+2ayz+2azx$$

4 (1) $|\boldsymbol{x}|=1$ のとき，2 次形式 ${}^t\boldsymbol{x}A\boldsymbol{x}$ の最大値（最小値）は A の最大（最小）の固有値に等しいことを示せ。

(2) $x^2+y^2+z^2=1$ のとき，$f(x,\ y,\ z)=5x^2+2y^2+5z^2+4xy+4yz-2zx$ の最大値と最小値を求めよ。

(3) (2)で求めた最大値，最小値をとる $(x,\ y,\ z)$ の例をそれぞれ 1 つ答えよ。

5 n 次実対称行列 $A=(a_{ij})$ に対して

$$A_k=\begin{pmatrix} a_{11} & \cdots & a_{1k} \\ \vdots & \ddots & \vdots \\ a_{k1} & \cdots & a_{kk} \end{pmatrix} \quad (k=1,\ 2,\ \cdots,\ n)$$

とおくとき，次が成り立つことを証明せよ。

2 次形式 ${}^t\boldsymbol{x}A\boldsymbol{x}$ が正値ならば，$|A_k|>0$ $(k=1,\ 2,\ \cdots,\ n)$

過去問研究 6－1（内積）

実数を成分とする3次の列ベクトル全体を $\boldsymbol{R}^3$ と書き，一般に，任意の $\boldsymbol{u},\ \boldsymbol{v} \in \boldsymbol{R}^3$ に対して，それらの標準内積を $(\boldsymbol{u},\ \boldsymbol{v})$ で表す。大きさ1の

$\boldsymbol{p}=\begin{pmatrix} p_1 \\ p_2 \\ p_3 \end{pmatrix} \in \boldsymbol{R}^3$ をとり，線形変換 $T:\boldsymbol{R}^3 \to \boldsymbol{R}^3$ を $T(\boldsymbol{x})=2(\boldsymbol{x},\ \boldsymbol{p})\boldsymbol{p}-\boldsymbol{x}$

$(\boldsymbol{x} \in \boldsymbol{R}^3)$ で定義する。

以下の問いに答えよ。

(1)　任意の $\boldsymbol{x},\ \boldsymbol{y} \in \boldsymbol{R}^3$ に対して，$(T(\boldsymbol{x}),\ T(\boldsymbol{y}))=(\boldsymbol{x},\ \boldsymbol{y})$ を示せ。

(2)　$\boldsymbol{R}^3$ の標準基底に関する T の表現行列 A を求めよ。

(3)　1と -1 が A の固有値であることを示せ。　〈神戸大学〉

解説　$\boldsymbol{R}^n$ の標準内積を十分に理解しておくことは大切である。$\boldsymbol{R}^n$ の2つのベクトル $\boldsymbol{u}={}^t(u_1,\ u_2,\ \cdots,\ u_n)$，$\boldsymbol{v}={}^t(v_1,\ v_2,\ \cdots,\ v_n)$ に対して，その標準内積は

$$(\boldsymbol{u},\ \boldsymbol{v})=u_1v_1+u_2v_2+\cdots+u_nv_n$$

で定義されるが，これは

$$(\boldsymbol{u},\ \boldsymbol{v})=(u_1\quad u_2\quad \cdots\quad u_n)\begin{pmatrix} v_1 \\ v_2 \\ \vdots \\ v_n \end{pmatrix}\qquad \text{すなわち，} (\boldsymbol{u},\ \boldsymbol{v})={}^t\boldsymbol{u}\boldsymbol{v}$$

と表すことができることに注意しよう。

解答　(1)　内積を丁寧にばらしていく。$|\boldsymbol{p}|=1$ にも注意。

$$\begin{aligned}
&(T(\boldsymbol{x}),\ T(\boldsymbol{y}))=(2(\boldsymbol{x},\ \boldsymbol{p})\boldsymbol{p}-\boldsymbol{x},\ 2(\boldsymbol{y},\ \boldsymbol{p})\boldsymbol{p}-\boldsymbol{y})\\
&=(2(\boldsymbol{x},\ \boldsymbol{p})\boldsymbol{p}-\boldsymbol{x},\ 2(\boldsymbol{y},\ \boldsymbol{p})\boldsymbol{p})-(2(\boldsymbol{x},\ \boldsymbol{p})\boldsymbol{p}-\boldsymbol{x},\ \boldsymbol{y})\\
&=(2(\boldsymbol{x},\ \boldsymbol{p})\boldsymbol{p},\ 2(\boldsymbol{y},\ \boldsymbol{p})\boldsymbol{p})-(\boldsymbol{x},\ 2(\boldsymbol{y},\ \boldsymbol{p})\boldsymbol{p})-(2(\boldsymbol{x},\ \boldsymbol{p})\boldsymbol{p},\ \boldsymbol{y})+(\boldsymbol{x},\ \boldsymbol{y})\\
&=4(\boldsymbol{x},\ \boldsymbol{p})(\boldsymbol{y},\ \boldsymbol{p})(\boldsymbol{p},\ \boldsymbol{p})-2(\boldsymbol{y},\ \boldsymbol{p})(\boldsymbol{x},\ \boldsymbol{p})-2(\boldsymbol{x},\ \boldsymbol{p})(\boldsymbol{p},\ \boldsymbol{y})+(\boldsymbol{x},\ \boldsymbol{y})\\
&=4(\boldsymbol{x},\ \boldsymbol{p})(\boldsymbol{y},\ \boldsymbol{p})|\boldsymbol{p}|^2-2(\boldsymbol{y},\ \boldsymbol{p})(\boldsymbol{x},\ \boldsymbol{p})-2(\boldsymbol{x},\ \boldsymbol{p})(\boldsymbol{p},\ \boldsymbol{y})+(\boldsymbol{x},\ \boldsymbol{y})\\
&=4(\boldsymbol{x},\ \boldsymbol{p})(\boldsymbol{y},\ \boldsymbol{p})-2(\boldsymbol{y},\ \boldsymbol{p})(\boldsymbol{x},\ \boldsymbol{p})-2(\boldsymbol{x},\ \boldsymbol{p})(\boldsymbol{p},\ \boldsymbol{y})+(\boldsymbol{x},\ \boldsymbol{y})\\
&=(\boldsymbol{x},\ \boldsymbol{y})
\end{aligned}$$

(2) $T(\boldsymbol{x})=2(\boldsymbol{x},\ \boldsymbol{p})\boldsymbol{p}-\boldsymbol{x}=2\boldsymbol{p}(\boldsymbol{x},\ \boldsymbol{p})-\boldsymbol{x}=2\boldsymbol{p}(\boldsymbol{p},\ \boldsymbol{x})-\boldsymbol{x}$

$$=2\boldsymbol{p}({}^t\boldsymbol{p}\boldsymbol{x})-\boldsymbol{x}=2(\boldsymbol{p}{}^t\boldsymbol{p})\boldsymbol{x}-\boldsymbol{x}=\{2(\boldsymbol{p}{}^t\boldsymbol{p})-E\}\boldsymbol{x}$$

より，$A=2(\boldsymbol{p}{}^t\boldsymbol{p})-E$　……〔答〕

（注） 表現行列 A を成分で表せば次のようになる。

$$A=2(\boldsymbol{p}{}^t\boldsymbol{p})-E$$

$$=2\begin{pmatrix} p_1 \\ p_2 \\ p_3 \end{pmatrix}(p_1 \quad p_2 \quad p_3)-\begin{pmatrix} 1 & 0 & 0 \\ 0 & 1 & 0 \\ 0 & 0 & 1 \end{pmatrix}$$

$$=2\begin{pmatrix} p_1{}^2 & p_1p_2 & p_1p_3 \\ p_2p_1 & p_2{}^2 & p_2p_3 \\ p_3p_1 & p_3p_2 & p_3{}^2 \end{pmatrix}-\begin{pmatrix} 1 & 0 & 0 \\ 0 & 1 & 0 \\ 0 & 0 & 1 \end{pmatrix}$$

$$=\begin{pmatrix} 2p_1{}^2-1 & 2p_1p_2 & 2p_1p_3 \\ 2p_2p_1 & 2p_2{}^2-1 & 2p_2p_3 \\ 2p_3p_1 & 2p_3p_2 & 2p_3{}^2-1 \end{pmatrix}$$

この結果は初めから成分による単純な計算によっても得られる。

(3) 固有ベクトルを予想して考える。

$$A\boldsymbol{p}=\{2(\boldsymbol{p}{}^t\boldsymbol{p})-E\}\boldsymbol{p}=2(\boldsymbol{p}{}^t\boldsymbol{p})\boldsymbol{p}-\boldsymbol{p}=2\boldsymbol{p}({}^t\boldsymbol{p}\boldsymbol{p})-\boldsymbol{p}=2\boldsymbol{p}|\boldsymbol{p}|^2-\boldsymbol{p}=2\boldsymbol{p}-\boldsymbol{p}=\boldsymbol{p}$$

より，1 は A の固有値で，$\boldsymbol{p}$ が固有値 1 に対する固有ベクトルである。

次に，ベクトル $\boldsymbol{p}$ と直交する大きさ 1 のベクトル $\boldsymbol{q}$ をとる。

$$A\boldsymbol{q}=\{2(\boldsymbol{p}{}^t\boldsymbol{p})-E\}\boldsymbol{q}=2(\boldsymbol{p}{}^t\boldsymbol{p})\boldsymbol{q}-\boldsymbol{q}=2\boldsymbol{p}({}^t\boldsymbol{p}\boldsymbol{q})-\boldsymbol{q}=2\boldsymbol{p}(\boldsymbol{p},\ \boldsymbol{q})-\boldsymbol{q}=-\boldsymbol{q}$$

より，-1 は A の固有値で，$\boldsymbol{q}$ が固有値 -1 に対する固有ベクトルである。

（注） (3)の解法のアイデアは線形変換 $T(\boldsymbol{x})=2(\boldsymbol{x},\ \boldsymbol{p})\boldsymbol{p}-\boldsymbol{x}$ の図形的意味を理解できれば自然に出てくるものである。

原点を通り，単位ベクトル $\boldsymbol{p}$ を方向ベクトルとする直線 l に関する対称移動を表す線形変換 T を考えよう。図より

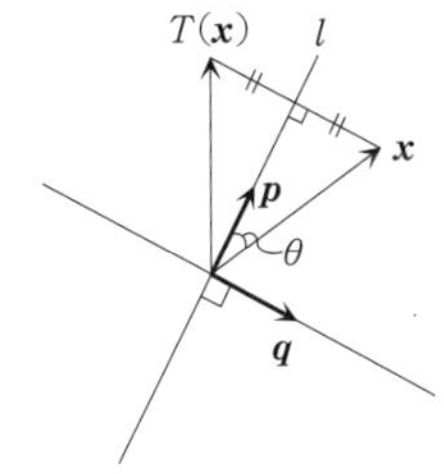

$$\frac{T(\boldsymbol{x})+\boldsymbol{x}}{2}=(|\boldsymbol{x}|\cos\theta)\boldsymbol{p}=(|\boldsymbol{x}||\boldsymbol{p}|\cos\theta)\boldsymbol{p}$$

$$=(\boldsymbol{x},\ \boldsymbol{p})\boldsymbol{p}$$

$\therefore\quad T(\boldsymbol{x})=2(\boldsymbol{x},\ \boldsymbol{p})\boldsymbol{p}-\boldsymbol{x}$

これが問題の線形変換 T の正体である。

$$A\boldsymbol{p}=\boldsymbol{p},\ A\boldsymbol{q}=-\boldsymbol{q}$$

が成り立つことは一目瞭然である。

過去問研究 6－2（対称行列の対角化①）

a，b を実数，$a \neq 0$ とする。行列 A を

$$A=\begin{pmatrix} a-b & a & a \\ a & a-b & a \\ a & a & a-b \end{pmatrix}$$

と定める。以下の問いに答えよ。

(1) A の固有値と固有ベクトルを求めよ。

(2) A を対角化する直交行列 P を求めて A を対角化せよ。

(3) $A^{20}=E_3$ を満たす a，b の値を求めよ。ただし，E_3 は3次の単位行列である。

〈神戸大学〉

解説 実対称行列はつねに直交行列によって対角化できる。対角化に用いる直交行列 P は固有ベクトルを正規直交化して得られるが，実対称行列では異なる固有値に対する固有ベクトルは互いに直交することに注意する。したがって，直交化の作業は同じ固有値に属する固有ベクトルに対してだけ行えばよい。

解答 (1) 固有値の計算は工夫の余地があれば工夫して計算する。

$$|A-tE_3|=\begin{vmatrix} a-b-t & a & a \\ a & a-b-t & a \\ a & a & a-b-t \end{vmatrix}$$

$$\underset{②-③}{=}\begin{vmatrix} a-b-t & a & a \\ 0 & -b-t & b+t \\ a & a & a-b-t \end{vmatrix}$$

$$=(-b-t)\begin{vmatrix} a-b-t & a & a \\ 0 & 1 & -1 \\ a & a & a-b-t \end{vmatrix}$$ ←早目に因数をくくり出す

$$\underset{①-③}{=}(-b-t)\begin{vmatrix} -b-t & 0 & b+t \\ 0 & 1 & -1 \\ a & a & a-b-t \end{vmatrix}$$

$$=(-b-t)^2\begin{vmatrix} 1 & 0 & -1 \\ 0 & 1 & -1 \\ a & a & a-b-t \end{vmatrix}$$ ←早目に因数をくくり出す

$$=(-b-t)^2\{(a-b-t)+a+a\}$$

$$=(-b-t)^2\{(3a-b)-t\}$$
$$=-(t+b)^2\{t-(3a-b)\}$$

よって，固有値は $-b$（重解）と $3a-b$ ……〔答〕

（注） $a \fallingdotseq 0$ より，$-b \fallingdotseq 3a-b$ つまり，2 つの固有値は異なる値である。

次に，$a \fallingdotseq 0$ に注意して固有ベクトルを求める。

(i) 固有値 $-b$（重解）に対する固有ベクトル

$$A+bE_3=\begin{pmatrix} a & a & a \\ a & a & a \\ a & a & a \end{pmatrix} \to \begin{pmatrix} 1 & 1 & 1 \\ 0 & 0 & 0 \\ 0 & 0 & 0 \end{pmatrix} \qquad \therefore \quad x+y+z=0$$

よって，固有ベクトルは

$$\begin{pmatrix} x \\ y \\ z \end{pmatrix}=\begin{pmatrix} -s-t \\ s \\ t \end{pmatrix}=s\begin{pmatrix} -1 \\ 1 \\ 0 \end{pmatrix}+t\begin{pmatrix} -1 \\ 0 \\ 1 \end{pmatrix} \quad (s,\ t) \fallingdotseq (0,\ 0) \quad \text{……〔答〕}$$

(ii) 固有値 $3a-b$ に対する固有ベクトル

$$A-(3a-b)E_3=\begin{pmatrix} -2a & a & a \\ a & -2a & a \\ a & a & -2a \end{pmatrix} \to \cdots \to \begin{pmatrix} 1 & 0 & -1 \\ 0 & 1 & -1 \\ 0 & 0 & 0 \end{pmatrix}$$

$$\therefore \quad \begin{cases} x-z=0 \\ y-z=0 \end{cases}$$

よって，固有ベクトルは

$$\begin{pmatrix} x \\ y \\ z \end{pmatrix}=\begin{pmatrix} u \\ u \\ u \end{pmatrix}=u\begin{pmatrix} 1 \\ 1 \\ 1 \end{pmatrix} \quad (u \fallingdotseq 0) \quad \text{……〔答〕}$$

(2) (1)の結果より，A の 1 次独立な 3 つの固有ベクトルとして次のものがとれる。

$$\boldsymbol{a}_1=\begin{pmatrix} -1 \\ 1 \\ 0 \end{pmatrix},\ \boldsymbol{a}_2=\begin{pmatrix} -1 \\ 0 \\ 1 \end{pmatrix},\ \boldsymbol{a}_3=\begin{pmatrix} 1 \\ 1 \\ 1 \end{pmatrix}$$

これを正規直交化する。ただし，$\boldsymbol{a}_3$ は正規化するだけでよい。

まず

$$\boldsymbol{b}_1=\frac{\boldsymbol{a}}{|\boldsymbol{a}_1|}=\frac{1}{\sqrt{2}}\begin{pmatrix}-1\\1\\0\end{pmatrix}$$

次に

$$\boldsymbol{a}_2-(\boldsymbol{a}_2,\ \boldsymbol{b}_1)\boldsymbol{b}_1=\begin{pmatrix}-1\\0\\1\end{pmatrix}-\frac{1}{\sqrt{2}}\cdot\frac{1}{\sqrt{2}}\begin{pmatrix}-1\\1\\0\end{pmatrix}=\frac{1}{2}\begin{pmatrix}-1\\-1\\2\end{pmatrix}$$

大きさは $\frac{\sqrt{6}}{2}$

$$\therefore\quad \boldsymbol{b}_2=\frac{\boldsymbol{a}_2-(\boldsymbol{a}_2,\ \boldsymbol{b}_1)\boldsymbol{b}_1}{|\boldsymbol{a}_2-(\boldsymbol{a}_2,\ \boldsymbol{b}_1)\boldsymbol{b}_1|}=\frac{2}{\sqrt{6}}\cdot\frac{1}{2}\begin{pmatrix}-1\\-1\\2\end{pmatrix}=\frac{1}{\sqrt{6}}\begin{pmatrix}-1\\-1\\2\end{pmatrix}$$

最後に

$$\boldsymbol{b}_3=\frac{\boldsymbol{a}_3}{|\boldsymbol{a}_3|}=\frac{1}{\sqrt{3}}\begin{pmatrix}1\\1\\1\end{pmatrix}$$

⬅ $\boldsymbol{a}_3$ は固有値が異なるから正規化するだけでよい

よって

$$P=(\boldsymbol{b}_1\quad \boldsymbol{b}_2\quad \boldsymbol{b}_3)=\frac{1}{\sqrt{6}}\begin{pmatrix}-\sqrt{3} & -1 & \sqrt{2}\\ \sqrt{3} & -1 & \sqrt{2}\\ 0 & 2 & \sqrt{2}\end{pmatrix}$$

とおくと，これは直交行列で

$$P^{-1}AP={}^tPAP=\begin{pmatrix}-b & 0 & 0\\ 0 & -b & 0\\ 0 & 0 & 3a-b\end{pmatrix}\quad\cdots\cdots〔答〕$$

(3)　(2)の結果より

$$P^{-1}AP=\begin{pmatrix}-b & 0 & 0\\ 0 & -b & 0\\ 0 & 0 & 3a-b\end{pmatrix}$$

$$\therefore\quad P^{-1}A^{20}P=(P^{-1}AP)^{20}=\begin{pmatrix}b^{20} & 0 & 0\\ 0 & b^{20} & 0\\ 0 & 0 & (3a-b)^{20}\end{pmatrix}$$

よって

$$A^{20}=P\begin{pmatrix} b^{20} & 0 & 0 \\ 0 & b^{20} & 0 \\ 0 & 0 & (3a-b)^{20} \end{pmatrix}P^{-1}=P\begin{pmatrix} b^{20} & 0 & 0 \\ 0 & b^{20} & 0 \\ 0 & 0 & (3a-b)^{20} \end{pmatrix}{}^tP$$

ここで

$$P=\frac{1}{\sqrt{6}}\begin{pmatrix} -\sqrt{3} & -1 & \sqrt{2} \\ \sqrt{3} & -1 & \sqrt{2} \\ 0 & 2 & \sqrt{2} \end{pmatrix},\quad {}^tP=\frac{1}{\sqrt{6}}\begin{pmatrix} -\sqrt{3} & \sqrt{3} & 0 \\ -1 & -1 & 2 \\ \sqrt{2} & \sqrt{2} & \sqrt{2} \end{pmatrix}$$

であるから

$$A^{20}=\frac{1}{6}\begin{pmatrix} -\sqrt{3} & -1 & \sqrt{2} \\ \sqrt{3} & -1 & \sqrt{2} \\ 0 & 2 & \sqrt{2} \end{pmatrix}\begin{pmatrix} b^{20} & 0 & 0 \\ 0 & b^{20} & 0 \\ 0 & 0 & (3a-b)^{20} \end{pmatrix}\begin{pmatrix} -\sqrt{3} & \sqrt{3} & 0 \\ -1 & -1 & 2 \\ \sqrt{2} & \sqrt{2} & \sqrt{2} \end{pmatrix}$$

$$=\frac{1}{6}\begin{pmatrix} -\sqrt{3}\,b^{20} & -b^{20} & \sqrt{2}\,(3a-b)^{20} \\ \sqrt{3}\,b^{20} & -b^{20} & \sqrt{2}\,(3a-b)^{20} \\ 0 & 2b^{20} & \sqrt{2}\,(3a-b)^{20} \end{pmatrix}\begin{pmatrix} -\sqrt{3} & \sqrt{3} & 0 \\ -1 & -1 & 2 \\ \sqrt{2} & \sqrt{2} & \sqrt{2} \end{pmatrix}$$

$$=\frac{1}{6}\begin{pmatrix} 4b^{20}+2(3a-b)^{20} & -2b^{20}+2(3a-b)^{20} & -2b^{20}+2(3a-b)^{20} \\ -2b^{20}+2(3a-b)^{20} & 4b^{20}+2(3a-b)^{20} & -2b^{20}+2(3a-b)^{20} \\ -2b^{20}+2(3a-b)^{20} & -2b^{20}+2(3a-b)^{20} & 4b^{20}+2(3a-b)^{20} \end{pmatrix}$$

これが E_3 に等しいとすると

$$4b^{20}+2(3a-b)^{20}=6 \quad \cdots\cdots① \qquad -2b^{20}+2(3a-b)^{20}=0 \quad \cdots\cdots②$$

①－② より，$6b^{20}=6$　　$\therefore\ \ b^{20}=1$　　$\therefore\ \ b=\pm 1$

$b=1$ を①に代入すると，$4+2(3a-1)^{20}=6$

$\therefore\ \ (3a-1)^{20}=1$　　$\therefore\ \ 3a-1=\pm 1$　　$a \fallingdotseq 0$ より，$a=\dfrac{2}{3}$

$b=-1$ を①に代入すると，$4+2(3a+1)^{20}=6$

$\therefore\ \ (3a+1)^{20}=1$　　$\therefore\ \ 3a+1=\pm 1$　　$a \fallingdotseq 0$ より，$a=-\dfrac{2}{3}$

以上より

$$(a,\ b)=\left(\frac{2}{3},\ 1\right),\ \left(-\frac{2}{3},\ -1\right)$$ ……〔答〕

過去問研究 6 − 3（対称行列の対角化②）

次の対称行列について，以下の設問に答えよ。

$$A=\begin{pmatrix}0&1&1\\1&0&1\\1&1&0\end{pmatrix}$$

(1)　$\boldsymbol{x}_1=\begin{pmatrix}\frac{1}{\sqrt{3}}\\\frac{1}{\sqrt{3}}\\\frac{1}{\sqrt{3}}\end{pmatrix}$ は A の固有ベクトルの 1 つであることを示し，対応する固有値を求めよ。

(2)　A の固有ベクトルのうち，(1)で与えられた $\boldsymbol{x}_1$ を除くもの 2 つ（$=\boldsymbol{x}_2$, $\boldsymbol{x}_3$）を挙げよ。ただし，それらの大きさを $|\boldsymbol{x}_2|=|\boldsymbol{x}_3|=1$ とし，3 つの固有ベクトル $\boldsymbol{x}_1$, $\boldsymbol{x}_2$, $\boldsymbol{x}_3$ が互いに直交するものを選ぶこと。

(3)　$P^{-1}AP=\Lambda$（Λ：対角行列）となるような直交行列 P を求め，これを用いて A^n を計算せよ。　〈北海道大学〉

解説　実対称行列の直交行列による対角化では，固有ベクトルを正規直交化して直交行列 P をつくるところがポイントである。固有ベクトルの正規直交化は同じ固有値に属する固有ベクトルの中でのみ行われるということをきちんと理解しておこう。

解答　(1)　$A\boldsymbol{x}_1=\begin{pmatrix}0&1&1\\1&0&1\\1&1&0\end{pmatrix}\begin{pmatrix}\frac{1}{\sqrt{3}}\\\frac{1}{\sqrt{3}}\\\frac{1}{\sqrt{3}}\end{pmatrix}=2\begin{pmatrix}\frac{1}{\sqrt{3}}\\\frac{1}{\sqrt{3}}\\\frac{1}{\sqrt{3}}\end{pmatrix}=2\boldsymbol{x}_1$

よって，対応する固有値は 2　……〔答〕

(2)　$|A-tE|=\begin{vmatrix}-t&1&1\\1&-t&1\\1&1&-t\end{vmatrix}=-t^3+1+1+t+t+t$

$=-(t^3-3t-2)=-(t-2)(t^2+2t+1)$

$=-(t-2)(t+1)^2$　　よって，固有値は -1（重解）と 2

(i) 固有値 2 に対する固有ベクトル ⬅ **一応求めておく**

$$A-2E=\begin{pmatrix}-2 & 1 & 1\\ 1 & -2 & 1\\ 1 & 1 & -2\end{pmatrix}\to\cdots\to\begin{pmatrix}1 & 0 & -1\\ 0 & 1 & -1\\ 0 & 0 & 0\end{pmatrix} \quad \therefore \quad \begin{cases}x-z=0\\ y-z=0\end{cases}$$

よって，固有ベクトルは

$$\begin{pmatrix}x\\ y\\ z\end{pmatrix}=\begin{pmatrix}a\\ a\\ a\end{pmatrix}=a\begin{pmatrix}1\\ 1\\ 1\end{pmatrix} \quad (a\neq 0)$$

(ii) 固有値 -1（重解）に対する固有ベクトル

$$A+E=\begin{pmatrix}1 & 1 & 1\\ 1 & 1 & 1\\ 1 & 1 & 1\end{pmatrix}\to\begin{pmatrix}1 & 1 & 1\\ 0 & 0 & 0\\ 0 & 0 & 0\end{pmatrix} \quad \therefore \quad x+y+z=0$$

よって，固有ベクトルは

$$\begin{pmatrix}x\\ y\\ z\end{pmatrix}=\begin{pmatrix}-b-c\\ b\\ c\end{pmatrix}=b\begin{pmatrix}-1\\ 1\\ 0\end{pmatrix}+c\begin{pmatrix}-1\\ 0\\ 1\end{pmatrix} \quad ((b,\ c)\neq(0,\ 0))$$

そこで

$$\boldsymbol{a}_1=\begin{pmatrix}1\\ 1\\ 1\end{pmatrix},\ \boldsymbol{a}_2=\begin{pmatrix}-1\\ 1\\ 0\end{pmatrix},\ \boldsymbol{a}_3=\begin{pmatrix}-1\\ 0\\ 1\end{pmatrix}$$

とおき，これらを正規直交化する。

ここで，$\boldsymbol{a}_1$ は固有値 2 に対する固有ベクトルであり，$\boldsymbol{a}_2$ と $\boldsymbol{a}_3$ は同じ固有値 -1 に対する固有ベクトルである。したがって，直交化の作業が必要なのは $\boldsymbol{a}_2$ と $\boldsymbol{a}_3$ だけである。

まず，$\boldsymbol{a}_1$ を正規化する。

$$\boldsymbol{x}_1=\frac{\boldsymbol{a}_1}{|\boldsymbol{a}_1|}=\frac{1}{\sqrt{3}}\begin{pmatrix}1\\ 1\\ 1\end{pmatrix}$$ ⬅ **これが問題で与えられた $\boldsymbol{x}_1$**

次に，$\boldsymbol{a}_2$ と $\boldsymbol{a}_3$ を正規直交化する。

$$\boldsymbol{x}_2=\frac{\boldsymbol{a}_2}{|\boldsymbol{a}_2|}=\frac{1}{\sqrt{2}}\begin{pmatrix}-1\\ 1\\ 0\end{pmatrix}$$

$$\boldsymbol{a}_3-(\boldsymbol{a}_3,\ \boldsymbol{x}_2)\boldsymbol{x}_2=\begin{pmatrix}-1\\0\\1\end{pmatrix}-\frac{1}{\sqrt{2}}\cdot\frac{1}{\sqrt{2}}\begin{pmatrix}-1\\1\\0\end{pmatrix}=\frac{1}{2}\begin{pmatrix}-1\\-1\\2\end{pmatrix}$$

大きさは $\dfrac{\sqrt{6}}{2}$

$$\therefore\quad \boldsymbol{x}_3=\frac{\boldsymbol{a}_3-(\boldsymbol{a}_3,\ \boldsymbol{x}_2)\boldsymbol{x}_2}{|\boldsymbol{a}_3-(\boldsymbol{a}_3,\ \boldsymbol{x}_2)\boldsymbol{x}_2|}=\frac{2}{\sqrt{6}}\cdot\frac{1}{2}\begin{pmatrix}-1\\-1\\2\end{pmatrix}=\frac{1}{\sqrt{6}}\begin{pmatrix}-1\\-1\\2\end{pmatrix}$$

以上より，求める $\boldsymbol{x}_2$, $\boldsymbol{x}_3$ は

$$\boldsymbol{x}_2=\frac{1}{\sqrt{2}}\begin{pmatrix}-1\\1\\0\end{pmatrix},\ \boldsymbol{x}_3=\frac{1}{\sqrt{6}}\begin{pmatrix}-1\\-1\\2\end{pmatrix}\quad\cdots\cdots〔答〕$$

(3)　(1), (2)の結果より

$$P=(\boldsymbol{x}_1\quad \boldsymbol{x}_2\quad \boldsymbol{x}_3)=\frac{1}{\sqrt{6}}\begin{pmatrix}\sqrt{2} & -\sqrt{3} & -1\\ \sqrt{2} & \sqrt{3} & -1\\ \sqrt{2} & 0 & 2\end{pmatrix}$$

とおくと，P は直交行列で

$$P^{-1}AP={}^tPAP=\Lambda=\begin{pmatrix}2 & 0 & 0\\ 0 & -1 & 0\\ 0 & 0 & -1\end{pmatrix}$$

より，${}^tPA^nP=\begin{pmatrix}2^n & 0 & 0\\ 0 & (-1)^n & 0\\ 0 & 0 & (-1)^n\end{pmatrix}$ であるから

$$A^n=P\begin{pmatrix}2^n & 0 & 0\\ 0 & (-1)^n & 0\\ 0 & 0 & (-1)^n\end{pmatrix}{}^tP$$

$$=\frac{1}{6}\begin{pmatrix}\sqrt{2} & -\sqrt{3} & -1\\ \sqrt{2} & \sqrt{3} & -1\\ \sqrt{2} & 0 & 2\end{pmatrix}\begin{pmatrix}2^n & 0 & 0\\ 0 & (-1)^n & 0\\ 0 & 0 & (-1)^n\end{pmatrix}\begin{pmatrix}\sqrt{2} & \sqrt{2} & \sqrt{2}\\ -\sqrt{3} & \sqrt{3} & 0\\ -1 & -1 & 2\end{pmatrix}$$

$$=\frac{1}{6}\begin{pmatrix}2^{n+1}+4(-1)^n & 2^{n+1}-2(-1)^n & 2^{n+1}-2(-1)^n\\ 2^{n+1}-2(-1)^n & 2^{n+1}+4(-1)^n & 2^{n+1}-2(-1)^n\\ 2^{n+1}-2(-1)^n & 2^{n+1}-2(-1)^n & 2^{n+1}+4(-1)^n\end{pmatrix}\quad\cdots\cdots〔答〕$$

過去問研究 6 − 4 （2 次形式）

次の実 2 次形式について，以下の問いに答えよ。

$$2x_1^2+3x_2^2+3x_3^2-2x_1x_2-2x_1x_3$$

(1) この 2 次形式の係数を要素とする対称行列を A とするとき，行列 A の固有値を求めよ。

(2) 直交行列 T を選んで，$T'AT$ が対角行列となるような T を定めよ。ただし，T' は T の転置行列とする。

(3) この 2 次形式を直交変換により標準形にせよ。 〈大阪府立大学〉

解説 2 次形式 ${}^t\boldsymbol{x}A\boldsymbol{x}$ は適当な直交行列 P による変数変換 $\boldsymbol{x}=P\boldsymbol{y}$ によって

$$\lambda_1y_1^2+\lambda_2y_2^2+\cdots+\lambda_ny_n^2 \quad \text{⬅ 標準形}$$

と表すことができる。ここで，λ_1，λ_2，…，λ_n は A の固有値である。

解答 (1) $2x_1^2+3x_2^2+3x_3^2-2x_1x_2-2x_1x_3$

$$=(x_1 \quad x_2 \quad x_3)\begin{pmatrix} 2 & -1 & -1 \\ -1 & 3 & 0 \\ -1 & 0 & 3 \end{pmatrix}\begin{pmatrix} x_1 \\ x_2 \\ x_3 \end{pmatrix}$$

$$\therefore \quad A=\begin{pmatrix} 2 & -1 & -1 \\ -1 & 3 & 0 \\ -1 & 0 & 3 \end{pmatrix}$$

$$|A-tE|=\begin{vmatrix} 2-t & -1 & -1 \\ -1 & 3-t & 0 \\ -1 & 0 & 3-t \end{vmatrix}=(2-t)(3-t)^2-(3-t)-(3-t)$$

$$=(3-t)\{(2-t)(3-t)-2\}=(3-t)(t^2-5t+4)$$

$$=-(t-3)(t-1)(t-4)$$

よって，行列 A の固有値は　1，3，4　……〔**答**〕

(2) (i) 固有値 1 に対する固有ベクトル

$$A-E=\begin{pmatrix} 1 & -1 & -1 \\ -1 & 2 & 0 \\ -1 & 0 & 2 \end{pmatrix}\to\cdots\to\begin{pmatrix} 1 & 0 & -2 \\ 0 & 1 & -1 \\ 0 & 0 & 0 \end{pmatrix} \qquad \therefore \quad \begin{cases} x_1-2x_3=0 \\ x_2-x_3=0 \end{cases}$$

よって，固有ベクトルは $\begin{pmatrix} x_1 \\ x_2 \\ x_3 \end{pmatrix}=\begin{pmatrix} 2a \\ a \\ a \end{pmatrix}=a\begin{pmatrix} 2 \\ 1 \\ 1 \end{pmatrix}$ $(a\neq 0)$

(ii)　固有値3に対する固有ベクトル

$$A-3E=\begin{pmatrix}-1&-1&-1\\-1&0&0\\-1&0&0\end{pmatrix}\to\cdots\to\begin{pmatrix}1&0&0\\0&1&1\\0&0&0\end{pmatrix}\qquad\therefore\ \begin{cases}x_1=0\\x_2+x_3=0\end{cases}$$

よって，固有ベクトルは $\begin{pmatrix}x_1\\x_2\\x_3\end{pmatrix}=\begin{pmatrix}0\\-b\\b\end{pmatrix}=b\begin{pmatrix}0\\-1\\1\end{pmatrix}$　$(b\neq0)$

(iii)　固有値4に対する固有ベクトル

$$A-4E=\begin{pmatrix}-2&-1&-1\\-1&-1&0\\-1&0&-1\end{pmatrix}\to\cdots\to\begin{pmatrix}1&0&1\\0&1&-1\\0&0&0\end{pmatrix}\qquad\therefore\ \begin{cases}x_1+x_3=0\\x_2-x_3=0\end{cases}$$

よって，固有ベクトルは $\begin{pmatrix}x_1\\x_2\\x_3\end{pmatrix}=\begin{pmatrix}-c\\c\\c\end{pmatrix}=c\begin{pmatrix}-1\\1\\1\end{pmatrix}$　$(c\neq0)$

そこで

$$\boldsymbol{a}_1=\frac{1}{\sqrt{6}}\begin{pmatrix}2\\1\\1\end{pmatrix},\ \boldsymbol{a}_2=\frac{1}{\sqrt{2}}\begin{pmatrix}0\\-1\\1\end{pmatrix},\ \boldsymbol{a}_3=\frac{1}{\sqrt{3}}\begin{pmatrix}-1\\1\\1\end{pmatrix}$$

とし

$$T=(\boldsymbol{a}_1\ \ \boldsymbol{a}_2\ \ \boldsymbol{a}_3)=\frac{1}{\sqrt{6}}\begin{pmatrix}2&0&-\sqrt{2}\\1&-\sqrt{3}&\sqrt{2}\\1&\sqrt{3}&\sqrt{2}\end{pmatrix}\text{とおけば}$$

$$T'AT=\begin{pmatrix}1&0&0\\0&3&0\\0&0&4\end{pmatrix}$$

(3)　$\begin{pmatrix}x_1\\x_2\\x_3\end{pmatrix}=T\begin{pmatrix}y_1\\y_2\\y_3\end{pmatrix}$ の変換により，次の標準形を得る。

$$(x_1\ \ x_2\ \ x_3)A\begin{pmatrix}x_1\\x_2\\x_3\end{pmatrix}=(y_1\ \ y_2\ \ y_3)T'AT\begin{pmatrix}y_1\\y_2\\y_3\end{pmatrix}=y_1^2+3y_2^2+4y_3^2$$　……〔答〕

演習問題の解答

第1章
行列と行基本変形

演習問題1.1

1　$(AB)C$，$A(BC)$ をそれぞれ計算しよう。

$$AB=\begin{pmatrix} 2 & 1 & -1 \\ -1 & 0 & 3 \end{pmatrix}\begin{pmatrix} 5 & -1 \\ 0 & 2 \\ 6 & 5 \end{pmatrix}$$

$$=\begin{pmatrix} 4 & -5 \\ 13 & 16 \end{pmatrix}$$

より

$$(AB)C=\begin{pmatrix} 4 & -5 \\ 13 & 16 \end{pmatrix}\begin{pmatrix} 3 & 1 \\ 1 & -2 \end{pmatrix}$$

$$=\begin{pmatrix} 7 & 14 \\ 55 & -19 \end{pmatrix}$$

また

$$BC=\begin{pmatrix} 5 & -1 \\ 0 & 2 \\ 6 & 5 \end{pmatrix}\begin{pmatrix} 3 & 1 \\ 1 & -2 \end{pmatrix}=\begin{pmatrix} 14 & 7 \\ 2 & -4 \\ 23 & -4 \end{pmatrix}$$

より

$$A(BC)=\begin{pmatrix} 2 & 1 & -1 \\ -1 & 0 & 3 \end{pmatrix}\begin{pmatrix} 14 & 7 \\ 2 & -4 \\ 23 & -4 \end{pmatrix}$$

$$=\begin{pmatrix} 7 & 14 \\ 55 & -19 \end{pmatrix}$$

よって，$(AB)C=A(BC)$

2　$A^2=\begin{pmatrix} a & b \\ c & d \end{pmatrix}\begin{pmatrix} a & b \\ c & d \end{pmatrix}$

$$=\begin{pmatrix} a^2+bc & ab+bd \\ ac+cd & bc+d^2 \end{pmatrix}$$

より

$$A^2-(a+d)A+(ad-bc)E$$

$$=\begin{pmatrix} a^2+bc & ab+bd \\ ac+cd & bc+d^2 \end{pmatrix}-(a+d)\begin{pmatrix} a & b \\ c & d \end{pmatrix}+(ad-bc)\begin{pmatrix} 1 & 0 \\ 0 & 1 \end{pmatrix}$$

$$=\begin{pmatrix} a^2+bc & ab+bd \\ ac+cd & bc+d^2 \end{pmatrix}-\begin{pmatrix} a^2+ad & ab+bd \\ ac+cd & ad+d^2 \end{pmatrix}+\begin{pmatrix} ad-bc & 0 \\ 0 & ad-bc \end{pmatrix}$$

$$=\begin{pmatrix} 0 & 0 \\ 0 & 0 \end{pmatrix}$$

3　(1)　$\sigma_1{}^2=\begin{pmatrix} 0 & 1 \\ 1 & 0 \end{pmatrix}\begin{pmatrix} 0 & 1 \\ 1 & 0 \end{pmatrix}=\begin{pmatrix} 1 & 0 \\ 0 & 1 \end{pmatrix}$

$$\sigma_2{}^2=\begin{pmatrix} 0 & -i \\ i & 0 \end{pmatrix}\begin{pmatrix} 0 & -i \\ i & 0 \end{pmatrix}$$

$$=\begin{pmatrix} -i^2 & 0 \\ 0 & -i^2 \end{pmatrix}=\begin{pmatrix} 1 & 0 \\ 0 & 1 \end{pmatrix}$$

$$\sigma_3{}^2=\begin{pmatrix} 1 & 0 \\ 0 & -1 \end{pmatrix}\begin{pmatrix} 1 & 0 \\ 0 & -1 \end{pmatrix}=\begin{pmatrix} 1 & 0 \\ 0 & 1 \end{pmatrix}$$

(2)　$[\sigma_1,\ \sigma_2]=\sigma_1\sigma_2-\sigma_2\sigma_1$

$$=\begin{pmatrix} 0 & 1 \\ 1 & 0 \end{pmatrix}\begin{pmatrix} 0 & -i \\ i & 0 \end{pmatrix}-\begin{pmatrix} 0 & -i \\ i & 0 \end{pmatrix}\begin{pmatrix} 0 & 1 \\ 1 & 0 \end{pmatrix}$$

$$=\begin{pmatrix} i & 0 \\ 0 & -i \end{pmatrix}-\begin{pmatrix} -i & 0 \\ 0 & i \end{pmatrix}$$

$$=\begin{pmatrix} 2i & 0 \\ 0 & -2i \end{pmatrix}=2i\begin{pmatrix} 1 & 0 \\ 0 & -1 \end{pmatrix}=2i\sigma_3$$

$[\sigma_2,\ \sigma_3]=2i\sigma_1$，$[\sigma_3,\ \sigma_1]=2i\sigma_2$ も同様。

4　(1)　$AB=\begin{pmatrix} a_{11} & a_{12} \\ a_{21} & a_{22} \end{pmatrix}\begin{pmatrix} b_{11} & b_{12} \\ b_{21} & b_{22} \end{pmatrix}$

$$=\begin{pmatrix} a_{11}b_{11}+a_{12}b_{21} & a_{11}b_{12}+a_{12}b_{22} \\ a_{21}b_{11}+a_{22}b_{21} & a_{21}b_{12}+a_{22}b_{22} \end{pmatrix}$$

$$BA=\begin{pmatrix} b_{11} & b_{12} \\ b_{21} & b_{22} \end{pmatrix}\begin{pmatrix} a_{11} & a_{12} \\ a_{21} & a_{22} \end{pmatrix}$$

$$=\begin{pmatrix} b_{11}a_{11}+b_{12}a_{21} & b_{11}a_{12}+b_{12}a_{22} \\ b_{21}a_{11}+b_{22}a_{21} & b_{21}a_{12}+b_{22}a_{22} \end{pmatrix}$$

(2)　(1)の結果より

$$\begin{aligned}\mathrm{tr}(AB)&=(a_{11}b_{11}+a_{12}b_{21})+(a_{21}b_{12}+a_{22}b_{22})\\&=a_{11}b_{11}+a_{12}b_{21}+a_{21}b_{12}+a_{22}b_{22}\\&\qquad\left(=\sum_{k,\ l=1}^{2}a_{kl}b_{lk}\right)\end{aligned}$$

$$\begin{aligned}\mathrm{tr}(BA)&=(b_{11}a_{11}+b_{12}a_{21})+(b_{21}a_{12}+b_{22}a_{22})\\&=(a_{11}b_{11}+a_{21}b_{12})+(a_{12}b_{21}+a_{22}b_{22})\\&=a_{11}b_{11}+a_{12}b_{21}+a_{21}b_{12}+a_{22}b_{22}\\&\qquad\left(=\sum_{k,\ l=1}^{2}a_{kl}b_{lk}\right)\end{aligned}$$

より，$\mathrm{tr}(AB)=\mathrm{tr}(BA)$

(注)　A，B が n 次正方行列であっても証明は全く同様である。

5　(1)　PQ，QP を計算すると

$$PQ=\begin{pmatrix} 0 & 2 & 0 \\ 0 & 0 & 2 \\ 1 & 0 & 0 \end{pmatrix}\begin{pmatrix} 0 & 0 & 2 \\ 1 & 0 & 0 \\ 0 & 1 & 0 \end{pmatrix}=\begin{pmatrix} 2 & 0 & 0 \\ 0 & 2 & 0 \\ 0 & 0 & 2 \end{pmatrix}$$

$$QP=\begin{pmatrix} 0 & 0 & 2 \\ 1 & 0 & 0 \\ 0 & 1 & 0 \end{pmatrix}\begin{pmatrix} 0 & 2 & 0 \\ 0 & 0 & 2 \\ 1 & 0 & 0 \end{pmatrix}=\begin{pmatrix} 2 & 0 & 0 \\ 0 & 2 & 0 \\ 0 & 0 & 2 \end{pmatrix}$$

より，$PQ=QP$

(2) $Z=\begin{pmatrix} a & b & c \\ p & q & r \\ x & y & z \end{pmatrix}$ とおく。

$$PZ=\begin{pmatrix} 0 & 2 & 0 \\ 0 & 0 & 2 \\ 1 & 0 & 0 \end{pmatrix}\begin{pmatrix} a & b & c \\ p & q & r \\ x & y & z \end{pmatrix}=\begin{pmatrix} 2p & 2q & 2r \\ 2x & 2y & 2z \\ a & b & c \end{pmatrix}$$

$$ZP=\begin{pmatrix} a & b & c \\ p & q & r \\ x & y & z \end{pmatrix}\begin{pmatrix} 0 & 2 & 0 \\ 0 & 0 & 2 \\ 1 & 0 & 0 \end{pmatrix}=\begin{pmatrix} c & 2a & 2b \\ r & 2p & 2q \\ z & 2x & 2y \end{pmatrix}$$

より，$PZ=ZP$ であるための条件は

$$\begin{cases} 2p=c,\ 2q=2a,\ 2r=2b \\ 2x=r,\ 2y=2p,\ 2z=2q \\ a=z,\ b=2x,\ c=2y \end{cases}$$

すなわち

$p=y,\ q=z,\ r=2x,$

$a=z,\ b=2x,\ c=2y$

（$x,\ y,\ z$ は任意）

よって

$$Z=\begin{pmatrix} a & b & c \\ p & q & r \\ x & y & z \end{pmatrix}=\begin{pmatrix} z & 2x & 2y \\ y & z & 2x \\ x & y & z \end{pmatrix}$$

$$=x\begin{pmatrix} 0 & 2 & 0 \\ 0 & 0 & 2 \\ 1 & 0 & 0 \end{pmatrix}+y\begin{pmatrix} 0 & 0 & 2 \\ 1 & 0 & 0 \\ 0 & 1 & 0 \end{pmatrix}+z\begin{pmatrix} 1 & 0 & 0 \\ 0 & 1 & 0 \\ 0 & 0 & 1 \end{pmatrix}$$

（$x,\ y,\ z$ は任意）

(3) (2)より，

$X=xP+yQ+zE$

$Y=uP+vQ+wE$

と表すことができるが，(1)より，$P,\ Q,\ E$ のどの2つも交換可能である。したがって，X と Y も交換可能である。

演習問題 1．2

1 (1)

$$\begin{pmatrix} 3 & -1 & -5 & 2 \\ 1 & 3 & 5 & 1 \\ 1 & 2 & 3 & 0 \end{pmatrix}\underset{①\leftrightarrow③}{\to}\begin{pmatrix} 1 & 2 & 3 & 0 \\ 1 & 3 & 5 & 1 \\ 3 & -1 & -5 & 2 \end{pmatrix}$$

$$\underset{\substack{②-① \\ ③-①\times3}}{\to}\begin{pmatrix} 1 & 2 & 3 & 0 \\ 0 & 1 & 2 & 1 \\ 0 & -7 & -14 & 2 \end{pmatrix}$$

$$\underset{\substack{①-②\times2 \\ ③+②\times7}}{\to}\begin{pmatrix} 1 & 0 & -1 & -2 \\ 0 & 1 & 2 & 1 \\ 0 & 0 & 0 & 9 \end{pmatrix}$$

$$\underset{③\div9}{\to}\begin{pmatrix} 1 & 0 & -1 & -2 \\ 0 & 1 & 2 & 1 \\ 0 & 0 & 0 & 1 \end{pmatrix}$$

$$\underset{\substack{①+③\times2 \\ ②-③}}{\to}\begin{pmatrix} 1 & 0 & -1 & 0 \\ 0 & 1 & 2 & 0 \\ 0 & 0 & 0 & 1 \end{pmatrix}$$

階数は3

(2)

$$\begin{pmatrix} 1 & 2 & 3 & 2 \\ 1 & 2 & -1 & 0 \\ 1 & 2 & 1 & 1 \end{pmatrix}\underset{\substack{②-① \\ ③-①}}{\to}\begin{pmatrix} 1 & 2 & 3 & 2 \\ 0 & 0 & -4 & -2 \\ 0 & 0 & -2 & -1 \end{pmatrix}$$

$$\underset{\substack{②\div(-4) \\ ③\div(-2)}}{\to}\begin{pmatrix} 1 & 2 & 3 & 2 \\ 0 & 0 & 1 & \frac{1}{2} \\ 0 & 0 & 1 & \frac{1}{2} \end{pmatrix}$$

$$\underset{\substack{①-②\times3 \\ ③-②}}{\to}\begin{pmatrix} 1 & 2 & 0 & \frac{1}{2} \\ 0 & 0 & 1 & \frac{1}{2} \\ 0 & 0 & 0 & 0 \end{pmatrix}$$

階数は2

(3)

$$\begin{pmatrix} 3 & -1 & 1 & 1 \\ -2 & 0 & -1 & -3 \\ 2 & -2 & 0 & -4 \end{pmatrix}$$

$$\underset{①+②}{\to}\begin{pmatrix} 1 & -1 & 0 & -2 \\ -2 & 0 & -1 & -3 \\ 2 & -2 & 0 & -4 \end{pmatrix}$$

$$\underset{\substack{②+①\times2 \\ ③-①\times2}}{\to}\begin{pmatrix} 1 & -1 & 0 & -2 \\ 0 & -2 & -1 & -7 \\ 0 & 0 & 0 & 0 \end{pmatrix}$$

$$\underset{②\div(-2)}{\to}\begin{pmatrix} 1 & -1 & 0 & -2 \\ 0 & 1 & \frac{1}{2} & \frac{7}{2} \\ 0 & 0 & 0 & 0 \end{pmatrix}$$

$$\underset{①+②}{\to}\begin{pmatrix} 1 & 0 & \frac{1}{2} & \frac{3}{2} \\ 0 & 1 & \frac{1}{2} & \frac{7}{2} \\ 0 & 0 & 0 & 0 \end{pmatrix}$$

階数は2

(4)

$$\begin{pmatrix} 2 & -2 & 5 & -1 & -7 \\ -3 & 3 & 1 & -7 & 5 \\ 1 & -1 & 1 & 1 & 1 \end{pmatrix}$$

$$\underset{①\leftrightarrow③}{\to}\begin{pmatrix}1 & -1 & 1 & 1 & 1\\ -3 & 3 & 1 & -7 & 5\\ 2 & -2 & 5 & -1 & -7\end{pmatrix}$$

$$\underset{\substack{②+①\times3\\③-①\times2}}{\to}\begin{pmatrix}1 & -1 & 1 & 1 & 1\\ 0 & 0 & 4 & -4 & 8\\ 0 & 0 & 3 & -3 & -9\end{pmatrix}$$

$$\underset{\substack{②\div4\\③\div3}}{\to}\begin{pmatrix}1 & -1 & 1 & 1 & 1\\ 0 & 0 & 1 & -1 & 2\\ 0 & 0 & 1 & -1 & -3\end{pmatrix}$$

$$\underset{\substack{①-②\\③-②}}{\to}\begin{pmatrix}1 & -1 & 0 & 2 & -1\\ 0 & 0 & 1 & -1 & 2\\ 0 & 0 & 0 & 0 & -5\end{pmatrix}$$

$$\underset{③\div(-5)}{\to}\begin{pmatrix}1 & -1 & 0 & 2 & -1\\ 0 & 0 & 1 & -1 & 2\\ 0 & 0 & 0 & 0 & 1\end{pmatrix}$$

$$\underset{\substack{①+③\\②-③\times2}}{\to}\begin{pmatrix}1 & -1 & 0 & 2 & 0\\ 0 & 0 & 1 & -1 & 0\\ 0 & 0 & 0 & 0 & 1\end{pmatrix}$$ 階数は 3

2

$$\begin{pmatrix}1 & 1 & 1 & x+1\\ 1 & 1 & x+1 & 1\\ 1 & x+1 & 1 & 1\\ x+1 & 1 & 1 & 1\end{pmatrix}$$

$$\underset{\substack{②-①\\③-①\\④-①\times(x+1)}}{\to}\begin{pmatrix}1 & 1 & 1 & x+1\\ 0 & 0 & x & -x\\ 0 & x & 0 & -x\\ 0 & -x & -x & -x^2-2x\end{pmatrix}$$ ……(＊)

(i)　$x=0$ のとき

$$(*)=\begin{pmatrix}1 & 1 & 1 & 1\\ 0 & 0 & 0 & 0\\ 0 & 0 & 0 & 0\\ 0 & 0 & 0 & 0\end{pmatrix}$$ 階数は 1

(ii)　$x\fallingdotseq 0$ のとき

$$(*)\underset{\substack{②\div x\\③\div x\\④\div(-x)}}{\to}\begin{pmatrix}1 & 1 & 1 & x+1\\ 0 & 0 & 1 & -1\\ 0 & 1 & 0 & -1\\ 0 & 1 & 1 & x+2\end{pmatrix}$$

$$\underset{②\leftrightarrow③}{\to}\begin{pmatrix}1 & 1 & 1 & x+1\\ 0 & 1 & 0 & -1\\ 0 & 0 & 1 & -1\\ 0 & 1 & 1 & x+2\end{pmatrix}$$

$$\underset{\substack{①-②\\④-②}}{\to}\begin{pmatrix}1 & 0 & 1 & x+2\\ 0 & 1 & 0 & -1\\ 0 & 0 & 1 & -1\\ 0 & 0 & 1 & x+3\end{pmatrix}$$

$$\underset{\substack{①-③\\④-③}}{\to}\begin{pmatrix}1 & 0 & 0 & x+3\\ 0 & 1 & 0 & -1\\ 0 & 0 & 1 & -1\\ 0 & 0 & 0 & x+4\end{pmatrix}$$ ……(＊＊)

(ア)　$x=-4$ のとき

$$(**)=\begin{pmatrix}1 & 0 & 0 & -1\\ 0 & 1 & 0 & -1\\ 0 & 0 & 1 & -1\\ 0 & 0 & 0 & 0\end{pmatrix}$$ 階数は 3

(イ)　$x\fallingdotseq -4$ のとき

$$(**)\underset{④\div(x+4)}{\to}=\begin{pmatrix}1 & 0 & 0 & x+3\\ 0 & 1 & 0 & -1\\ 0 & 0 & 1 & -1\\ 0 & 0 & 0 & 1\end{pmatrix}$$

$$\underset{\substack{①-④\times(x+3)\\②+④\\③+④}}{\to}\begin{pmatrix}1 & 0 & 0 & 0\\ 0 & 1 & 0 & 0\\ 0 & 0 & 1 & 0\\ 0 & 0 & 0 & 1\end{pmatrix}$$ 階数は 4

3　$$\begin{pmatrix}1 & a & bc\\ 1 & b & ca\\ 1 & c & ab\end{pmatrix}$$

$$\underset{\substack{②-①\\③-①}}{\to}\begin{pmatrix}1 & a & bc\\ 0 & b-a & -c(b-a)\\ 0 & c-a & -b(c-a)\end{pmatrix}$$ ……(＊)

(i)　$a=b=c$ のとき

$$(*)=\begin{pmatrix}1 & a & bc\\ 0 & 0 & 0\\ 0 & 0 & 0\end{pmatrix}=\begin{pmatrix}1 & a & a^2\\ 0 & 0 & 0\\ 0 & 0 & 0\end{pmatrix}$$

階数は 1

(ii)　$c=a,\ a\fallingdotseq b$ のとき

$$(*)\underset{②\div(b-a)}{\to}\begin{pmatrix}1 & a & bc\\ 0 & 1 & -c\\ 0 & 0 & 0\end{pmatrix}$$

$$\underset{①-②\times a}{\to}\begin{pmatrix}1 & 0 & c(a+b)\\ 0 & 1 & -c\\ 0 & 0 & 0\end{pmatrix}$$ 階数は 2

(iii)　$a=b,\ a\fallingdotseq c$ のとき

$$(*)\underset{③\div(c-a)}{\to}\begin{pmatrix}1 & a & bc\\ 0 & 0 & 0\\ 0 & 1 & -b\end{pmatrix}$$

$$\underset{②\leftrightarrow③}{\to}\begin{pmatrix}1 & a & bc\\ 0 & 1 & -b\\ 0 & 0 & 0\end{pmatrix}$$

$$\underset{①-②\times a}{\to}\begin{pmatrix}1 & 0 & b(c+a)\\ 0 & 1 & -b\\ 0 & 0 & 0\end{pmatrix}$$ 階数は 2

(iv)　$b=c,\ c\fallingdotseq a$ のとき

$$(*) \underset{\substack{②\div(b-a)\\③\div(c-a)}}{\rightarrow} \begin{pmatrix} 1 & a & bc \\ 0 & 1 & -c \\ 0 & 1 & -b \end{pmatrix}$$

$$\underset{\substack{①-②\times a\\③-②}}{\rightarrow} \begin{pmatrix} 1 & 0 & c(a+b) \\ 0 & 1 & -b \\ 0 & 0 & 0 \end{pmatrix} \qquad \text{階数は } 2$$

(v) a, b, c がすべて異なるとき

$$(*) \underset{\substack{②\div(b-a)\\③\div(c-a)}}{\rightarrow} \begin{pmatrix} 1 & a & bc \\ 0 & 1 & -c \\ 0 & 1 & -b \end{pmatrix}$$

$$\underset{\substack{①-②\times a\\③-②}}{\rightarrow} \begin{pmatrix} 1 & 0 & c(a+b) \\ 0 & 1 & -c \\ 0 & 0 & -(b-c) \end{pmatrix}$$

$$\underset{③\div\{-(b-c)\}}{\rightarrow} \begin{pmatrix} 1 & 0 & c(a+b) \\ 0 & 1 & -c \\ 0 & 0 & 1 \end{pmatrix}$$

$$\underset{\substack{①-③\times c(a+b)\\②+③\times c}}{\rightarrow} \begin{pmatrix} 1 & 0 & 0 \\ 0 & 1 & 0 \\ 0 & 0 & 1 \end{pmatrix} \qquad \text{階数は } 3$$

4 (1) $\begin{pmatrix} 1 & 0 & 0 & 0 \\ 0 & 1 & 0 & 0 \\ 0 & 0 & k & 0 \\ 0 & 0 & 0 & 1 \end{pmatrix}\begin{pmatrix} a_{11} & a_{12} & \cdots & a_{1n} \\ a_{21} & a_{22} & \cdots & a_{2n} \\ a_{31} & a_{32} & \cdots & a_{3n} \\ a_{41} & a_{42} & \cdots & a_{4n} \end{pmatrix}$

$$=\begin{pmatrix} a_{11} & a_{12} & \cdots & a_{1n} \\ a_{21} & a_{22} & \cdots & a_{2n} \\ ka_{31} & ka_{32} & \cdots & ka_{3n} \\ a_{41} & a_{42} & \cdots & a_{4n} \end{pmatrix}$$

よって，第3行を k 倍する。

(2) $\begin{pmatrix} 1 & 0 & 0 & 0 \\ 0 & 0 & 0 & 1 \\ 0 & 0 & 1 & 0 \\ 0 & 1 & 0 & 0 \end{pmatrix}\begin{pmatrix} a_{11} & a_{12} & \cdots & a_{1n} \\ a_{21} & a_{22} & \cdots & a_{2n} \\ a_{31} & a_{32} & \cdots & a_{3n} \\ a_{41} & a_{42} & \cdots & a_{4n} \end{pmatrix}$

$$=\begin{pmatrix} a_{11} & a_{12} & \cdots & a_{1n} \\ a_{41} & a_{42} & \cdots & a_{4n} \\ a_{31} & a_{32} & \cdots & a_{3n} \\ a_{21} & a_{22} & \cdots & a_{2n} \end{pmatrix}$$

よって，第2行と第4行を入れ替える。

(3) $\begin{pmatrix} 1 & 0 & 0 & 0 \\ 0 & 1 & 0 & k \\ 0 & 0 & 1 & 0 \\ 0 & 0 & 0 & 1 \end{pmatrix}\begin{pmatrix} a_{11} & a_{12} & \cdots & a_{1n} \\ a_{21} & a_{22} & \cdots & a_{2n} \\ a_{31} & a_{32} & \cdots & a_{3n} \\ a_{41} & a_{42} & \cdots & a_{4n} \end{pmatrix}$

$$=\begin{pmatrix} a_{11} & a_{12} & \cdots & a_{1n} \\ a_{21}+ka_{41} & a_{22}+ka_{42} & \cdots & a_{2n}+ka_{4n} \\ a_{31} & a_{32} & \cdots & a_{3n} \\ a_{41} & a_{42} & \cdots & a_{4n} \end{pmatrix}$$

よって，第2行に第4行の k 倍をたす。

5 「第2行を3倍する」を表す行列は

$$P=\begin{pmatrix} 1 & 0 & 0 \\ 0 & 3 & 0 \\ 0 & 0 & 1 \end{pmatrix}$$

「第1行に第3行の2倍をたす」を表す行列は

$$Q=\begin{pmatrix} 1 & 0 & 2 \\ 0 & 1 & 0 \\ 0 & 0 & 1 \end{pmatrix}$$

「第2行と第3行を入れ替える」を表す行列は

$$R=\begin{pmatrix} 1 & 0 & 0 \\ 0 & 0 & 1 \\ 0 & 1 & 0 \end{pmatrix}$$

よって，求める行列は

$$RQP=\begin{pmatrix} 1 & 0 & 0 \\ 0 & 0 & 1 \\ 0 & 1 & 0 \end{pmatrix}\begin{pmatrix} 1 & 0 & 2 \\ 0 & 1 & 0 \\ 0 & 0 & 1 \end{pmatrix}\begin{pmatrix} 1 & 0 & 0 \\ 0 & 3 & 0 \\ 0 & 0 & 1 \end{pmatrix}$$

$$=\begin{pmatrix} 1 & 0 & 2 \\ 0 & 0 & 1 \\ 0 & 1 & 0 \end{pmatrix}\begin{pmatrix} 1 & 0 & 0 \\ 0 & 3 & 0 \\ 0 & 0 & 1 \end{pmatrix}=\begin{pmatrix} 1 & 0 & 2 \\ 0 & 0 & 1 \\ 0 & 3 & 0 \end{pmatrix}$$

6 階数が0のもの：

$$\begin{pmatrix} 0 & 0 & 0 \\ 0 & 0 & 0 \\ 0 & 0 & 0 \end{pmatrix}$$

階数が1のもの：

$$\begin{pmatrix} 1 & * & * \\ 0 & 0 & 0 \\ 0 & 0 & 0 \end{pmatrix},\ \begin{pmatrix} 0 & 1 & * \\ 0 & 0 & 0 \\ 0 & 0 & 0 \end{pmatrix},\ \begin{pmatrix} 0 & 0 & 1 \\ 0 & 0 & 0 \\ 0 & 0 & 0 \end{pmatrix}$$

階数が2のもの：

$$\begin{pmatrix} 1 & 0 & * \\ 0 & 1 & * \\ 0 & 0 & 0 \end{pmatrix},\ \begin{pmatrix} 1 & * & 0 \\ 0 & 0 & 1 \\ 0 & 0 & 0 \end{pmatrix},\ \begin{pmatrix} 0 & 1 & 0 \\ 0 & 0 & 1 \\ 0 & 0 & 0 \end{pmatrix}$$

階数が3のもの：

$$\begin{pmatrix} 1 & 0 & 0 \\ 0 & 1 & 0 \\ 0 & 0 & 1 \end{pmatrix}$$

演習問題 1．3

1 (1) 拡大係数行列：

$$\begin{pmatrix} 2 & -3 & 5 & -3 \\ 3 & 6 & -2 & 7 \\ 1 & 1 & -1 & 0 \end{pmatrix} \rightarrow \cdots$$

$$\rightarrow \begin{pmatrix} 1 & 0 & 0 & -1 \\ 0 & 1 & 0 & 2 \\ 0 & 0 & 1 & 1 \end{pmatrix}$$

よって，与式は

$$\begin{cases} x \quad\quad =-1 \\ \quad y \quad =2 \\ \quad\quad z=1 \end{cases}$$

したがって，求める解は

$$\begin{pmatrix} x \\ y \\ z \end{pmatrix}=\begin{pmatrix} -1 \\ 2 \\ 1 \end{pmatrix}$$

(2)　拡大係数行列：

$$\begin{pmatrix} 2 & -1 & -1 & 4 & 6 \\ 1 & -1 & 2 & -3 & 1 \\ 4 & -3 & 3 & -2 & 8 \end{pmatrix} \to \cdots$$

$$\to \begin{pmatrix} 1 & 0 & -3 & 7 & 5 \\ 0 & 1 & -5 & 10 & 4 \\ 0 & 0 & 0 & 0 & 0 \end{pmatrix}$$

よって，与式は

$$\begin{cases} x \quad -3z+\ 7w=5 \\ \quad y-5z+10w=4 \end{cases}$$

したがって，求める解は

$$\begin{pmatrix} x \\ y \\ z \\ w \end{pmatrix}=\begin{pmatrix} 3a-7b+5 \\ 5a-10b+4 \\ a \\ b \end{pmatrix} \quad (a,\ b \text{ は任意})$$

(3)　拡大係数行列：

$$\begin{pmatrix} 1 & -2 & 3 & 4 & 5 & 1 \\ 1 & -2 & 0 & 1 & 2 & -2 \\ 3 & -6 & 1 & 4 & 7 & 1 \end{pmatrix} \to \cdots$$

$$\to \begin{pmatrix} 1 & -2 & 0 & 1 & 2 & 0 \\ 0 & 0 & 1 & 1 & 1 & 0 \\ 0 & 0 & 0 & 0 & 0 & 1 \end{pmatrix}$$

よって，与式は

$$\begin{cases} x-2y \quad +u+2v=0 \\ \quad\quad z+u+v=0 \\ 0\cdot x+0\cdot y+0\cdot z+0\cdot u+0\cdot v=1 \end{cases}$$

第3式を満たす x，y，z，u，v は存在しないから

解なし

(注)「解なし」の場合，行基本変形の途中で「解なし」と分かることがよくある。そのときは行基本変形を途中で止めてもかまわない。

(4)　係数行列：

$$\begin{pmatrix} 1 & 2 & 1 & 2 \\ 3 & 6 & 5 & -8 \\ 3 & 6 & 4 & -1 \\ 2 & 4 & 1 & 11 \end{pmatrix} \to \cdots$$

$$\to \begin{pmatrix} 1 & 2 & 0 & 9 \\ 0 & 0 & 1 & -7 \\ 0 & 0 & 0 & 0 \\ 0 & 0 & 0 & 0 \end{pmatrix}$$

よって，与式は

$$\begin{cases} x+2y \quad +9w=0 \\ \quad\quad z-7w=0 \end{cases}$$

したがって，求める解は

$$\begin{pmatrix} x \\ y \\ z \\ w \end{pmatrix}=\begin{pmatrix} -2a-9b \\ a \\ 7b \\ b \end{pmatrix}=a\begin{pmatrix} -2 \\ 1 \\ 0 \\ 0 \end{pmatrix}+b\begin{pmatrix} -9 \\ 0 \\ 7 \\ 1 \end{pmatrix}$$

$(a,\ b$ は任意$)$

2　与式の拡大係数行列を行基本変形する。

$$\begin{pmatrix} 1 & 1 & k & k+2 \\ 1 & k & 1 & 2k+1 \\ k & 1 & 1 & 3k \end{pmatrix}$$

$$\underset{\substack{②-① \\ ③-①\times k}}{\to} \begin{pmatrix} 1 & 1 & k & k+2 \\ 0 & k-1 & 1-k & k-1 \\ 0 & 1-k & 1-k^2 & -k^2+k \end{pmatrix}$$

……$(*)$

(i)　$k=1$ のとき

$$(*)=\begin{pmatrix} 1 & 1 & 1 & 3 \\ 0 & 0 & 0 & 0 \\ 0 & 0 & 0 & 0 \end{pmatrix}$$

よって，与式は次のように変形される。

$$\begin{cases} x+y+z=3 \\ 0\cdot x+0\cdot y+0\cdot z=0 \\ 0\cdot x+0\cdot y+0\cdot z=0 \end{cases}$$

すなわち

$$x+y+z=3$$

したがって，求める解は

$$\begin{pmatrix} x \\ y \\ z \end{pmatrix}=\begin{pmatrix} 3-a-b \\ a \\ b \end{pmatrix} \quad (a,\ b \text{ は任意})$$

(ii)　$k \fallingdotseq 1$ のとき

$$(*) \underset{\substack{②\div(k-1) \\ ③\div(1-k)}}{\to} \begin{pmatrix} 1 & 1 & k & k+2 \\ 0 & 1 & -1 & 1 \\ 0 & 1 & 1+k & k \end{pmatrix}$$

$$\underset{\substack{①-② \\ ③-②}}{\to} \begin{pmatrix} 1 & 0 & k+1 & k+1 \\ 0 & 1 & -1 & 1 \\ 0 & 0 & k+2 & k-1 \end{pmatrix} \quad \cdots\cdots(**)$$

(ア)　$k=-2$ のとき

$$(**)=\begin{pmatrix} 1 & 0 & -1 & -1 \\ 0 & 1 & -1 & 1 \\ 0 & 0 & 0 & -3 \end{pmatrix}$$

よって，与式は次のように変形される。

$$\begin{cases} x-z=-1 \\ y-z=1 \\ 0\cdot x+0\cdot y+0\cdot z=-3 \end{cases}$$

この第3式を満たす $x,\ y,\ z$ は存在しないから

解なし

(イ) $k \neq -2$ のとき

$$(**) \underset{③\div(k+2)}{\rightarrow} \begin{pmatrix} 1 & 0 & k+1 & k+1 \\ 0 & 1 & -1 & 1 \\ 0 & 0 & 1 & \dfrac{k-1}{k+2} \end{pmatrix}$$

$$\underset{\substack{①-③\times(k+1) \\ ②+③}}{\rightarrow} \begin{pmatrix} 1 & 0 & 0 & k+1-\dfrac{(k+1)(k-1)}{k+2} \\ 0 & 1 & 0 & 1+\dfrac{k-1}{k+2} \\ 0 & 0 & 1 & \dfrac{k-1}{k+2} \end{pmatrix}$$

$$= \begin{pmatrix} 1 & 0 & 0 & \dfrac{3k+3}{k+2} \\ 0 & 1 & 0 & \dfrac{2k+1}{k+2} \\ 0 & 0 & 1 & \dfrac{k-1}{k+2} \end{pmatrix}$$

したがって，求める解は

$$\begin{pmatrix} x \\ y \\ z \end{pmatrix} = \begin{pmatrix} \dfrac{3k+3}{k+2} \\ \dfrac{2k+1}{k+2} \\ \dfrac{k-1}{k+2} \end{pmatrix}$$

3 拡大係数行列：

$$\begin{pmatrix} 1 & -3 & 4 & a \\ 1 & 0 & 1 & b \\ 2 & -3 & 5 & c \end{pmatrix}$$

$$\underset{\substack{②-① \\ ③-①\times 2}}{\rightarrow} \begin{pmatrix} 1 & -3 & 4 & a \\ 0 & 3 & -3 & b-a \\ 0 & 3 & -3 & c-2a \end{pmatrix}$$

$$\underset{\substack{①+② \\ ③-②}}{\rightarrow} \begin{pmatrix} 1 & 0 & 1 & b \\ 0 & 3 & -3 & b-a \\ 0 & 0 & 0 & -a-b+c \end{pmatrix}$$

よって，与式は次のように変形される。

$$\begin{cases} x+z=b \\ 3y-3z=b-a \\ 0\cdot x+0\cdot y+0\cdot z=-a-b+c \end{cases}$$

これが解をもつための条件は，第3式が恒等式になることであるから

$$-a-b+c=0 \qquad \therefore\ a+b=c$$

4 係数行列：

$$\begin{pmatrix} 1 & 1 & a \\ 1 & a & 1 \\ a & 1 & 1 \end{pmatrix}$$

$$\underset{\substack{②-① \\ ③-①\times a}}{\rightarrow} \begin{pmatrix} 1 & 1 & a \\ 0 & a-1 & 1-a \\ 0 & 1-a & 1-a^2 \end{pmatrix} \quad \cdots\cdots(*)$$

(i) $a=1$ のとき

$$(*) = \begin{pmatrix} 1 & 1 & 1 \\ 0 & 0 & 0 \\ 0 & 0 & 0 \end{pmatrix}$$

よって，与式は

$x+y+z=0$

であり，解は

$$\begin{pmatrix} x \\ y \\ z \end{pmatrix} = \begin{pmatrix} -s-t \\ s \\ t \end{pmatrix} = s\begin{pmatrix} -1 \\ 1 \\ 0 \end{pmatrix} + t\begin{pmatrix} -1 \\ 0 \\ 1 \end{pmatrix}$$

($s,\ t$ は任意)

(ii) $a \neq 1$ のとき

$$(*) \underset{\substack{②\div(a-1) \\ ③\div(1-a)}}{\rightarrow} \begin{pmatrix} 1 & 1 & a \\ 0 & 1 & -1 \\ 0 & 1 & 1+a \end{pmatrix}$$

$$\underset{\substack{①-② \\ ③-②}}{\rightarrow} \begin{pmatrix} 1 & 0 & a+1 \\ 0 & 1 & -1 \\ 0 & 0 & a+2 \end{pmatrix} \quad \cdots\cdots(**)$$

(ア) $a=-2$ のとき

$$(**) = \begin{pmatrix} 1 & 0 & -1 \\ 0 & 1 & -1 \\ 0 & 0 & 0 \end{pmatrix}$$

よって，与式は

$$\begin{cases} x \quad -z=0 \\ \quad y-z=0 \end{cases}$$

であり，解は

$$\begin{pmatrix} x \\ y \\ z \end{pmatrix} = \begin{pmatrix} s \\ s \\ s \end{pmatrix} = s\begin{pmatrix} 1 \\ 1 \\ 1 \end{pmatrix} \quad (s \text{ は任意})$$

(イ) $a \neq -2$ のとき

$$(**) \underset{③\div(a+2)}{\rightarrow} \begin{pmatrix} 1 & 0 & a+1 \\ 0 & 1 & -1 \\ 0 & 0 & 1 \end{pmatrix}$$

$$\underset{\substack{①-③\times(a+1) \\ ②+③}}{\rightarrow} \begin{pmatrix} 1 & 0 & 0 \\ 0 & 1 & 0 \\ 0 & 0 & 1 \end{pmatrix}$$

よって，与式は

$$\begin{cases} x \quad\quad =0 \\ \quad y \quad =0 \\ \quad\quad z=0 \end{cases} \qquad \text{すなわち，} \begin{pmatrix} x \\ y \\ z \end{pmatrix} = \begin{pmatrix} 0 \\ 0 \\ 0 \end{pmatrix}$$

以上を整理すると

与式が非自明な解をもつための条件は

$a=1,\ -2$

また，そのときの解は

$a=1$ のとき

$$\begin{pmatrix} x \\ y \\ z \end{pmatrix}=\begin{pmatrix} -s-t \\ s \\ t \end{pmatrix}=s\begin{pmatrix} -1 \\ 1 \\ 0 \end{pmatrix}+t\begin{pmatrix} -1 \\ 0 \\ 1 \end{pmatrix}$$

（s，t は任意）

$a=-2$ のとき

$$\begin{pmatrix} x \\ y \\ z \end{pmatrix}=\begin{pmatrix} s \\ s \\ s \end{pmatrix}=s\begin{pmatrix} 1 \\ 1 \\ 1 \end{pmatrix}$$

（s は任意）

5　(1)　拡大係数行列を行基本変形する。

$$\begin{pmatrix} 1 & 2 & 1 & 4 & 1 \\ 1 & 1 & 0 & 3 & a \\ 1 & -1 & -2 & 1 & a^2 \end{pmatrix}$$

$$\underset{\substack{②-① \\ ③-①}}{\to}\begin{pmatrix} 1 & 2 & 1 & 4 & 1 \\ 0 & -1 & -1 & -1 & a-1 \\ 0 & -3 & -3 & -3 & a^2-1 \end{pmatrix}$$

$$\underset{②\times(-1)}{\to}\begin{pmatrix} 1 & 2 & 1 & 4 & 1 \\ 0 & 1 & 1 & 1 & -a+1 \\ 0 & -3 & -3 & -3 & a^2-1 \end{pmatrix}$$

$$\underset{\substack{①-②\times2 \\ ③+②\times3}}{\to}\begin{pmatrix} 1 & 0 & -1 & 2 & 2a-1 \\ 0 & 1 & 1 & 1 & -a+1 \\ 0 & 0 & 0 & 0 & a^2-3a+2 \end{pmatrix}$$

よって，(＊) は

$$\begin{cases} x \quad -z+2w=2a-1 \\ \quad y+z\ +w=-a+1 \\ 0\cdot x+0\cdot y+0\cdot z+0\cdot w=a^2-3a+2 \end{cases}$$

⬅ 第 3 式に注意！

であり，これが解をもつ（第 3 式が恒等式になる）ための条件は

$a^2-3a+2=0$

$\therefore\ (a-1)(a-2)=0 \qquad \therefore\ a=1,\ 2$

(2)　(i)　$a=1$ のとき

(＊) は

$$\begin{cases} x \quad -z+2w=1 \\ \quad y+z+w=0 \end{cases}$$

⬅ 主成分がかかる変数 x，y に注意

となり，求める一般解は

$$\begin{pmatrix} x \\ y \\ z \\ u \end{pmatrix}=\begin{pmatrix} s-2t+1 \\ -s-t \\ s \\ t \end{pmatrix}$$

（s，t は任意）

(ii)　$a=2$ のとき

(＊) は

$$\begin{cases} x \quad -z+2w=3 \\ \quad y+z+w=-1 \end{cases}$$

⬅ 主成分がかかる変数 x，y に注意

となり，求める一般解は

$$\begin{pmatrix} x \\ y \\ z \\ u \end{pmatrix}=\begin{pmatrix} s-2t+3 \\ -s-t-1 \\ s \\ t \end{pmatrix}$$

（s，t は任意）

演習問題 1．4

1　(1)

$$\left(\begin{array}{ccc|ccc} 2 & -1 & 0 & 1 & 0 & 0 \\ -1 & 2 & -1 & 0 & 1 & 0 \\ 0 & -1 & 1 & 0 & 0 & 1 \end{array}\right)\to\cdots$$

$$\to\left(\begin{array}{ccc|ccc} 1 & 0 & 0 & 1 & 1 & 1 \\ 0 & 1 & 0 & 1 & 2 & 2 \\ 0 & 0 & 1 & 1 & 2 & 3 \end{array}\right)$$

求める逆行列は

$$\begin{pmatrix} 1 & 1 & 1 \\ 1 & 2 & 2 \\ 1 & 2 & 3 \end{pmatrix}$$

(2)

$$\left(\begin{array}{ccc|ccc} 1 & 1 & -1 & 1 & 0 & 0 \\ -1 & 1 & 5 & 0 & 1 & 0 \\ 1 & -1 & -3 & 0 & 0 & 1 \end{array}\right)\to\cdots$$

$$\to\left(\begin{array}{ccc|ccc} 1 & 0 & 0 & \frac{1}{2} & 1 & \frac{3}{2} \\ 0 & 1 & 0 & \frac{1}{2} & -\frac{1}{2} & -1 \\ 0 & 0 & 1 & 0 & \frac{1}{2} & \frac{1}{2} \end{array}\right)$$

求める逆行列は

$$\begin{pmatrix} \frac{1}{2} & 1 & \frac{3}{2} \\ \frac{1}{2} & -\frac{1}{2} & -1 \\ 0 & \frac{1}{2} & \frac{1}{2} \end{pmatrix}=\frac{1}{2}\begin{pmatrix} 1 & 2 & 3 \\ 1 & -1 & -2 \\ 0 & 1 & 1 \end{pmatrix}$$

(3)

$$\left(\begin{array}{cccc|cccc} 1 & 1 & 0 & -2 & 1 & 0 & 0 & 0 \\ -2 & -2 & 1 & 3 & 0 & 1 & 0 & 0 \\ 1 & 2 & -1 & -2 & 0 & 0 & 1 & 0 \\ 0 & -3 & 1 & 3 & 0 & 0 & 0 & 1 \end{array}\right)$$

$\to\cdots$

$$\to\left(\begin{array}{cccc|cccc} 1 & 0 & 0 & 0 & 1 & 1 & 2 & 1 \\ 0 & 1 & 0 & 0 & 2 & 3 & 4 & 1 \\ 0 & 0 & 1 & 0 & 3 & 3 & 3 & 1 \\ 0 & 0 & 0 & 1 & 1 & 2 & 3 & 1 \end{array}\right)$$

求める逆行列は

$$\begin{pmatrix} 1 & 1 & 2 & 1 \\ 2 & 3 & 4 & 1 \\ 3 & 3 & 3 & 1 \\ 1 & 2 & 3 & 1 \end{pmatrix}$$

(4) $\left(\begin{array}{cccc|cccc} 1 & 1 & 1 & 1 & 1 & 0 & 0 & 0 \\ 1 & 2 & 1 & 2 & 0 & 1 & 0 & 0 \\ 1 & 1 & 3 & 1 & 0 & 0 & 1 & 0 \\ 1 & 2 & 1 & 4 & 0 & 0 & 0 & 1 \end{array}\right)$

$\to \cdots$

$$\to \left(\begin{array}{cccc|cccc} 1 & 0 & 0 & 0 & \frac{5}{2} & -1 & -\frac{1}{2} & 0 \\ 0 & 1 & 0 & 0 & -1 & \frac{3}{2} & 0 & -\frac{1}{2} \\ 0 & 0 & 1 & 0 & -\frac{1}{2} & 0 & \frac{1}{2} & 0 \\ 0 & 0 & 0 & 1 & 0 & -\frac{1}{2} & 0 & \frac{1}{2} \end{array}\right)$$

求める逆行列は

$$\begin{pmatrix} \frac{5}{2} & -1 & -\frac{1}{2} & 0 \\ -1 & \frac{3}{2} & 0 & -\frac{1}{2} \\ -\frac{1}{2} & 0 & \frac{1}{2} & 0 \\ 0 & -\frac{1}{2} & 0 & \frac{1}{2} \end{pmatrix}$$

$$=\frac{1}{2}\begin{pmatrix} 5 & -2 & -1 & 0 \\ -2 & 3 & 0 & -1 \\ -1 & 0 & 1 & 0 \\ 0 & -1 & 0 & 1 \end{pmatrix}$$

2 (1) $\left(\begin{array}{ccc|ccc} 2 & 3 & 4 & 1 & 0 & 0 \\ 1 & 3 & 6 & 0 & 1 & 0 \\ 1 & 1 & 1 & 0 & 0 & 1 \end{array}\right) \to \cdots$

$$\to \left(\begin{array}{ccc|ccc} 1 & 0 & 0 & -3 & 1 & 6 \\ 0 & 1 & 0 & 5 & -2 & -8 \\ 0 & 0 & 1 & -2 & 1 & 3 \end{array}\right)$$

よって，与えられた行列は正則行列であり，その逆行列は

$$\begin{pmatrix} -3 & 1 & 6 \\ 5 & -2 & -8 \\ -2 & 1 & 3 \end{pmatrix}$$

(2) $\left(\begin{array}{ccc|ccc} 3 & -1 & -2 & 1 & 0 & 0 \\ 2 & -3 & 1 & 0 & 1 & 0 \\ 4 & 1 & -5 & 0 & 0 & 1 \end{array}\right) \to \cdots$

$$\to \left(\begin{array}{ccc|ccc} 1 & 2 & -3 & 1 & -1 & 0 \\ 0 & -7 & 7 & -2 & 3 & 0 \\ 0 & 0 & 0 & -2 & 1 & 1 \end{array}\right)$$

ここで，この行列の左半分が単位行列にならないことが分かるので，与えられた行列は正則行列ではない。

3 $\begin{pmatrix} 1 & a & 0 & a \\ a & 1 & a & 0 \\ 0 & a & 1 & a \\ a & 0 & a & 1 \end{pmatrix}$

$$\underset{\substack{②-①\times a \\ ④-①\times a}}{\to} \begin{pmatrix} 1 & a & 0 & a \\ 0 & 1-a^2 & a & -a^2 \\ 0 & a & 1 & a \\ 0 & -a^2 & a & 1-a^2 \end{pmatrix}$$

$$\underset{②-④}{\to} \begin{pmatrix} 1 & a & 0 & a \\ 0 & 1 & 0 & -1 \\ 0 & a & 1 & a \\ 0 & -a^2 & a & 1-a^2 \end{pmatrix}$$

$$\underset{\substack{①-②\times a \\ ③-②\times a \\ ④+②\times a^2}}{\to} \begin{pmatrix} 1 & 0 & 0 & 2a \\ 0 & 1 & 0 & -1 \\ 0 & 0 & 1 & 2a \\ 0 & 0 & a & 1-2a^2 \end{pmatrix}$$

$$\underset{④-③\times a}{\to} \begin{pmatrix} 1 & 0 & 0 & 2a \\ 0 & 1 & 0 & -1 \\ 0 & 0 & 1 & 2a \\ 0 & 0 & 0 & 1-4a^2 \end{pmatrix}$$

よって，正則行列であるための条件は

$1-4a^2 \neq 0$　　すなわち，$a \neq \pm\frac{1}{2}$

4 $A^2+A-E=O$ より

$A(A+E)=E$　かつ　$(A+E)A=E$

よって，A は正則行列で，$A^{-1}=A+E$

演習問題 1．5

1 与えられた行列

$$\begin{pmatrix} A & O \\ C & D \end{pmatrix}$$

に右側からかけることができるブロック分割された行列

$$\begin{pmatrix} P & Q \\ R & S \end{pmatrix}$$

で，分割された行列としての演算が成立するものを考えると

$$\begin{pmatrix} A & O \\ C & D \end{pmatrix}\begin{pmatrix} P & Q \\ R & S \end{pmatrix}=\begin{pmatrix} AP & AQ \\ CP+DR & CQ+DS \end{pmatrix}$$

これが単位行列になるための条件は

$AP=E$　　……①

$AQ=O$　　……②

$CP+DR=O$　……③

$$CQ+DS=E \quad \cdots\cdots④$$

である。

①より，$P=A^{-1}$　　②より，$Q=O$

$P=A^{-1}$ を③に代入すると

$$CA^{-1}+DR=O \qquad \therefore \quad R=-D^{-1}CA^{-1}$$

$Q=O$ を④に代入すると

$$DS=E \qquad \therefore \quad S=D^{-1}$$

以上より，与えられた行列は正則行列であり

$$\begin{pmatrix} A & O \\ C & D \end{pmatrix}^{-1}=\begin{pmatrix} A^{-1} & O \\ -D^{-1}CA^{-1} & D^{-1} \end{pmatrix}$$

2　正則行列は行基本変形によって単位行列になることに注意する。

$$\begin{pmatrix} A & B \\ B & A \end{pmatrix} \underset{\text{①+②}}{\rightarrow} \begin{pmatrix} A+B & B+A \\ B & A \end{pmatrix}$$

$$\underset{\text{②×2}}{\rightarrow} \begin{pmatrix} A+B & B+A \\ 2B & 2A \end{pmatrix}$$

$$\underset{\text{②−①}}{\rightarrow} \begin{pmatrix} A+B & B+A \\ B-A & A-B \end{pmatrix}$$

$$=\begin{pmatrix} A+B & A+B \\ -(A-B) & A-B \end{pmatrix} \underset{\text{(適当な行基本変形)}}{\rightarrow \cdots}$$

$$\rightarrow \begin{pmatrix} E & E \\ -E & E \end{pmatrix} \underset{\text{②+①}}{\rightarrow} \begin{pmatrix} E & E \\ O & 2E \end{pmatrix}$$

$$\underset{\text{②÷2}}{\rightarrow} \begin{pmatrix} E & E \\ O & E \end{pmatrix} \underset{\text{①−②}}{\rightarrow} \begin{pmatrix} E & O \\ O & E \end{pmatrix}=E$$

3　rank $A=r$，rank $B=s$ とおく。

(1)　PA，QB が階段行列となるような正則行列 P，Q をとると

$$\begin{pmatrix} A & O \\ O & B \end{pmatrix} \rightarrow \begin{pmatrix} PA & O \\ O & QB \end{pmatrix} \quad \cdots\cdots(*)$$

$(*)$ は，上側に主成分が r 個，下側に主成分が s 個あり，行の入れ替えだけで階段行列にできるから

$$\operatorname{rank}\begin{pmatrix} A & O \\ O & B \end{pmatrix}=r+s$$

（補足説明）　具体例でどんな感じか見ておこう。

たとえば，$(*)$ が

$$\left(\begin{array}{ccc|ccc} 1 & 0 & 2 & 0 & 0 & 0 \\ 0 & 1 & 3 & 0 & 0 & 0 \\ 0 & 0 & 0 & 0 & 0 & 0 \\ \hline 0 & 0 & 0 & 1 & 2 & 0 \\ 0 & 0 & 0 & 0 & 0 & 1 \\ 0 & 0 & 0 & 0 & 0 & 0 \end{array}\right)$$

とすると，行の入れ替えだけで

$$\left(\begin{array}{ccc|ccc} 1 & 0 & 2 & 0 & 0 & 0 \\ 0 & 1 & 3 & 0 & 0 & 0 \\ 0 & 0 & 0 & 1 & 2 & 0 \\ \hline 0 & 0 & 0 & 0 & 0 & 1 \\ 0 & 0 & 0 & 0 & 0 & 0 \\ 0 & 0 & 0 & 0 & 0 & 0 \end{array}\right)$$

となる。

(2)　$P(A\quad C)$，QB が階段行列となるような正則行列 P，Q をとると

$$\begin{pmatrix} A & C \\ O & B \end{pmatrix} \rightarrow \begin{pmatrix} PA & PC \\ O & QB \end{pmatrix} \quad \cdots\cdots(**)$$

$(*)$ は，上側に主成分が r 個以上（PC の r 行より下の行に注意），下側に主成分が s 個ある。$(**)$ をさらに行基本変形することにより，PA と QB はそのままで，QB の各主成分を含む列は主成分以外の成分がすべて 0 であるようにする。このとき，PC の部分に QB には存在しなかった主成分が残る可能性がある。よって

$$\operatorname{rank}\begin{pmatrix} A & C \\ O & B \end{pmatrix} \geqq r+s$$

（補足説明）　これも具体例でどんな感じか見ておこう。

たとえば，$(**)$ が

$$\left(\begin{array}{ccc|ccc} 1 & 0 & 2 & 0 & 0 & 0 \\ 0 & 0 & 0 & 1 & 0 & 3 \\ 0 & 0 & 0 & 0 & 1 & 2 \\ \hline 0 & 0 & 0 & 1 & 2 & 0 \\ 0 & 0 & 0 & 0 & 0 & 1 \\ 0 & 0 & 0 & 0 & 0 & 0 \end{array}\right)$$

とする。

右下部分の主成分を含む列（第 4 列と第 6 列）の掃き出しを実行すると

$$\left(\begin{array}{ccc|ccc} 1 & 0 & 2 & 0 & 0 & 0 \\ 0 & 0 & 0 & 0 & -2 & 0 \\ 0 & 0 & 0 & 0 & 1 & 0 \\ \hline 0 & 0 & 0 & 1 & 2 & 0 \\ 0 & 0 & 0 & 0 & 0 & 1 \\ 0 & 0 & 0 & 0 & 0 & 0 \end{array}\right)$$

（②−④，②−⑤×3，③−⑤×2）

さらに，3 行目の主成分 1 を含む列の掃出しを実行すると

$$\left(\begin{array}{ccc|ccc} 1 & 0 & 2 & 0 & 0 & 0 \\ 0 & 0 & 0 & 0 & 0 & 0 \\ 0 & 0 & 0 & 0 & 1 & 0 \\ \hline 0 & 0 & 0 & 1 & 0 & 0 \\ 0 & 0 & 0 & 0 & 0 & 1 \\ 0 & 0 & 0 & 0 & 0 & 0 \end{array}\right)$$

（あとは行の入れ替えで階段行列）

よって，この例では

$\mathrm{rank}\ A=1$，$\mathrm{rank}\ B=2$

であるが

$$\mathrm{rank}\begin{pmatrix} A & C \\ O & B \end{pmatrix}=1+2+1=4$$

であることが分かる。

（まとめ） 結局，行基本変形や階段行列といった内容がきちんと理解できていたかどうかの問題である。行基本変形が理解できていれば何の難しいところもない。

4 A が対称行列 X と交代行列 Y によって

$A=X+Y$ ……①

と表されたとすると

${}^tA={}^tX+{}^tY=X-Y$ ……②

（$\because$ ${}^tX=X$，${}^tY=-Y$）

①＋② より，$2X=A+{}^tA$

$\therefore$ $X=\dfrac{1}{2}(A+{}^tA)$ ……③

①－② より，$2Y=A-{}^tA$

$\therefore$ $Y=\dfrac{1}{2}(A-{}^tA)$ ……④

③，④より，A が対称行列 X と交代行列 Y の和として表されるとすると，その表し方は一意的である。

逆に，X と Y を③および④で定めるならば，X は対称行列，Y は交代行列であり，さらに $A=X+Y$ が成り立つ。すなわち，A を対称行列と交代行列の和として表すことができる。

［P. 23 の定理の証明］

［定理］

正方行列 A，B に対して，次が成り立つ。

$AB=E$ ならば，$BA=E$

（証明） 証明は単純計算ではできない。

証明には階段行列に関する定理を用いる。

A の階段行列を A_0 とするとき

$A_0=PA$ ……①

を満たす正則行列 P が存在する。

このとき

$A_0B=(PA)B=P(AB)=PE=P$ ……②

より

A_0B は行ベクトルに零ベクトルをもたない。

よって，行列の積の性質より

A_0 も行ベクトルに零ベクトルをもたない。

したがって

$A_0=E$

であることが分かる。

これより，①②はそれぞれ次のようになる。

$E=PA$，　$B=P$

すなわち，$BA=E$ が成り立つ。 □

第2章 行 列 式

演習問題 2. 1

1 (1) (5, 4, 7, 1, 2, 6, 3)

転倒数は　4+3+4+0+0+1=12

符号は　+1

(2) $(2, 1, 4, 3, \cdots, 2n, 2n-1)$

転倒数は　$1+0+1+0+\cdots+1=n$

符号は　$(-1)^n$

2 (1) $\begin{vmatrix} 2 & 1 \\ 3 & 4 \end{vmatrix}=8-3=5$

(2) $\begin{vmatrix} \cos\theta & \sin\theta \\ -r\sin\theta & r\cos\theta \end{vmatrix}$

$=r\cos^2\theta-(-r\sin^2\theta)$

$=r(\cos^2\theta+\sin^2\theta)=r$

(3) $\begin{vmatrix} 1 & -3 & 2 \\ 0 & -2 & 1 \\ -2 & 1 & 4 \end{vmatrix}$

$=(-8)+6+0-8-0-1=-11$

(4) $\begin{vmatrix} \sin\theta\cos\varphi & r\cos\theta\cos\varphi & -r\sin\theta\sin\varphi \\ \sin\theta\sin\varphi & r\cos\theta\sin\varphi & r\sin\theta\cos\varphi \\ \cos\theta & -r\sin\theta & 0 \end{vmatrix}$

$=r^2\sin\theta\cos^2\theta\cos^2\varphi+r^2\sin^3\theta\sin^2\varphi$

$-(-r^2\sin\theta\cos^2\theta\sin^2\varphi)-(-r^2\sin^3\theta\cos^2\varphi)$

$=r^2(\sin\theta\cos^2\theta\cos^2\varphi+\sin^3\theta\sin^2\varphi$

$+\sin\theta\cos^2\theta\sin^2\varphi+\sin^3\theta\cos^2\varphi)$

$=r^2\{\sin\theta\cos^2\theta(\cos^2\varphi+\sin^2\varphi)$

$+\sin^3\theta(\sin^2\varphi+\cos^2\varphi)\}$

$=r^2(\sin\theta\cos^2\theta+\sin^3\theta)$

$=r^2\sin\theta(\cos^2\theta+\sin^2\theta)$

$=r^2\sin\theta$

3 $\begin{vmatrix} i & j & k \\ a_x & a_y & a_z \\ b_x & b_y & b_z \end{vmatrix}$

$=ia_yb_z+ja_zb_x+ka_xb_y-ka_yb_x-ja_xb_z-ia_zb_y$

$=(a_yb_z-a_zb_y)i+(a_zb_x-a_xb_z)j$

$+(a_xb_y-a_yb_x)k$

(参考)　この行列式の計算は，2つのベクトル

$$\boldsymbol{a}=\begin{pmatrix} a_x \\ a_y \\ a_z \end{pmatrix},\ \boldsymbol{b}=\begin{pmatrix} b_x \\ b_y \\ b_z \end{pmatrix}$$

の外積

$$\boldsymbol{a}\times\boldsymbol{b}=\begin{pmatrix} a_yb_z-a_zb_y \\ a_zb_x-a_xb_z \\ a_xb_y-a_yb_x \end{pmatrix}$$

を計算する方法の1つである。

4 (1) $\begin{vmatrix} a_{11} & a_{12} & a_{13} \\ b_{21}+c_{21} & b_{22}+c_{22} & b_{23}+c_{23} \\ a_{31} & a_{32} & a_{33} \end{vmatrix}$

$=\sum\varepsilon(p_1, p_2, p_3)a_{1p_1}(b_{2p_2}+c_{2p_2})a_{3p_3}$

$=\sum\varepsilon(p_1, p_2, p_3)(a_{1p_1}b_{2p_2}a_{3p_3}+a_{1p_1}c_{2p_2}a_{3p_3})$

$=\sum\varepsilon(p_1, p_2, p_3)a_{1p_1}b_{2p_2}a_{3p_3}$

$+\sum\varepsilon(p_1, p_2, p_3)a_{1p_1}c_{2p_2}a_{3p_3}$

$=\begin{vmatrix} a_{11} & a_{12} & a_{13} \\ b_{21} & b_{22} & b_{23} \\ a_{31} & a_{32} & a_{33} \end{vmatrix}+\begin{vmatrix} a_{11} & a_{12} & a_{13} \\ c_{21} & c_{22} & c_{23} \\ a_{31} & a_{32} & a_{33} \end{vmatrix}$

(2) $\begin{vmatrix} a_{11} & a_{12} & a_{13} \\ ka_{21} & ka_{22} & ka_{23} \\ a_{31} & a_{32} & a_{33} \end{vmatrix}$

$=\sum\varepsilon(p_1, p_2, p_3)a_{1p_1}(ka_{2p_2})a_{3p_3}$

$=k\sum\varepsilon(p_1, p_2, p_3)a_{1p_1}a_{2p_2}a_{3p_3}$

$=k\begin{vmatrix} a_{11} & a_{12} & a_{13} \\ a_{21} & a_{22} & a_{23} \\ a_{31} & a_{32} & a_{33} \end{vmatrix}$

演習問題 2. 2

1 (1) $\begin{vmatrix} 3 & 7 & 0 & 4 \\ 1 & -1 & 2 & 1 \\ 2 & 6 & -1 & 5 \\ 1 & 1 & -1 & 0 \end{vmatrix}$

$\underset{①\leftrightarrow④}{=}-\begin{vmatrix} 1 & 1 & -1 & 0 \\ 1 & -1 & 2 & 1 \\ 2 & 6 & -1 & 5 \\ 3 & 7 & 0 & 4 \end{vmatrix}$

$\underset{\substack{②-①\\③-①\times2\\④-①\times3}}{=}-\begin{vmatrix} 1 & 1 & -1 & 0 \\ 0 & -2 & 3 & 1 \\ 0 & 4 & 1 & 5 \\ 0 & 4 & 3 & 4 \end{vmatrix}$

$=-\begin{vmatrix} -2 & 3 & 1 \\ 4 & 1 & 5 \\ 4 & 3 & 4 \end{vmatrix}\underset{\substack{②+①\times2\\③+①\times2}}{=}-\begin{vmatrix} -2 & 3 & 1 \\ 0 & 7 & 7 \\ 0 & 9 & 6 \end{vmatrix}$

$=-\{(-84)-(-126)\}=-42$

(2) $\begin{vmatrix} 2 & 0 & 1 & 3 \\ 0 & 1 & -1 & 1 \\ 1 & 0 & 1 & 0 \\ 1 & 1 & -1 & -1 \end{vmatrix}$

$\underset{①\leftrightarrow③}{=} -\begin{vmatrix} 1 & 0 & 1 & 0 \\ 0 & 1 & -1 & 1 \\ 2 & 0 & 1 & 3 \\ 1 & 1 & -1 & -1 \end{vmatrix}$

$\underset{\substack{③-①\times 2 \\ ④-①}}{=} -\begin{vmatrix} 1 & 0 & 1 & 0 \\ 0 & 1 & -1 & 1 \\ 0 & 0 & -1 & 3 \\ 0 & 1 & -2 & -1 \end{vmatrix}$

$= -\begin{vmatrix} 1 & -1 & 1 \\ 0 & -1 & 3 \\ 1 & -2 & -1 \end{vmatrix} = \begin{vmatrix} 1 & 1 & 1 \\ 0 & 1 & 3 \\ 1 & 2 & -1 \end{vmatrix}$

$=(-1)+3-1-6=-5$

2 (1) $\begin{vmatrix} a+b & c & c-a \\ b+c & a & a-b \\ c+a & b & b-c \end{vmatrix}$

$\underset{\substack{\boxed{1}+\boxed{2} \\ \boxed{3}-\boxed{2}}}{=} \begin{vmatrix} a+b+c & c & -a \\ b+c+a & a & -b \\ c+a+b & b & -c \end{vmatrix}$

$=(a+b+c)\begin{vmatrix} 1 & c & -a \\ 1 & a & -b \\ 1 & b & -c \end{vmatrix}$

$\underset{\substack{②-① \\ ③-①}}{=} (a+b+c)\begin{vmatrix} 1 & c & -a \\ 0 & a-c & -b+a \\ 0 & b-c & -c+a \end{vmatrix}$

$=(a+b+c)\{(a-c)^2-(a-b)(b-c)\}$

$=(a+b+c)(a^2+b^2+c^2-ab-bc-ca)$

(2) $\begin{vmatrix} a+b & b & a \\ c & c+a & a \\ c & b & b+c \end{vmatrix}$

$\underset{\boxed{1}-(\boxed{2}+\boxed{3})}{=} \begin{vmatrix} 0 & b & a \\ -2a & c+a & a \\ -2b & b & b+c \end{vmatrix}$

$=-2\begin{vmatrix} 0 & b & a \\ a & c+a & a \\ b & b & b+c \end{vmatrix}$

$\underset{\substack{②-① \\ ③-①}}{=} -2\begin{vmatrix} 0 & b & a \\ a & c+a-b & 0 \\ b & 0 & b+c-a \end{vmatrix}$

$=-2\{-ab(c+a-b)-ab(b+c-a)\}$

$=-2(-2abc)=4abc$

演習問題 2. 3

1 (1) 係数行列の行列式を計算すると

$\begin{vmatrix} 2 & -1 & 3 \\ 1 & -2 & 1 \\ 1 & 1 & -1 \end{vmatrix}$

$=4+(-1)+3-(-6)-1-2=9\neq 0$

よって，クラーメルの公式が使える。

$\begin{vmatrix} 2 & -1 & 3 \\ 0 & -2 & 1 \\ 1 & 1 & -1 \end{vmatrix}=4+(-1)-(-6)-2=7$

$\therefore\ x=\dfrac{7}{9}$

$\begin{vmatrix} 2 & 2 & 3 \\ 1 & 0 & 1 \\ 1 & 1 & -1 \end{vmatrix}=2+3-(-2)-2=5$

$\therefore\ y=\dfrac{5}{9}$

$\begin{vmatrix} 2 & -1 & 2 \\ 1 & -2 & 0 \\ 1 & 1 & 1 \end{vmatrix}=(-4)+2-(-4)-(-1)=3$

$\therefore\ z=\dfrac{3}{9}=\dfrac{1}{3}$

したがって，求める解は

$(x,\ y,\ z)=\left(\dfrac{7}{9},\ \dfrac{5}{9},\ \dfrac{1}{3}\right)$

(2) 係数行列の行列式を計算すると

$\begin{vmatrix} a & b & c \\ b & c & a \\ c & a & b \end{vmatrix} \underset{\boxed{1}+(\boxed{2}+\boxed{3})}{=} \begin{vmatrix} a+b+c & b & c \\ a+b+c & c & a \\ a+b+c & a & b \end{vmatrix}$

$=(a+b+c)\begin{vmatrix} 1 & b & c \\ 1 & c & a \\ 1 & a & b \end{vmatrix}$

$=(a+b+c)(bc+ab+ca-c^2-b^2-a^2)$

$=-\dfrac{1}{2}(a+b+c)$

$\times(2a^2+2b^2+2c^2-2ab-2bc-2ca)$

$=-\dfrac{1}{2}(a+b+c)$

$\times\{(a-b)^2+(b-c)^2+(c-a)^2\}<0$

（∵ a，b，c は $a=b=c$ ではない正の定数）

よって，クラーメルの公式が使える。

$$x=\frac{\begin{vmatrix} a & b & c \\ b & c & a \\ c & a & b \end{vmatrix}}{\begin{vmatrix} a & b & c \\ b & c & a \\ c & a & b \end{vmatrix}}=1,\ y=\frac{\begin{vmatrix} a & a & c \\ b & b & a \\ c & c & b \end{vmatrix}}{\begin{vmatrix} a & b & c \\ b & c & a \\ c & a & b \end{vmatrix}}=0,$$

$$z=\frac{\begin{vmatrix} a & b & a \\ b & c & b \\ c & a & c \end{vmatrix}}{\begin{vmatrix} a & b & c \\ b & c & a \\ c & a & b \end{vmatrix}}=0$$

よって，求める解は

$$\begin{pmatrix} x \\ y \\ z \end{pmatrix}=\begin{pmatrix} 1 \\ 0 \\ 0 \end{pmatrix}$$

2 (1) 行列式を計算すると

$$\begin{vmatrix} 1 & 0 & 1 \\ 2 & 1 & 0 \\ 3 & 1 & 4 \end{vmatrix}=4+2-3=3\neq 0$$

より，逆行列 A^{-1} は存在する。
次に余因子行列を求める。

$$A_{11}=\begin{vmatrix} 1 & 0 \\ 1 & 4 \end{vmatrix}=4,\quad A_{12}=-\begin{vmatrix} 2 & 0 \\ 3 & 4 \end{vmatrix}=-8,$$

$$A_{13}=\begin{vmatrix} 2 & 1 \\ 3 & 1 \end{vmatrix}=-1$$

$$A_{21}=-\begin{vmatrix} 0 & 1 \\ 1 & 4 \end{vmatrix}=1,\quad A_{22}=\begin{vmatrix} 1 & 1 \\ 3 & 4 \end{vmatrix}=1,$$

$$A_{23}=-\begin{vmatrix} 1 & 0 \\ 3 & 1 \end{vmatrix}=-1$$

$$A_{31}=\begin{vmatrix} 0 & 1 \\ 1 & 0 \end{vmatrix}=-1,\quad A_{32}=-\begin{vmatrix} 1 & 1 \\ 2 & 0 \end{vmatrix}=2,$$

$$A_{33}=\begin{vmatrix} 1 & 0 \\ 2 & 1 \end{vmatrix}=1$$

よって，求める逆行列は

$$A^{-1}=\frac{1}{|A|}\widetilde{A}$$

$$=\frac{1}{|A|}\begin{pmatrix} A_{11} & A_{21} & A_{31} \\ A_{12} & A_{22} & A_{32} \\ A_{13} & A_{23} & A_{33} \end{pmatrix}$$

$$=\frac{1}{3}\begin{pmatrix} 4 & 1 & -1 \\ -8 & 1 & 2 \\ -1 & -1 & 1 \end{pmatrix}$$

(2) 行列式を計算すると

$$\begin{vmatrix} 1 & 4 & 3 \\ 1 & 1 & 1 \\ 3 & 2 & 1 \end{vmatrix}=1+12+6-9-4-2=4\neq 0$$

より，逆行列 A^{-1} は存在する。
次に余因子行列を求める。

$$A_{11}=\begin{vmatrix} 1 & 1 \\ 2 & 1 \end{vmatrix}=-1,\quad A_{12}=-\begin{vmatrix} 1 & 1 \\ 3 & 1 \end{vmatrix}=2,$$

$$A_{13}=\begin{vmatrix} 1 & 1 \\ 3 & 2 \end{vmatrix}=-1$$

$$A_{21}=-\begin{vmatrix} 4 & 3 \\ 2 & 1 \end{vmatrix}=2,\quad A_{22}=\begin{vmatrix} 1 & 3 \\ 3 & 1 \end{vmatrix}=-8,$$

$$A_{23}=-\begin{vmatrix} 1 & 4 \\ 3 & 2 \end{vmatrix}=10$$

$$A_{31}=\begin{vmatrix} 4 & 3 \\ 1 & 1 \end{vmatrix}=1,\quad A_{32}=-\begin{vmatrix} 1 & 3 \\ 1 & 1 \end{vmatrix}=2,$$

$$A_{33}=\begin{vmatrix} 1 & 4 \\ 1 & 1 \end{vmatrix}=-3$$

よって，求める逆行列は

$$A^{-1}=\frac{1}{|A|}\widetilde{A}$$

$$=\frac{1}{|A|}\begin{pmatrix} A_{11} & A_{21} & A_{31} \\ A_{12} & A_{22} & A_{32} \\ A_{13} & A_{23} & A_{33} \end{pmatrix}$$

$$=\frac{1}{4}\begin{pmatrix} -1 & 2 & 1 \\ 2 & -8 & 2 \\ -1 & 10 & -3 \end{pmatrix}$$

3 第1列で余因子展開すると

$$(\text{与式})=a\cdot(-1)^{1+1}\begin{vmatrix} a & b & \cdots & 0 & 0 \\ 0 & a & \cdots & 0 & 0 \\ \vdots & \vdots & \ddots & \vdots & \vdots \\ 0 & 0 & \cdots & a & b \\ 0 & 0 & \cdots & 0 & a \end{vmatrix}$$

(上三角行列)

$$+b\cdot(-1)^{n+1}\begin{vmatrix} b & 0 & \cdots & 0 & 0 \\ a & b & \cdots & 0 & 0 \\ \vdots & \vdots & \ddots & \vdots & \vdots \\ 0 & 0 & \cdots & b & 0 \\ 0 & 0 & \cdots & a & b \end{vmatrix}$$

(下三角行列)

$$=a\cdot a^{n-1}+b\cdot(-1)^{n+1}b^{n-1}$$
$$=a^n+(-1)^{n+1}b^n$$

4 与式より

$$\begin{cases} ax+by=-p & \cdots\cdots① \\ cx+dy=-q & \cdots\cdots② \\ ex+fy=-r & \cdots\cdots③ \end{cases}$$

①，②より

$$\begin{pmatrix} a & b \\ c & d \end{pmatrix}\begin{pmatrix} x \\ y \end{pmatrix}=\begin{pmatrix} -p \\ -q \end{pmatrix}$$

ここで，$ad-bc\neq 0$ であるからクラーメル

の公式により

$$x=\frac{\begin{vmatrix} -p & b \\ -q & d \end{vmatrix}}{\begin{vmatrix} a & b \\ c & d \end{vmatrix}},\quad y=\frac{\begin{vmatrix} a & -p \\ c & -q \end{vmatrix}}{\begin{vmatrix} a & b \\ c & d \end{vmatrix}}$$

これを③に代入すると

$$e\frac{\begin{vmatrix} -p & b \\ -q & d \end{vmatrix}}{\begin{vmatrix} a & b \\ c & d \end{vmatrix}}+f\frac{\begin{vmatrix} a & -p \\ c & -q \end{vmatrix}}{\begin{vmatrix} a & b \\ c & d \end{vmatrix}}=-r$$

$$\therefore\quad e\begin{vmatrix} -p & b \\ -q & d \end{vmatrix}+f\begin{vmatrix} a & -p \\ c & -q \end{vmatrix}+r\begin{vmatrix} a & b \\ c & d \end{vmatrix}=0$$

$$\therefore\quad e\begin{vmatrix} b & p \\ d & q \end{vmatrix}-f\begin{vmatrix} a & p \\ c & q \end{vmatrix}+r\begin{vmatrix} a & b \\ c & d \end{vmatrix}=0$$

$$\therefore\quad \begin{vmatrix} a & b & p \\ c & d & q \\ e & f & r \end{vmatrix}=0$$

この計算より，逆が成り立つことも明らか。

演習問題 2．4

1

$$\begin{vmatrix} 1 & 1 & 1 & 1 \\ a & b & c & d \\ a^2 & b^2 & c^2 & d^2 \\ a^3 & b^3 & c^3 & d^3 \end{vmatrix}$$

$$\underset{\substack{④-③\times a\\③-②\times a\\②-①\times a}}{=}\begin{vmatrix} 1 & 1 & 1 & 1 \\ 0 & b-a & c-a & d-a \\ 0 & b(b-a) & c(c-a) & d(d-a) \\ 0 & b^2(b-a) & c^2(c-a) & d^2(d-a) \end{vmatrix}$$

$$=\begin{vmatrix} b-a & c-a & d-a \\ b(b-a) & c(c-a) & d(d-a) \\ b^2(b-a) & c^2(c-a) & d^2(d-a) \end{vmatrix}$$

$$=(b-a)(c-a)(d-a)\begin{vmatrix} 1 & 1 & 1 \\ b & c & d \\ b^2 & c^2 & d^2 \end{vmatrix}$$

$$\underset{\substack{③-②\times b\\②-①\times b}}{=}(b-a)(c-a)(d-a)$$

$$\times\begin{vmatrix} 1 & 1 & 1 \\ 0 & c-b & d-b \\ 0 & c(c-b) & d(d-b) \end{vmatrix}$$

$$=(b-a)(c-a)(d-a)\begin{vmatrix} c-b & d-b \\ c(c-b) & d(d-b) \end{vmatrix}$$

$$=(b-a)(c-a)(d-a)(c-b)(d-b)\begin{vmatrix} 1 & 1 \\ c & d \end{vmatrix}$$

$$=(b-a)(c-a)(d-a)(c-b)(d-b)(d-c)$$

2 (1)　そのまま掛け算をして

$$\begin{pmatrix} 0 & 2abc^2 & 2ab^2c \\ 2abc^2 & 0 & 2a^2bc \\ 2ab^2c & 2a^2bc & 0 \end{pmatrix}$$

(2)　(1)の結果より

$$\begin{vmatrix} b^2+c^2 & ab & ca \\ ab & c^2+a^2 & bc \\ ca & bc & a^2+b^2 \end{vmatrix}$$

$$\times\begin{vmatrix} -a^2 & ab & ca \\ ab & -b^2 & bc \\ ca & bc & -c^2 \end{vmatrix}$$

$$=\begin{vmatrix} 0 & 2abc^2 & 2ab^2c \\ 2abc^2 & 0 & 2a^2bc \\ 2ab^2c & 2a^2bc & 0 \end{vmatrix}$$

ここで

$$\begin{vmatrix} -a^2 & ab & ca \\ ab & -b^2 & bc \\ ca & bc & -c^2 \end{vmatrix}$$

$$=(-a^2b^2c^2)+a^2b^2c^2+a^2b^2c^2$$
$$-(-a^2b^2c^2)-(-a^2b^2c^2)-(-a^2b^2c^2)$$
$$=4a^2b^2c^2$$

また

$$\begin{vmatrix} 0 & 2abc^2 & 2ab^2c \\ 2abc^2 & 0 & 2a^2bc \\ 2ab^2c & 2a^2bc & 0 \end{vmatrix}$$

$$=(2abc)^3\begin{vmatrix} 0 & c & b \\ c & 0 & a \\ b & a & 0 \end{vmatrix}$$

$$=(2abc)^3(abc+abc)$$
$$=16a^4b^4c^4$$

よって

$$\begin{vmatrix} b^2+c^2 & ab & ca \\ ab & c^2+a^2 & bc \\ ca & bc & a^2+b^2 \end{vmatrix}\times 4a^2b^2c^2$$

$$=16a^4b^4c^4$$

$$\therefore\quad \begin{vmatrix} b^2+c^2 & ab & ca \\ ab & c^2+a^2 & bc \\ ca & bc & a^2+b^2 \end{vmatrix}=4a^2b^2c^2$$

3

$$\begin{vmatrix} x & a & b \\ b & x & a \\ a & b & x \end{vmatrix}\underset{\boxed{1}+(\boxed{2}+\boxed{3})}{=}\begin{vmatrix} x+a+b & a & b \\ x+a+b & x & a \\ x+a+b & b & x \end{vmatrix}$$

$$=(x+a+b)\begin{vmatrix} 1 & a & b \\ 1 & x & a \\ 1 & b & x \end{vmatrix}$$

$$\underset{\substack{②+①\times\omega \\ ②+③\times\omega^2}}{=} (x+a+b)$$

$$\times\begin{vmatrix} 1 & a & b \\ 1+\omega+\omega^2 & x+a\omega+b\omega^2 & a+b\omega+x\omega^2 \\ 1 & b & x \end{vmatrix}$$

$$=(x+a+b)$$

$$\times\begin{vmatrix} 1 & a & b \\ 0 & x+a\omega+b\omega^2 & a+b\omega+x\omega^2 \\ 1 & b & x \end{vmatrix}$$

$$(\because\ \omega^2+\omega+1=0)$$

$$=(x+a+b)$$

$$\times\begin{vmatrix} 1 & a & b \\ 0 & x+a\omega+b\omega^2 & (x+a\omega+b\omega^2)\omega^2 \\ 1 & b & x \end{vmatrix}$$

$$(\because\ \omega^3=1)$$

$$=(x+a+b)(x+a\omega+b\omega^2)\begin{vmatrix} 1 & a & b \\ 0 & 1 & \omega^2 \\ 1 & b & x \end{vmatrix}$$

$$=(x+a+b)(x+a\omega+b\omega^2)$$

$$\times(x+a\omega^2-b-b\omega^2)$$

$$=(x+a+b)(x+a\omega+b\omega^2)$$

$$\times\{x+a\omega^2+b(-1-\omega^2)\}$$

$$=(x+a+b)(x+a\omega+b\omega^2)(x+a\omega^2+b\omega)$$

$$(\because\ \omega^2+\omega+1=0)$$

(別解) 公式：$|AB|=|A||B|$ を利用する。

$$\begin{pmatrix} x & a & b \\ b & x & a \\ a & b & x \end{pmatrix}\begin{pmatrix} 1 & 1 & 1 \\ 1 & \omega & \omega^2 \\ 1 & \omega^2 & \omega \end{pmatrix}$$

$$=\begin{pmatrix} x+a+b & x+a\omega+b\omega^2 & x+a\omega^2+b\omega \\ b+x+a & b+x\omega+a\omega^2 & b+x\omega^2+a\omega \\ a+b+x & a+b\omega+x\omega^2 & a+b\omega^2+x\omega \end{pmatrix}$$

であり

$$\begin{vmatrix} x+a+b & x+a\omega+b\omega^2 & x+a\omega^2+b\omega \\ b+x+a & b+x\omega+a\omega^2 & b+x\omega^2+a\omega \\ a+b+x & a+b\omega+x\omega^2 & a+b\omega^2+x\omega \end{vmatrix}$$

$$=\begin{vmatrix} x+a+b & x+a\omega+b\omega^2 & x+a\omega^2+b\omega \\ x+a+b & (x+a\omega+b\omega^2)\omega & (x+a\omega^2+b\omega)\omega^2 \\ x+a+b & (x+a\omega+b\omega^2)\omega^2 & (x+a\omega^2+b\omega)\omega \end{vmatrix}$$

$$(\because\ \omega^3=1)$$

$$=(x+a+b)(x+a\omega+b\omega^2)(x+a\omega^2+b\omega)$$

$$\times\begin{vmatrix} 1 & 1 & 1 \\ 1 & \omega & \omega^2 \\ 1 & \omega^2 & \omega \end{vmatrix}$$

よって

$$\begin{vmatrix} x & a & b \\ b & x & a \\ a & b & x \end{vmatrix}\begin{vmatrix} 1 & 1 & 1 \\ 1 & \omega & \omega^2 \\ 1 & \omega^2 & \omega \end{vmatrix}$$

$$=(x+a+b)(x+a\omega+b\omega^2)(x+a\omega^2+b\omega)$$

$$\times\begin{vmatrix} 1 & 1 & 1 \\ 1 & \omega & \omega^2 \\ 1 & \omega^2 & \omega \end{vmatrix}$$

ここで

$$\begin{vmatrix} 1 & 1 & 1 \\ 1 & \omega & \omega^2 \\ 1 & \omega^2 & \omega \end{vmatrix}=\omega^2+\omega^2+\omega^2-\omega-\omega-\omega^4$$

$$=\omega^2+\omega^2+\omega^2-\omega-\omega-\omega$$

$$=3(\omega^2-\omega)$$

$$=3\omega(\omega-1)\neq 0$$

より

$$\begin{vmatrix} x & a & b \\ b & x & a \\ a & b & x \end{vmatrix}$$

$$=(x+a+b)(x+a\omega+b\omega^2)(x+a\omega^2+b\omega)$$

4 (1) (i) $\begin{vmatrix} A & -A \\ B & B \end{vmatrix}\underset{\boxed{1}-\boxed{2}}{=}\begin{vmatrix} 2A & -A \\ O & B \end{vmatrix}$

$$=|2A||B|=2^n|A||B|$$

(ii) $\begin{vmatrix} A & -B \\ B & A \end{vmatrix}\underset{\boxed{1}+\boxed{2}\times i}{=}\begin{vmatrix} A-iB & -B \\ iA+B & A \end{vmatrix}$

$$\underset{②-①\times i}{=}\begin{vmatrix} A-iB & -B \\ O & A+iB \end{vmatrix}=|A-iB||A+iB|$$

(2) (i) $A=\begin{pmatrix} a & -b \\ b & a \end{pmatrix}$, $B=\begin{pmatrix} c & -d \\ d & c \end{pmatrix}$

とおくと

$$(与式)=\begin{vmatrix} A & -A \\ B & B \end{vmatrix}$$

$$=2^2|A||B|=4(a^2+b^2)(c^2+d^2)$$

(ii) $\begin{vmatrix} a & -b & -c & -d \\ b & a & -d & c \\ c & d & a & -b \\ d & -c & b & a \end{vmatrix}$

$A=\begin{pmatrix} a & -b \\ b & a \end{pmatrix}$, $B=\begin{pmatrix} c & d \\ d & -c \end{pmatrix}$ とおくと

$$(与式)=\begin{vmatrix} A & -B \\ B & A \end{vmatrix}=|A-iB||A+iB|$$

ここで

$$|A-iB|=\begin{vmatrix} a-ic & -b-id \\ b-id & a+ic \end{vmatrix}$$

$$=(a^2+c^2)+(b^2+d^2)$$

$$=a^2+b^2+c^2+d^2$$

および

$$|A+iB|=\begin{vmatrix} a+ic & -b+id \\ b+id & a-ic \end{vmatrix}$$
$$=(a^2+c^2)+(b^2+d^2)$$
$$=a^2+b^2+c^2+d^2$$

より

$$(\text{与式})=(a^2+b^2+c^2+d^2)^2$$

5 与えられた行列式を D_n とする。

$$D_1=5,\ D_2=\begin{vmatrix} 5 & 2 \\ 2 & 5 \end{vmatrix}=21$$

$$D_{n+2}=\begin{vmatrix} 5 & 2 & 0 & \cdots & 0 \\ 2 & 5 & 2 & \cdots & 0 \\ 0 & 2 & 5 & \cdots & 0 \\ \vdots & \vdots & \vdots & \ddots & \vdots \\ 0 & 0 & 0 & \cdots & 5 \end{vmatrix}$$

$$=5\cdot(-1)^{1+1}\begin{vmatrix} 5 & 2 & \cdots & 0 \\ 2 & 5 & \cdots & 0 \\ \vdots & \vdots & \ddots & \vdots \\ 0 & 0 & \cdots & 5 \end{vmatrix}+2\cdot(-1)^{1+2}\begin{vmatrix} 2 & 2 & \cdots & 0 \\ 0 & 5 & \cdots & 0 \\ \vdots & \vdots & \ddots & \vdots \\ 0 & 0 & \cdots & 5 \end{vmatrix}$$

$$=5\cdot(-1)^{1+1}\cdot D_{n+1}+2\cdot(-1)^{1+2}\cdot 2D_n$$
$$=5D_{n+1}-4D_n$$

よって，次の 3 項間漸化式を得る。

$$D_{n+2}-5D_{n+1}+4D_n=0$$

そこで，$t^2-5t+4=0$ とすると

$$(t-1)(t-4)=0 \qquad \therefore\ t=1,\ 4$$

したがって，漸化式は次のように変形できる。

$$D_{n+2}-1\cdot D_{n+1}=4\cdot(D_{n+1}-1\cdot D_n) \quad \cdots\cdots①$$
$$D_{n+2}-4\cdot D_{n+1}=1\cdot(D_{n+1}-4\cdot D_n) \quad \cdots\cdots②$$

①より

$$D_{n+1}-1\cdot D_n=(D_2-1\cdot D_1)4^{n-1}$$
$$=16\cdot 4^{n-1}=4^{n+1} \quad \cdots\cdots①'$$

②より

$$D_{n+1}-4\cdot D_n=(D_2-4\cdot D_1)\cdot 1^{n-1}$$
$$=1 \quad \cdots\cdots②'$$

①′−②′ より

$$3D_n=4^{n+1}-1$$
$$\therefore\ D_n=\frac{4^{n+1}-1}{3}$$

6 (1) まず行列式を計算すると

$$\begin{vmatrix} a & b & b \\ b & a & b \\ b & b & a \end{vmatrix} \underset{\boxed{1}+(\boxed{2}+\boxed{3})}{=} \begin{vmatrix} a+2b & b & b \\ a+2b & a & b \\ a+2b & b & a \end{vmatrix}$$

$$=(a+2b)\begin{vmatrix} 1 & b & b \\ 1 & a & b \\ 1 & b & a \end{vmatrix}$$

$$\underset{\substack{②-① \\ ③-①}}{=}(a+2b)\begin{vmatrix} 1 & b & b \\ 0 & a-b & 0 \\ 0 & 0 & a-b \end{vmatrix}$$

$$=(a+2b)(a-b)^2$$

(i) $a\neq b,\ -2b$ のとき

(行列式)$\neq 0$ であるから，階数は 3

(ii) $a=b$ のとき

$$\begin{pmatrix} a & b & b \\ b & a & b \\ b & b & a \end{pmatrix}=\begin{pmatrix} b & b & b \\ b & b & b \\ b & b & b \end{pmatrix}\underset{\substack{②-① \\ ③-①}}{\to}\begin{pmatrix} b & b & b \\ 0 & 0 & 0 \\ 0 & 0 & 0 \end{pmatrix}$$

よって

$b\neq 0$ ならば階数は 1，$b=0$ ならば階数は 0

(iii) $a=-2b$ のとき

$$\begin{pmatrix} a & b & b \\ b & a & b \\ b & b & a \end{pmatrix}=\begin{pmatrix} -2b & b & b \\ b & -2b & b \\ b & b & -2b \end{pmatrix}$$

$$\underset{\substack{①\div b \\ ②\div b \\ ③\div b}}{\to}\begin{pmatrix} -2 & 1 & 1 \\ 1 & -2 & 1 \\ 1 & 1 & -2 \end{pmatrix} \quad (b\neq 0 \text{ のとき})$$

$$\underset{①\leftrightarrow③}{\to}\begin{pmatrix} 1 & 1 & -2 \\ 1 & -2 & 1 \\ -2 & 1 & 1 \end{pmatrix}$$

$$\underset{\substack{②-① \\ ③+①\times 2}}{\to}\begin{pmatrix} 1 & 1 & -2 \\ 0 & -3 & 3 \\ 0 & 3 & -3 \end{pmatrix}$$

$$\underset{②\div(-3)}{\to}\begin{pmatrix} 1 & 1 & -2 \\ 0 & 1 & -1 \\ 0 & 3 & -3 \end{pmatrix}$$

$$\underset{\substack{①-② \\ ③-②\times 3}}{\to}\begin{pmatrix} 1 & 0 & -1 \\ 0 & 1 & -1 \\ 0 & 0 & 0 \end{pmatrix}$$

よって

$b\neq 0$ ならば階数は 2，$b=0$ ならば階数は 0

以上より，求める階数は

$$\begin{cases} 3 & (a\neq b,\ -2b) \\ 2 & (a=-2b,\ b\neq 0) \\ 1 & (a=b,\ b\neq 0) \\ 0 & (a=b=0) \end{cases}$$

(2) まず行列式を計算すると

$$\begin{vmatrix} 1 & a & bc \\ 1 & b & ca \\ 1 & c & ab \end{vmatrix}\underset{\substack{②-① \\ ③-①}}{=}\begin{vmatrix} 1 & a & bc \\ 0 & b-a & c(a-b) \\ 0 & c-a & b(a-c) \end{vmatrix}$$

$$=(b-a)(c-a)\begin{vmatrix} 1 & a & bc \\ 0 & 1 & -c \\ 0 & 1 & -b \end{vmatrix}$$

$$=(b-a)(c-a)(c-b)$$

$$=(a-b)(b-c)(c-a)$$

(i)　a，b，c が互いに異なるとき

(行列式)$\neq 0$ であるから，階数は 3

(ii)　$a=b=c$ のとき

$$\begin{pmatrix} 1 & a & bc \\ 1 & b & ca \\ 1 & c & ab \end{pmatrix}=\begin{pmatrix} 1 & a & a^2 \\ 1 & a & a^2 \\ 1 & a & a^2 \end{pmatrix}$$

$$\underset{\substack{②-① \\ ③-①}}{\to}\begin{pmatrix} 1 & a & a^2 \\ 0 & 0 & 0 \\ 0 & 0 & 0 \end{pmatrix}$$ よって，階数は 1

(iii)　a，b，c のうち 2 つだけが等しいとき

たとえば，$b=c\neq a$ のとき

$$\begin{pmatrix} 1 & a & bc \\ 1 & b & ca \\ 1 & c & ab \end{pmatrix}=\begin{pmatrix} 1 & a & b^2 \\ 1 & b & ab \\ 1 & b & ab \end{pmatrix}$$

$$\underset{③-②}{\to}\begin{pmatrix} 1 & a & b^2 \\ 1 & b & ab \\ 0 & 0 & 0 \end{pmatrix}$$

$$\underset{②-①}{\to}\begin{pmatrix} 1 & a & b^2 \\ 0 & b-a & b(a-b) \\ 0 & 0 & 0 \end{pmatrix}$$

$$\underset{②\div(b-a)}{\to}\begin{pmatrix} 1 & a & b^2 \\ 0 & 1 & -b \\ 0 & 0 & 0 \end{pmatrix}$$

$$\underset{①-②\times a}{\to}\begin{pmatrix} 1 & 0 & b(b+a) \\ 0 & 1 & -b \\ 0 & 0 & 0 \end{pmatrix}$$

よって，階数は 2

以上より

$$\begin{cases} 3 & (a,\ b,\ c \text{ が互いに異なるとき}) \\ 2 & (a,\ b,\ c \text{ のうち 2 つだけが等しいとき}) \\ 1 & (a=b=c \text{ のとき}) \end{cases}$$

(3)　2 次の小行列式を計算してみよう。

$$\begin{vmatrix} -\sin\theta\cos\varphi & -\cos\theta\sin\varphi \\ -\sin\theta\sin\varphi & \cos\theta\cos\varphi \end{vmatrix}$$

$$=-\sin\theta\cos\theta\cos^2\varphi-\sin\theta\cos\theta\sin^2\varphi$$

$$=-\sin\theta\cos\theta(\cos^2\varphi+\sin^2\varphi)$$

$$=-\sin\theta\cos\theta \quad \cdots\cdots①$$

$$\begin{vmatrix} -\sin\theta\cos\varphi & -\cos\theta\sin\varphi \\ \cos\theta & 0 \end{vmatrix}$$

$$=\cos^2\theta\sin\varphi \quad \cdots\cdots②$$

$$\begin{vmatrix} -\sin\theta\sin\varphi & \cos\theta\cos\varphi \\ \cos\theta & 0 \end{vmatrix}$$

$$=-\cos^2\theta\cos\varphi \quad \cdots\cdots③$$

(i)　$\theta\neq\pm\dfrac{\pi}{2}$ のとき

②と③の少なくとも一方は 0 でないから，階数は 2

(ii)　$\theta=\pm\dfrac{\pi}{2}$ のとき

①，②，③すべて 0 になるから，階数は 1 以下であり，

さらに

$$\begin{pmatrix} -\sin\theta\cos\varphi & -\cos\theta\sin\varphi \\ -\sin\theta\sin\varphi & \cos\theta\cos\varphi \\ \cos\theta & 0 \end{pmatrix}$$

$$=\begin{pmatrix} \mp\cos\varphi & 0 \\ \mp\sin\varphi & 0 \\ 0 & 0 \end{pmatrix}$$

これは零行列ではないから，階数は 1

以上より，求める階数は

$$\begin{cases} 2 & \left(\theta\neq\pm\dfrac{\pi}{2} \text{ のとき}\right) \\ 1 & \left(\theta=\pm\dfrac{\pi}{2} \text{ のとき}\right) \end{cases}$$

7　(1)　$$\begin{vmatrix} a & b & c & d \\ -b & a & -d & c \\ -c & d & a & -b \\ -d & -c & b & a \end{vmatrix}$$

$$=\frac{1}{a}\begin{vmatrix} a^2 & b & c & d \\ -ab & a & -d & c \\ -ac & d & a & -b \\ -ad & -c & b & a \end{vmatrix}$$

$\left(\boxed{1}\text{から}\dfrac{1}{a}\text{をくくり出した}\right)$

$$\underset{\substack{\boxed{1}+\boxed{2}\times b \\ \boxed{1}+\boxed{3}\times c \\ \boxed{1}+\boxed{4}\times d}}{=}\frac{1}{a}$$

$$\times\begin{vmatrix} a^2+b^2+c^2+d^2 & b & c & d \\ -ab+ab-cd+cd & a & -d & c \\ -ac+bd+ac-bd & d & a & -b \\ -ad-bc+bc+ad & -c & b & a \end{vmatrix}$$

$$=\frac{1}{a}\begin{vmatrix} a^2+b^2+c^2+d^2 & b & c & d \\ 0 & a & -d & c \\ 0 & d & a & -b \\ 0 & -c & b & a \end{vmatrix}$$

$$=\frac{1}{a}(a^2+b^2+c^2+d^2)\begin{vmatrix} a & -d & c \\ d & a & -b \\ -c & b & a \end{vmatrix}$$

$$=\frac{1}{a}(a^2+b^2+c^2+d^2)$$
$$\times(a^3-bcd+bcd+ac^2+ad^2+ab^2)$$
$$=\frac{1}{a}(a^2+b^2+c^2+d^2)(a^3+ac^2+ad^2+ab^2)$$
$$=(a^2+b^2+c^2+d^2)(a^2+c^2+d^2+b^2)$$
$$=(a^2+b^2+c^2+d^2)^2$$

(2)
$$\begin{vmatrix} 0 & a & b & c \\ -a & 0 & d & e \\ -b & -d & 0 & f \\ -c & -e & -f & 0 \end{vmatrix}$$

$$=a^2\begin{vmatrix} 0 & 1 & \frac{b}{a} & \frac{c}{a} \\ -1 & 0 & \frac{d}{a} & \frac{e}{a} \\ -b & -d & 0 & f \\ -c & -e & -f & 0 \end{vmatrix}$$ （①，②から a をくくり出した）

③−②× b，④−②× c

$$= a^2\begin{vmatrix} 0 & 1 & \frac{b}{a} & \frac{c}{a} \\ -1 & 0 & \frac{d}{a} & \frac{e}{a} \\ 0 & -d & -\frac{bd}{a} & f-\frac{be}{a} \\ 0 & -e & -f-\frac{cd}{a} & -\frac{ce}{a} \end{vmatrix}$$

③＋①× d，④＋①× e

$$= a^2 \times\begin{vmatrix} 0 & 1 & \frac{b}{a} & \frac{c}{a} \\ -1 & 0 & \frac{d}{a} & \frac{e}{a} \\ 0 & 0 & 0 & f-\frac{be}{a}+\frac{cd}{a} \\ 0 & 0 & -f-\frac{cd}{a}+\frac{be}{a} & 0 \end{vmatrix}$$

$$=\left|\begin{array}{cc:cc} 0 & 1 & b & c \\ -1 & 0 & d & e \\ \hdashline 0 & 0 & 0 & af-be+cd \\ 0 & 0 & -af-cd+be & 0 \end{array}\right|$$

$$=\begin{vmatrix} 0 & 1 \\ -1 & 0 \end{vmatrix}\begin{vmatrix} 0 & af-be+cd \\ -af-cd+be & 0 \end{vmatrix}$$

$$=1\cdot(af-be+cd)^2=(af-be+cd)^2$$

(3)
$$\begin{vmatrix} a^2+1 & ab & ac & ad \\ ba & b^2+1 & bc & bd \\ ca & cb & c^2+1 & cd \\ da & db & dc & d^2+1 \end{vmatrix}$$

$$=abcd\begin{vmatrix} a+\frac{1}{a} & b & c & d \\ a & b+\frac{1}{b} & c & d \\ a & b & c+\frac{1}{c} & d \\ a & b & c & d+\frac{1}{d} \end{vmatrix}$$

①から a
②から b
③から c
④から d
をくくり出す

$$=\begin{vmatrix} a^2+1 & b^2 & c^2 & d^2 \\ a^2 & b^2+1 & c^2 & d^2 \\ a^2 & b^2 & c^2+1 & d^2 \\ a^2 & b^2 & c^2 & d^2+1 \end{vmatrix}$$

1に a
2に b
3に c
4に d
をもどす

1＋（2＋3＋4）

$$=\begin{vmatrix} a^2+b^2+c^2+d^2+1 & b^2 & c^2 & d^2 \\ a^2+b^2+c^2+d^2+1 & b^2+1 & c^2 & d^2 \\ a^2+b^2+c^2+d^2+1 & b^2 & c^2+1 & d^2 \\ a^2+b^2+c^2+d^2+1 & b^2 & c^2 & d^2+1 \end{vmatrix}$$

$$=(a^2+b^2+c^2+d^2+1)\times\begin{vmatrix} 1 & b^2 & c^2 & d^2 \\ 1 & b^2+1 & c^2 & d^2 \\ 1 & b^2 & c^2+1 & d^2 \\ 1 & b^2 & c^2 & d^2+1 \end{vmatrix}$$

②−①，③−①，④−①

$$=(a^2+b^2+c^2+d^2+1)\begin{vmatrix} 1 & b^2 & c^2 & d^2 \\ 0 & 1 & 0 & 0 \\ 0 & 0 & 1 & 0 \\ 0 & 0 & 0 & 1 \end{vmatrix}$$

$$=a^2+b^2+c^2+d^2+1$$

（注） **7**(1)(2)(3)の計算は多項式の式変形をしているのであり，文字 a，b，c，… などについて 0 の場合や 0 でない場合などと場合分けする必要はない。

第3章
ベクトル空間

演習問題 3. 1

1　(1)　(i)　自明な解：$\mathbf{0}\in S_1$

(ii)　$\boldsymbol{x}$，$\boldsymbol{y}\in S_1$ とすると，$A\boldsymbol{x}=\mathbf{0}$，$A\boldsymbol{y}=\mathbf{0}$

$\therefore\quad A(\boldsymbol{x}+\boldsymbol{y})=A\boldsymbol{x}+A\boldsymbol{y}=\mathbf{0}+\mathbf{0}=\mathbf{0}$

$\therefore\quad \boldsymbol{x}+\boldsymbol{y}\in S_1$

(iii)　$\boldsymbol{x}\in S_1$ とすると，$A\boldsymbol{x}=\mathbf{0}$

$\therefore\quad A(k\boldsymbol{x})=k(A\boldsymbol{x})=k\cdot\mathbf{0}=\mathbf{0}\quad\therefore\quad k\boldsymbol{x}\in S_1$

(i)，(ii)，(iii)より，S_1 はベクトル空間である。

(2)　$A\mathbf{0}\neq\boldsymbol{b}$ であるから，$\mathbf{0}\notin S_2$

よって，S_2 はベクトル空間ではない。

2　(1)　$P_1=\{f\in\boldsymbol{R}[x]_2\,|\,f(x^2)=(f(x))^2\}$

$f(x)=x$ とする。

$f(x^2)=x^2$，$(f(x))^2=x^2$

より，$f(x^2)=(f(x))^2\qquad\therefore\quad f\in P_1$

一方

$(2f)(x^2)=2\cdot f(x^2)=2x^2$

$\{(2f)(x)\}^2=\{2\cdot f(x)\}^2=(2x)^2=4x^2$

より，$(2f)(x^2)\neq\{(2f)(x)\}^2\qquad\therefore\quad 2f\notin P_1$

$f\in P_1$ であるが，$2f\notin P_1$ である。

よって，P_1 は $\boldsymbol{R}[x]_2$ の部分空間ではない。

(2)　$P_2=\{f\in\boldsymbol{R}[x]_2\,|\,f(1)=0\}$

$=\{ax^2+bx+c\,|\,a,\ b,\ c\in\boldsymbol{R},\ a+b+c=0\}$

(i)　$f=0$（定数関数の 0）とすると，$f(1)=0$

$\therefore\quad f=0\in P_2$

(ii)　f，$g\in P_2$ とする。

$(f+g)(1)=f(1)+g(1)=0+0=0$

$\therefore\quad f+g\in P_2$

(iii)　$f\in P_2$ とする。

$(kf)(1)=k\cdot f(1)=k\cdot 0=0$

$\therefore\quad kf\in P_2$

(i)，(ii)，(iii)より

P_2 は $\boldsymbol{R}[x]_2$ の部分空間である。

3　(1)　$\boldsymbol{a}=\begin{pmatrix}1\\2\\0\end{pmatrix}$ とすると，$\boldsymbol{a}\in W_1$

$\therefore\quad \boldsymbol{a}\in W_1\cup W_2$

$\boldsymbol{b}=\begin{pmatrix}0\\0\\1\end{pmatrix}$ とすると，$\boldsymbol{b}\in W_2$

$\therefore\quad \boldsymbol{b}\in W_1\cup W_2$

一方

$$\boldsymbol{a}+\boldsymbol{b}=\begin{pmatrix}1\\2\\1\end{pmatrix}\notin W_1\ \text{かつ}\ \boldsymbol{a}+\boldsymbol{b}=\begin{pmatrix}1\\2\\1\end{pmatrix}\notin W_2$$

であるから，$\boldsymbol{a}+\boldsymbol{b}\notin W_1\cup W_2$

よって，$W_1\cup W_2$ は $\boldsymbol{R}^3$ の部分空間でない。

(2)　$W_1\subset W_2$ でないならば，$W_2\subset W_1$ であることを示せばよい。

$W_1\subset W_2$ でないとすると

$\boldsymbol{a}\in W_1$ かつ $\boldsymbol{a}\notin W_2$ を満たす $\boldsymbol{a}$ が存在する。

さて，$\boldsymbol{b}\in W_2$ を任意にとる。

$\boldsymbol{b}\in W_1$ を示せばよい。

このとき

$\boldsymbol{a}$，$\boldsymbol{b}\in W_1\cup W_2$ で，$W_1\cup W_2$ が V の部分空間であることから

$\boldsymbol{a}+\boldsymbol{b}\in W_1\cup W_2$

もし，$\boldsymbol{a}+\boldsymbol{b}\in W_2$ とすると

$\boldsymbol{a}=(\boldsymbol{a}+\boldsymbol{b})-\boldsymbol{b}\in W_2$

となり，$\boldsymbol{a}\notin W_2$ に反する。

よって，$\boldsymbol{a}+\boldsymbol{b}\notin W_2$ であり，

$\boldsymbol{a}+\boldsymbol{b}\in W_1$　（$\because\quad \boldsymbol{a}+\boldsymbol{b}\in W_1\cup W_2$）

これより　$\boldsymbol{b}=(\boldsymbol{a}+\boldsymbol{b})-\boldsymbol{a}\in W_1$

したがって，$W_2\subset W_1$

以上より，$W_1\cup W_2$ が V の部分空間ならば，$W_1\subset W_2$ または $W_2\subset W_1$ である。

4　U を W_1，W_2 を含む V の任意の部分空間とする。$W_1+W_2\subset U$ を示せばよい。

$\boldsymbol{a}\in W_1+W_2$ とすると

$\boldsymbol{a}=\boldsymbol{x}_1+\boldsymbol{x}_2\quad(\boldsymbol{x}_1\in W_1,\ \boldsymbol{x}_2\in W_2)$

と表せる。

$\boldsymbol{x}_1\in W_1$ より，$\boldsymbol{x}_1\in U$

$\boldsymbol{x}_2\in W_2$ より，$\boldsymbol{x}_2\in U$

U は V の部分空間であるから

$\boldsymbol{x}_1+\boldsymbol{x}_2\in U$　　すなわち，$\boldsymbol{a}\in U$

よって，$W_1+W_2\subset U$

演習問題 3. 2

1　(1)　$\boldsymbol{a}=\begin{pmatrix}1\\-4\\7\end{pmatrix}$，$\boldsymbol{b}=\begin{pmatrix}2\\-5\\8\end{pmatrix}$，$\boldsymbol{c}=\begin{pmatrix}-1\\2\\-3\end{pmatrix}$

$$|\boldsymbol{a}\ \ \boldsymbol{b}\ \ \boldsymbol{c}|=\begin{vmatrix}1&2&-1\\-4&-5&2\\7&8&-3\end{vmatrix}$$

$$=15+28+32-35-24-16=0$$

よって，$\boldsymbol{a}$，$\boldsymbol{b}$，$\boldsymbol{c}$ は1次独立ではない。

(2) $\boldsymbol{a}=\begin{pmatrix}1\\0\\1\end{pmatrix}$, $\boldsymbol{b}=\begin{pmatrix}3\\1\\2\end{pmatrix}$, $\boldsymbol{c}=\begin{pmatrix}2\\1\\0\end{pmatrix}$

$$|\boldsymbol{a}\ \ \boldsymbol{b}\ \ \boldsymbol{c}|=\begin{vmatrix}1&3&2\\0&1&1\\1&2&0\end{vmatrix}=3-2-2=-1\neq 0$$

よって，$\boldsymbol{a}$，$\boldsymbol{b}$，$\boldsymbol{c}$ は1次独立である。

2 (1) $3\boldsymbol{a}+5\boldsymbol{b}+\boldsymbol{c}$，$\boldsymbol{a}-4\boldsymbol{c}$，$\boldsymbol{a}+3\boldsymbol{b}-\boldsymbol{c}$：

$$k(3\boldsymbol{a}+5\boldsymbol{b}+\boldsymbol{c})+l(\boldsymbol{a}-4\boldsymbol{c})+m(\boldsymbol{a}+3\boldsymbol{b}-\boldsymbol{c})=\boldsymbol{0}$$

とすると

$$(3k+l+m)\boldsymbol{a}+(5k+3m)\boldsymbol{b}+(k-4l-m)\boldsymbol{c}=\boldsymbol{0}$$

$\boldsymbol{a}$，$\boldsymbol{b}$，$\boldsymbol{c}$ が1次独立であるから

$$3k+l+m=5k+3m=k-4l-m=0$$

すなわち

$$\begin{pmatrix}3&1&1\\5&0&3\\1&-4&-1\end{pmatrix}\begin{pmatrix}k\\l\\m\end{pmatrix}=\begin{pmatrix}0\\0\\0\end{pmatrix}$$

ここで

$$\begin{vmatrix}3&1&1\\5&0&3\\1&-4&-1\end{vmatrix}=3-20+5+36=24\neq 0$$

より，係数行列は正則なので，連立1次方程式は自明な解しかもたない。

よって，$k=l=m=0$

したがって

$$3\boldsymbol{a}+5\boldsymbol{b}+\boldsymbol{c},\ \boldsymbol{a}-4\boldsymbol{c},\ \boldsymbol{a}+3\boldsymbol{b}-\boldsymbol{c}$$

は1次独立である。

(2) $\boldsymbol{a}-\boldsymbol{b}+2\boldsymbol{c}$，$3\boldsymbol{a}+\boldsymbol{b}$，$5\boldsymbol{a}+3\boldsymbol{b}-2\boldsymbol{c}$：

$$k(\boldsymbol{a}-\boldsymbol{b}+2\boldsymbol{c})+l(3\boldsymbol{a}+\boldsymbol{b})+m(5\boldsymbol{a}+3\boldsymbol{b}-2\boldsymbol{c})=\boldsymbol{0}$$

とすると

$$(k+3l+5m)\boldsymbol{a}+(-k+l+3m)\boldsymbol{b}+(2k-2m)\boldsymbol{c}=\boldsymbol{0}$$

$\boldsymbol{a}$，$\boldsymbol{b}$，$\boldsymbol{c}$ が1次独立であるから

$$k+3l+5m=-k+l+3m=2k-2m=0$$

すなわち

$$\begin{pmatrix}1&3&5\\-1&1&3\\2&0&-2\end{pmatrix}\begin{pmatrix}k\\l\\m\end{pmatrix}=\begin{pmatrix}0\\0\\0\end{pmatrix}$$

ここで

$$\begin{vmatrix}1&3&5\\-1&1&3\\2&0&-2\end{vmatrix}=-2+18-10-6=0$$

より，連立1次方程式は自明でない解をもつ。

よって，$k=l=m=0$ ではない k，l，m が存在する。したがって

$$\boldsymbol{a}-\boldsymbol{b}+2\boldsymbol{c},\ 3\boldsymbol{a}+\boldsymbol{b},\ 5\boldsymbol{a}+3\boldsymbol{b}-2\boldsymbol{c}$$

は1次独立ではない。

3 (1) $\boldsymbol{a}_1+\boldsymbol{a}_2$，$\boldsymbol{a}_2+\boldsymbol{a}_3$，$\cdots$，$\boldsymbol{a}_{n-1}+\boldsymbol{a}_n$：

$$k_1(\boldsymbol{a}_1+\boldsymbol{a}_2)+k_2(\boldsymbol{a}_2+\boldsymbol{a}_3)+\cdots+k_{n-1}(\boldsymbol{a}_{n-1}+\boldsymbol{a}_n)=\boldsymbol{0}$$

とすると

$$k_1\boldsymbol{a}_1+(k_1+k_2)\boldsymbol{a}_2+\cdots+(k_{n-2}+k_{n-1})\boldsymbol{a}_{n-1}+k_{n-1}\boldsymbol{a}_n=\boldsymbol{0}$$

$\boldsymbol{a}_1$，$\boldsymbol{a}_2$，$\cdots$，$\boldsymbol{a}_n$ が1次独立であるから

$$\begin{cases}k_1=0\\k_1+k_2=0\\\quad\cdots\\k_{n-2}+k_{n-1}=0\\k_{n-1}=0\end{cases}$$

この同次連立1次方程式の解は明らかに自明な解

$$k_1=k_2=\cdots=k_{n-1}=0$$

のみである。

よって

$$\boldsymbol{a}_1+\boldsymbol{a}_2,\ \boldsymbol{a}_2+\boldsymbol{a}_3,\ \cdots,\ \boldsymbol{a}_{n-1}+\boldsymbol{a}_n$$

は1次独立である。

(2) $\boldsymbol{a}_1+\boldsymbol{a}_2$，$\boldsymbol{a}_2+\boldsymbol{a}_3$，$\cdots$，$\boldsymbol{a}_{n-1}+\boldsymbol{a}_n$，$\boldsymbol{a}_n+\boldsymbol{a}_1$：

$$k_1(\boldsymbol{a}_1+\boldsymbol{a}_2)+k_2(\boldsymbol{a}_2+\boldsymbol{a}_3)+\cdots+k_{n-1}(\boldsymbol{a}_{n-1}+\boldsymbol{a}_n)+k_n(\boldsymbol{a}_n+\boldsymbol{a}_1)=\boldsymbol{0}$$

とすると

$$(k_n+k_1)\boldsymbol{a}_1+(k_1+k_2)\boldsymbol{a}_2+\cdots+(k_{n-2}+k_{n-1})\boldsymbol{a}_{n-1}+(k_{n-1}+k_n)\boldsymbol{a}_n=\boldsymbol{0}$$

$\boldsymbol{a}_1$，$\boldsymbol{a}_2$，$\cdots$，$\boldsymbol{a}_n$ が1次独立であるから

$$\begin{cases}k_n+k_1=0\\k_1+k_2=0\\\quad\cdots\\k_{n-2}+k_{n-1}=0\\k_{n-1}+k_n=0\end{cases}$$

$$\therefore\ \begin{pmatrix}1&0&\cdots&0&1\\1&1&\cdots&0&0\\\vdots&\vdots&\ddots&\vdots&\vdots\\0&0&\cdots&1&0\\0&0&\cdots&1&1\end{pmatrix}\begin{pmatrix}k_1\\k_2\\\vdots\\k_{n-1}\\k_n\end{pmatrix}=\begin{pmatrix}0\\0\\\vdots\\0\\0\end{pmatrix}$$

ここで

$$\begin{vmatrix}1&0&\cdots&0&1\\1&1&\cdots&0&0\\\vdots&\vdots&\ddots&\vdots&\vdots\\0&0&\cdots&1&0\\0&0&\cdots&1&1\end{vmatrix}\quad(n\text{ 次の行列式})$$

$$=1\cdot(-1)^{1+1}\begin{vmatrix}1&\cdots&0&0\\ \vdots&\ddots&\vdots&\vdots\\ 0&\cdots&1&0\\ 0&\cdots&1&1\end{vmatrix}\quad(n-1\text{ 次})$$

$$+1\cdot(-1)^{1+n}\begin{vmatrix}1&1&\cdots&0\\ \vdots&\vdots&\ddots&\vdots\\ 0&0&\cdots&1\\ 0&0&\cdots&1\end{vmatrix}$$

（下三角行列）＋（上三角行列）

$=1\cdot(-1)^{1+1}\cdot1^{n-1}+1\cdot(-1)^{1+n}\cdot1^{n-1}$

$=1+(-1)^{1+n}$

$$\begin{cases}n\text{ が奇数なら }1+(-1)^{1+n}=2\neq0\\ n\text{ が偶数なら }1+(-1)^{1+n}=0\end{cases}$$

すなわち，同次連立1次方程式の解は

$$\begin{cases}n\text{ が奇数なら，自明な解のみ}\\ n\text{ が偶数なら，自明でない解ももつ}\end{cases}$$

よって

$\boldsymbol{a}_1+\boldsymbol{a}_2,\ \boldsymbol{a}_2+\boldsymbol{a}_3,\ \cdots,\ \boldsymbol{a}_{n-1}+\boldsymbol{a}_n,\ \boldsymbol{a}_n+\boldsymbol{a}_1$

は

$$\begin{cases}n\text{ が奇数なら，1次独立である。}\\ n\text{ が偶数なら，1次独立ではない。}\end{cases}$$

4　(1)

$$(\boldsymbol{a}_1\ \ \boldsymbol{a}_2\ \ \boldsymbol{a}_3\ \ \boldsymbol{a}_4\ \ \boldsymbol{a}_5)=\begin{pmatrix}1&1&-1&0&-3\\0&1&3&2&4\\2&3&1&1&-4\\1&3&5&2&1\end{pmatrix}$$

$\to\cdots\to$

$$\begin{pmatrix}1&0&-4&0&-3\\0&1&3&0&0\\0&0&0&1&2\\0&0&0&0&0\end{pmatrix}=(\boldsymbol{b}_1\ \ \boldsymbol{b}_2\ \ \boldsymbol{b}_3\ \ \boldsymbol{b}_4\ \ \boldsymbol{b}_5)$$

よって，

$\boldsymbol{b}_1,\ \boldsymbol{b}_2,\ \boldsymbol{b}_4$ は1次独立，

$\boldsymbol{b}_3=-4\boldsymbol{b}_1+3\boldsymbol{b}_2,\ \boldsymbol{b}_5=-3\boldsymbol{b}_1+2\boldsymbol{b}_4$

行基本変形によって各列の間の1次関係は変化しないから

$\boldsymbol{a}_1,\ \boldsymbol{a}_2,\ \boldsymbol{a}_4$ は1次独立，

$\boldsymbol{a}_3=-4\boldsymbol{a}_1+3\boldsymbol{a}_2,\ \boldsymbol{a}_5=-3\boldsymbol{a}_1+2\boldsymbol{a}_4$

(2)　$(f_1(x)\ \ f_2(x)\ \ f_3(x)\ \ f_4(x))$

$$=(x^2\ \ x\ \ 1)\begin{pmatrix}1&3&5&0\\0&1&2&-1\\1&0&-1&3\end{pmatrix}$$

ここで

$$\begin{pmatrix}1&3&5&0\\0&1&2&-1\\1&0&-1&3\end{pmatrix}\to\cdots$$

$$\to\begin{pmatrix}1&0&-1&3\\0&1&2&-1\\0&0&0&0\end{pmatrix}$$

よって

$f_1(x),\ f_2(x)$ は1次独立

$f_3(x)=-f_1(x)+2f_2(x)$,

$f_4(x)=3f_1(x)-f_2(x)$

5　(1)　$|\boldsymbol{a}_1\ \ \boldsymbol{a}_2\ \ \boldsymbol{a}_3|=\begin{vmatrix}1&1&2\\2&1&1\\2&1&2\end{vmatrix}$

$=2+2+4-4-4-1=-1\neq0$

より，$(\boldsymbol{a}_1\ \ \boldsymbol{a}_2\ \ \boldsymbol{a}_3)$ の階数は3であり，$\boldsymbol{a}_1,\ \boldsymbol{a}_2,\ \boldsymbol{a}_3$ は1次独立である。

(2)　$\boldsymbol{a}_4=k\boldsymbol{a}_1+l\boldsymbol{a}_2+m\boldsymbol{a}_3$ とすると

$k\boldsymbol{a}_1+l\boldsymbol{a}_2+m\boldsymbol{a}_3=\boldsymbol{a}_4$

$$\therefore\ (\boldsymbol{a}_1\ \ \boldsymbol{a}_2\ \ \boldsymbol{a}_3)\begin{pmatrix}k\\l\\m\end{pmatrix}=\boldsymbol{a}_4$$

$$\begin{pmatrix}1&1&2\\2&1&1\\2&1&2\end{pmatrix}\begin{pmatrix}k\\l\\m\end{pmatrix}=\begin{pmatrix}1\\3\\4\end{pmatrix}$$

拡大係数行列：$\begin{pmatrix}1&1&2&1\\2&1&1&3\\2&1&2&4\end{pmatrix}\to\cdots$

$$\to\begin{pmatrix}1&0&0&3\\0&1&0&-4\\0&0&1&1\end{pmatrix}$$

よって

$$\begin{pmatrix}k\\l\\m\end{pmatrix}=\begin{pmatrix}3\\-4\\1\end{pmatrix}$$

したがって

$\boldsymbol{a}_4=3\boldsymbol{a}_1-4\boldsymbol{a}_2+\boldsymbol{a}_3$

［研究］　行基本変形によって各列の間の1次関係は変化しないことに注意すれば

$$(\boldsymbol{a}_1\ \ \boldsymbol{a}_2\ \ \boldsymbol{a}_3\ \ \boldsymbol{a}_4)=\begin{pmatrix}1&1&2&1\\2&1&1&3\\2&1&2&4\end{pmatrix}\to\cdots$$

$$\to\begin{pmatrix}1&0&0&3\\0&1&0&-4\\0&0&1&1\end{pmatrix}$$

より

$\boldsymbol{a}_1,\ \boldsymbol{a}_2,\ \boldsymbol{a}_3$ は1次独立で，

$\boldsymbol{a}_4=3\boldsymbol{a}_1-4\boldsymbol{a}_2+\boldsymbol{a}_3$

であることが分かる。

6　$\boldsymbol{a}_1,\ \boldsymbol{a}_2,\ \cdots,\ \boldsymbol{a}_n\in\boldsymbol{R}^n$ が1次独立でないならば，少なくとも1つのベクトルは残りの

ベクトルの1次結合で表すことができる。
$\boldsymbol{a}_1$ が $\boldsymbol{a}_2, \cdots, \boldsymbol{a}_n$ の1次結合で表されるとして証明は一般性を失わないから

$$\boldsymbol{a}_1 = k_2\boldsymbol{a}_2 + \cdots + k_n\boldsymbol{a}_n$$

とすると

$$\begin{aligned}&|\boldsymbol{a}_1 \ \ \boldsymbol{a}_2 \ \ \cdots \ \ \boldsymbol{a}_n|\\ &= |k_2\boldsymbol{a}_2 + \cdots + k_n\boldsymbol{a}_n \ \ \boldsymbol{a}_2 \ \ \cdots \ \ \boldsymbol{a}_n|\\ &= k_2|\boldsymbol{a}_2 \ \ \boldsymbol{a}_2 \ \ \cdots \ \ \boldsymbol{a}_n| + \cdots\\ &\quad + k_n|\boldsymbol{a}_n \ \ \boldsymbol{a}_2 \ \ \cdots \ \ \boldsymbol{a}_n|\\ &= k_2\cdot 0 + \cdots + k_n\cdot 0\\ &= 0\end{aligned}$$

演習問題 3. 3

1 (1) $\begin{cases} 3x+y+4z+2w=0 \\ 2x-y+z-2w=0 \\ x+2y+3z+4w=0 \end{cases}$

係数行列を行基本変形すると

$$\begin{pmatrix} 3 & 1 & 4 & 2 \\ 2 & -1 & 1 & -2 \\ 1 & 2 & 3 & 4 \end{pmatrix} \to \cdots$$

$$\to \begin{pmatrix} 1 & 0 & 1 & 0 \\ 0 & 1 & 1 & 2 \\ 0 & 0 & 0 & 0 \end{pmatrix}$$

よって，与式は次のようになる。

$$\begin{cases} x \quad +z=0 \\ \quad y+z+2w=0 \end{cases}$$

したがって，連立1次方程式の解は

$$\begin{pmatrix} x \\ y \\ z \\ w \end{pmatrix} = \begin{pmatrix} -a \\ -a-2b \\ a \\ b \end{pmatrix} = a\begin{pmatrix} -1 \\ -1 \\ 1 \\ 0 \end{pmatrix} + b\begin{pmatrix} 0 \\ -2 \\ 0 \\ 1 \end{pmatrix}$$

(a，b は任意)

よって，基底は

$$\left\{\begin{pmatrix} -1 \\ -1 \\ 1 \\ 0 \end{pmatrix}, \begin{pmatrix} 0 \\ -2 \\ 0 \\ 1 \end{pmatrix}\right\}$$

であり，次元は2である。

(2) $\begin{cases} x+2y+2z-u+3v=0 \\ x+2y+3z+u+v=0 \\ 3x+6y+8z+u+5v=0 \end{cases}$

係数行列を行基本変形すると

$$\begin{pmatrix} 1 & 2 & 2 & -1 & 3 \\ 1 & 2 & 3 & 1 & 1 \\ 3 & 6 & 8 & 1 & 5 \end{pmatrix} \to \cdots$$

$$\to \begin{pmatrix} 1 & 2 & 0 & -5 & 7 \\ 0 & 0 & 1 & 2 & -2 \\ 0 & 0 & 0 & 0 & 0 \end{pmatrix}$$

よって，与式は次のようになる。

$$\begin{cases} x+2y \quad -5u+7v=0 \\ \qquad z+2u-2v=0 \end{cases}$$

したがって，連立1次方程式の解は

$$\begin{pmatrix} x \\ y \\ z \\ u \\ v \end{pmatrix} = \begin{pmatrix} -2a+5b-7c \\ a \\ -2b+2c \\ b \\ c \end{pmatrix}$$

$$= a\begin{pmatrix} -2 \\ 1 \\ 0 \\ 0 \\ 0 \end{pmatrix} + b\begin{pmatrix} 5 \\ 0 \\ -2 \\ 1 \\ 0 \end{pmatrix} + c\begin{pmatrix} -7 \\ 0 \\ 2 \\ 0 \\ 1 \end{pmatrix}$$

(a，b，c は任意)

よって，基底は

$$\left\{\begin{pmatrix} -2 \\ 1 \\ 0 \\ 0 \\ 0 \end{pmatrix}, \begin{pmatrix} 5 \\ 0 \\ -2 \\ 1 \\ 0 \end{pmatrix}, \begin{pmatrix} -7 \\ 0 \\ 2 \\ 0 \\ 1 \end{pmatrix}\right\}$$

であり，次元は3である。

2 (1) $A = \begin{pmatrix} 1 & 1 & 3 & 2 \\ 2 & 1 & 5 & 3 \\ 1 & 2 & 4 & 3 \end{pmatrix} \to \cdots$

$$\to \begin{pmatrix} 1 & 0 & 2 & 1 \\ 0 & 1 & 1 & 1 \\ 0 & 0 & 0 & 0 \end{pmatrix}$$

よって，階数は2

(2) 連立1次方程式 $A\boldsymbol{x}=\boldsymbol{0}$ は(1)の計算より

$$\begin{pmatrix} 1 & 0 & 2 & 1 \\ 0 & 1 & 1 & 1 \\ 0 & 0 & 0 & 0 \end{pmatrix}\begin{pmatrix} x \\ y \\ z \\ w \end{pmatrix} = \begin{pmatrix} 0 \\ 0 \\ 0 \end{pmatrix}$$

$$\therefore \begin{cases} x \quad +2z+w=0 \\ \quad y+z+w=0 \\ 0\cdot x+0\cdot y+0\cdot z+0\cdot w=0 \end{cases}$$

すなわち

$$\begin{cases} x \quad +2z+w=0 \\ \quad y+z+w=0 \end{cases}$$

となる。
よって，連立1次方程式の解は

$$\begin{pmatrix} x \\ y \\ z \\ w \end{pmatrix} = \begin{pmatrix} -2a-b \\ -a-b \\ a \\ b \end{pmatrix} = a\begin{pmatrix} -2 \\ -1 \\ 1 \\ 0 \end{pmatrix} + b\begin{pmatrix} -1 \\ -1 \\ 0 \\ 1 \end{pmatrix}$$

$(a,\ b \in \boldsymbol{R})$

したがって，解空間 W の次元は 2

(3)　(2)の計算より解空間 W の基底は

$$\left\{ \begin{pmatrix} -2 \\ -1 \\ 1 \\ 0 \end{pmatrix},\ \begin{pmatrix} -1 \\ -1 \\ 0 \\ 1 \end{pmatrix} \right\}$$

3　(1)　$f(x) = ax^2 + bx + c$

$= c \cdot 1 + b \cdot x + a \cdot x^2$

$= c \cdot e_1(x) + b \cdot e_2(x) + a \cdot e_3(x)$

より，求める成分は $\begin{pmatrix} c \\ b \\ a \end{pmatrix}$

(2)　$f_1(x)$，$f_2(x)$，$f_3(x)$，$f_4(x)$ の 1 次関係を求めればよい。

$$(f_1(x) \quad f_2(x) \quad f_3(x) \quad f_4(x))$$
$$= (e_1(x) \quad e_2(x) \quad e_3(x)) \times \begin{pmatrix} -2 & 6 & -5 & 0 \\ 1 & -3 & 2 & 1 \\ 0 & 0 & 1 & -2 \end{pmatrix}$$

(行列の各列が成分)

ここで

$$\begin{pmatrix} -2 & 6 & -5 & 0 \\ 1 & -3 & 2 & 1 \\ 0 & 0 & 1 & -2 \end{pmatrix} \to \cdots$$
$$\to \begin{pmatrix} 1 & -3 & 0 & 5 \\ 0 & 0 & 1 & -2 \\ 0 & 0 & 0 & 0 \end{pmatrix}$$

よって

$f_1(x)$，$f_3(x)$ が 1 次独立，

$f_2(x) = -3f_1(x)$，

$f_4(x) = 5f_1(x) - 2f_3(x)$

したがって

基底は $\{f_1(x),\ f_3(x)\}$，次元は 2 である。

4　$\boldsymbol{v}_1$，$\boldsymbol{v}_2$，$\cdots$，$\boldsymbol{v}_n$ の 1 次関係を

$k_1\boldsymbol{v}_1 + k_2\boldsymbol{v}_2 + \cdots + k_n\boldsymbol{v}_n = \boldsymbol{0}$

とすると

$$(\boldsymbol{v}_1 \quad \boldsymbol{v}_2 \quad \cdots \quad \boldsymbol{v}_n)\begin{pmatrix} k_1 \\ k_2 \\ \vdots \\ k_n \end{pmatrix} = \boldsymbol{0}$$

ここで

$$(\boldsymbol{v}_1 \quad \boldsymbol{v}_2 \quad \cdots \quad \boldsymbol{v}_n) = (\boldsymbol{e}_1 \quad \boldsymbol{e}_2 \quad \cdots \quad \boldsymbol{e}_m)A$$

より

$$(\boldsymbol{e}_1 \quad \boldsymbol{e}_2 \quad \cdots \quad \boldsymbol{e}_m)A\begin{pmatrix} k_1 \\ k_2 \\ \vdots \\ k_n \end{pmatrix} = \boldsymbol{0}$$

$\boldsymbol{e}_1$，$\boldsymbol{e}_2$，$\cdots$，$\boldsymbol{e}_m$ が 1 次独立であることから

$$A\begin{pmatrix} k_1 \\ k_2 \\ \vdots \\ k_n \end{pmatrix} = \boldsymbol{0}$$

$$\therefore\ (\boldsymbol{a}_1 \quad \boldsymbol{a}_2 \quad \cdots \quad \boldsymbol{a}_n)\begin{pmatrix} k_1 \\ k_2 \\ \vdots \\ k_n \end{pmatrix} = \boldsymbol{0}$$

すなわち

$k_1\boldsymbol{a}_1 + k_2\boldsymbol{a}_2 + \cdots + k_n\boldsymbol{a}_n = \boldsymbol{0}$

逆に，これが成り立てば

$k_1\boldsymbol{v}_1 + k_2\boldsymbol{v}_2 + \cdots + k_n\boldsymbol{v}_n = \boldsymbol{0}$

が成り立つことも明らかである。

第4章 線形写像

演習問題 4.1

1 (1) 次の同次連立1次方程式を解けばよい。

$$\begin{pmatrix}1&2&-1\\0&1&1\\1&1&-2\end{pmatrix}\begin{pmatrix}x\\y\\z\end{pmatrix}=\begin{pmatrix}0\\0\\0\end{pmatrix}$$

係数行列を行基本変形すると

$$A=\begin{pmatrix}1&2&-1\\0&1&1\\1&1&-2\end{pmatrix}\to\cdots$$

$$\to\begin{pmatrix}1&0&-3\\0&1&1\\0&0&0\end{pmatrix}$$

より，同次連立1次方程式は次のようになる。

$$\begin{cases}x\quad-3z=0\\ \quad y+\ z=0\end{cases}$$

よって，その解は

$$\begin{pmatrix}x\\y\\z\end{pmatrix}=\begin{pmatrix}3a\\-a\\a\end{pmatrix}=a\begin{pmatrix}3\\-1\\1\end{pmatrix}\quad(a\text{ は任意})$$

したがって，Ker f の基底は

$$\left\{\begin{pmatrix}3\\-1\\1\end{pmatrix}\right\}$$

次元は1である。

(2) $\boldsymbol{R}^3$ の標準基底を $\boldsymbol{e}_1$, $\boldsymbol{e}_2$, $\boldsymbol{e}_3$ とする。すなわち

$$\boldsymbol{e}_1=\begin{pmatrix}1\\0\\0\end{pmatrix},\ \boldsymbol{e}_2=\begin{pmatrix}0\\1\\0\end{pmatrix},\ \boldsymbol{e}_3=\begin{pmatrix}0\\0\\1\end{pmatrix}$$

$\boldsymbol{R}^3$ のベクトル $\boldsymbol{x}=x\boldsymbol{e}_1+y\boldsymbol{e}_2+z\boldsymbol{e}_3$ に対して

$$\begin{aligned}f(\boldsymbol{x})&=f(x\boldsymbol{e}_1+y\boldsymbol{e}_2+z\boldsymbol{e}_3)\\&=xf(\boldsymbol{e}_1)+yf(\boldsymbol{e}_2)+zf(\boldsymbol{e}_3)\end{aligned}$$

であるから，Im f は $f(\boldsymbol{e}_1)$, $f(\boldsymbol{e}_2)$, $f(\boldsymbol{e}_3)$ で生成される。よって，$f(\boldsymbol{e}_1)$, $f(\boldsymbol{e}_2)$, $f(\boldsymbol{e}_3)$ の1次関係が分かればよい。

ところで

$$\begin{aligned}(f(\boldsymbol{e}_1)\ \ f(\boldsymbol{e}_2)\ \ f(\boldsymbol{e}_3))&=(A\boldsymbol{e}_1\ \ A\boldsymbol{e}_2\ \ A\boldsymbol{e}_3)\\&=A\end{aligned}$$

($\boldsymbol{e}_1$, $\boldsymbol{e}_2$, $\boldsymbol{e}_3$ は標準基底)

であり，行列 A の階段行列が

$$\begin{pmatrix}1&0&-3\\0&1&1\\0&0&0\end{pmatrix}$$ ⬅ 1，2列目が1次独立

であったから

$f(\boldsymbol{e}_1)$, $f(\boldsymbol{e}_2)$, $f(\boldsymbol{e}_3)$ の1次関係は

$f(\boldsymbol{e}_1)$, $f(\boldsymbol{e}_2)$ は1次独立,

$f(\boldsymbol{e}_3)=-3f(\boldsymbol{e}_1)+f(\boldsymbol{e}_2)$

である。

よって，Im f の基底は

$$\{f(\boldsymbol{e}_1),\ f(\boldsymbol{e}_2)\}=\{A\boldsymbol{e}_1,\ A\boldsymbol{e}_2\}=\left\{\begin{pmatrix}1\\0\\1\end{pmatrix},\ \begin{pmatrix}2\\1\\1\end{pmatrix}\right\}$$

次元は2である。

2 (1) 次の同次連立1次方程式を解けばよい。

$$\begin{pmatrix}1&-1&1&1\\1&0&2&-1\\1&1&3&-3\end{pmatrix}\begin{pmatrix}x\\y\\z\\w\end{pmatrix}=\begin{pmatrix}0\\0\\0\end{pmatrix}$$

係数行列を行基本変形すると

$$A=\begin{pmatrix}1&-1&1&1\\1&0&2&-1\\1&1&3&-3\end{pmatrix}\to\cdots$$

$$\to\begin{pmatrix}1&0&2&-1\\0&1&1&-2\\0&0&0&0\end{pmatrix}$$

より，同次連立1次方程式は次のようになる。

$$\begin{cases}x\quad+2z-w=0\\ \quad y+z-2w=0\end{cases}$$

よって，その解は

$$\begin{pmatrix}x\\y\\z\\w\end{pmatrix}=\begin{pmatrix}-2a+b\\-a+2b\\a\\b\end{pmatrix}=a\begin{pmatrix}-2\\-1\\1\\0\end{pmatrix}+b\begin{pmatrix}1\\2\\0\\1\end{pmatrix}$$

(a, b は任意)

したがって，Ker f の基底は

$$\left\{\begin{pmatrix}-2\\-1\\1\\0\end{pmatrix},\ \begin{pmatrix}1\\2\\0\\1\end{pmatrix}\right\}$$

次元は2である。

(2) $\boldsymbol{R}^4$ の標準基底を $\boldsymbol{e}_1$, $\boldsymbol{e}_2$, $\boldsymbol{e}_3$, $\boldsymbol{e}_4$ とする。すなわち

$$\boldsymbol{e}_1=\begin{pmatrix}1\\0\\0\\0\end{pmatrix},\ \boldsymbol{e}_2=\begin{pmatrix}0\\1\\0\\0\end{pmatrix},\ \boldsymbol{e}_3=\begin{pmatrix}0\\0\\1\\0\end{pmatrix},\ \boldsymbol{e}_4=\begin{pmatrix}0\\0\\0\\1\end{pmatrix}$$

$\boldsymbol{R}^4$ の任意のベクトル

$$\boldsymbol{x}=x\boldsymbol{e}_1+y\boldsymbol{e}_2+z\boldsymbol{e}_3+w\boldsymbol{e}_4$$

に対し

$$f(\boldsymbol{x})=f(x\boldsymbol{e}_1+y\boldsymbol{e}_2+z\boldsymbol{e}_3+w\boldsymbol{e}_4)$$
$$=xf(\boldsymbol{e}_1)+yf(\boldsymbol{e}_2)+zf(\boldsymbol{e}_3)+wf(\boldsymbol{e}_4)$$

であるから，Im f は

$$f(\boldsymbol{e}_1),\ f(\boldsymbol{e}_2),\ f(\boldsymbol{e}_3),\ f(\boldsymbol{e}_4)$$

で生成される。

よって，$f(\boldsymbol{e}_1)$，$f(\boldsymbol{e}_2)$，$f(\boldsymbol{e}_3)$，$f(\boldsymbol{e}_4)$ の1次関係が分かればよい。

ところで

$$(f(\boldsymbol{e}_1)\ \ f(\boldsymbol{e}_2)\ \ f(\boldsymbol{e}_3)\ \ f(\boldsymbol{e}_4))$$
$$=(A\boldsymbol{e}_1\ \ A\boldsymbol{e}_2\ \ A\boldsymbol{e}_3\ \ A\boldsymbol{e}_4)=A$$

（$\boldsymbol{e}_1$，$\boldsymbol{e}_2$，$\boldsymbol{e}_3$，$\boldsymbol{e}_4$ は標準基底）

であり，行列 A の階段行列が

$$\begin{pmatrix}1&0&2&-1\\0&1&1&-2\\0&0&0&0\end{pmatrix}$$ ⬅**1，2列目が1次独立**

であったから

$f(\boldsymbol{e}_1)$，$f(\boldsymbol{e}_2)$，$f(\boldsymbol{e}_3)$，$f(\boldsymbol{e}_4)$ の1次関係は

$f(\boldsymbol{e}_1)$，$f(\boldsymbol{e}_2)$ は1次独立,

$$f(\boldsymbol{e}_3)=2f(\boldsymbol{e}_1)+f(\boldsymbol{e}_2),$$
$$f(\boldsymbol{e}_4)=-f(\boldsymbol{e}_1)-2f(\boldsymbol{e}_2)$$

である。

よって，Im f の基底は

$$\{f(\boldsymbol{e}_1),\ f(\boldsymbol{e}_2)\}=\{A\boldsymbol{e}_1,\ A\boldsymbol{e}_2\}$$
$$=\left\{\begin{pmatrix}1\\1\\1\end{pmatrix},\ \begin{pmatrix}-1\\0\\1\end{pmatrix}\right\}$$

次元は2である。

3　(1)　$f\left(\begin{pmatrix}1\\2\end{pmatrix}\right)=\begin{pmatrix}7\\0\\1\end{pmatrix}$, $f\left(\begin{pmatrix}1\\8\end{pmatrix}\right)=\begin{pmatrix}1\\2\\8\end{pmatrix}$

より

$$A\begin{pmatrix}1\\2\end{pmatrix}=\begin{pmatrix}7\\0\\1\end{pmatrix},\ A\begin{pmatrix}1\\8\end{pmatrix}=\begin{pmatrix}1\\2\\8\end{pmatrix}$$

$$\therefore\ A\begin{pmatrix}1&1\\2&8\end{pmatrix}=\begin{pmatrix}7&1\\0&2\\1&8\end{pmatrix}$$

ここで

$$\begin{pmatrix}1&1\\2&8\end{pmatrix}^{-1}=\frac{1}{6}\begin{pmatrix}8&-1\\-2&1\end{pmatrix}$$

より

$$A=\begin{pmatrix}7&1\\0&2\\1&8\end{pmatrix}\frac{1}{6}\begin{pmatrix}8&-1\\-2&1\end{pmatrix}=\frac{1}{6}\begin{pmatrix}54&-6\\-4&2\\-8&7\end{pmatrix}$$

(2)　$f\left(\begin{pmatrix}2\\3\\5\end{pmatrix}\right)=\begin{pmatrix}1\\1\\1\end{pmatrix}$, $f\left(\begin{pmatrix}0\\1\\2\end{pmatrix}\right)=\begin{pmatrix}1\\0\\0\end{pmatrix}$,

$f\left(\begin{pmatrix}1\\1\\1\end{pmatrix}\right)=\begin{pmatrix}2\\1\\2\end{pmatrix}$

より

$$A\begin{pmatrix}2\\3\\5\end{pmatrix}=\begin{pmatrix}1\\1\\1\end{pmatrix},\ A\begin{pmatrix}0\\1\\2\end{pmatrix}=\begin{pmatrix}1\\0\\0\end{pmatrix},$$

$$A\begin{pmatrix}1\\1\\1\end{pmatrix}=\begin{pmatrix}2\\1\\2\end{pmatrix}$$

$$\therefore\ A\begin{pmatrix}2&0&1\\3&1&1\\5&2&1\end{pmatrix}=\begin{pmatrix}1&1&2\\1&0&1\\1&0&2\end{pmatrix}$$

ここで

$$\begin{pmatrix}2&0&1\\3&1&1\\5&2&1\end{pmatrix}^{-1}=\begin{pmatrix}1&-2&1\\-2&3&-1\\-1&4&-2\end{pmatrix}$$

より

$$A=\begin{pmatrix}1&1&2\\1&0&1\\1&0&2\end{pmatrix}\begin{pmatrix}1&-2&1\\-2&3&-1\\-1&4&-2\end{pmatrix}$$
$$=\begin{pmatrix}-3&9&-4\\0&2&-1\\-1&6&-3\end{pmatrix}$$

4　$E_1=\begin{pmatrix}1&0\\0&0\end{pmatrix}$, $E_2=\begin{pmatrix}0&1\\0&0\end{pmatrix}$,

$E_3=\begin{pmatrix}0&0\\1&0\end{pmatrix}$, $E_4=\begin{pmatrix}0&0\\0&1\end{pmatrix}$ とおく。

$$X=\begin{pmatrix}x&y\\z&w\end{pmatrix}=xE_1+yE_2+zE_3+wE_4$$

より

$$f(X)=f(xE_1+yE_2+zE_3+wE_4)$$
$$=xf(E_1)+yf(E_2)+zf(E_3)+wf(E_4)$$

ここで

$a=f(E_1)$，$b=f(E_2)$，$c=f(E_3)$，

$d=f(E_4)$

とおくと

$$f(X)=ax+by+cz+dw$$

であり，また

$$A=\begin{pmatrix} a & c \\ b & d \end{pmatrix} \quad \textbf{(注)}\quad A={}^t\begin{pmatrix} a & b \\ c & d \end{pmatrix}$$

とおくと

$$AX=\begin{pmatrix} a & c \\ b & d \end{pmatrix}\begin{pmatrix} x & y \\ z & w \end{pmatrix}=\begin{pmatrix} ax+cz & ay+cw \\ bx+dz & by+dw \end{pmatrix}$$

より

$$\mathrm{tr}(AX)=ax+cz+by+dw$$

したがって

$$f(X)=\mathrm{tr}(AX)$$

演習問題 4. 2

1 $f(\boldsymbol{a}_1)=\begin{pmatrix} 1 & -1 \\ 1 & 2 \\ 0 & -1 \end{pmatrix}\begin{pmatrix} 1 \\ 0 \end{pmatrix}=\begin{pmatrix} 1 \\ 1 \\ 0 \end{pmatrix}$,

$$f(\boldsymbol{a}_2)=\begin{pmatrix} 1 & -1 \\ 1 & 2 \\ 0 & -1 \end{pmatrix}\begin{pmatrix} 1 \\ 1 \end{pmatrix}=\begin{pmatrix} 0 \\ 3 \\ -1 \end{pmatrix}$$

求める表現行列を F とすると

$$(f(\boldsymbol{a}_1) \quad f(\boldsymbol{a}_2))=(\boldsymbol{b}_1 \quad \boldsymbol{b}_2 \quad \boldsymbol{b}_3)F$$

$$\therefore\quad \begin{pmatrix} 1 & 0 \\ 1 & 3 \\ 0 & -1 \end{pmatrix}=\begin{pmatrix} -1 & 0 & 1 \\ 2 & 1 & 0 \\ 1 & 1 & 0 \end{pmatrix}F$$

$$\therefore\quad F=\begin{pmatrix} -1 & 0 & 1 \\ 2 & 1 & 0 \\ 1 & 1 & 0 \end{pmatrix}^{-1}\begin{pmatrix} 1 & 0 \\ 1 & 3 \\ 0 & -1 \end{pmatrix}$$

$$=\begin{pmatrix} 0 & 1 & -1 \\ 0 & -1 & 2 \\ 1 & 1 & -1 \end{pmatrix}\begin{pmatrix} 1 & 0 \\ 1 & 3 \\ 0 & -1 \end{pmatrix}=\begin{pmatrix} 1 & 4 \\ -1 & -5 \\ 2 & 4 \end{pmatrix}$$

2 $X=\begin{pmatrix} x & y \\ z & w \end{pmatrix}$ とおくと

$$T(X)=\begin{pmatrix} 1 & -1 \\ 2 & 3 \end{pmatrix}\begin{pmatrix} x & y \\ z & w \end{pmatrix}-\begin{pmatrix} x & y \\ z & w \end{pmatrix}\begin{pmatrix} 1 & -1 \\ 2 & 3 \end{pmatrix}$$

$$=\begin{pmatrix} x-z & y-w \\ 2x+3z & 2y+3w \end{pmatrix}-\begin{pmatrix} x+2y & -x+3y \\ z+2w & -z+3w \end{pmatrix}$$

$$=\begin{pmatrix} -2y-z & x-2y-w \\ 2x+2z-2w & 2y+z \end{pmatrix}$$

より

$$T(E_1)=\begin{pmatrix} 0 & 1 \\ 2 & 0 \end{pmatrix}=E_2+2E_3$$

$$T(E_2)=\begin{pmatrix} -2 & -2 \\ 0 & 2 \end{pmatrix}=-2E_1-2E_2+2E_4$$

$$T(E_3)=\begin{pmatrix} -1 & 0 \\ 2 & 1 \end{pmatrix}=-E_1+2E_3+E_4$$

$$T(E_4)=\begin{pmatrix} 0 & -1 \\ -2 & 0 \end{pmatrix}=-E_2-2E_3$$

よって

$$(T(E_1) \quad T(E_2) \quad T(E_3) \quad T(E_4))$$

$$=(E_1 \quad E_2 \quad E_3 \quad E_4)\begin{pmatrix} 0 & -2 & -1 & 0 \\ 1 & -2 & 0 & -1 \\ 2 & 0 & 2 & -2 \\ 0 & 2 & 1 & 0 \end{pmatrix}$$

$$\therefore\quad F=\begin{pmatrix} 0 & -2 & -1 & 0 \\ 1 & -2 & 0 & -1 \\ 2 & 0 & 2 & -2 \\ 0 & 2 & 1 & 0 \end{pmatrix}$$

[別解] 基底 $\{E_1, E_2, E_3, E_4\}$ に関する

$X=\begin{pmatrix} x & y \\ z & w \end{pmatrix}$ の成分は $\begin{pmatrix} x \\ y \\ z \\ w \end{pmatrix}$

$$T(X)=\begin{pmatrix} -2y-z & x-2y-w \\ 2x+2z-2w & 2y+z \end{pmatrix}$$

の成分は $\begin{pmatrix} -2y-z \\ x-2y-w \\ 2x+2z-2w \\ 2y+z \end{pmatrix}$

ここで

$$\begin{pmatrix} -2y-z \\ x-2y-w \\ 2x+2z-2w \\ 2y+z \end{pmatrix}=\begin{pmatrix} 0 & -2 & -1 & 0 \\ 1 & -2 & 0 & -1 \\ 2 & 0 & 2 & -2 \\ 0 & 2 & 1 & 0 \end{pmatrix}\begin{pmatrix} x \\ y \\ z \\ w \end{pmatrix}$$

より

$$F=\begin{pmatrix} 0 & -2 & -1 & 0 \\ 1 & -2 & 0 & -1 \\ 2 & 0 & 2 & -2 \\ 0 & 2 & 1 & 0 \end{pmatrix}$$

3 基底の取り替え行列の定義より

$$(\boldsymbol{b}_1 \quad \boldsymbol{b}_2 \quad \boldsymbol{b}_3)=(\boldsymbol{a}_1 \quad \boldsymbol{a}_2 \quad \boldsymbol{a}_3)P$$

$$\therefore\quad \begin{pmatrix} 3 & 4 & 8 \\ 2 & -2 & 4 \\ 1 & 5 & 5 \end{pmatrix}=\begin{pmatrix} 1 & 0 & -2 \\ 0 & -1 & -1 \\ -3 & 4 & 1 \end{pmatrix}P$$

$$\therefore\quad P=\begin{pmatrix}1&0&-2\\0&-1&-1\\-3&4&1\end{pmatrix}^{-1}\begin{pmatrix}3&4&8\\2&-2&4\\1&5&5\end{pmatrix}$$

$$=\frac{1}{9}\begin{pmatrix}3&-8&-2\\3&-5&1\\-3&-4&-1\end{pmatrix}\begin{pmatrix}3&4&8\\2&-2&4\\1&5&5\end{pmatrix}$$

$$=\frac{1}{9}\begin{pmatrix}-9&18&-18\\0&27&9\\-18&-9&-45\end{pmatrix}=\begin{pmatrix}-1&2&-2\\0&3&1\\-2&-1&-5\end{pmatrix}$$

4　(1)　$T(1)=1,\ T(x)=x+1,$

$T(x^2)=(x+1)^2=x^2+2x+1,$

$T(x^3)=(x+1)^3=x^3+3x^2+3x+1$

より

$$(T(1)\quad T(x)\quad T(x^2)\quad T(x^3))$$

$$=(1\quad x\quad x^2\quad x^3)\begin{pmatrix}1&1&1&1\\0&1&2&3\\0&0&1&3\\0&0&0&1\end{pmatrix}$$

よって

$$F=\begin{pmatrix}1&1&1&1\\0&1&2&3\\0&0&1&3\\0&0&0&1\end{pmatrix}$$

(2)　基底 $\{1,\ x,\ x^2,\ x^3\}$ の

基底 $\{1+x,\ x+x^2,\ x^2+x^3,\ x^3\}$

への取り替え行列 P は

$$(1+x\quad x+x^2\quad x^2+x^3\quad x^3)$$

$$=(1\quad x\quad x^2\quad x^3)\begin{pmatrix}1&0&0&0\\1&1&0&0\\0&1&1&0\\0&0&1&1\end{pmatrix}$$

より

$$P=\begin{pmatrix}1&0&0&0\\1&1&0&0\\0&1&1&0\\0&0&1&1\end{pmatrix}$$

ここで

$$P^{-1}=\begin{pmatrix}1&0&0&0\\1&1&0&0\\0&1&1&0\\0&0&1&1\end{pmatrix}^{-1}=\begin{pmatrix}1&0&0&0\\-1&1&0&0\\1&-1&1&0\\-1&1&-1&1\end{pmatrix}$$

より

$$G=P^{-1}FP$$

$$=\begin{pmatrix}1&0&0&0\\-1&1&0&0\\1&-1&1&0\\-1&1&-1&1\end{pmatrix}\begin{pmatrix}1&1&1&1\\0&1&2&3\\0&0&1&3\\0&0&0&1\end{pmatrix}$$

$$\times\begin{pmatrix}1&0&0&0\\1&1&0&0\\0&1&1&0\\0&0&1&1\end{pmatrix}$$

$$=\begin{pmatrix}1&1&1&1\\-1&0&1&2\\1&0&0&1\\-1&0&0&0\end{pmatrix}\begin{pmatrix}1&0&0&0\\1&1&0&0\\0&1&1&0\\0&0&1&1\end{pmatrix}$$

$$=\begin{pmatrix}2&2&2&1\\-1&1&3&2\\1&0&1&1\\-1&0&0&0\end{pmatrix}$$

[別解]　(2)の解答で，基底の取り替え行列を利用しないで解けば次のようになる。

$\boldsymbol{a}_1=1+x,\ \boldsymbol{a}_2=x+x^2,\ \boldsymbol{a}_3=x^2+x^3,$

$\boldsymbol{a}_4=x^3$

とおくと

$1=\boldsymbol{a}_1-\boldsymbol{a}_2+\boldsymbol{a}_3-\boldsymbol{a}_4$

$x=\boldsymbol{a}_2-\boldsymbol{a}_3+\boldsymbol{a}_4$

$x^2=\boldsymbol{a}_3-\boldsymbol{a}_4$

$x^3=\boldsymbol{a}_4$

を得る。

これより，次の結果が得られる。

$T(\boldsymbol{a}_1)=T(1+x)=x+2$

$\quad=\cdots=2\boldsymbol{a}_1-\boldsymbol{a}_2+\boldsymbol{a}_3-\boldsymbol{a}_4$

$T(\boldsymbol{a}_2)=T(x+x^2)=(x+1)+(x+1)^2$

$\quad=x^2+3x+2$

$\quad=\cdots=2\boldsymbol{a}_1+\boldsymbol{a}_2$

$T(\boldsymbol{a}_3)=T(x^2+x^3)=(x+1)^2+(x+1)^3$

$\quad=x^3+4x^2+5x+2$

$\quad=\cdots=2\boldsymbol{a}_1+3\boldsymbol{a}_2+\boldsymbol{a}_3$

$T(\boldsymbol{a}_4)=(x+1)^3=x^3+3x^2+3x+1$

$\quad=\cdots=\boldsymbol{a}_1+2\boldsymbol{a}_2+\boldsymbol{a}_3$

以上より

$$(T(\boldsymbol{a}_1)\quad T(\boldsymbol{a}_2)\quad T(\boldsymbol{a}_3)\quad T(\boldsymbol{a}_4))$$

$$=(\boldsymbol{a}_1\quad \boldsymbol{a}_2\quad \boldsymbol{a}_3\quad \boldsymbol{a}_4)\begin{pmatrix}2&2&2&1\\-1&1&3&2\\1&0&1&1\\-1&0&0&0\end{pmatrix}$$

よって，求める表現行列は

$$G=\begin{pmatrix}2&2&2&1\\-1&1&3&2\\1&0&1&1\\-1&0&0&0\end{pmatrix}$$

第5章 固有値とその応用

演習問題 5. 1

1 $|A-tE|=\begin{vmatrix}1-t & 2 & 2\\ 0 & 2-t & 1\\ -1 & 2 & 2-t\end{vmatrix}$

$=(1-t)(2-t)^2-2+2(2-t)-2(1-t)$

$=(1-t)(2-t)^2=-(t-1)(t-2)^2$

よって，固有値は 2（重解）と 1

(i) 固有値 2（重解）に対する固有ベクトル

$$A-2E=\begin{pmatrix}-1 & 2 & 2\\ 0 & 0 & 1\\ -1 & 2 & 0\end{pmatrix}\to\cdots$$

$$\to\begin{pmatrix}1 & -2 & 0\\ 0 & 0 & 1\\ 0 & 0 & 0\end{pmatrix}\quad\therefore\quad\begin{cases}x-2y=0\\ z=0\end{cases}$$

よって，固有ベクトルは

$$\begin{pmatrix}x\\ y\\ z\end{pmatrix}=\begin{pmatrix}2a\\ a\\ 0\end{pmatrix}=a\begin{pmatrix}2\\ 1\\ 0\end{pmatrix}\quad(a\neq 0)$$

(ii) 固有値 1 に対する固有ベクトル

$$A-E=\begin{pmatrix}0 & 2 & 2\\ 0 & 1 & 1\\ -1 & 2 & 1\end{pmatrix}\to\cdots$$

$$\to\begin{pmatrix}1 & 0 & 1\\ 0 & 1 & 1\\ 0 & 0 & 0\end{pmatrix}\quad\therefore\quad\begin{cases}x+z=0\\ y+z=0\end{cases}$$

よって，固有ベクトルは

$$\begin{pmatrix}x\\ y\\ z\end{pmatrix}=\begin{pmatrix}-b\\ -b\\ b\end{pmatrix}=b\begin{pmatrix}-1\\ -1\\ 1\end{pmatrix}\quad(b\neq 0)$$

2 $|A-tE|=\begin{vmatrix}1-t & 1 & -1\\ 1 & 1-t & 1\\ -1 & 1 & 1-t\end{vmatrix}$

$$\underset{②+③}{=}\begin{vmatrix}1-t & 1 & -1\\ 0 & 2-t & 2-t\\ -1 & 1 & 1-t\end{vmatrix}$$

$$=(2-t)\begin{vmatrix}1-t & 1 & -1\\ 0 & 1 & 1\\ -1 & 1 & 1-t\end{vmatrix}$$

（早目に因数をくくり出す）

$=(2-t)\{(1-t)^2-1-1-(1-t)\}$

$=(2-t)(t^2-t-2)$

$=-(t-2)^2(t+1)$

よって，固有値は 2（重解）と -1

(i) $W(2)$ について：

$$A-2E=\begin{pmatrix}-1 & 1 & -1\\ 1 & -1 & 1\\ -1 & 1 & -1\end{pmatrix}$$

$$\to\begin{pmatrix}1 & -1 & 1\\ 0 & 0 & 0\\ 0 & 0 & 0\end{pmatrix}\quad\therefore\quad x-y+z=0$$

$$\therefore\quad\begin{pmatrix}x\\ y\\ z\end{pmatrix}=\begin{pmatrix}a-b\\ a\\ b\end{pmatrix}=a\begin{pmatrix}1\\ 1\\ 0\end{pmatrix}+b\begin{pmatrix}-1\\ 0\\ 1\end{pmatrix}$$

（a，b は任意）

よって

$$W(2)=\left\{a\begin{pmatrix}1\\ 1\\ 0\end{pmatrix}+b\begin{pmatrix}-1\\ 0\\ 1\end{pmatrix}\middle|\, a,\ b\in\boldsymbol{R}\right\}$$

(ii) $W(-1)$ について：

$$A+E=\begin{pmatrix}2 & 1 & -1\\ 1 & 2 & 1\\ -1 & 1 & 2\end{pmatrix}\to\cdots$$

$$\to\begin{pmatrix}1 & 0 & -1\\ 0 & 1 & 1\\ 0 & 0 & 0\end{pmatrix}\quad\therefore\quad\begin{cases}x-z=0\\ y+z=0\end{cases}$$

$$\therefore\quad\begin{pmatrix}x\\ y\\ z\end{pmatrix}=\begin{pmatrix}c\\ -c\\ c\end{pmatrix}=c\begin{pmatrix}1\\ -1\\ 1\end{pmatrix}\quad（c\text{ は任意}）$$

よって

$$W(-1)=\left\{c\begin{pmatrix}1\\ -1\\ 1\end{pmatrix}\middle|\, c\in\boldsymbol{R}\right\}$$

3 (1) $|A-tE|=\begin{vmatrix}-t & 1 & 0\\ -1 & 2-t & 0\\ 1 & 0 & 1-t\end{vmatrix}$

$=-t(2-t)(1-t)+(1-t)$

$=(1-t)\{-t(2-t)+1\}$

$=(1-t)(t^2-2t+1)=-(t-1)^3$

(2) ケーリー・ハミルトンの定理より

$$(A-E)^3=O$$

ここで

$$t^n=(t-1)^3g(t)+a(t-1)^2+b(t-1)+c$$

……(＊)　とおく。

(＊)に $t=1$ を代入すると $c=1$

(＊)の両辺を微分すると

$$nt^{n-1}=3(t-1)^2g(t)+(t-1)^3g'(t)+2a(t-1)+b\quad\cdots\cdots(＊＊)$$

$(**)$に $t=1$ を代入すると $b=n$

$(**)$の両辺を微分すると

$$n(n-1)t^{n-2}=6(t-1)g(t)+3(t-1)^2g'(t)+3(t-1)^2g'(t)+(t-1)^3g''(t)+2a$$

これに $t=1$ を代入すると $2a=n(n-1)$

よって

$$a=\frac{1}{2}n(n-1),\ b=n,\ c=1$$

となり

$$t^n=(t-1)^3g(t)+\frac{1}{2}n(n-1)(t-1)^2+n(t-1)+1$$

したがって

$$A^n=\frac{1}{2}n(n-1)(A-E)^2+n(A-E)+E \quad (\because\ (A-E)^3=O)$$

$$=\frac{1}{2}n(n-1)\begin{pmatrix}-1&1&0\\-1&1&0\\1&0&0\end{pmatrix}^2+n\begin{pmatrix}-1&1&0\\-1&1&0\\1&0&0\end{pmatrix}+\begin{pmatrix}1&0&0\\0&1&0\\0&0&1\end{pmatrix}$$

$$=\frac{1}{2}n(n-1)\begin{pmatrix}0&0&0\\0&0&0\\-1&1&0\end{pmatrix}+n\begin{pmatrix}-1&1&0\\-1&1&0\\1&0&0\end{pmatrix}+\begin{pmatrix}1&0&0\\0&1&0\\0&0&1\end{pmatrix}$$

$$=\frac{1}{2}\left\{n(n-1)\begin{pmatrix}0&0&0\\0&0&0\\-1&1&0\end{pmatrix}+2n\begin{pmatrix}-1&1&0\\-1&1&0\\1&0&0\end{pmatrix}+2\begin{pmatrix}1&0&0\\0&1&0\\0&0&1\end{pmatrix}\right\}$$

$$=\frac{1}{2}\begin{pmatrix}-2n+2&2n&0\\-2n&2n+2&0\\-n(n-1)+2n&n(n-1)&2\end{pmatrix}$$

$$=\frac{1}{2}\begin{pmatrix}-2n+2&2n&0\\-2n&2n+2&0\\-n(n-3)&n(n-1)&2\end{pmatrix}$$

4　(1)　$D_n=|A-tE|$

$$=\begin{vmatrix}-t&1&\cdots&0&0\\0&-t&\cdots&0&0\\\vdots&\vdots&\ddots&\vdots&\vdots\\0&0&\cdots&-t&1\\0&0&\cdots&0&-t\end{vmatrix}$$

$$=(-t)\cdot(-1)^{1+1}\begin{vmatrix}-t&\cdots&0&0\\\vdots&\ddots&\vdots&\vdots\\0&\cdots&-t&1\\0&\cdots&0&-t\end{vmatrix}+1\cdot(-1)^{1+2}\begin{vmatrix}0&\cdots&0&0\\\vdots&\ddots&\vdots&\vdots\\0&\cdots&-t&1\\0&\cdots&0&-t\end{vmatrix}$$

$$=(-t)\cdot(-1)^{1+1}(-t)^{n-1}+0=(-t)^n$$

よって，固有値は 0（n 重解）

(注)　(1)では，D_n は三角行列の行列式であるからただちに $D_n=(-t)^n$ としてもよい。

(2)　$D_n=|B-tE|$

$$=\begin{vmatrix}-t&1&\cdots&0&0\\0&-t&\cdots&0&0\\\vdots&\vdots&\ddots&\vdots&\vdots\\0&0&\cdots&-t&1\\1&0&\cdots&0&-t\end{vmatrix}$$

$$=(-t)\cdot(-1)^{1+1}\begin{vmatrix}-t&\cdots&0&0\\\vdots&\ddots&\vdots&\vdots\\0&\cdots&-t&1\\0&\cdots&0&-t\end{vmatrix}+1\cdot(-1)^{1+2}\begin{vmatrix}0&\cdots&0&0\\\vdots&\ddots&\vdots&\vdots\\0&\cdots&-t&1\\1&\cdots&0&-t\end{vmatrix}$$

$$=(-t)\cdot(-1)^{1+1}(-t)^{n-1}+1\cdot(-1)^{1+2}\begin{vmatrix}0&\cdots&0&0\\\vdots&\ddots&\vdots&\vdots\\0&\cdots&-t&1\\1&\cdots&0&-t\end{vmatrix}$$

$$=(-t)^n-\begin{vmatrix}0&\cdots&0&0\\\vdots&\ddots&\vdots&\vdots\\0&\cdots&-t&1\\1&\cdots&0&-t\end{vmatrix}$$

$$=(-t)^n-1\cdot(-1)^{(n-1)+1}\begin{vmatrix}\cdots&0&0\\\ddots&\vdots&\vdots\\\cdots&-t&1\end{vmatrix}$$

$$=(-t)^n-1\cdot(-1)^{(n-1)+1}\cdot 1$$

$$=(-t)^n-(-1)^n$$

$$=(-1)^n(t^n-1)$$

よって，1の原始 n 乗根を α とすると，求める固有値は

$$1,\ \alpha,\ \alpha^2,\ \cdots,\ \alpha^{n-1}$$

5 AB の固有値 λ が BA の固有値であることを示せばよい。
AB の固有値 λ に対する固有ベクトルを $\boldsymbol{x}$ とすると

$$AB\boldsymbol{x}=\lambda\boldsymbol{x} \quad \cdots\cdots ①$$

両辺に左側から B をかけると

$$BAB\boldsymbol{x}=\lambda B\boldsymbol{x}$$

$$\therefore \quad BA(B\boldsymbol{x})=\lambda(B\boldsymbol{x}) \quad \cdots\cdots ②$$

(i) $\lambda\neq 0$ のとき
$\lambda\boldsymbol{x}\neq\boldsymbol{0}$ であるから，①より $AB\boldsymbol{x}\neq\boldsymbol{0}$

$$\therefore \quad B\boldsymbol{x}\neq\boldsymbol{0}$$

よって，②より λ は $B\boldsymbol{x}$ を固有ベクトルとする BA の固有値である。
(ii) $\lambda=0$ のとき
AB は 0 を固有値にもつから，$|AB|=0$

$$\therefore \quad |BA|=0$$

よって，BA も 0 を固有値にもつ。
(i)，(ii)より，AB の固有値 λ は BA の固有値でもある。

演習問題 5．2

1 (1) $|A-tE|$

$$=\begin{vmatrix} 2-t & 1 & 1 \\ 1 & -t & 1 \\ 1 & -1 & 2-t \end{vmatrix}$$

$$\underset{①+③}{=}\begin{vmatrix} 3-t & 0 & 3-t \\ 1 & -t & 1 \\ 1 & -1 & 2-t \end{vmatrix}$$

$$=(3-t)\begin{vmatrix} 1 & 0 & 1 \\ 1 & -t & 1 \\ 1 & -1 & 2-t \end{vmatrix}$$

（因数は早めにくくり出す）

$$=(3-t)\{(-t)(2-t)-1+t+1\}$$

$$=(3-t)(t^2-t)$$

$$=-t(t-1)(t-3)$$

よって，固有値は 0，1，3
(i) 固有値 0 に対する固有ベクトル

$$A-0\cdot E=\begin{pmatrix} 2 & 1 & 1 \\ 1 & 0 & 1 \\ 1 & -1 & 2 \end{pmatrix}\to\cdots$$

$$\to\begin{pmatrix} 1 & 0 & 1 \\ 0 & 1 & -1 \\ 0 & 0 & 0 \end{pmatrix} \quad \therefore \quad \begin{cases} x+z=0 \\ y-z=0 \end{cases}$$

よって，固有ベクトルは

$$\begin{pmatrix} x \\ y \\ z \end{pmatrix}=\begin{pmatrix} -a \\ a \\ a \end{pmatrix}=a\begin{pmatrix} -1 \\ 1 \\ 1 \end{pmatrix} \quad (a\neq 0)$$

(ii) 固有値 1 に対する固有ベクトル

$$A-E=\begin{pmatrix} 1 & 1 & 1 \\ 1 & -1 & 1 \\ 1 & -1 & 1 \end{pmatrix}\to\cdots$$

$$\to\begin{pmatrix} 1 & 0 & 1 \\ 0 & 1 & 0 \\ 0 & 0 & 0 \end{pmatrix} \quad \therefore \quad \begin{cases} x+z=0 \\ y=0 \end{cases}$$

よって，固有ベクトルは

$$\begin{pmatrix} x \\ y \\ z \end{pmatrix}=\begin{pmatrix} -b \\ 0 \\ b \end{pmatrix}=b\begin{pmatrix} -1 \\ 0 \\ 1 \end{pmatrix} \quad (b\neq 0)$$

(iii) 固有値 3 に対する固有ベクトル

$$A-3E=\begin{pmatrix} -1 & 1 & 1 \\ 1 & -3 & 1 \\ 1 & -1 & -1 \end{pmatrix}\to\cdots$$

$$\to\begin{pmatrix} 1 & 0 & -2 \\ 0 & 1 & -1 \\ 0 & 0 & 0 \end{pmatrix} \quad \therefore \quad \begin{cases} x-2z=0 \\ y-z=0 \end{cases}$$

よって，固有ベクトルは

$$\begin{pmatrix} x \\ y \\ z \end{pmatrix}=\begin{pmatrix} 2c \\ c \\ c \end{pmatrix}=c\begin{pmatrix} 2 \\ 1 \\ 1 \end{pmatrix} \quad (c\neq 0)$$

(i)，(ii)，(iii)より，A は 1 次独立な 3 つの固有ベクトル

$$\begin{pmatrix} -1 \\ 1 \\ 1 \end{pmatrix},\ \begin{pmatrix} -1 \\ 0 \\ 1 \end{pmatrix},\ \begin{pmatrix} 2 \\ 1 \\ 1 \end{pmatrix}$$

をもつから対角化可能であり

$$P=\begin{pmatrix} -1 & -1 & 2 \\ 1 & 0 & 1 \\ 1 & 1 & 1 \end{pmatrix}$$

とおくと，P は正則行列で

$$P^{-1}AP=\begin{pmatrix} 0 & 0 & 0 \\ 0 & 1 & 0 \\ 0 & 0 & 3 \end{pmatrix}$$

(2) $|B-tE|=\begin{vmatrix} 1-t & 2 & 1 \\ -1 & 4-t & 1 \\ 2 & -4 & -t \end{vmatrix}$

$$=-t(1-t)(4-t)+4+4-2(4-t)$$
$$\quad -2t+4(1-t)$$
$$=-t(1-t)(4-t)+4(1-t)$$
$$=(1-t)\{-t(4-t)+4\}$$
$$=(1-t)(t^2-4t+4)$$
$$=-(t-1)(t-2)^2$$

よって，固有値は2（重解）と1

(i) 固有値2（重解）に対する固有ベクトル

$$B-2E=\begin{pmatrix}-1&2&1\\-1&2&1\\2&-4&-2\end{pmatrix}$$

$$\to\begin{pmatrix}1&-2&-1\\0&0&0\\0&0&0\end{pmatrix}\quad\therefore\quad x-2y-z=0$$

よって，固有ベクトルは

$$\begin{pmatrix}x\\y\\z\end{pmatrix}=\begin{pmatrix}2a+b\\a\\b\end{pmatrix}=a\begin{pmatrix}2\\1\\0\end{pmatrix}+b\begin{pmatrix}1\\0\\1\end{pmatrix}$$

$((a,\ b)\neq(0,\ 0))$

(ii) 固有値1に対する固有ベクトル

$$B-E=\begin{pmatrix}0&2&1\\-1&3&1\\2&-4&-1\end{pmatrix}\to\cdots$$

$$\to\begin{pmatrix}1&0&\frac{1}{2}\\0&1&\frac{1}{2}\\0&0&0\end{pmatrix}\quad\therefore\quad\begin{cases}x+\frac{1}{2}z=0\\y+\frac{1}{2}z=0\end{cases}$$

よって，固有ベクトルは

$$\begin{pmatrix}x\\y\\z\end{pmatrix}=\begin{pmatrix}-c\\-c\\2c\end{pmatrix}=c\begin{pmatrix}-1\\-1\\2\end{pmatrix}\quad(c\neq0)$$

(i)，(ii)より，B は1次独立な3つの固有ベクトル

$$\begin{pmatrix}2\\1\\0\end{pmatrix},\ \begin{pmatrix}1\\0\\1\end{pmatrix},\ \begin{pmatrix}-1\\-1\\2\end{pmatrix}$$

をもつから対角化可能であり

$$P=\begin{pmatrix}2&1&-1\\1&0&-1\\0&1&2\end{pmatrix}$$

とおくと，P は正則行列で

$$P^{-1}BP=\begin{pmatrix}2&0&0\\0&2&0\\0&0&1\end{pmatrix}$$

(3) $|C-tE|=\begin{vmatrix}-t&1&0\\0&-t&1\\1&-3&3-t\end{vmatrix}$

$=t^2(3-t)+1-3t$

$=-t^3+3t^2-3t+1=-(t-1)^3$

よって，固有値は1（3重解）

固有値1（3重解）に対する固有ベクトルを求める。

$$C-E=\begin{pmatrix}-1&1&0\\0&-1&1\\1&-3&2\end{pmatrix}\to\cdots$$

$$\to\begin{pmatrix}1&0&-1\\0&1&-1\\0&0&0\end{pmatrix}\quad\therefore\quad\begin{cases}x-z=0\\y-z=0\end{cases}$$

よって，固有ベクトルは

$$\begin{pmatrix}x\\y\\z\end{pmatrix}=\begin{pmatrix}a\\a\\a\end{pmatrix}=a\begin{pmatrix}1\\1\\1\end{pmatrix}\quad(a\neq0)$$

行列 C は1次独立な固有ベクトルを1つしかもたないから対角化不可能である。

2 $|A-tE|=\begin{vmatrix}1-t&2&2\\1&2-t&-1\\-1&1&4-t\end{vmatrix}$

$=(1-t)(2-t)(4-t)+2+2$
$\quad+2(2-t)-2(4-t)+(1-t)$

$=(1-t)(2-t)(4-t)+(1-t)$

$=(1-t)\{(2-t)(4-t)+1\}$

$=(1-t)(t^2-6t+9)=-(t-1)(t-3)^2$

よって，固有値は3（重解）と1

(i) 固有値3（重解）に対する固有ベクトル

$$A-3E=\begin{pmatrix}-2&2&2\\1&-1&-1\\-1&1&1\end{pmatrix}$$

$$\to\begin{pmatrix}1&-1&-1\\0&0&0\\0&0&0\end{pmatrix}\quad\therefore\quad x-y-z=0$$

よって，固有ベクトルは

$$\begin{pmatrix}x\\y\\z\end{pmatrix}=\begin{pmatrix}a+b\\a\\b\end{pmatrix}=a\begin{pmatrix}1\\1\\0\end{pmatrix}+b\begin{pmatrix}1\\0\\1\end{pmatrix}$$

$((a,\ b)\neq(0,\ 0))$

(ii) 固有値1に対する固有ベクトル

$$A-E=\begin{pmatrix}0&2&2\\1&1&-1\\-1&1&3\end{pmatrix}\to\cdots$$

$$\to\begin{pmatrix}1&0&-2\\0&1&1\\0&0&0\end{pmatrix}\quad\therefore\quad\begin{cases}x-2z=0\\y+z=0\end{cases}$$

よって，固有ベクトルは

$$\begin{pmatrix}x\\y\\z\end{pmatrix}=\begin{pmatrix}2c\\-c\\c\end{pmatrix}=c\begin{pmatrix}2\\-1\\1\end{pmatrix}\quad(c\neq0)$$

(i)，(ii)より

$$P=\begin{pmatrix}1&1&2\\1&0&-1\\0&1&1\end{pmatrix}$$

とおくと，P は正則行列で

$$P^{-1}AP=\begin{pmatrix}3&0&0\\0&3&0\\0&0&1\end{pmatrix}$$

よって

$$(P^{-1}AP)^n=\begin{pmatrix}3&0&0\\0&3&0\\0&0&1\end{pmatrix}^n$$

$$\therefore \quad P^{-1}A^nP=\begin{pmatrix}3^n&0&0\\0&3^n&0\\0&0&1\end{pmatrix}$$

ここで

$$P^{-1}=\frac{1}{2}\begin{pmatrix}1&1&-1\\-1&1&3\\1&-1&-1\end{pmatrix}$$

したがって

$$A^n=P\begin{pmatrix}3^n&0&0\\0&3^n&0\\0&0&1\end{pmatrix}P^{-1}$$

$$=\begin{pmatrix}1&1&2\\1&0&-1\\0&1&1\end{pmatrix}\begin{pmatrix}3^n&0&0\\0&3^n&0\\0&0&1\end{pmatrix}$$

$$\times\frac{1}{2}\begin{pmatrix}1&1&-1\\-1&1&3\\1&-1&-1\end{pmatrix}$$

$$=\begin{pmatrix}3^n&3^n&2\\3^n&0&-1\\0&3^n&1\end{pmatrix}\frac{1}{2}\begin{pmatrix}1&1&-1\\-1&1&3\\1&-1&-1\end{pmatrix}$$

$$=\frac{1}{2}\begin{pmatrix}2&2\cdot3^n-2&2\cdot3^n-2\\3^n-1&3^n+1&-3^n+1\\-3^n+1&3^n-1&3\cdot3^n-1\end{pmatrix}$$

3 条件より

$$P^{-1}AP=\begin{pmatrix}\alpha_1&0&\cdots&0\\0&\alpha_2&\cdots&0\\\vdots&\vdots&\ddots&\vdots\\0&0&\cdots&\alpha_n\end{pmatrix},$$

$$P^{-1}BP=\begin{pmatrix}\beta_1&0&\cdots&0\\0&\beta_2&\cdots&0\\\vdots&\vdots&\ddots&\vdots\\0&0&\cdots&\beta_n\end{pmatrix}$$

とする。

$(P^{-1}AP)(P^{-1}BP)$

$$=\begin{pmatrix}\alpha_1&0&\cdots&0\\0&\alpha_2&\cdots&0\\\vdots&\vdots&\ddots&\vdots\\0&0&\cdots&\alpha_n\end{pmatrix}\begin{pmatrix}\beta_1&0&\cdots&0\\0&\beta_2&\cdots&0\\\vdots&\vdots&\ddots&\vdots\\0&0&\cdots&\beta_n\end{pmatrix}$$

より

$$P^{1}ABP=\begin{pmatrix}\alpha_1\beta_1&0&\cdots&0\\0&\alpha_2\beta_2&\cdots&0\\\vdots&\vdots&\ddots&\vdots\\0&0&\cdots&\alpha_n\beta_n\end{pmatrix}$$

同様に

$(P^{-1}BP)(P^{-1}AP)$

$$=\begin{pmatrix}\beta_1&0&\cdots&0\\0&\beta_2&\cdots&0\\\vdots&\vdots&\ddots&\vdots\\0&0&\cdots&\beta_n\end{pmatrix}\begin{pmatrix}\alpha_1&0&\cdots&0\\0&\alpha_2&\cdots&0\\\vdots&\vdots&\ddots&\vdots\\0&0&\cdots&\alpha_n\end{pmatrix}$$

より

$$P^{-1}BAP=\begin{pmatrix}\beta_1\alpha_1&0&\cdots&0\\0&\beta_2\alpha_2&\cdots&0\\\vdots&\vdots&\ddots&\vdots\\0&0&\cdots&\beta_n\alpha_n\end{pmatrix}$$

よって

$$P^{-1}ABP=P^{-1}BAP \qquad \therefore \quad AB=BA$$

4 ω を1の原始3乗根とする。

$(\omega^3=1,\ \omega^2+\omega+1=0)$

固有ベクトルの見当をつけて考える。

$$A\begin{pmatrix}1\\1\\1\end{pmatrix}=\begin{pmatrix}a&b&c\\c&a&b\\b&c&a\end{pmatrix}\begin{pmatrix}1\\1\\1\end{pmatrix}=\begin{pmatrix}a+b+c\\a+b+c\\a+b+c\end{pmatrix}$$

$$=(a+b+c)\begin{pmatrix}1\\1\\1\end{pmatrix}$$

よって，$\begin{pmatrix}1\\1\\1\end{pmatrix}$ は固有値 $a+b+c$ に対する固有ベクトルである。

$$A\begin{pmatrix}1\\\omega\\\omega^2\end{pmatrix}=\begin{pmatrix}a&b&c\\c&a&b\\b&c&a\end{pmatrix}\begin{pmatrix}1\\\omega\\\omega^2\end{pmatrix}$$

$$=\begin{pmatrix}a+b\omega+c\omega^2\\c+a\omega+b\omega^2\\b+c\omega+a\omega^2\end{pmatrix}$$

$$=(a+b\omega+c\omega^2)\begin{pmatrix}1\\\omega\\\omega^2\end{pmatrix}$$

よって，$\begin{pmatrix}1\\\omega\\\omega^2\end{pmatrix}$ は固有値 $a+b\omega+c\omega^2$ に対する固有ベクトルである。

$$A\begin{pmatrix}1\\\omega^2\\\omega\end{pmatrix}=\begin{pmatrix}a&b&c\\c&a&b\\b&c&a\end{pmatrix}\begin{pmatrix}1\\\omega^2\\\omega\end{pmatrix}$$

$$=\begin{pmatrix} a+b\omega^2+c\omega \\ c+a\omega^2+b\omega \\ b+c\omega^2+a\omega \end{pmatrix}$$

$$=(a+b\omega^2+c\omega)\begin{pmatrix} 1 \\ \omega^2 \\ \omega \end{pmatrix}$$

よって，$\begin{pmatrix} 1 \\ \omega^2 \\ \omega \end{pmatrix}$ は固有値 $a+b\omega^2+c\omega$ に対する固有ベクトルである。

そこで

$$P=\begin{pmatrix} 1 & 1 & 1 \\ 1 & \omega & \omega^2 \\ 1 & \omega^2 & \omega \end{pmatrix}$$

とおくと

$$\begin{aligned}|P|&=\omega^2+\omega^2+\omega^2-\omega-\omega-\omega^4 \\ &=3(\omega^2-\omega)=3(-\omega-1-\omega) \\ &=-3(2\omega+1)\neq 0\end{aligned}$$

より，P は正則行列で

$$P^{-1}AP$$

$$=\begin{pmatrix} a+b+c & 0 & 0 \\ 0 & a+b\omega+c\omega^2 & 0 \\ 0 & 0 & a+b\omega^2+c\omega \end{pmatrix}$$

演習問題 5. 3

1 (1) $|A-tE|=\begin{vmatrix} 2-t & -1 & 2 \\ 1 & -t & 2 \\ -2 & 2 & -1-t \end{vmatrix}$

$$\begin{aligned}&=-t(2-t)(-1-t)+4+4 \\ &\quad -4t+(-1-t)-4(2-t) \\ &=-t(2-t)(-1-t)+(-1-t) \\ &=(-1-t)\{-t(2-t)+1\} \\ &=(-1-t)(t^2-2t+1) \\ &=-(t+1)(t-1)^2\end{aligned}$$

よって，固有値は 1（重解）と -1

(i) 固有値 1（重解）に対する固有ベクトル

$$A-E=\begin{pmatrix} 1 & -1 & 2 \\ 1 & -1 & 2 \\ -2 & 2 & -2 \end{pmatrix}\to\cdots$$

$$\to\begin{pmatrix} 1 & -1 & 0 \\ 0 & 0 & 1 \\ 0 & 0 & 0 \end{pmatrix}\qquad\therefore\ \begin{cases} x-y=0 \\ z=0 \end{cases}$$

よって，固有ベクトルは

$$\begin{pmatrix} x \\ y \\ z \end{pmatrix}=\begin{pmatrix} a \\ a \\ 0 \end{pmatrix}=a\begin{pmatrix} 1 \\ 1 \\ 0 \end{pmatrix}\quad(a\neq 0)$$

(ii) 固有値 -1 に対する固有ベクトル

$$A+E=\begin{pmatrix} 3 & -1 & 2 \\ 1 & 1 & 2 \\ -2 & 2 & 0 \end{pmatrix}\to\cdots$$

$$\to\begin{pmatrix} 1 & 0 & 1 \\ 0 & 1 & 1 \\ 0 & 0 & 0 \end{pmatrix}\qquad\therefore\ \begin{cases} x+z=0 \\ y+z=0 \end{cases}$$

よって，固有ベクトルは

$$\begin{pmatrix} x \\ y \\ z \end{pmatrix}=\begin{pmatrix} -b \\ -b \\ b \end{pmatrix}=b\begin{pmatrix} -1 \\ -1 \\ 1 \end{pmatrix}\quad(b\neq 0)$$

$$\boldsymbol{x}_1=\begin{pmatrix} 1 \\ 1 \\ 0 \end{pmatrix},\ \boldsymbol{x}_2=\begin{pmatrix} -1 \\ -1 \\ 1 \end{pmatrix}$$

とおく。さらに，たとえば

$$\boldsymbol{y}=\begin{pmatrix} 1 \\ 0 \\ 0 \end{pmatrix}$$

とおく。

$$A\boldsymbol{y}=\begin{pmatrix} 2 & -1 & 2 \\ 1 & 0 & 2 \\ -2 & 2 & -1 \end{pmatrix}\begin{pmatrix} 1 \\ 0 \\ 0 \end{pmatrix}=\begin{pmatrix} 2 \\ 1 \\ -2 \end{pmatrix}$$

$$=-\begin{pmatrix} 1 \\ 1 \\ 0 \end{pmatrix}-2\begin{pmatrix} -1 \\ -1 \\ 1 \end{pmatrix}+\begin{pmatrix} 1 \\ 0 \\ 0 \end{pmatrix}$$

$$=-\boldsymbol{x}_1-2\boldsymbol{x}_2+\boldsymbol{y}$$

よって

$$A(\boldsymbol{x}_1\ \ \boldsymbol{x}_2\ \ \boldsymbol{y})=(\boldsymbol{x}_1\ \ \boldsymbol{x}_2\ \ \boldsymbol{y})\begin{pmatrix} 1 & 0 & -1 \\ 0 & -1 & -2 \\ 0 & 0 & 1 \end{pmatrix}$$

そこで

$$P=(\boldsymbol{x}_1\ \ \boldsymbol{x}_2\ \ \boldsymbol{y})=\begin{pmatrix} 1 & -1 & 1 \\ 1 & -1 & 0 \\ 0 & 1 & 0 \end{pmatrix}$$

とおくと，P は正則行列で

$$P^{-1}AP=\begin{pmatrix} 1 & 0 & -1 \\ 0 & -1 & -2 \\ 0 & 0 & 1 \end{pmatrix}$$

(2) $|B-tE|=\begin{vmatrix} 3-t & -2 & 1 \\ 1 & -t & 1 \\ 0 & -1 & 3-t \end{vmatrix}$

$$\begin{aligned}&=-t(3-t)^2-1+2(3-t)+(3-t) \\ &=-t(3-t)^2-3t+8 \\ &=-t^3+6t^2-12t+8\end{aligned}$$

$=-(t-2)^3$　よって，固有値は 2（3 重解）
固有値 2（3 重解）に対する固有ベクトル

$$B-2E=\begin{pmatrix}1&-2&1\\1&-2&1\\0&-1&1\end{pmatrix}\to\cdots$$

$$\to\begin{pmatrix}1&0&-1\\0&1&-1\\0&0&0\end{pmatrix}\quad\therefore\quad\begin{cases}x-z=0\\y-z=0\end{cases}$$

よって，固有ベクトルは

$$\begin{pmatrix}x\\y\\z\end{pmatrix}=\begin{pmatrix}a\\a\\a\end{pmatrix}=a\begin{pmatrix}1\\1\\1\end{pmatrix}\quad(a\neq 0)$$

そこで

$$\boldsymbol{x}=\begin{pmatrix}1\\1\\1\end{pmatrix}$$

とおく。さらに，たとえば

$$\boldsymbol{y}_1=\begin{pmatrix}1\\1\\0\end{pmatrix},\ \boldsymbol{y}_2=\begin{pmatrix}1\\0\\0\end{pmatrix}$$

とおくと

$$B\boldsymbol{y}_1=\begin{pmatrix}3&-2&1\\1&0&1\\0&-1&3\end{pmatrix}\begin{pmatrix}1\\1\\0\end{pmatrix}=\begin{pmatrix}1\\1\\-1\end{pmatrix}$$

$$=-\begin{pmatrix}1\\1\\1\end{pmatrix}+2\begin{pmatrix}1\\1\\0\end{pmatrix}$$

$$=-\boldsymbol{x}+2\boldsymbol{y}_1$$

$$B\boldsymbol{y}_2=\begin{pmatrix}3&-2&1\\1&0&1\\0&-1&3\end{pmatrix}\begin{pmatrix}1\\0\\0\end{pmatrix}=\begin{pmatrix}3\\1\\0\end{pmatrix}$$

$$=\begin{pmatrix}1\\1\\0\end{pmatrix}+2\begin{pmatrix}1\\0\\0\end{pmatrix}$$

$$=\boldsymbol{y}_1+2\boldsymbol{y}_2$$

よって

$$B(\boldsymbol{x}\quad\boldsymbol{y}_1\quad\boldsymbol{y}_2)=(\boldsymbol{x}\quad\boldsymbol{y}_1\quad\boldsymbol{y}_2)\begin{pmatrix}2&-1&0\\0&2&1\\0&0&2\end{pmatrix}$$

そこで

$$P=(\boldsymbol{x}\quad\boldsymbol{y}_1\quad\boldsymbol{y}_2)=\begin{pmatrix}1&1&1\\1&1&0\\1&0&0\end{pmatrix}$$

とおくと，P は正則行列で

$$P^{-1}BP=\begin{pmatrix}2&-1&0\\0&2&1\\0&0&2\end{pmatrix}$$

2 (1) (i) 証明すべき命題を（$*$）とする。

（Ⅰ） $m=1$ のとき
　明らかに（$*$）は成り立つ。

（Ⅱ） $m=k$ のとき（$*$）が成り立つとする。
$m=k+1$ のとき

$A_1A_2\cdots A_k\cdot A_{k+1}$

$$=\begin{pmatrix}0&\cdots&0&*&\cdots&*\\\vdots&\ddots&\vdots&\vdots&&\vdots\\0&\cdots&0&*&\cdots&*\\0&\cdots&0&b_{k+1,\,k+1}&\cdots&*\\\vdots&&\vdots&\vdots&\ddots&\vdots\\0&\cdots&0&0&\cdots&b_{nn}\end{pmatrix}$$

$$\times\begin{pmatrix}a_{11}&\cdots&0&*&\cdots&*\\\vdots&\ddots&\vdots&\vdots&&\vdots\\0&\cdots&a_{kk}&*&\cdots&*\\0&\cdots&0&0&\cdots&*\\\vdots&&\vdots&\vdots&\ddots&\vdots\\0&\cdots&0&0&\cdots&a_{nn}\end{pmatrix}$$

$$=\begin{pmatrix}0&\cdots&0&0&\cdots&*\\\vdots&\ddots&\vdots&\vdots&&\vdots\\0&\cdots&0&0&\cdots&*\\0&\cdots&0&0&\cdots&*\\\vdots&&\vdots&\vdots&\ddots&\vdots\\0&\cdots&0&0&\cdots&*\end{pmatrix}$$

（ブロック分割で考えると分かりやすい）

よって，$m=k+1$ のときも（$*$）が成り立つ。

（Ⅰ），（Ⅱ）より，$m=1, 2, \cdots, n$ に対して（$*$）は成り立つ。

(2) A を n 次正方行列，$\lambda_1, \lambda_2, \cdots, \lambda_n$ を A の固有値とし，A を次のように正則行列 P によって三角化する。

$$P^{-1}AP=\begin{pmatrix}\lambda_1&*&\cdots&*\\0&\lambda_2&\cdots&*\\\vdots&\vdots&\ddots&\vdots\\0&0&\cdots&\lambda_n\end{pmatrix}$$

$f(t)=(\lambda_1-t)(\lambda_2-t)\cdots(\lambda_n-t)$ であるから

$$f(A)=(\lambda_1E-A)(\lambda_2E-A)\cdots(\lambda_nE-A)$$

よって

$P^{-1}f(A)P$
$=P^{-1}(\lambda_1E-A)(\lambda_2E-A)\cdots(\lambda_nE-A)P$
$=P^{-1}(\lambda_1E-A)P\cdot P^{-1}(\lambda_2E-A)P$
$\quad\cdots P^{-1}(\lambda_nE-A)P$
$=(\lambda_1E-P^{-1}AP)(\lambda_2E-P^{-1}AP)$
$\quad\cdots(\lambda_nE-P^{-1}AP)$

$$=\begin{pmatrix}\lambda_1-\lambda_1 & * & \cdots & * \\ 0 & \lambda_1-\lambda_2 & \cdots & * \\ \vdots & \vdots & \ddots & \vdots \\ 0 & 0 & \cdots & \lambda_1-\lambda_n\end{pmatrix}$$

$$\times\begin{pmatrix}\lambda_2-\lambda_1 & * & \cdots & * \\ 0 & \lambda_2-\lambda_2 & \cdots & * \\ \vdots & \vdots & \ddots & \vdots \\ 0 & 0 & \cdots & \lambda_2-\lambda_n\end{pmatrix}$$

$$\cdots\begin{pmatrix}\lambda_n-\lambda_1 & * & \cdots & * \\ 0 & \lambda_n-\lambda_2 & \cdots & * \\ \vdots & \vdots & \ddots & \vdots \\ 0 & 0 & \cdots & \lambda_n-\lambda_n\end{pmatrix}$$

$$=\begin{pmatrix}0 & * & \cdots & * \\ 0 & \lambda_1-\lambda_2 & \cdots & * \\ \vdots & \vdots & \ddots & \vdots \\ 0 & 0 & \cdots & \lambda_1-\lambda_n\end{pmatrix}$$

$$\times\begin{pmatrix}\lambda_2-\lambda_1 & * & \cdots & * \\ 0 & 0 & \cdots & * \\ \vdots & \vdots & \ddots & \vdots \\ 0 & 0 & \cdots & \lambda_2-\lambda_n\end{pmatrix}$$

$$\cdots\begin{pmatrix}\lambda_n-\lambda_1 & * & \cdots & * \\ 0 & \lambda_n-\lambda_2 & \cdots & * \\ \vdots & \vdots & \ddots & \vdots \\ 0 & 0 & \cdots & 0\end{pmatrix}$$

$=O$　（∵　(1)より）

よって

$$P^{-1}f(A)P=O \qquad \therefore\ f(A)=O$$

3　A を n 次正方行列，$\lambda_1,\ \lambda_2,\ \cdots,\ \lambda_n$ を A の固有値とし，A を次のように正則行列 P によって三角化する。

$$P^{-1}AP=\begin{pmatrix}\lambda_1 & * & \cdots & * \\ 0 & \lambda_2 & \cdots & * \\ \vdots & \vdots & \ddots & \vdots \\ 0 & 0 & \cdots & \lambda_n\end{pmatrix}$$

A の固有値 λ が固有方程式の r 重解ならば，$\lambda_1,\ \lambda_2,\ \cdots,\ \lambda_n$ のうち，ちょうど r 個が λ に等しいから

$$P^{-1}AP-\lambda E=\begin{pmatrix}\lambda_1-\lambda & * & \cdots & * \\ 0 & \lambda_2-\lambda & \cdots & * \\ \vdots & \vdots & \ddots & \vdots \\ 0 & 0 & \cdots & \lambda_n-\lambda\end{pmatrix}$$

の対角成分のうち，ちょうど r 個が 0 である三角行列であるから，対応する階段行列の主成分の個数は $n-r$ 個以上で

$$\operatorname{rank}(P^{-1}AP-\lambda E)\geqq n-r$$

が成り立つ。

したがって

$$\operatorname{rank}(A-\lambda E)=\operatorname{rank}(P^{-1}(A-\lambda E)P)$$
$$=\operatorname{rank}(P^{-1}AP-\lambda E)\geqq n-r$$

であり

$$\dim W(\lambda)=n-\operatorname{rank}(A-\lambda E)\leqq r$$

【三角化（p.168 の定理）の証明】

正方行列の次数 n に関する帰納法で証明する。

（Ⅰ）$n=1$ のとき

明らかに主張は成り立つ。

（Ⅱ）$n=k-1$ のとき主張が成り立つとする。

$n=k$ のとき；

k 次正方行列 A の固有値を $\lambda_1,\ \lambda_2,\ \cdots,\ \lambda_k$ とし，固有値 λ_1 に対する固有ベクトル $\boldsymbol{p}_1$ を含む 1 次独立なベクトルの組 $\{\boldsymbol{p}_1,\ \boldsymbol{p}_2,\ \cdots,\ \boldsymbol{p}_k\}$ をとり，k 次正則行列 $R=(\boldsymbol{p}_1\ \ \boldsymbol{p}_2\ \ \cdots\ \ \boldsymbol{p}_k)$ を考える。

$A\boldsymbol{p}_1=\lambda_1\boldsymbol{p}_1$ であることに注意すると

$$AR=R\begin{pmatrix}\lambda_1 & * \\ \boldsymbol{0} & B\end{pmatrix}$$

$$\therefore\ \ R^{-1}AR=\begin{pmatrix}\lambda_1 & * \\ \boldsymbol{0} & B\end{pmatrix}$$

ここで，B の固有値が $\lambda_2,\ \cdots,\ \lambda_k$ であることに注意すると，帰納法の仮定により

$$Q^{-1}BQ=\begin{pmatrix}\lambda_2 & & * \\ & \ddots & \\ O & & \lambda_k\end{pmatrix}$$

を満たす $k-1$ 次正則行列 Q が存在する。

そこで，k 次正則行列 P を

$$P=R\begin{pmatrix}1 & \boldsymbol{0} \\ \boldsymbol{0} & Q\end{pmatrix}$$

で定めると

$$P^{-1}AP=\begin{pmatrix}1 & \boldsymbol{0} \\ \boldsymbol{0} & Q^{-1}\end{pmatrix}R^{-1}AR\begin{pmatrix}1 & \boldsymbol{0} \\ \boldsymbol{0} & Q\end{pmatrix}$$
$$=\begin{pmatrix}1 & \boldsymbol{0} \\ \boldsymbol{0} & Q^{-1}\end{pmatrix}\begin{pmatrix}\lambda_1 & * \\ \boldsymbol{0} & B\end{pmatrix}\begin{pmatrix}1 & \boldsymbol{0} \\ \boldsymbol{0} & Q\end{pmatrix}$$
$$=\begin{pmatrix}\lambda_1 & * \\ \boldsymbol{0} & Q^{-1}B\end{pmatrix}\begin{pmatrix}1 & \boldsymbol{0} \\ \boldsymbol{0} & Q\end{pmatrix}$$
$$=\begin{pmatrix}\lambda_1 & * \\ \boldsymbol{0} & Q^{-1}BQ\end{pmatrix}$$
$$=\begin{pmatrix}\lambda_1 & & & * \\ & \lambda_2 & & \\ & & \ddots & \\ O & & & \lambda_k\end{pmatrix}$$

よって，$n=k$ のときよりも主張は成り立つ。

（Ⅰ），（Ⅱ）より，すべての自然数 n に対して主張は成り立つ。

第6章 内積空間

演習問題 6. 1

1 まず

$$\boldsymbol{b}_1=\frac{\boldsymbol{a}_1}{|\boldsymbol{a}_1|}=\frac{1}{\sqrt{2}}\begin{pmatrix}1\\0\\-1\end{pmatrix}$$

次に

$$\boldsymbol{a}_2-(\boldsymbol{a}_2,\ \boldsymbol{b}_1)\boldsymbol{b}_1$$
$$=\begin{pmatrix}2\\-1\\0\end{pmatrix}-\frac{2}{\sqrt{2}}\cdot\frac{1}{\sqrt{2}}\begin{pmatrix}1\\0\\-1\end{pmatrix}=\begin{pmatrix}1\\-1\\1\end{pmatrix}$$

大きさは $\sqrt{3}$

より

$$\boldsymbol{b}_2=\frac{\boldsymbol{a}_2-(\boldsymbol{a}_2,\ \boldsymbol{b}_1)\boldsymbol{b}_1}{|\boldsymbol{a}_2-(\boldsymbol{a}_2,\ \boldsymbol{b}_1)\boldsymbol{b}_1|}=\frac{1}{\sqrt{3}}\begin{pmatrix}1\\-1\\1\end{pmatrix}$$

また

$$\boldsymbol{a}_3-(\boldsymbol{a}_3,\ \boldsymbol{b}_1)\boldsymbol{b}_1-(\boldsymbol{a}_3,\ \boldsymbol{b}_2)\boldsymbol{b}_2$$
$$=\begin{pmatrix}1\\1\\2\end{pmatrix}-\frac{-1}{\sqrt{2}}\cdot\frac{1}{\sqrt{2}}\begin{pmatrix}1\\0\\-1\end{pmatrix}$$
$$-\frac{2}{\sqrt{3}}\cdot\frac{1}{\sqrt{3}}\begin{pmatrix}1\\-1\\1\end{pmatrix}=\frac{5}{6}\begin{pmatrix}1\\2\\1\end{pmatrix}$$

大きさは $\dfrac{5}{\sqrt{6}}$

より

$$\boldsymbol{b}_3=\frac{\boldsymbol{a}_3-(\boldsymbol{a}_3,\ \boldsymbol{b}_1)\boldsymbol{b}_1-(\boldsymbol{a}_3,\ \boldsymbol{b}_2)\boldsymbol{b}_2}{|\boldsymbol{a}_3-(\boldsymbol{a}_3,\ \boldsymbol{b}_1)\boldsymbol{b}_1-(\boldsymbol{a}_3,\ \boldsymbol{b}_2)\boldsymbol{b}_2|}$$
$$=\frac{\sqrt{6}}{5}\cdot\frac{5}{6}\begin{pmatrix}1\\2\\1\end{pmatrix}=\frac{1}{\sqrt{6}}\begin{pmatrix}1\\2\\1\end{pmatrix}$$

以上より，求める正規直交基底は

$$\boldsymbol{b}_1=\frac{1}{\sqrt{2}}\begin{pmatrix}1\\0\\-1\end{pmatrix},\ \boldsymbol{b}_2=\frac{1}{\sqrt{3}}\begin{pmatrix}1\\-1\\1\end{pmatrix},$$
$$\boldsymbol{b}_3=\frac{1}{\sqrt{6}}\begin{pmatrix}1\\2\\1\end{pmatrix}$$

2 $\boldsymbol{a}_1=1,\ \boldsymbol{a}_2=x,\ \boldsymbol{a}_3=x^2$ とおく。(以下，ベクトルの大きさを $\|\cdot\|$ で表す。)

$$\|\boldsymbol{a}_1\|^2=(\boldsymbol{a}_1,\ \boldsymbol{a}_1)=\int_{-1}^{1}1\cdot 1dx=2$$

$$\therefore\ \|\boldsymbol{a}_1\|=\sqrt{2}\quad \text{よって，}\ \boldsymbol{b}_1=\frac{\boldsymbol{a}_1}{\|\boldsymbol{a}_1\|}=\frac{1}{\sqrt{2}}$$

次に

$$(\boldsymbol{a}_2,\ \boldsymbol{b}_1)=\int_{-1}^{1}x\cdot\frac{1}{\sqrt{2}}dx=0$$

より

$$\boldsymbol{a}_2-(\boldsymbol{a}_2,\ \boldsymbol{b}_1)\boldsymbol{b}_1=x$$

ここで

$$\|\boldsymbol{a}_2-(\boldsymbol{a}_2,\ \boldsymbol{b}_1)\boldsymbol{b}_1\|^2=\int_{-1}^{1}x^2dx=\frac{2}{3}$$

より

$$\|\boldsymbol{a}_2-(\boldsymbol{a}_2,\ \boldsymbol{b}_1)\boldsymbol{b}_1\|=\sqrt{\frac{2}{3}}$$

よって

$$\boldsymbol{b}_2=\frac{\boldsymbol{a}_2-(\boldsymbol{a}_2,\ \boldsymbol{b}_1)\boldsymbol{b}_1}{\|\boldsymbol{a}_2-(\boldsymbol{a}_2,\ \boldsymbol{b}_1)\boldsymbol{b}_1\|}=\sqrt{\frac{3}{2}}x=\frac{\sqrt{6}}{2}x$$

最後に

$$(\boldsymbol{a}_3,\ \boldsymbol{b}_1)=\int_{-1}^{1}x^2\cdot\frac{1}{\sqrt{2}}dx=\frac{\sqrt{2}}{3},$$
$$(\boldsymbol{a}_3,\ \boldsymbol{b}_2)=\int_{-1}^{1}x^2\cdot\frac{\sqrt{6}}{2}x\,dx=0$$

より

$$\boldsymbol{a}_3-(\boldsymbol{a}_3,\ \boldsymbol{b}_1)\boldsymbol{b}_1-(\boldsymbol{a}_3,\ \boldsymbol{b}_2)\boldsymbol{b}_2$$
$$=x^2-\frac{\sqrt{2}}{3}\cdot\frac{1}{\sqrt{2}}=x^2-\frac{1}{3}$$

ここで

$$\|\boldsymbol{a}_3-(\boldsymbol{a}_3,\ \boldsymbol{b}_1)\boldsymbol{b}_1-(\boldsymbol{a}_3,\ \boldsymbol{b}_2)\boldsymbol{b}_2\|^2$$
$$=\int_{-1}^{1}\left(x^2-\frac{1}{3}\right)^2dx=\int_{-1}^{1}\left(x^4-\frac{2}{3}x^2+\frac{1}{9}\right)dx$$
$$=\frac{2}{5}-\frac{4}{9}+\frac{2}{9}=\frac{8}{45}$$

より

$$\|\boldsymbol{a}_3-(\boldsymbol{a}_3,\ \boldsymbol{b}_1)\boldsymbol{b}_1-(\boldsymbol{a}_3,\ \boldsymbol{b}_2)\boldsymbol{b}_2\|=\sqrt{\frac{8}{45}}$$

よって

$$\boldsymbol{b}_3=\frac{\boldsymbol{a}_3-(\boldsymbol{a}_3,\ \boldsymbol{b}_1)\boldsymbol{b}_1-(\boldsymbol{a}_3,\ \boldsymbol{b}_2)\boldsymbol{b}_2}{\|\boldsymbol{a}_3-(\boldsymbol{a}_3,\ \boldsymbol{b}_1)\boldsymbol{b}_1-(\boldsymbol{a}_3,\ \boldsymbol{b}_2)\boldsymbol{b}_2\|}$$
$$=\sqrt{\frac{45}{8}}\left(x^2-\frac{1}{3}\right)=\frac{3\sqrt{10}}{4}\left(x^2-\frac{1}{3}\right)$$

以上より，求める正規直交基底は

$$\boldsymbol{b}_1=\frac{1}{\sqrt{2}},\ \boldsymbol{b}_2=\frac{\sqrt{6}}{2}x,$$
$$\boldsymbol{b}_3=\frac{3\sqrt{10}}{4}\left(x^2-\frac{1}{3}\right)$$

3 (1) (i) 任意の $\boldsymbol{w}\in W$ に対して

$(\boldsymbol{0},\ \boldsymbol{w})=0$ すなわち，$\boldsymbol{0}\perp\boldsymbol{w}$

$\therefore\ \boldsymbol{0}\in W^{\perp}$

(ii) $\boldsymbol{a},\ \boldsymbol{b}\in W^{\perp}$ とする。

任意の $\boldsymbol{w}\in W$ に対して

$(\boldsymbol{a}+\boldsymbol{b},\ \boldsymbol{w})=(\boldsymbol{a},\ \boldsymbol{w})+(\boldsymbol{b},\ \boldsymbol{w})=0+0=0$

$\therefore\ \boldsymbol{a}+\boldsymbol{b}\in W^{\perp}$

(iii) $\boldsymbol{a}\in W^{\perp}$ とする。

任意の $\boldsymbol{w}\in W$ に対して

$(k\boldsymbol{a},\ \boldsymbol{w})=k(\boldsymbol{a},\ \boldsymbol{w})=0$

$\therefore\ k\boldsymbol{a}\in W^{\perp}$

(i)，(ii)，(iii)より，$W^{\perp}$ は V の部分空間である。

(2) $\boldsymbol{0}\in W\cap W^{\perp}$ は明らかである。

また，$\boldsymbol{a}\in W\cap W^{\perp}$ とする。

$\boldsymbol{a}\in W^{\perp}$ であるから，$(\boldsymbol{a},\ \boldsymbol{a})=0$

すなわち，$\|\boldsymbol{a}\|=0$ $\therefore\ \boldsymbol{a}=\boldsymbol{0}$

よって，$W\cap W^{\perp}=\{\boldsymbol{0}\}$

4 (1) 係数行列を行基本変形すると

$$\begin{pmatrix}3 & 1 & -1\\ 1 & -5 & 1\end{pmatrix}\to\cdots$$

$$\to\begin{pmatrix}1 & 0 & -\frac{1}{4}\\ 0 & 1 & -\frac{1}{4}\end{pmatrix}\qquad\therefore\ \begin{cases}x-\frac{1}{4}z=0\\ y-\frac{1}{4}z=0\end{cases}$$

よって

$$\begin{pmatrix}x\\y\\z\end{pmatrix}=\begin{pmatrix}a\\a\\4a\end{pmatrix}=a\begin{pmatrix}1\\1\\4\end{pmatrix}\quad(a\in\boldsymbol{R})$$

であり，基底は $\left\{\begin{pmatrix}1\\1\\4\end{pmatrix}\right\}$

(2) $$W^{\perp}=\left\{\begin{pmatrix}x\\y\\z\end{pmatrix}\middle|\begin{pmatrix}x\\y\\z\end{pmatrix}\perp\begin{pmatrix}1\\1\\4\end{pmatrix}\right\}$$

$$=\left\{\begin{pmatrix}x\\y\\z\end{pmatrix}\middle|\,x+y+4z=0\right\}$$

よって

$$\begin{pmatrix}x\\y\\z\end{pmatrix}=\begin{pmatrix}-a-4b\\a\\b\end{pmatrix}=a\begin{pmatrix}-1\\1\\0\end{pmatrix}+b\begin{pmatrix}-4\\0\\1\end{pmatrix}$$

$(a,\ b\in\boldsymbol{R})$

であり

基底は $\left\{\begin{pmatrix}-1\\1\\0\end{pmatrix},\ \begin{pmatrix}-4\\0\\1\end{pmatrix}\right\}$

演習問題 6. 2

1 (1) $|A-tE|=\begin{vmatrix}2-t & -2\\ -2 & -1-t\end{vmatrix}$

$=(2-t)(-1-t)-4=t^2-t-6$

$=(t-3)(t+2)$ よって，固有値は 3 と -2

(i) 固有値 3 に対する固有ベクトル

$$A-3E=\begin{pmatrix}-1 & -2\\ -2 & -4\end{pmatrix}$$

$$\to\begin{pmatrix}1 & 2\\ 0 & 0\end{pmatrix}\qquad\therefore\ x+2y=0$$

よって，固有ベクトルは

$$\begin{pmatrix}x\\y\end{pmatrix}=\begin{pmatrix}-2a\\a\end{pmatrix}=a\begin{pmatrix}-2\\1\end{pmatrix}\quad(a\neq 0)$$

(ii) 固有値 -2 に対する固有ベクトル

$$A+2E=\begin{pmatrix}4 & -2\\ -2 & 1\end{pmatrix}$$

$$\to\begin{pmatrix}1 & -\frac{1}{2}\\ 0 & 0\end{pmatrix}\qquad\therefore\ x-\frac{1}{2}y=0$$

よって，固有ベクトルは

$$\begin{pmatrix}x\\y\end{pmatrix}=\begin{pmatrix}b\\2b\end{pmatrix}=b\begin{pmatrix}1\\2\end{pmatrix}\quad(b\neq 0)$$

そこで

$$\boldsymbol{a}_1=\begin{pmatrix}-2\\1\end{pmatrix},\ \boldsymbol{a}_2=\begin{pmatrix}1\\2\end{pmatrix}$$

のそれぞれを正規化して

$$\boldsymbol{b}_1=\frac{1}{\sqrt{5}}\begin{pmatrix}-2\\1\end{pmatrix},\ \boldsymbol{b}_2=\frac{1}{\sqrt{5}}\begin{pmatrix}1\\2\end{pmatrix}$$

よって

$$P=(\boldsymbol{b}_1\ \ \boldsymbol{b}_2)=\frac{1}{\sqrt{5}}\begin{pmatrix}-2 & 1\\ 1 & 2\end{pmatrix}$$

とおくと，P は直交行列で

$$P^{-1}AP={}^tPAP=\begin{pmatrix}3 & 0\\ 0 & -2\end{pmatrix}$$

(2) $|A-tE|=\begin{vmatrix}3-t & -1\\ -1 & 3-t\end{vmatrix}$

$=(3-t)^2-1=t^2-6t+8$

$=(t-2)(t-4)$ よって，固有値は 2 と 4

(i) 固有値 2 に対する固有ベクトル

$$A-2E=\begin{pmatrix}1 & -1\\ -1 & 1\end{pmatrix}$$

$$\to\begin{pmatrix}1 & -1\\ 0 & 0\end{pmatrix}\qquad\therefore\ x-y=0$$

よって，固有ベクトルは

$$\begin{pmatrix} x \\ y \end{pmatrix}=\begin{pmatrix} a \\ a \end{pmatrix}=a\begin{pmatrix} 1 \\ 1 \end{pmatrix} \quad (a\neq 0)$$

(ii) 固有値 4 に対する固有ベクトル

$$A-4E=\begin{pmatrix} -1 & -1 \\ -1 & -1 \end{pmatrix}$$

$$\to\begin{pmatrix} 1 & 1 \\ 0 & 0 \end{pmatrix} \qquad \therefore \quad x+y=0$$

よって，固有ベクトルは

$$\begin{pmatrix} x \\ y \end{pmatrix}=\begin{pmatrix} -b \\ b \end{pmatrix}=b\begin{pmatrix} -1 \\ 1 \end{pmatrix} \quad (b\neq 0)$$

そこで

$$\boldsymbol{a}_1=\begin{pmatrix} 1 \\ 1 \end{pmatrix},\ \boldsymbol{a}_2=\begin{pmatrix} -1 \\ 1 \end{pmatrix}$$

のそれぞれを正規化して

$$\boldsymbol{b}_1=\frac{1}{\sqrt{2}}\begin{pmatrix} 1 \\ 1 \end{pmatrix},\ \boldsymbol{b}_2=\frac{1}{\sqrt{2}}\begin{pmatrix} -1 \\ 1 \end{pmatrix}$$

よって

$$P=(\boldsymbol{b}_1 \quad \boldsymbol{b}_2)=\frac{1}{\sqrt{2}}\begin{pmatrix} 1 & -1 \\ 1 & 1 \end{pmatrix}$$

とおくと，P は直交行列で

$$P^{-1}AP={}^tPAP=\begin{pmatrix} 2 & 0 \\ 0 & 4 \end{pmatrix}$$

(3) $|A-tE|=\begin{vmatrix} -t & 0 & -1 \\ 0 & 1-t & 0 \\ -1 & 0 & -t \end{vmatrix}$

$=t^2(1-t)-(1-t)=(1-t)(t^2-1)$

$=-(t-1)^2(t+1)$

よって，固有値は 1（重解）と -1

(i) 固有値 1（重解）に対する固有ベクトル

$$A-E=\begin{pmatrix} -1 & 0 & -1 \\ 0 & 0 & 0 \\ -1 & 0 & -1 \end{pmatrix}$$

$$\to\begin{pmatrix} 1 & 0 & 1 \\ 0 & 0 & 0 \\ 0 & 0 & 0 \end{pmatrix} \qquad \therefore \quad x+z=0$$

よって，固有ベクトルは

$$\begin{pmatrix} x \\ y \\ z \end{pmatrix}=\begin{pmatrix} -b \\ a \\ b \end{pmatrix}=a\begin{pmatrix} 0 \\ 1 \\ 0 \end{pmatrix}+b\begin{pmatrix} -1 \\ 0 \\ 1 \end{pmatrix}$$

$((a,\ b)\neq(0,\ 0))$

(ii) 固有値 -1 に対する固有ベクトル

$$A+E=\begin{pmatrix} 1 & 0 & -1 \\ 0 & 2 & 0 \\ -1 & 0 & 1 \end{pmatrix}$$

$$\to\begin{pmatrix} 1 & 0 & -1 \\ 0 & 1 & 0 \\ 0 & 0 & 0 \end{pmatrix} \qquad \therefore \quad \begin{cases} x-z=0 \\ y=0 \end{cases}$$

よって，固有ベクトルは

$$\begin{pmatrix} x \\ y \\ z \end{pmatrix}=\begin{pmatrix} c \\ 0 \\ c \end{pmatrix}=c\begin{pmatrix} 1 \\ 0 \\ 1 \end{pmatrix} \quad (c\neq 0)$$

そこで

$$\boldsymbol{a}_1=\begin{pmatrix} 0 \\ 1 \\ 0 \end{pmatrix},\ \boldsymbol{a}_2=\begin{pmatrix} -1 \\ 0 \\ 1 \end{pmatrix},\ \boldsymbol{a}_3=\begin{pmatrix} 1 \\ 0 \\ 1 \end{pmatrix}$$

とおく。

まず

$$\boldsymbol{b}_1=\frac{\boldsymbol{a}_1}{|\boldsymbol{a}_1|}=\begin{pmatrix} 0 \\ 1 \\ 0 \end{pmatrix}$$

次に

$$\boldsymbol{a}_2-(\boldsymbol{a}_2,\ \boldsymbol{b}_1)\boldsymbol{b}_1=\begin{pmatrix} -1 \\ 0 \\ 1 \end{pmatrix}-0\cdot\begin{pmatrix} 0 \\ 1 \\ 0 \end{pmatrix}=\begin{pmatrix} -1 \\ 0 \\ 1 \end{pmatrix}$$

大きさは $\sqrt{2}$

より

$$\boldsymbol{b}_2=\frac{\boldsymbol{a}_2-(\boldsymbol{a}_2,\ \boldsymbol{b}_1)\boldsymbol{b}_1}{|\boldsymbol{a}_2-(\boldsymbol{a}_2,\ \boldsymbol{b}_1)\boldsymbol{b}_1|}=\frac{1}{\sqrt{2}}\begin{pmatrix} -1 \\ 0 \\ 1 \end{pmatrix}$$

また

$$\boldsymbol{b}_3=\frac{\boldsymbol{a}_3}{|\boldsymbol{a}_3|}=\frac{1}{\sqrt{2}}\begin{pmatrix} 1 \\ 0 \\ 1 \end{pmatrix}$$

したがって

$$P=(\boldsymbol{b}_1 \quad \boldsymbol{b}_2 \quad \boldsymbol{b}_3)$$

$$=\frac{1}{\sqrt{2}}\begin{pmatrix} 0 & -1 & 1 \\ \sqrt{2} & 0 & 0 \\ 0 & 1 & 1 \end{pmatrix}$$

とおくと，P は直交行列で

$$P^{-1}AP={}^tPAP=\begin{pmatrix} 1 & 0 & 0 \\ 0 & 1 & 0 \\ 0 & 0 & -1 \end{pmatrix}$$

(注) $P^{-1}={}^tP$

$$=\frac{1}{\sqrt{2}}\begin{pmatrix} 0 & \sqrt{2} & 0 \\ -1 & 0 & 1 \\ 1 & 0 & 1 \end{pmatrix}$$

(4) $|A-tE|=\begin{vmatrix} -1-t & 0 & 2 \\ 0 & -1-t & 1 \\ 2 & 1 & 3-t \end{vmatrix}$

$=(-1-t)^2(3-t)-4(-1-t)-(-1-t)$

$=(-1-t)\{(-1-t)(3-t)-4-1\}$

$=(-1-t)(t^2-2t-8)$

$=-(t+1)(t+2)(t-4)$

よって，固有値は 4，-1，-2

(i)　固有値 4 に対する固有ベクトル

$$A-4E=\begin{pmatrix}-5 & 0 & 2\\ 0 & -5 & 1\\ 2 & 1 & -1\end{pmatrix}\to\cdots$$

$$\to\begin{pmatrix}1 & 0 & -\frac{2}{5}\\ 0 & 1 & -\frac{1}{5}\\ 0 & 0 & 0\end{pmatrix}\quad\therefore\quad\begin{cases}x-\frac{2}{5}z=0\\ y-\frac{1}{5}z=0\end{cases}$$

よって，固有ベクトルは

$$\begin{pmatrix}x\\ y\\ z\end{pmatrix}=\begin{pmatrix}2a\\ a\\ 5a\end{pmatrix}=a\begin{pmatrix}2\\ 1\\ 5\end{pmatrix}\quad(a\neq 0)$$

(ii)　固有値 -1 に対する固有ベクトル

$$A+E=\begin{pmatrix}0 & 0 & 2\\ 0 & 0 & 1\\ 2 & 1 & 4\end{pmatrix}\to\cdots$$

$$\to\begin{pmatrix}1 & \frac{1}{2} & 0\\ 0 & 0 & 1\\ 0 & 0 & 0\end{pmatrix}\quad\therefore\quad\begin{cases}x+\frac{1}{2}y=0\\ z=0\end{cases}$$

よって，固有ベクトルは

$$\begin{pmatrix}x\\ y\\ z\end{pmatrix}=\begin{pmatrix}-b\\ 2b\\ 0\end{pmatrix}=b\begin{pmatrix}-1\\ 2\\ 0\end{pmatrix}\quad(b\neq 0)$$

(iii)　固有値 -2 に対する固有ベクトル

$$A+2E=\begin{pmatrix}1 & 0 & 2\\ 0 & 1 & 1\\ 2 & 1 & 5\end{pmatrix}\to\cdots$$

$$\to\begin{pmatrix}1 & 0 & 2\\ 0 & 1 & 1\\ 0 & 0 & 0\end{pmatrix}\quad\therefore\quad\begin{cases}x+2z=0\\ y+z=0\end{cases}$$

よって，固有ベクトルは

$$\begin{pmatrix}x\\ y\\ z\end{pmatrix}=\begin{pmatrix}-2c\\ -c\\ c\end{pmatrix}=c\begin{pmatrix}-2\\ -1\\ 1\end{pmatrix}\quad(c\neq 0)$$

そこで

$$\boldsymbol{a}_1=\begin{pmatrix}2\\ 1\\ 5\end{pmatrix},\ \boldsymbol{a}_2=\begin{pmatrix}-1\\ 2\\ 0\end{pmatrix},\ \boldsymbol{a}_3=\begin{pmatrix}-2\\ -1\\ 1\end{pmatrix}$$

とおく。

固有値がすべて異なることに注意すると

$$\boldsymbol{b}_1=\frac{\boldsymbol{a}_1}{|\boldsymbol{a}_1|}=\frac{1}{\sqrt{30}}\begin{pmatrix}2\\ 1\\ 5\end{pmatrix},$$

$$\boldsymbol{b}_2=\frac{\boldsymbol{a}_2}{|\boldsymbol{a}_2|}=\frac{1}{\sqrt{5}}\begin{pmatrix}-1\\ 2\\ 0\end{pmatrix},$$

$$\boldsymbol{b}_3=\frac{\boldsymbol{a}_3}{|\boldsymbol{a}_3|}=\frac{1}{\sqrt{6}}\begin{pmatrix}-2\\ -1\\ 1\end{pmatrix}$$

したがって

$$P=(\boldsymbol{b}_1\ \ \boldsymbol{b}_2\ \ \boldsymbol{b}_3)=\frac{1}{\sqrt{30}}\begin{pmatrix}2 & -\sqrt{6} & -2\sqrt{5}\\ 1 & 2\sqrt{6} & -\sqrt{5}\\ 5 & 0 & \sqrt{5}\end{pmatrix}$$

とおくと，P は直交行列で

$$P^{-1}AP={}^tPAP=\begin{pmatrix}4 & 0 & 0\\ 0 & -1 & 0\\ 0 & 0 & -2\end{pmatrix}$$

(注)　$P^{-1}={}^tP$

$$=\frac{1}{\sqrt{30}}\begin{pmatrix}2 & 1 & 5\\ -\sqrt{6} & 2\sqrt{6} & 0\\ -2\sqrt{5} & -\sqrt{5} & \sqrt{5}\end{pmatrix}$$

2　実行列 A が直交行列 P によって対角行列 D に対角化可能であるとすると

$$P^{-1}AP={}^tPAP=D\qquad\therefore\quad A=PD{}^tP$$

よって

$${}^tA={}^t(PD{}^tP)={}^t({}^tP){}^tD{}^tP=PD{}^tP=A$$
$$(\because\ {}^tD=D)$$

したがって，A は対称行列である。

(注)　直交行列によって対角化可能な実行列は対称行列であるということを疑問に思う人がいるので少し注意しておこう。

たとえば，3 次の実行列 A が正則行列 $Q=(\boldsymbol{a}_1\ \ \boldsymbol{a}_2\ \ \boldsymbol{a}_3)$ によって

$$Q^{-1}AQ=\begin{pmatrix}\lambda_1 & 0 & 0\\ 0 & \lambda_2 & 0\\ 0 & 0 & \lambda_3\end{pmatrix}$$

と対角化されたとする。このとき，$\{\boldsymbol{a}_1,\ \boldsymbol{a}_2,\ \boldsymbol{a}_3\}$ をグラム・シュミットの方法で $\{\boldsymbol{b}_1,\ \boldsymbol{b}_2,\ \boldsymbol{b}_3\}$ に正規直交化し，$P=(\boldsymbol{b}_1\ \ \boldsymbol{b}_2\ \ \boldsymbol{b}_3)$ とおけば P は直交行列であるから，A は直交行列 P で対角化できるのではないか，という疑問である。

はたして，$\boldsymbol{b}_1$，$\boldsymbol{b}_2$，$\boldsymbol{b}_3$ は A の固有ベクトルであろうか？　$\boldsymbol{b}_1$ は固有値 λ_1 に対する固有ベクトル $\boldsymbol{a}_1$ からつくられているので固有値 λ_1 に対する固有ベクトルである。しかし，$\boldsymbol{b}_2$ は固有値 λ_1 に対する固有ベクトル $\boldsymbol{a}_1$ と固有値 λ_2 に対する固有ベクトル $\boldsymbol{a}_2$ からつくられており，A の固有ベクトルになるとは限らない。すなわち，直交行列 P で A が対角化できるとは限らない。

ここで，あらためて実対称行列の異なる固

有値に対する固有ベクトルが直交するという事実に注意しよう。実対称行列の場合，異なる固有値に対する固有ベクトルはもともと直交しているから，これらの異なる固有値に対する固有ベクトルを組み合わせて新しいベクトルをつくるという作業は出てこないのである。

3 (1) $P_1\begin{pmatrix}1\\0\end{pmatrix}=\begin{pmatrix}\cos\theta\\\sin\theta\end{pmatrix}$,

$P_1\begin{pmatrix}0\\1\end{pmatrix}=\begin{pmatrix}-\sin\theta\\\cos\theta\end{pmatrix}$

より

$$P_1\begin{pmatrix}1&0\\0&1\end{pmatrix}=\begin{pmatrix}\cos\theta&-\sin\theta\\\sin\theta&\cos\theta\end{pmatrix}$$

$$\therefore\quad P_1=\begin{pmatrix}\cos\theta&-\sin\theta\\\sin\theta&\cos\theta\end{pmatrix}$$

(2) $\alpha=\dfrac{\theta}{2}$ とおく。

$P_2\begin{pmatrix}\cos\alpha\\\sin\alpha\end{pmatrix}=\begin{pmatrix}\cos\alpha\\\sin\alpha\end{pmatrix}$,

$P_2\begin{pmatrix}\sin\alpha\\-\cos\alpha\end{pmatrix}=\begin{pmatrix}-\sin\alpha\\\cos\alpha\end{pmatrix}$

より

$$P_2\begin{pmatrix}\cos\alpha&\sin\alpha\\\sin\alpha&-\cos\alpha\end{pmatrix}=\begin{pmatrix}\cos\alpha&-\sin\alpha\\\sin\alpha&\cos\alpha\end{pmatrix}$$

$$\therefore\quad P_2=\begin{pmatrix}\cos\alpha&-\sin\alpha\\\sin\alpha&\cos\alpha\end{pmatrix}\times\begin{pmatrix}\cos\alpha&\sin\alpha\\\sin\alpha&-\cos\alpha\end{pmatrix}^{-1}$$

$$=\begin{pmatrix}\cos\alpha&-\sin\alpha\\\sin\alpha&\cos\alpha\end{pmatrix}\begin{pmatrix}\cos\alpha&\sin\alpha\\\sin\alpha&-\cos\alpha\end{pmatrix}$$

$$=\begin{pmatrix}\cos^2\alpha-\sin^2\alpha&2\sin\alpha\cos\alpha\\2\sin\alpha\cos\alpha&-(\cos^2\alpha-\sin^2\alpha)\end{pmatrix}$$

$$=\begin{pmatrix}\cos2\alpha&\sin2\alpha\\\sin2\alpha&-\cos2\alpha\end{pmatrix}$$

$$=\begin{pmatrix}\cos\theta&\sin\theta\\\sin\theta&-\cos\theta\end{pmatrix}$$

(3) 直交行列 P を

$$P=\begin{pmatrix}a&b\\c&d\end{pmatrix}$$

とおくと

$${}^tPP=\begin{pmatrix}a&c\\b&d\end{pmatrix}\begin{pmatrix}a&b\\c&d\end{pmatrix}=\begin{pmatrix}a^2+c^2&ab+cd\\ab+cd&b^2+d^2\end{pmatrix}$$

${}^tPP=E$ より

$a^2+c^2=1$ ……①

$b^2+d^2=1$ ……②

$ab+cd=0$ ……③

①より，$a=\cos\theta$, $c=\sin\theta$ とおいてよい。

②より，$b=\sin\varphi$, $d=\cos\varphi$ とおいてよい。

このとき，③より

$\cos\theta\sin\varphi+\sin\theta\cos\varphi=0$

$\therefore\quad \sin(\varphi+\theta)=0$

よって，$\varphi=-\theta$, $\pi-\theta$ としてよい。

(i) $\varphi=-\theta$ のとき

$b=\sin\varphi=\sin(-\theta)=-\sin\theta$

$d=\cos\varphi=\cos(-\theta)=\cos\theta$

よって

$$P=\begin{pmatrix}a&b\\c&d\end{pmatrix}=\begin{pmatrix}\cos\theta&-\sin\theta\\\sin\theta&\cos\theta\end{pmatrix}=P_1$$

(ii) $\varphi=\pi-\theta$ のとき

$b=\sin\varphi=\sin(\pi-\theta)=\sin\theta$

$d=\cos\varphi=\cos(\pi-\theta)=-\cos\theta$

よって

$$P=\begin{pmatrix}a&b\\c&d\end{pmatrix}=\begin{pmatrix}\cos\theta&\sin\theta\\\sin\theta&-\cos\theta\end{pmatrix}=P_2$$

4 (1) $P\begin{pmatrix}1\\0\\0\end{pmatrix}=\begin{pmatrix}\cos\theta\\\sin\theta\\0\end{pmatrix}$,

$P\begin{pmatrix}0\\1\\0\end{pmatrix}=\begin{pmatrix}-\sin\theta\\\cos\theta\\0\end{pmatrix}$, $P\begin{pmatrix}0\\0\\1\end{pmatrix}=\begin{pmatrix}0\\0\\1\end{pmatrix}$

より

$$P\begin{pmatrix}1&0&0\\0&1&0\\0&0&1\end{pmatrix}=\begin{pmatrix}\cos\theta&-\sin\theta&0\\\sin\theta&\cos\theta&0\\0&0&1\end{pmatrix}$$

$$\therefore\quad P=\begin{pmatrix}\cos\theta&-\sin\theta&0\\\sin\theta&\cos\theta&0\\0&0&1\end{pmatrix}$$

(2) ${}^tPP$

$$=\begin{pmatrix}\cos\theta&\sin\theta&0\\-\sin\theta&\cos\theta&0\\0&0&1\end{pmatrix}\begin{pmatrix}\cos\theta&-\sin\theta&0\\\sin\theta&\cos\theta&0\\0&0&1\end{pmatrix}$$

$$=\begin{pmatrix}1&0&0\\0&1&0\\0&0&1\end{pmatrix}$$

(3) $$|P-tE|=\begin{vmatrix}\cos\theta-t&-\sin\theta&0\\\sin\theta&\cos\theta-t&0\\0&0&1-t\end{vmatrix}$$

$=(\cos\theta-t)^2(1-t)+(1-t)\sin^2\theta$

$=(1-t)\{(\cos\theta-t)^2+\sin^2\theta\}$

$=(1-t)(t^2-2\cos\theta\cdot t+1)$

$=(1-t)\{t^2-2\cos\theta\cdot t+(\cos\theta+i\sin\theta)(\cos\theta-i\sin\theta)\}$
$=-(t-1)\{t-(\cos\theta+i\sin\theta)\}\times\{t-(\cos\theta-i\sin\theta)\}$

よって，固有値は

$1,\ \cos\theta+i\sin\theta,\ \cos\theta-i\sin\theta$

(i)　固有値1に対する固有ベクトル

$$P-E=\begin{pmatrix}\cos\theta-1 & -\sin\theta & 0\\ \sin\theta & \cos\theta-1 & 0\\ 0 & 0 & 0\end{pmatrix}$$

$$\therefore\ \begin{cases}(\cos\theta-1)x-(\sin\theta)y=0\\(\sin\theta)x+(\cos\theta-1)y=0\end{cases}$$

よって，固有ベクトルは

$$\begin{pmatrix}x\\y\\z\end{pmatrix}=\begin{pmatrix}0\\0\\a\end{pmatrix}=a\begin{pmatrix}0\\0\\1\end{pmatrix}\quad(a\fallingdotseq 0)$$

(ii)　固有値 $\cos\theta+i\sin\theta$ に対する固有ベクトル

$$P-(\cos\theta+i\sin\theta)E=\begin{pmatrix}-i\sin\theta & -\sin\theta & 0\\ \sin\theta & -i\sin\theta & 0\\ 0 & 0 & 1-\cos\theta-i\sin\theta\end{pmatrix}$$

$$\therefore\ \begin{cases}(\sin\theta)(x-iy)=0\\(1-\cos\theta-i\sin\theta)z=0\end{cases}$$

よって，固有ベクトルは

$$\begin{pmatrix}x\\y\\z\end{pmatrix}=\begin{pmatrix}bi\\b\\0\end{pmatrix}=b\begin{pmatrix}i\\1\\0\end{pmatrix}\quad(b\fallingdotseq 0)$$

(iii)　固有値 $\cos\theta-i\sin\theta$ に対する固有ベクトル

$$P-(\cos\theta-i\sin\theta)E=\begin{pmatrix}i\sin\theta & -\sin\theta & 0\\ \sin\theta & i\sin\theta & 0\\ 0 & 0 & 1-\cos\theta+i\sin\theta\end{pmatrix}$$

$$\therefore\ \begin{cases}(\sin\theta)(x+iy)=0\\(1-\cos\theta+i\sin\theta)z=0\end{cases}$$

よって，固有ベクトルは

$$\begin{pmatrix}x\\y\\z\end{pmatrix}=\begin{pmatrix}-ci\\c\\0\end{pmatrix}=c\begin{pmatrix}-i\\1\\0\end{pmatrix}\quad(c\fallingdotseq 0)$$

（チェック）

$$\begin{pmatrix}\cos\theta & -\sin\theta & 0\\ \sin\theta & \cos\theta & 0\\ 0 & 0 & 1\end{pmatrix}\begin{pmatrix}i\\1\\0\end{pmatrix}=\begin{pmatrix}i\cos\theta-\sin\theta\\ i\sin\theta+\cos\theta\\ 0\end{pmatrix}=(\cos\theta+i\sin\theta)\begin{pmatrix}i\\1\\0\end{pmatrix}$$

$$\begin{pmatrix}\cos\theta & -\sin\theta & 0\\ \sin\theta & \cos\theta & 0\\ 0 & 0 & 1\end{pmatrix}\begin{pmatrix}-i\\1\\0\end{pmatrix}=\begin{pmatrix}-i\cos\theta-\sin\theta\\ -i\sin\theta+\cos\theta\\ 0\end{pmatrix}=(\cos\theta-i\sin\theta)\begin{pmatrix}-i\\1\\0\end{pmatrix}$$

5　$A=(\boldsymbol{a}_1\ \ \boldsymbol{a}_2\ \ \cdots\ \ \boldsymbol{a}_n)$ とする。

$\{\boldsymbol{a}_1,\ \boldsymbol{a}_2,\ \cdots,\ \boldsymbol{a}_n\}$ をグラム・シュミットの正規直交化法により $\{\boldsymbol{p}_1,\ \boldsymbol{p}_2,\ \cdots,\ \boldsymbol{p}_n\}$ に正規直交化すると

$\boldsymbol{p}_1=k_{11}\boldsymbol{a}_1\quad(k_{11}\fallingdotseq 0)$
$\boldsymbol{p}_2=k_{12}\boldsymbol{a}_1+k_{22}\boldsymbol{a}_2\quad(k_{22}\fallingdotseq 0)$
$\cdots$
$\boldsymbol{p}_n=k_{1n}\boldsymbol{a}_1+k_{2n}\boldsymbol{a}_2+\cdots+k_{nn}\boldsymbol{a}_n\quad(k_{nn}\fallingdotseq 0)$

より

$\boldsymbol{a}_1=t_{11}\boldsymbol{p}_1$
$\boldsymbol{a}_2=t_{12}\boldsymbol{p}_1+t_{22}\boldsymbol{p}_2$
$\cdots$
$\boldsymbol{a}_n=t_{1n}\boldsymbol{p}_1+t_{2n}\boldsymbol{p}_2+\cdots+t_{nn}\boldsymbol{p}_n$

よって

$$(\boldsymbol{a}_1\ \ \boldsymbol{a}_2\ \ \cdots\ \ \boldsymbol{a}_n)=(\boldsymbol{p}_1\ \ \boldsymbol{p}_2\ \ \cdots\ \ \boldsymbol{p}_n)\begin{pmatrix}t_{11} & t_{12} & \cdots & t_{1n}\\ 0 & t_{22} & \cdots & t_{2n}\\ \vdots & \vdots & \ddots & \vdots\\ 0 & 0 & \cdots & t_{nn}\end{pmatrix}$$

そこで

$$P=(\boldsymbol{p}_1\ \ \boldsymbol{p}_2\ \ \cdots\ \ \boldsymbol{p}_n),\quad T=\begin{pmatrix}t_{11} & t_{12} & \cdots & t_{1n}\\ 0 & t_{22} & \cdots & t_{2n}\\ \vdots & \vdots & \ddots & \vdots\\ 0 & 0 & \cdots & t_{nn}\end{pmatrix}$$

とおけば，題意の分解 $A=PT$ を得る。

演習問題 6.3

1　(1)　$f(x,\ y)=-2x^2+2xy+y^2$

$$(x\ \ y)\begin{pmatrix}-2 & 1\\ 1 & 1\end{pmatrix}\begin{pmatrix}x\\y\end{pmatrix}=(x\ \ y)\begin{pmatrix}-2x+y\\ x+y\end{pmatrix}$$
$$=x(-2x+y)+y(x+y)=-2x^2+2xy+y^2$$

より，求める行列は $\begin{pmatrix} -2 & 1 \\ 1 & 1 \end{pmatrix}$

(2) $f(x,\ y)=x^2-3y^2-z^2-2yz+2zx$

$$(x\quad y\quad z)\begin{pmatrix} 1 & 0 & 1 \\ 0 & -3 & -1 \\ 1 & -1 & -1 \end{pmatrix}\begin{pmatrix} x \\ y \\ z \end{pmatrix}$$

$$=(x\quad y\quad z)\begin{pmatrix} x+z \\ -3y-z \\ x-y-z \end{pmatrix}$$

$=x(x+z)+y(-3y-z)+z(x-y-z)$

$=x^2-3y^2-z^2-2yz+2zx$

より，求める行列は $\begin{pmatrix} 1 & 0 & 1 \\ 0 & -3 & -1 \\ 1 & -1 & -1 \end{pmatrix}$

2 (1) $f(x,\ y)=x^2-6xy+y^2$

2次形式を表す行列は

$$A=\begin{pmatrix} 1 & -3 \\ -3 & 1 \end{pmatrix}$$

$$|A-tE|=\begin{vmatrix} 1-t & -3 \\ -3 & 1-t \end{vmatrix}$$

$=(1-t)^2-9=t^2-2t-8=(t+2)(t-4)$

よって，固有値は 4, -2

(i) 固有値 4 に対する固有ベクトル

$$A-4E=\begin{pmatrix} -3 & -3 \\ -3 & -3 \end{pmatrix}$$

$$\to\begin{pmatrix} 1 & 1 \\ 0 & 0 \end{pmatrix} \qquad \therefore\quad x+y=0$$

よって，固有ベクトルは

$$\begin{pmatrix} x \\ y \end{pmatrix}=\begin{pmatrix} -a \\ a \end{pmatrix}=a\begin{pmatrix} -1 \\ 1 \end{pmatrix} \quad (a\neq 0)$$

(ii) 固有値 -2 に対する固有ベクトル

$$A+2E=\begin{pmatrix} 3 & -3 \\ -3 & 3 \end{pmatrix}$$

$$\to\begin{pmatrix} 1 & -1 \\ 0 & 0 \end{pmatrix} \qquad \therefore\quad x-y=0$$

よって，固有ベクトルは

$$\begin{pmatrix} x \\ y \end{pmatrix}=\begin{pmatrix} b \\ b \end{pmatrix}=b\begin{pmatrix} 1 \\ 1 \end{pmatrix} \quad (b\neq 0)$$

そこで

$$\boldsymbol{a}_1=\begin{pmatrix} -1 \\ 1 \end{pmatrix},\ \boldsymbol{a}_2=\begin{pmatrix} 1 \\ 1 \end{pmatrix}$$

をそれぞれ正規化して

$$\boldsymbol{b}_1=\frac{1}{\sqrt{2}}\begin{pmatrix} -1 \\ 1 \end{pmatrix},\quad \boldsymbol{b}_2=\frac{1}{\sqrt{2}}\begin{pmatrix} 1 \\ 1 \end{pmatrix}$$

であり

$$P=(\boldsymbol{b}_1\quad \boldsymbol{b}_2)=\frac{1}{\sqrt{2}}\begin{pmatrix} -1 & 1 \\ 1 & 1 \end{pmatrix}$$

とおくと

$${}^tPAP=\begin{pmatrix} 4 & 0 \\ 0 & -2 \end{pmatrix}$$

よって

$$\begin{pmatrix} x \\ y \end{pmatrix}=P\begin{pmatrix} X \\ Y \end{pmatrix}$$

とおくと

$$f(x,\ y)=4X^2-2Y^2$$

(2) $f(x,\ y,\ z)$

$=5x^2+y^2+z^2+2xy+6yz+2zx$

2次形式を表す行列は

$$A=\begin{pmatrix} 5 & 1 & 1 \\ 1 & 1 & 3 \\ 1 & 3 & 1 \end{pmatrix}$$

$$|A-tE|=\begin{vmatrix} 5-t & 1 & 1 \\ 1 & 1-t & 3 \\ 1 & 3 & 1-t \end{vmatrix}$$

$$\underset{②-③}{=}\begin{vmatrix} 5-t & 1 & 1 \\ 0 & -2-t & 2+t \\ 1 & 3 & 1-t \end{vmatrix}$$

$$=-(2+t)\begin{vmatrix} 5-t & 1 & 1 \\ 0 & 1 & -1 \\ 1 & 3 & 1-t \end{vmatrix}$$

$=-(2+t)\{(5-t)(1-t)-1-1+3(5-t)\}$

$=-(2+t)(t^2-9t+18)$

$=-(t+2)(t-3)(t-6)$

よって，固有値は -2, 3, 6

(i) 固有値 6 に対する固有ベクトル

$$A-6E=\begin{pmatrix} -1 & 1 & 1 \\ 1 & -5 & 3 \\ 1 & 3 & -5 \end{pmatrix}\to\cdots$$

$$\to\begin{pmatrix} 1 & 0 & -2 \\ 0 & 1 & -1 \\ 0 & 0 & 0 \end{pmatrix} \qquad \therefore\quad \begin{cases} x-2z=0 \\ y-z=0 \end{cases}$$

よって，固有ベクトルは

$$\begin{pmatrix} x \\ y \\ z \end{pmatrix}=\begin{pmatrix} 2a \\ a \\ a \end{pmatrix}=a\begin{pmatrix} 2 \\ 1 \\ 1 \end{pmatrix} \quad (a\neq 0)$$

(ii) 固有値 3 に対する固有ベクトル

$$A-3E=\begin{pmatrix} 2 & 1 & 1 \\ 1 & -2 & 3 \\ 1 & 3 & -2 \end{pmatrix}\to\cdots$$

$$\to\begin{pmatrix} 1 & 0 & 1 \\ 0 & 1 & -1 \\ 0 & 0 & 0 \end{pmatrix} \qquad \therefore\quad \begin{cases} x+z=0 \\ y-z=0 \end{cases}$$

よって，固有ベクトルは

$$\begin{pmatrix} x \\ y \\ z \end{pmatrix}=\begin{pmatrix} -b \\ b \\ b \end{pmatrix}=b\begin{pmatrix} -1 \\ 1 \\ 1 \end{pmatrix} \quad (b \neq 0)$$

(iii)　固有値 -2 に対する固有ベクトル

$$A+2E=\begin{pmatrix} 7 & 1 & 1 \\ 1 & 3 & 3 \\ 1 & 3 & 3 \end{pmatrix} \to \cdots$$

$$\to \begin{pmatrix} 1 & 0 & 0 \\ 0 & 1 & 1 \\ 0 & 0 & 0 \end{pmatrix} \quad \therefore \begin{cases} x=0 \\ y+z=0 \end{cases}$$

よって，固有ベクトルは

$$\begin{pmatrix} x \\ y \\ z \end{pmatrix}=\begin{pmatrix} 0 \\ -c \\ c \end{pmatrix}=c\begin{pmatrix} 0 \\ -1 \\ 1 \end{pmatrix} \quad (c \neq 0)$$

そこで

$$\boldsymbol{a}_1=\begin{pmatrix} 2 \\ 1 \\ 1 \end{pmatrix},\ \boldsymbol{a}_2=\begin{pmatrix} -1 \\ 1 \\ 1 \end{pmatrix},\ \boldsymbol{a}_3=\begin{pmatrix} 0 \\ -1 \\ 1 \end{pmatrix}$$

をそれぞれ正規化して

$$\boldsymbol{b}_1=\frac{1}{\sqrt{6}}\begin{pmatrix} 2 \\ 1 \\ 1 \end{pmatrix},\ \boldsymbol{b}_2=\frac{1}{\sqrt{3}}\begin{pmatrix} -1 \\ 1 \\ 1 \end{pmatrix},$$

$$\boldsymbol{b}_3=\frac{1}{\sqrt{2}}\begin{pmatrix} 0 \\ -1 \\ 1 \end{pmatrix}$$

であり

$$P=(\boldsymbol{b}_1 \quad \boldsymbol{b}_2 \quad \boldsymbol{b}_3)$$
$$=\frac{1}{\sqrt{6}}\begin{pmatrix} 2 & -\sqrt{2} & 0 \\ 1 & \sqrt{2} & -\sqrt{3} \\ 1 & \sqrt{2} & \sqrt{3} \end{pmatrix}$$

とおくと

$$^tPAP=\begin{pmatrix} 6 & 0 & 0 \\ 0 & 3 & 0 \\ 0 & 0 & -2 \end{pmatrix}$$

そこで

$$\begin{pmatrix} x \\ y \\ z \end{pmatrix}=P\begin{pmatrix} X \\ Y \\ Z \end{pmatrix}$$

とおくと

$$f(x,\ y,\ z)=6X^2+3Y^2-2Z^2$$

(3)　$f(x,\ y,\ z)=2xy+2yz-2zx$

2次形式を表す行列は

$$A=\begin{pmatrix} 0 & 1 & -1 \\ 1 & 0 & 1 \\ -1 & 1 & 0 \end{pmatrix}$$

$$|A-tE|=\begin{vmatrix} -t & 1 & -1 \\ 1 & -t & 1 \\ -1 & 1 & -t \end{vmatrix}$$
$$=-t^3-1-1+t+t+t$$
$$=-(t^3-3t+2)=-(t-1)(t^2+t-2)$$
$$=-(t-1)^2(t+2)$$

よって，固有値は1（重解）と -2

(i)　固有値1（重解）に対する固有ベクトル

$$A-E=\begin{pmatrix} -1 & 1 & -1 \\ 1 & -1 & 1 \\ -1 & 1 & -1 \end{pmatrix}$$

$$\to \begin{pmatrix} 1 & -1 & 1 \\ 0 & 0 & 0 \\ 0 & 0 & 0 \end{pmatrix} \quad \therefore \ x-y+z=0$$

よって，固有ベクトルは

$$\begin{pmatrix} x \\ y \\ z \end{pmatrix}=\begin{pmatrix} a-b \\ a \\ b \end{pmatrix}=a\begin{pmatrix} 1 \\ 1 \\ 0 \end{pmatrix}+b\begin{pmatrix} -1 \\ 0 \\ 1 \end{pmatrix}$$
$$((a,\ b) \neq (0,\ 0))$$

(ii)　固有値 -2 に対する固有ベクトル

$$A+2E=\begin{pmatrix} 2 & 1 & -1 \\ 1 & 2 & 1 \\ -1 & 1 & 2 \end{pmatrix} \to \cdots$$

$$\to \begin{pmatrix} 1 & 0 & -1 \\ 0 & 1 & 1 \\ 0 & 0 & 0 \end{pmatrix} \quad \therefore \begin{cases} x-z=0 \\ y+z=0 \end{cases}$$

よって，固有ベクトルは

$$\begin{pmatrix} x \\ y \\ z \end{pmatrix}=\begin{pmatrix} c \\ -c \\ c \end{pmatrix}=c\begin{pmatrix} 1 \\ -1 \\ 1 \end{pmatrix} \quad (c \neq 0)$$

そこで

$$\boldsymbol{a}_1=\begin{pmatrix} 1 \\ 1 \\ 0 \end{pmatrix},\ \boldsymbol{a}_2=\begin{pmatrix} -1 \\ 0 \\ 1 \end{pmatrix},\ \boldsymbol{a}_3=\begin{pmatrix} 1 \\ -1 \\ 1 \end{pmatrix}$$

とおく。

まず

$$\boldsymbol{b}_1=\frac{\boldsymbol{a}_1}{|\boldsymbol{a}_1|}=\frac{1}{\sqrt{2}}\begin{pmatrix} 1 \\ 1 \\ 0 \end{pmatrix}$$

次に

$$\boldsymbol{a}_2-(\boldsymbol{a}_2,\ \boldsymbol{b}_1)\boldsymbol{b}_1=\begin{pmatrix} -1 \\ 0 \\ 1 \end{pmatrix}-\frac{-1}{\sqrt{2}}\cdot\frac{1}{\sqrt{2}}\begin{pmatrix} 1 \\ 1 \\ 0 \end{pmatrix}$$
$$=\frac{1}{2}\begin{pmatrix} -1 \\ 1 \\ 2 \end{pmatrix} \quad 大きさは\ \frac{\sqrt{6}}{2}$$

より

$$\boldsymbol{b}_2=\frac{\boldsymbol{a}_2-(\boldsymbol{a}_2,\ \boldsymbol{b}_1)\boldsymbol{b}_1}{|\boldsymbol{a}_2-(\boldsymbol{a}_2,\ \boldsymbol{b}_1)\boldsymbol{b}_1|}$$
$$=\frac{2}{\sqrt{6}}\cdot\frac{1}{2}\begin{pmatrix}-1\\1\\2\end{pmatrix}=\frac{1}{\sqrt{6}}\begin{pmatrix}-1\\1\\2\end{pmatrix}$$

また

$$\boldsymbol{b}_3=\frac{\boldsymbol{a}_3}{|\boldsymbol{a}_3|}=\frac{1}{\sqrt{3}}\begin{pmatrix}1\\-1\\1\end{pmatrix}$$

よって

$$P=(\boldsymbol{b}_1\quad \boldsymbol{b}_2\quad \boldsymbol{b}_3)$$
$$=\frac{1}{\sqrt{6}}\begin{pmatrix}\sqrt{3} & -1 & \sqrt{2}\\ \sqrt{3} & 1 & -\sqrt{2}\\ 0 & 2 & \sqrt{2}\end{pmatrix}$$

とおくと

$$P^{-1}AP={}^tPAP=\begin{pmatrix}1 & 0 & 0\\ 0 & 1 & 0\\ 0 & 0 & -2\end{pmatrix}$$

であり

$$\begin{pmatrix}x\\y\\z\end{pmatrix}=P\begin{pmatrix}X\\Y\\Z\end{pmatrix}$$

の変換により

$$f(x,\ y,\ z)=X^2+Y^2-2Z^2$$

3 $f(x,\ y,\ z)=x^2+y^2+z^2$
$+2axy+2ayz+2azx$

2次形式の行列は

$$A=\begin{pmatrix}1 & a & a\\ a & 1 & a\\ a & a & 1\end{pmatrix}$$

$$|A-tE|=\begin{vmatrix}1-t & a & a\\ a & 1-t & a\\ a & a & 1-t\end{vmatrix}$$

$$\underset{\boxed{1}+(\boxed{2}+\boxed{3})}{=}\begin{vmatrix}2a+1-t & a & a\\ 2a+1-t & 1-t & a\\ 2a+1-t & a & 1-t\end{vmatrix}$$

(普通にばらしてしまうと因数分解が面倒)

$$=(2a+1-t)\begin{vmatrix}1 & a & a\\ 1 & 1-t & a\\ 1 & a & 1-t\end{vmatrix}$$

$$\underset{\substack{②-①\\③-①}}{=}(2a+1-t)\begin{vmatrix}1 & a & a\\ 0 & 1-a-t & 0\\ 0 & 0 & 1-a-t\end{vmatrix}$$

$$=(2a+1-t)(1-a-t)^2$$
$$=-\{t-(2a+1)\}\{t-(1-a)\}^2$$

よって，固有値は $1-a$（重解）と $2a+1$

$1-a>0$ かつ $2a+1>0$ であればよいから

$$-\frac{1}{2}<a<1$$

4 (1) A の固有値を $\lambda_1,\ \lambda_2,\ \cdots,\ \lambda_n$ とする。適当な直交行列 P によって

$${}^tPAP=\begin{pmatrix}\lambda_1 & 0 & \cdots & 0\\ 0 & \lambda_2 & \cdots & 0\\ \vdots & \vdots & \ddots & \vdots\\ 0 & 0 & \cdots & \lambda_n\end{pmatrix}$$

とできる。

$\boldsymbol{x}=P\boldsymbol{y}$ の変換により

$${}^t\boldsymbol{x}A\boldsymbol{x}={}^t\boldsymbol{y}\,{}^tPAP\boldsymbol{y}$$
$$=(y_1\quad y_2\quad \cdots\quad y_n)\begin{pmatrix}\lambda_1 & 0 & \cdots & 0\\ 0 & \lambda_2 & \cdots & 0\\ \vdots & \vdots & \ddots & \vdots\\ 0 & 0 & \cdots & \lambda_n\end{pmatrix}\begin{pmatrix}y_1\\y_2\\ \vdots\\ y_n\end{pmatrix}$$
$$=\lambda_1y_1^2+\lambda_2y_2^2+\cdots+\lambda_ny_n^2$$

ここで，λ_1 を最大の固有値と仮定してもよい。このとき

$${}^t\boldsymbol{x}A\boldsymbol{x}=\lambda_1y_1^2+\lambda_2y_2^2+\cdots+\lambda_ny_n^2$$
$$=\lambda_1(y_1^2+y_2^2+\cdots+y_n^2)$$
$$+(\lambda_2-\lambda_1)y_2^2+\cdots+(\lambda_n-\lambda_1)y_n^2$$
$$\leqq\lambda_1(y_1^2+y_2^2+\cdots+y_n^2)=\lambda_1\quad (\because\quad |\boldsymbol{y}|=1)$$

また，$y_1=1,\ y_2=\cdots=y_n=0$ とすると

$${}^t\boldsymbol{x}A\boldsymbol{x}=\lambda_1y_1^2+\lambda_2y_2^2+\cdots+\lambda_ny_n^2=\lambda_1$$

よって，2次形式 ${}^t\boldsymbol{x}A\boldsymbol{x}$ の最大値は A の最大の固有値に等しい。最小値についても同様である。

(2) $f(x,\ y,\ z)$
$=5x^2+2y^2+5z^2+4xy+4yz-2zx$

2次形式の行列は $A=\begin{pmatrix}5 & 2 & -1\\ 2 & 2 & 2\\ -1 & 2 & 5\end{pmatrix}$

$$|A-tE|=\begin{vmatrix}5-t & 2 & -1\\ 2 & 2-t & 2\\ -1 & 2 & 5-t\end{vmatrix}$$

$$\underset{②+③\times 2}{=}\begin{vmatrix}5-t & 2 & -1\\ 0 & 6-t & 12-2t\\ -1 & 2 & 5-t\end{vmatrix}$$

$$=(6-t)\begin{vmatrix}5-t & 2 & -1\\ 0 & 1 & 2\\ -1 & 2 & 5-t\end{vmatrix}$$

$$=(6-t)\{(5-t)^2-4-1-4(5-t)\}$$
$$=(6-t)(t^2-6t)=-t(t-6)^2$$

よって，固有値は6（重解）と0

(1)より，求める最大値，最小値は2次形式の行列の固有値の最大値，最小値に等しいから

最大値は6，最小値は0

(3)　$A=\begin{pmatrix}5 & 2 & -1\\ 2 & 2 & 2\\ -1 & 2 & 5\end{pmatrix}$

を直交行列で対角化する。

(i)　固有値6（重解）に対する固有ベクトル

$$A-6E=\begin{pmatrix}-1 & 2 & -1\\ 2 & -4 & 2\\ -1 & 2 & -1\end{pmatrix}$$

$$\to\begin{pmatrix}1 & -2 & 1\\ 0 & 0 & 0\\ 0 & 0 & 0\end{pmatrix}\qquad\therefore\quad x-2y+z=0$$

よって，固有ベクトルは

$$\begin{pmatrix}x\\ y\\ z\end{pmatrix}=\begin{pmatrix}2a-b\\ a\\ b\end{pmatrix}=a\begin{pmatrix}2\\ 1\\ 0\end{pmatrix}+b\begin{pmatrix}-1\\ 0\\ 1\end{pmatrix}\quad((a,\ b)\neq(0,\ 0))$$

(ii)　固有値0に対する固有ベクトル

$$A=\begin{pmatrix}5 & 2 & -1\\ 2 & 2 & 2\\ -1 & 2 & 5\end{pmatrix}\to\cdots$$

$$\to\begin{pmatrix}1 & 0 & -1\\ 0 & 1 & 2\\ 0 & 0 & 0\end{pmatrix}\qquad\therefore\quad\begin{cases}x-z=0\\ y+2z=0\end{cases}$$

よって，固有ベクトルは

$$\begin{pmatrix}x\\ y\\ z\end{pmatrix}=\begin{pmatrix}c\\ -2c\\ c\end{pmatrix}=c\begin{pmatrix}1\\ -2\\ 1\end{pmatrix}\quad(c\neq0)$$

そこで

$$\boldsymbol{a}_1=\begin{pmatrix}2\\ 1\\ 0\end{pmatrix},\ \boldsymbol{a}_2=\begin{pmatrix}-1\\ 0\\ 1\end{pmatrix},\ \boldsymbol{a}_3=\begin{pmatrix}1\\ -2\\ 1\end{pmatrix}$$

とおく。

まず

$$\boldsymbol{b}_1=\frac{\boldsymbol{a}_1}{|\boldsymbol{a}_1|}=\frac{1}{\sqrt{5}}\begin{pmatrix}2\\ 1\\ 0\end{pmatrix}$$

次に

$$\boldsymbol{a}_2-(\boldsymbol{a}_2,\ \boldsymbol{b}_1)\boldsymbol{b}_1=\begin{pmatrix}-1\\ 0\\ 1\end{pmatrix}-\frac{-2}{\sqrt{5}}\cdot\frac{1}{\sqrt{5}}\begin{pmatrix}2\\ 1\\ 0\end{pmatrix}$$

$$=\frac{1}{5}\begin{pmatrix}-1\\ 2\\ 5\end{pmatrix}\quad 大きさは\ \frac{\sqrt{30}}{5}$$

より

$$\boldsymbol{b}_2=\frac{\boldsymbol{a}_2-(\boldsymbol{a}_2,\ \boldsymbol{b}_1)\boldsymbol{b}_1}{|\boldsymbol{a}_2-(\boldsymbol{a}_2,\ \boldsymbol{b}_1)\boldsymbol{b}_1|}=\frac{5}{\sqrt{30}}\cdot\frac{1}{5}\begin{pmatrix}-1\\ 2\\ 5\end{pmatrix}=\frac{1}{\sqrt{30}}\begin{pmatrix}-1\\ 2\\ 5\end{pmatrix}$$

また

$$\boldsymbol{b}_3=\frac{\boldsymbol{a}_3}{|\boldsymbol{a}_3|}=\frac{1}{\sqrt{6}}\begin{pmatrix}1\\ -2\\ 1\end{pmatrix}$$

よって

$$P=(\boldsymbol{b}_1\quad\boldsymbol{b}_2\quad\boldsymbol{b}_3)=\frac{1}{\sqrt{30}}\begin{pmatrix}2\sqrt{6} & -1 & \sqrt{5}\\ \sqrt{6} & 2 & -2\sqrt{5}\\ 0 & 5 & \sqrt{5}\end{pmatrix}$$

とおくと

$$P^{-1}AP={}^tPAP=\begin{pmatrix}6 & 0 & 0\\ 0 & 6 & 0\\ 0 & 0 & 0\end{pmatrix}$$

であり

$$\begin{pmatrix}x\\ y\\ z\end{pmatrix}=P\begin{pmatrix}X\\ Y\\ Z\end{pmatrix}$$

の変換により

$$f(x,\ y,\ z)=6X^2+6Y^2$$

と標準化される。

たとえば，$(X,\ Y,\ Z)=(1,\ 0,\ 0)$ とすれば

$$X^2+Y^2+Z^2=1$$

であるから

$$x^2+y^2+z^2=1$$

であり

$$f(x,\ y,\ z)=6\quad（最大値）$$

このとき

$$\begin{pmatrix}x\\ y\\ z\end{pmatrix}=\frac{1}{\sqrt{30}}\begin{pmatrix}2\sqrt{6} & -1 & \sqrt{5}\\ \sqrt{6} & 2 & -2\sqrt{5}\\ 0 & 5 & \sqrt{5}\end{pmatrix}\begin{pmatrix}1\\ 0\\ 0\end{pmatrix}=\frac{1}{\sqrt{5}}\begin{pmatrix}2\\ 1\\ 0\end{pmatrix}$$

より

$$(x,\ y,\ z)=\left(\frac{2}{\sqrt{5}},\ \frac{1}{\sqrt{5}},\ 0\right)$$

あるいは，$(X,\ Y,\ Z)=(0,\ 1,\ 0)$ とすれば

$$X^2+Y^2+Z^2=1$$

であるから

$$x^2+y^2+z^2=1$$

であり

$$f(x,\ y,\ z)=6\quad（最大値）$$

このとき

$$\begin{pmatrix} x \\ y \\ z \end{pmatrix} = \frac{1}{\sqrt{30}} \begin{pmatrix} 2\sqrt{6} & -1 & \sqrt{5} \\ \sqrt{6} & 2 & -2\sqrt{5} \\ 0 & 5 & \sqrt{5} \end{pmatrix} \begin{pmatrix} 0 \\ 1 \\ 0 \end{pmatrix}$$

$$= \frac{1}{\sqrt{30}} \begin{pmatrix} -1 \\ 2 \\ 5 \end{pmatrix}$$

より

$$(x, y, z) = \left(-\frac{1}{\sqrt{30}}, \frac{2}{\sqrt{30}}, \frac{5}{\sqrt{30}} \right)$$

(**注**：参考のため，最大値をとる (x, y, z) の例を２つあげた。)

たとえば，$(X, Y, Z) = (0, 0, 1)$ とすれば

$$X^2 + Y^2 + Z^2 = 1$$

であるから

$$x^2 + y^2 + z^2 = 1$$

であり

$$f(x, y, z) = 0$$

このとき

$$\begin{pmatrix} x \\ y \\ z \end{pmatrix} = \frac{1}{\sqrt{30}} \begin{pmatrix} 2\sqrt{6} & -1 & \sqrt{5} \\ \sqrt{6} & 2 & -2\sqrt{5} \\ 0 & 5 & \sqrt{5} \end{pmatrix} \begin{pmatrix} 0 \\ 0 \\ 1 \end{pmatrix}$$

$$= \frac{1}{\sqrt{6}} \begin{pmatrix} 1 \\ -2 \\ 1 \end{pmatrix}$$

より

$$(x, y, z) = \left(\frac{1}{\sqrt{6}}, -\frac{2}{\sqrt{6}}, \frac{1}{\sqrt{6}} \right)$$

5 $\boldsymbol{x} \in \boldsymbol{R}^n$ を次のようにとる。

$$\boldsymbol{x} = \begin{pmatrix} \boldsymbol{x}_k \\ \boldsymbol{0} \end{pmatrix} \qquad (\boldsymbol{x}_k \in \boldsymbol{R}^k,\ \boldsymbol{0} \in \boldsymbol{R}^{n-k})$$

$$(k = 1, 2, \cdots, n)$$

このとき

$$A = \begin{pmatrix} A_k & B_k \\ C_k & D_k \end{pmatrix}$$

と分割しておくと

$${}^t\boldsymbol{x}A\boldsymbol{x} = ({}^t\boldsymbol{x}_k \quad {}^t\boldsymbol{0}) \begin{pmatrix} A_k & B_k \\ C_k & D_k \end{pmatrix} \begin{pmatrix} \boldsymbol{x}_k \\ \boldsymbol{0} \end{pmatrix}$$

$$= ({}^t\boldsymbol{x}_k \quad {}^t\boldsymbol{0}) \begin{pmatrix} A_k\boldsymbol{x}_k \\ C_k\boldsymbol{x}_k \end{pmatrix} = {}^t\boldsymbol{x}_k A_k \boldsymbol{x}_k$$

ここで，２次形式 ${}^t\boldsymbol{x}A\boldsymbol{x}$ が正値であるから

２次形式 ${}^t\boldsymbol{x}_k A_k \boldsymbol{x}_k$ も正値である。

よって，A_k の固有値はすべて正であるから

固有値の積に等しい行列式も正である。

すなわち，$|A_k| > 0$

(**参考**) 実は次の命題が成り立つ。

『２次形式 ${}^t\boldsymbol{x}A\boldsymbol{x}$ が正値

$\iff$ $|A_k| > 0$ $(k = 1, 2, \cdots, n)$』

(**証明**) ($\Rightarrow$) は上で示した。

($\Leftarrow$) を示す。数学的帰納法で示す。

(Ｉ) $n = 1$ のとき

明らかに成り立つ。

(Ⅱ) $n = k-1$ のとき成り立つとする。

$n = k$ のとき

$$A = \begin{pmatrix} A_{k-1} & \boldsymbol{a} \\ {}^t\boldsymbol{a} & a_{kk} \end{pmatrix}$$

であり

$$P = \begin{pmatrix} E & A_{k-1}{}^{-1}\boldsymbol{a} \\ {}^t\boldsymbol{0} & -1 \end{pmatrix},\ \boldsymbol{y} = \begin{pmatrix} \boldsymbol{v} \\ y_k \end{pmatrix} \neq \boldsymbol{0}$$

に対して，$\boldsymbol{x} = P\boldsymbol{y}$ と変換すると

$${}^tPAP$$

$$= \begin{pmatrix} E & \boldsymbol{0} \\ {}^t\boldsymbol{a}A_{k-1}{}^{-1} & -1 \end{pmatrix} \begin{pmatrix} A_{k-1} & \boldsymbol{a} \\ {}^t\boldsymbol{a} & a_{kk} \end{pmatrix}$$

$$\times \begin{pmatrix} E & A_{k-1}{}^{-1}\boldsymbol{a} \\ {}^t\boldsymbol{0} & -1 \end{pmatrix}$$

$$= \begin{pmatrix} A_{k-1} & \boldsymbol{a} \\ {}^t\boldsymbol{0} & {}^t\boldsymbol{a}A_{k-1}{}^{-1}\boldsymbol{a} - a_{kk} \end{pmatrix} \begin{pmatrix} E & A_{k-1}{}^{-1}\boldsymbol{a} \\ {}^t\boldsymbol{0} & -1 \end{pmatrix}$$

$$= \begin{pmatrix} A_{k-1} & \boldsymbol{0} \\ {}^t\boldsymbol{0} & a_{kk} - {}^t\boldsymbol{a}A_{k-1}{}^{-1}\boldsymbol{a} \end{pmatrix}$$

より

$${}^t\boldsymbol{x}A\boldsymbol{x} = {}^t\boldsymbol{y}{}^tPAP\boldsymbol{y}$$

$$= ({}^t\boldsymbol{v} \quad y_k) \begin{pmatrix} A_{k-1} & \boldsymbol{0} \\ {}^t\boldsymbol{0} & a_{kk} - {}^t\boldsymbol{a}A_{k-1}{}^{-1}\boldsymbol{a} \end{pmatrix} \begin{pmatrix} \boldsymbol{v} \\ y_k \end{pmatrix}$$

$$= {}^t\boldsymbol{v}A_{k-1}\boldsymbol{v} + (a_{kk} - {}^t\boldsymbol{a}A_{k-1}{}^{-1}\boldsymbol{a})y_k{}^2$$

帰納法の仮定より，${}^t\boldsymbol{v}A_{k-1}\boldsymbol{v} > 0$ であり

また，$|A| = |{}^tPAP|$

$$= |A_{k-1}|(a_{kk} - {}^t\boldsymbol{a}A_{k-1}{}^{-1}\boldsymbol{a})$$

および，$|A| > 0$ かつ $|A_{k-1}| > 0$ より

$$a_{kk} - {}^t\boldsymbol{a}A_{k-1}{}^{-1}\boldsymbol{a} > 0$$

以上より

$${}^t\boldsymbol{x}A\boldsymbol{x} = {}^t\boldsymbol{v}A_{k-1}\boldsymbol{v} + (a_{kk} - {}^t\boldsymbol{a}A_{k-1}{}^{-1}\boldsymbol{a})y_k{}^2 > 0$$

すなわち，２次形式 ${}^t\boldsymbol{x}A\boldsymbol{x}$ は正値である。

索　　引

【あ行】

1次関係 ……100
1次結合……96
1次従属……98
1次独立……98
1次変換 ……120
一般解 ……17, 109
大きさ（ベクトルの）……183, 187

【か行】

解空間 ……109
階数（rank） ……10
階数と行列式……72
階段行列 ……8
拡大係数行列……14
核（線形写像の） ……121
基底 ……106
基底の取り替え行列 ……132
基本解……109, 111
逆行列（逆行列の一意性）……22
逆行列の公式……64
逆写像 ……119
逆像 ……118
行（行ベクトル） ……2
行列 ……2
行基本変形 ……9
行基本変形を表す行列……10
行列式……46
行列の成分 ……2
行列の型 ……2
行列の積 ……4
行列表示（線形写像の） ……129
クラーメルの公式……60
グラム・シュミットの正規直交化 …185
係数行列……14
ケーリー・ハミルトンの定理 ……152
合成写像 ……120
交代行列……31
固有空間 ……152
固有値 ……150
固有多項式 ……151
固有ベクトル ……150
固有方程式 ……151

【さ行】

座標（ベクトルの） ……107
サラスの方法……47
三角化 ……168
三角行列……42, 53
実ベクトル空間……88
次元 ……106
次数下げの公式……52
自明な解……17
写像 ……118
順列……44
順列の符号……45
主成分 ……8
小行列式……72
数ベクトル……90
スカラー倍 ……3, 88
正規化 ……185
正規直交基底 ……183
正規直交系 ……183
生成される……97
正則行列……22
正値（2次形式） ……205
成分（ベクトルの） ……107
正方行列 ……3
線形空間……88
線形結合……96
線形写像 ……120
線形変換 ……120
線形従属……98
線形性 ……120

線形同型 ……120
線形独立……98
全射 ……119
全単射 ……119
零行列 ……3
像 ……118
像（線形写像の） ……121

【た行】

対角行列……3, 158
対角成分 ……3
対角化 ……158
対称行列 ……31, 192
多重線形性……63, 70
単位行列 ……3
単射 ……119
重複度（固有値の） ……152, 173
直交（ベクトルの） ……183, 187
直交行列 ……192
直交変換 ……195
直交補空間 ……191
転置行列……31
転倒数……44
同型 ……120
同型写像 ……120
同時対角化可能 ……167
同次連立1次方程式……17
トレース（trace） ……37

【な行】

内積……182, 187
内積空間 ……187
2次形式 ……200
2次形式の行列 ……200
2次形式の標準形 ……201

【は行】

掃き出し法……15, 18
非自明な解……17
非同次連立1次方程式……18
表現行列（線形写像の） ……128, 131
標準基底 ……106
標準内積 ……182
ヴァンデルモンドの行列式……74
複素ベクトル空間……88
部分空間（部分ベクトル空間） ……91
ブロック分割……28
フロベニウスの定理 ……169
変形定理 ……9
ベクトル……88
ベクトル空間……88

【や行】

余因子……62
余因子行列……62
余因子展開……63

【ら行】

ランク（rank） ……10
列（列ベクトル） ……2
列基本変形……54, 81
連立1次方程式……14

<記　号>

R：実数（real number）の全体
C：複素数（complex number）の全体
rank：階数
det：行列式（determinant）
tr：トレース（trace）
dim：次元（dimension）
Ker：核（kernel）
Im：像（image）

本書は，聖文新社より2014年に発行された『編入の線形代数 徹底研究　基本事項の整理と問題演習』の復刊であり，同書第1刷（2014年7月発行）を底本とし，若干の修正を加えました。

〈著　者　紹　介〉

桜井　基晴（さくらい・もとはる）

大阪大学大学院理学研究科修士課程（数学）修了

大阪市立大学大学院理学研究科博士課程（数学）単位修了

専門は確率論，微分幾何学

現在　ECC編入学院　数学科チーフ・講師

著書に『編入数学徹底研究』『編入数学過去問特訓』『編入数学入門』『編入の微分積分 徹底研究』（金子書房），『数学Ⅲ 徹底研究』（科学新興新社）がある。月刊誌『大学への数学』（東京出版）において，超難問『宿題』（学力コンテストよりはるかにハイレベル）を高校生のときにたびたび解答した実績を持つ。余暇のすべては現代数学の勉強。

■大学編入試験対策

編入の線形代数 徹底研究

基本事項の整理と問題演習

2021年11月30日　初版第1刷発行　［検印省略］

著　者　　桜　井　基　晴

発行者　　金　子　紀　子

発行所　株式会社　金　子　書　房

〒112-0012　東京都文京区大塚3-3-7

電話 03-3941-0111（代）FAX 03-3941-0163

振替 00180-9-103376

URL https://www.kanekoshobo.co.jp

印刷・製本　藤原印刷株式会社

ISBN 978-4-7608-9224-2　C3041